就靠这些拼职场

卡罗尔·卡特和加里·出云
夏娟　骆萍　方芳　译

中国劳动社会保障出版社

图书在版编目(CIP)数据

就靠这些拼职场/（美）卡特（Carter，C.），（美）伊昂（Izumo，G.）著：夏娟，骆萍，方芳译. —北京：中国劳动社会保障出版社，2014
ISBN 978-7-5167-0951-1

Ⅰ.①就… Ⅱ.①卡… ②伊… ③夏… ④骆… ⑤方… Ⅲ.①成功心理-通俗读物 Ⅳ.①B848.4-49

中国版本图书馆 CIP 数据核字(2014)第 136288 号

中国劳动社会保障出版社出版发行
（北京市惠新东街 1 号 邮政编码：100029）
*
北京隆昌伟业印刷有限公司印刷装订 新华书店经销

787 毫米×1092 毫米 16 开本 32.5 印张 412 千字
2014 年 7 月第 1 版 2014 年 7 月第 1 次印刷
定价：58.00 元

读者服务部电话：（010）64929211/64921644/84643933
发行部电话：（010）64961894
出版社网址：http://www.class.com.cn

谨以此书献给

正在求职的、准备重返职场的以及其他希望发挥个人和职业潜力的人们。希望你们通过提升自身能力明确职场定位，在努力实现目标的过程中收获成功，赢得幸福。学习是毕生的耕耘，期待这本为你们量身打造的工具书能成为各位人生中的一件利器。好好享受接下来的学习吧！

前　　言

量身打造

现今市面上有很多关于学业有成和职场成功的书籍。本书之所以与众不同，是因为作者着重强调从学校到职场这一过渡期所必需的能力，同时适应社区学院或职业院校学生的特殊经历和需求。或许你已经做出重要决定，打算夯实基础，成就事业，过上更好的生活——这是你选择本书的缘由。我们希望本书能帮助你掌握称为“工具”的一整套成功之必备技能。

好比木匠的工具箱里装满了建造房屋的必备工具一样，本书以职场工具箱为题，旨在告诫各位运用工具为自己打造持久、愉快并成功的职业人生。书里涉及的各种技能还能帮助你顺利完成学业，成功转战职场。另外，正如真正的工具箱可以收纳工具并随身携带一样，本书囊括了所有你需要的信息，你可以很容易地在日常活动中运用书里介绍的各项技能。

三大好处

一、校园行助力。你能够在学习和工作中使用本书提及的各项技能，如阅读、写作、思考、倾听等，帮助你养成积极的心态，展示良好的自我形象，在校园内外取得成功；还能让你掌握有关预算知识，让你合理安排开销，巧妙支配学费和其他开支。与此同时，我们还介绍了很多可以在校获取的有用资源。既然用辛苦挣来的钱去学习，那就让投入物有所值，好好利用一切可以利用的东西，包括文凭、证书等。书中很多建议，对你在校学习、顺利完成各项任务很有帮助。

二、求职添裨益。本书将帮助你更好地认识自己，正确定位契合自身天资、能力和素养的工作类型。不仅提供与求职相关的信息——如何与人交往，怎样查询招聘岗位，谁能帮你寻找工作契机，如何投递简历等等；而且为你提供全程的工作申请指导，教你怎样在求职信、简历或面试中展现最好的自己。另外，本书还教你如何应对成败。

三、职场增实力。本书囊括了关于金钱管理和时间管理的宝贵知识，这些知识在和老板、同事、客户打交道的过程中尤为重要。此外，作者就雇主对雇员素养和能力的期待进行探讨，涉及雇员的工作权利；还专辟一节，谈及工作中批判性思维（决策和问题解决）的重要性。我们清楚，职场成功与否与个人的生理和心理健康密不可分，个人需要在实际生活中应对、协调来自工作与生活的压力。这就是为什么本书还提供了一些有益于改善、保持心理和生理健康的小窍门。相信诸如保持动力和耐心，认真倾听及其他有用的建议在不久的将来会对你大有帮助。

本书编排独特，旨在方便读者阅读。书中涉及的知识和信息被划分为不同板块，分解到每个章节里。阅读前快速浏览一下，你会发现这些知识板块在每一章节都得到了体现。

名言警句　一段鼓舞人心、发人深省的引言助你形成良好心态，开启章节学习。

学习目标　提出问题，通过章节学习引导你寻获答案。

经验之谈　本板块涵盖的那些在校生和公司员工，和你有着相似的经历，好比职场斗士的他们以访谈或引言的形式为你勾勒出一个真实的职场。

姓名	职业	出现章节
雷・戈尔丁 (Ray Golding)	模具经理、工商管理专业学生	第一章　抉择心态：找准工具
安德里亚・莎莲娜 (Andrea Selena)	联邦快递客服代表、房地产经纪人	第二章　释放能力：打开工具箱的钥匙
伊顿・杰克逊 (Eton Jackson)	GIS 软件项目部经理、美国陆军后备军官	第三章　管好时间与金钱：善用关键资源
艾米・李 (Amy Lee)	苹果公司兼职销售助理、图形艺术专业学生	第四章　善其事，利其器
玛里琳・罗伯茨 (Marilyn Roberts)	自由作家、用户体验专家	第五章　探寻职场：适合是关键
德洛丽丝・尼禄 (Dolores Nero)	精品店老板、烹饪学校学生	第六章　洞悉人际关系：创造机遇
伊斯特本・赫尔南德斯 (Estaben Hernandez)	美发师	第七章　树立个人品牌：有效使用工具
克瑞通・沃克 (Krayton Walker)	技术助理、电子工程学学生	第八章　选择面试工具：成功签约的策略
蔡・波米 (Chai Boonmee)	美甲师、美容专业学生	第九章　工作多样性：今日世界
卡伊・玛豪鲁 (Kai Mahaulu)	保安人员	第十章　工作沟通：保持领先
史拉・亨特 (Shilah Hunt)	急救室医生	第十一章　脱颖而出：整理工具箱

技能指导　本部分简要描述新技术对世界的影响，激发你的学习斗志，让你掌握更多与生活、学习及工作相关的先进技能。

测一测　本部分内容让你评估章节学习情况，学以致用。

职场工具箱　本板块提供实践操练，让你活学活用，解决具体问题，丰富知识储备。

本书第二版对第一版进行了修订，增添了以下新内容。

新　各章节增加了适应 21 世纪的职场所需要的各项技能，让你了解当今职场激烈竞争的现实，对自身提出更高要求。

新 以职场新人或再就业者的真实案例开启章节学习，并贯穿始终，为你提供全面的概念内容。

新 囊括当前重要话题，包括树立和保持积极的自我形象，时间管理，预算开支，避免和减少信用欠债，善用校园资源以及在社会关系网密布的商务环境下工作。

新 帮助培养自我意识，了解自身，寻获心仪工作。“测一测”板块里的各种活动鼓励读者将章节知识学以致用。

新 技术扩展贯穿本书始终，特别是“经验学习”“技能指导”以及“职场工具箱”等特色板块凸显科学技术在现代职场与日俱增的重要性。

新 其他话题还包括人际交往和网络社交，与老板、同事、客户的职场社交，雇主对雇员能力和素养的期待，工作权利，批判性思维（决策力和问题解决能力），心理健康的改善与保持，社会智力，动力，耐性以及倾听技能。

修订 “职场谬见”和“职场现实”确保你对现代职场有准确认知。

修订 经验学习板块融入真人真事，在校生和职场人士的访谈引言在这一部分占有重要分量，让你感同身受。

新 第五章 探寻职场：适合是关键。全新章节，聚焦于研究适合个人天资、能力、价值观以及需求的各种职业和岗位；剖析潜在就业市场，探讨可行就业途径。

修订 第六章 洞悉人际关系：创造机遇。全面修订，探索真实和虚拟世界中的人际交往艺术，侧重介绍如何寻找适合的工作，做好工作调研和信息访谈。本章节还涉及社会媒体等话题。

修订 第七章 树立个人品牌：有效使用工具。全面修订，深入研究简历的各个细节，教授你如何撰写令雇主青睐的求职信，让个人资源实现成功组合。

新 第八章 选择面试工具：成功签约的策略。全新章节，通过学习、拓展各种策略——穿衣、言谈举止、异议处理、薪资协商、成败应对等——帮助你获得心仪的职位。

个人成就教育。学校、老师、课堂以及各种读物给予你各种机会来学习知识，完善自我，为职场成功做准备。这些都是属于你的工具，供你打拼未来使用。尽管如此，你需要收集并真正懂得如何使用这些工具。阅读本书的同时，你将抓住机会扫清阻挠你成功的障碍。

用怎样的工具打造怎样的未来完全取决于你自己。通过对知识孜孜不倦地追求，你将踏上成功之路，对此我们充满信心。本书将帮助你在毕业后找到满意的工作，从事心仪的职业；在职业道路上助你不断前行。你将运用掌握的知识和本领把自身经历融入漫漫人生，成为一名成功的职业公民。

致谢

本书是爱的成果。写作初始我们便心怀使命，因为我们懂得它可以帮助那些跳槽人士、大学毕业生以及学术研究人员获得在学校无法学到的技能本领。在当前经济环境日异严峻的挑战下，具备特殊的技能本领——无论你是焊工、助理护士还是商人——对你和你的雇主都至关重要。

在本书的撰写过程中，我们得到了很多人的帮助。他们的付出以及提供的信息和建议弥足珍贵。诚挚感谢主编约迪·麦克弗森（Jodi McPherson）、编辑凯蒂·马汉（Katie Mahan）、市场营销经理艾米·贾德（Amy Judd）以及助理编辑埃琳·卡雷罗（Erin Carreiro）。特别感谢卡罗尔·特鲁哈特（Carol Trueheart），一位非常有才华的经理和开发团队领袖，他对人和图书内容都有独到见解。

本书第一版的出版得到了普伦蒂斯霍尔出版社（Prentice Hall）的普丽西拉·麦基恩（Priscilla McGeehon）、艾琳·奥沙利文（Eileen O’Sullivan）、斯蒂芬·哈特纳（Stephen Hartner）、玛丽·卡尼（Mary Carnis）、丹尼斯·布朗（Denise Brown）、玛丽安·弗拉斯科（Marianne

Frasco)、劳拉·耶拉尔迪（Laura Ierardi）、弗雷德·哈姆登（Fred Hamden）、杰基·菲茨杰拉德（Jackie Fitzgerald）、梅利莎·卡里根（Melissa Carrigan）、哈尔·巴尔莫（Hal Balmer）、伊丽莎白·卡斯特（Elizabeth Kaster）以及朱莉·希尔德布兰德（Julie Hildebrand）等人的帮助。莎拉·克拉维茨（Sarah Kravits）同整个团队一起为第一版的编写出版做出了巨大贡献，在此一并感谢。

卡伦·韦恩霍尔姆（Karen Wernholm）及其领导的创作团队参与了本版的修订工作。感谢项目经理希拉·斯平尼（Sheila Spinney）和电子出版服务公司的戴安娜·尼特鲁（Diana Neatrour）及其团队。你们不仅设计出漂亮的版图，还帮助我们在内容取舍和视觉效果方面做出艰难抉择，打造出简洁有重点的阅读效果。

开发编辑玛莎·罗登（Martha Roden）一直督促我们按时完成任务，她拥有极强的判断力，负责修改和更新每一个案例。乐观能干的态度和按部就班的办事能力使她成为不可或缺的团队成员。我的助理，布列塔尼·哈韦（Brittany Havey）和梅根·亚当斯（Megan Adams）在章节审阅方面发挥了重要作用，提出她们作为青年专家的独到见解。安吉丽卡·杰斯特罗维奇（Angelica Jestrovich）协助安排写作进程，在修订中增加了很多网络资源。实习编辑苏扬·阿斯特伯里（Thuyanh Astbury）负责照片筛选、练习设计以及内容编排。谢谢各位的辛勤付出。

我们还要感谢各位教师评审员们不吝赐教，提出自己的独到见解和改进意见。他们是帕斯科赫尔南多社区学院的芭芭拉·H. 卡特（Barbara H. Carter）、新墨西哥大学的乔治·安·德雷南（George Ann Drennan）、威斯康星大学麦迪逊分校的埃迪·加纳（Edye Garner）、阿帕拉契州立大学的帕梅拉·霍夫曼（Pamela Hoffman）、杨百翰大学的加里·L. 克莱默（Gary L. Kramer）、罗格斯大学的鲍勃·纳尔逊（Bob Nelson）、哈特内尔学院的小罗伯特·C. 斯佩尔斯（Robert C. Speirs，Jr. ）、诺格塔克谷社区科技学院的卡罗琳·柯蒂斯（Carolyn Curtis）、德福瑞科技学院的琳达·约尔特（Linda Hjorth）、高级职业培训学校的齐亚德·穆巴斯勒（Ziad Mubaslet）、缅因大学的约翰·斯伦约尔特（John Schlenker）、海莱恩社区学院的菲利普·赛尔（Phillip Sell）、宾夕法尼亚理工学院的厄尔·威尔基（Earl Wilkie）以及佩斯大学的莫妮卡·齐格勒（Monica Zeigler）。特别感谢梅利莎·卡里根（Melissa Carrigan）以及计算机学习中心的皮特·阿费尔德（Pete Affeld）、戴夫·贝克（Dave Baker）和迪克·多默思（Dick Dormuth）为我们联系技术职业学院，凯瑟琳·吉布斯中心的伊莲娜·卡罗尔（Elaine Carroll）负责受访者的后续跟进工作，朱迪·诺斯鲁普（Judy Northrup）提供财务建议，沃德·多伊奇曼（Ward Deutschman）担任审阅评议。

感谢参与本书编写的受访者：贝弗利·安德烈（Beverly Andre）、丽莎·德登（Lisa Durden）、雷·古尔德（Wray Gould）、洛伊斯·格里芬（Lois Griffin）、凯瑟琳·哈特纳（Catherine Hartlove）、丹尼尔·埃尔南德斯（Daniel Hernandez）、艾丽西娅·杰克逊（Alicia Jackson）、德洛丽丝·莱（Delores Lay）、诺埃尔·李（Noel Lee）、苏珊·卢盖（Susan Lugay）、丽莎·梅卡德（Lisa Mercado）、卡伦·米切尔（Karen Mitchell）、小菲勒斯·A. 拉斯科（Finus A. Rascoe，Jr.）、阿丽萨·汤普森（Aretha Thompson）以及杰伊·韦德（Jay Wade）。

感谢以下同学参与应用测试：约翰·以赛亚·艾伦（John Isiah Allen）、丽莎·贝利（Lisa Bailey）、黛拉·班克特（Della Bankert）、莱维尔·赫伯特（Levell Herbert）、小威廉·莫里斯·霍兰德（William Maurice Holland，Jr.）、杰西卡·J. 兰伯特（Jessica J. Lambert）、肖恩·米勒（Sean Miller）、詹妮弗·沃特斯（Jennifer Waters）、凯文·耶里克（Kevin Yearick）和卡罗琳·伊丽莎白·齐尔卡（Carolyn Elizabeth Zylka）。斯科特·卡特（Scott Carter）和技术职业学院的鲍勃·朱迪斯（Bob Giudice）为本书拟定书名。此次修订出版还要感谢帕特丽夏·卡夫（Patricia Cuff）和帕特丽夏·斯宾塞·沃恩（Patricia Spencer Vaughan），

没有她们为第一版奠定的坚实基础便没有本次修订出版。

感谢芭芭拉·鲁迪·福蒂（Barbara Rudy Foti）和苏珊娜·韦辛格（Suzanne Weissinger）提供的课堂建议。

感谢辛西娅·诺德伯格（Cynthia Nordberg）和凯思琳·科尔（Kathleen Cole）提供的科研支持。

感谢所有为本书出版提供宝贵贡献的人们。

最后，我们还要感谢各位教师，是你们的坚持促进了学生的成长，完善了他们的人生，也改变了世界的面貌。退伍老兵、失业人士以及那些毕业后勇于创业的同学们，是你们的奉献、投入以及对卓越的追求为社会各阶层、各年龄段的人们提供了领导才能的范本。向你们从事的工作致敬，期望你们能继续成为学生前进的动力，在国家新经济环境下创造就业机会，培养高素质人才。

敬请各位不吝赐教，帮助我们完善这份学习体验。你可以浏览以下网站进行学习，阅读年轻学者和专家们的博客文章，分享你的亲身经历：

· www. lifebound. com

· www. lifeboundcoaching. com

· www. carolcarter. com

卡罗尔·卡特

莱富邦公司总裁

邮箱地址：Caroljcarter@lifebound. com

加里·出云

技术主管

邮箱地址：gizumo@yahoo. com

目　录

前　言

第一部分　认识自己

第二部分　寻找工作

第三部分 职场升迁

第一部分　认识自己

第一章　抉择心态：找准工具

学习目标：

- ☐ 章节介绍
- ☐ 通用工作技能
- ☐ 情绪智力
- ☐ 自我形象
- ☐ 自我激励与承诺坚持
- ☐ 习惯管理
- ☐ 忍耐
- ☐ 诚信与换位思维
- ☐ 压力管理

我是……的人，世间一切伟大皆由我创造。

——卡尔·桑德堡（Carl Sandburg）

职场谬见

“老板一定会栽培我，因此我一定会成功。”

职场现实

选择重返校园学习本课程是正确的。由于裁员或者机构精简，主管们没有时间对新进职员进行培训。如今的公司新人不能指望老板给予自己获取职场成功的培训和指导机会。相反，各家公司希望招聘兼具较好的技术和职业技能的员工，这样公司就不需要再做大量的培训工作了。

职场谬见

“等我完成学业开始工作了，我再端正态度，好好做事。”

职场现实

江山易改，本性难移。你希望快速开启自己的职场生涯，还是留下糟糕的第一印象？学校、家庭和生活中养成的习惯将伴随你进入职场。像对待学习那样对待工作吧：按时上课，准时交功课，不偷懒，不蒙混过关，总是努力做到最好。不管你身处学校、家庭还是工作单位，从现在开始养成良好的习惯，充分利用教育投资，为自己定位一份成功的职业。

拥有机械工程学位的凯德（Cade）在大学毕业后进入国内一家高科技公司担任机械设计师，负责用计算机辅助设计系统（CAD）设计控制器，一干就是八年。然而，随着经济下滑，凯德所在部门被裁撤，他也随之失业。所幸妻子还有工作，家庭各项开支还能维持。五个月的求职无果促使凯德决定重返校园。他希望能够学到一些本领，帮助自己获得从业以来一直梦寐以求的主管职位，期望本课程能教给他胜任主管所需的更多技能以及有助于再就业的人际交往能力。

作为一名机械设计师，虽然更乐于跟机器打交道，凯德深知自己需要提升与人沟通的能力。事实上，他并不确定自己是否具备成为主管所需的素质。过去，凯德不擅长处理矛盾，总是期望大家意见一致。他仅有在一家公司工作的从业经历，对外面的职场世界茫然不知。而今，他别无选择。他将不得不学习如何与人打交道，挑选公司，选择工作，提高交际能力。他真心希望本课程对自己有所帮助。

和凯德一样，许多人选择重返校园重拾书本，就是希望增加就业的砝码。可能你已经上过一些课程，读过一些书，但你还是应当看看本课程和本书的独到之处。

《职场工具箱》一书将帮助你拓展能力，赢在职场。无论你是新入职、跳槽换工作还是失业待岗，这本书都能帮到你。书中提及的方法，有的你已熟知且使用多年，有的却陌生未闻。本书将它们放在一起，助你领先职场。

请注意，本书的标题使用了“工具箱”一词。用工具箱做比喻，意在轻便易携、用途广泛。职场工具箱里的工具不是真正的装备，而是实用的人生职业技能。有了这些技能，不管在哪儿工作，你都可以施展才能，脱颖而出，在当前或是未来的职场中收获成功。

这一章节将分析本课程的重要性、介绍有价值的通用职业技能以及引入情绪智力的概念。你将学习如何保持积极的自我形象，拥有良好的人生态度，并认识其他六种基本职业技能：激励、坚持、习惯、忍耐、诚信和换位思维。

为什么重要?

有时我们会疑惑自己在课堂或书本上学到的知识是否对找工作真正有用。学生们可能会问“应该如何学以致用?”学非所用之人或失业人士则琢磨着“这对我跳槽有用吗？上哪儿找时间兼顾学习和求职呀?”本书将为你答疑解惑。

本书不会教授你制作网页，修建绿色环保家园，或者提供明确的职场机会，进行具体的商业交易，因为已有很多专门的课程和书籍针对这些特定内容进行探讨。相反，本书致力于探讨“通用工作技能”——你能学习、掌握并应用在任何工作岗位都适用的技能。确保你在任何岗位都能高效工作，这些技能就是我们贯穿始终谈到的“工具”。正如画家需要画笔、颜料和炭笔去创作不朽名作一样，员工也需要掌握一些通用技能才能干好工作。没有工具，仅有才华是无法确保成功的。

雇主通常认为雇员在入职前已经具备了一些工作能力，然而现实却截然相反。许多雇员和即将入职者缺乏这些本领，也没有时间去学习。所幸，当你学会这些技能并把它们放进你的工具箱时，你也拥有了职场成功的法宝。

学习这门课程，思考个人未来是实现职场目标的第一步。

选对是王道

你们中有的人一定思考过自己未来想从事什么样的职业，有的人干着不适合自己的工作，混迹职场多年；或者，你可能已经拥有了一份自己喜爱的职业，但干着干着却发现自己有点大才小用；又或者，你正在投入时间和精力，为特定的岗位或业务做着准备。

在开始一份心仪的工作前，你或许已经选择了一门课程，学习与工作相关的技术能力；又或许你正在重新温习一些技能，期望对自己跳槽或是职位升迁有帮助。不管怎么做，你实际都迈开了重要的一步——为了一个目标，集中精神，挑战自身能力。

教育能提升收入能力，拓宽从业范围。科技的变革以及全球化的激烈竞争正在日益拉大那些文化技术掌握者与欠缺者之间的薪资差异。

学校深造？在职学习？

在学校里学习，培养工作能力是明智之举，这代表你给予自己一个充分挖掘天分的机会。学校的课程设置和导师们的教学目标都是旨在帮助你开动脑筋，智慧地处理工作中遇到的各种状况。

那么，对于那些在职人士或者暂时失业者而言，他们又该如何抉择呢？也许你已在工作中受教良多，但是你还得在未来的职业生涯中继续学习。学校学习的好处是你能够获得更多的关注和针对性的训练。比如，你在一家医院担任行政助理，你的上司本身很忙，根本不可能抽出一整天的时间教你如何更新电脑资料以及评估供应商发货清单。况且，你的上司如果花费很多时间在你身上，他自己的工作就有可能受到影响。你根本不可能在职场中获得在学校学习时的那份重视和训练。

在面对学校深造或在职学习的抉择时，你不妨这样考虑：如果想学会一种乐器，你首先需要识谱和练习音阶，然后才能弹奏简单的乐曲；而要演奏或创作出复杂的音乐，你还必须要大量地练习。以此类推，学校学习能教授你识谱，弹音阶，弹奏简单乐曲的知识，而在职学习则能帮助你演奏出更加复杂的音乐，提升演奏技巧以及增加你未来作曲的可能性。

天分

技能与天分就像原材料——好比修建房屋所需的钉子、木材和水泥。但是，还有一样东西不可或缺。建筑规划让你在修建精良房屋的过程中能够更好地利用原材料。你所选择的这门课程和教材就是职业构建计划的一部分。这个计划能让你学会如何组织开发涉及心理、生理、社会、情感以及创造的各种技能，并将之转化为成功的职业。

很多人在迈入职场前并没有给自己足够的机会去提升基本技能。他们只顾一脚踏进去，对未来却毫无准备。所以，投入时间、精力学习这本书将助你掌握属于自己的万能本领，从此踏上一条不同的职场路。

坚持是正道

挤出时间去学校学习是非常困难的。除了平衡学习和工作以外，很多人还要协调其他责任，例如工作、家庭，或兼而有之。尽管如此，你还是值得投入时间、精力去学习，因为你将收获丰厚的回报。能力的拓展将帮助你在职场走得更远，朝着自己的目标行进得更快。

举个例子，假设你和一位朋友最近都进入国内一家电子商务公司的客户服务中心工作。通过仔细观察那些从事系统支持的技术人员工作，你相信自己或许也能胜任这份工作。你咨询其中一名技术人员，请他告知能够提供正规培训的学校。那人告诉你本地一所技术学校正在开展一个职业培训认证课程。于是你报名入学，一边上课一边在客户服务中心兼职。

眼见你兼顾学业和工作是这般的劳累辛苦，你的朋友更加坚定她不会这么做。她认为像自己这样一心一意工作的全职雇员一定可以获得升迁。

这一年你可能过得辛苦而拮据，精打细算省出钱来支付学费。一年后，你毕业了。因为你是一名持有证书的合格计算机程序员，所以在客户服务中心获得了一份新工作，薪水很高。你的朋友有些嫉妒。毕竟，她才是那个为公司尽心尽力，全职工作的人，而你不过是兼职人员。

差别在于：你的朋友仅仅在工作休息间隔注意到那些技术人员。她或许有才华成为程序员，可是却选择裹足不前，没有进行相关的学习。她拥有原材料，却缺乏建筑规划——较低的薪水便是佐证。没有接受正规的教育，要得到她所期许的职位是非常困难的。

一位受过教育、训练有素的雇员拥有更大的择业空间。比方说，从事销售数年之后，你决定进入一所社区大学或者商学院继续深造。毕业以后，你的职业选择倍增。你清楚自己仍然可以是一名优秀的销售人员，可以在任何需要的时候重拾旧业。可是，你现在还有别的选择，那就是成为市场分析师。在你仅仅具备某些销售技能时，这个选择对你而言是不可企及的。学习的结果是你拥有了更大的能力来掌控自己的命运。

通用工作技能

我们谈论的通用工作技能并不是课堂上学到的涉及某一特定职业的具体技术。通用技能是指那些不论你在哪里，不论你干什么，在任何职业中你都能用得上的基本技能。

美国劳工部获取必要技能秘书委员会（SCANS）制定了一系列能反映工作者真实需求和经历的通用工作技能。从工作娴熟度到职场成功，这些技能被划分为八大类。

- **情绪智力** 在工作中与人合作（人际交往技能）
- **信息** 收集利用信息
- **系统性** 理解各组成部分的内在关系
- **科学技术** 能理解运用各种科学技术
- **基本技能** 具备日常能力确保工作正常开展
- **批判性思维** 开动脑子思考问题
- **个人素养** 展现自身特点，证明自己重要、可信赖
- **资源** 辨识、组织、计划以及有效利用一切可以获取的资源

技能指导

谈到技术，十年来发生了很多与之相关的事情。其中诸如 Skype、iPhones 和社交网络平台等产品的问世已经影响了公司的生意运作。现如今不管你从事何种职业都离不了计算机技术。

通用工作技能更加重要。随着短信、推特和电子邮件的流行普及，人们似乎正在丧失有效的人际沟通能力。如果你只会上网聊天，那么你将很难读懂他人的面部表情和身体语言。如果你习惯了错误地拼写没有标

点的短信，那么你将缺乏语言能力；解释晦涩难懂的概念，解决复杂的问题对你而言十分困难。如果你没有和其他人一起工作的经验，不具备换位思维，那么成功处理异议纷争的可能性几乎近于零。技术虽然重要，但要想职场成功，还必须具备其他一些重要的通用工作技能。

表1—1不仅列举出上述八大类别各自对应的具体技能，还对欠缺这些技能可能出现的情况进行了说明。在“能力欠缺”一栏，你会发现如果不能牢固地掌握这些技能，你的职业前景将会相当暗淡。相反，当你提升并且学会有效使用表中提及的各项技能后，你的职业工具箱里也放满了助你成功的便捷工具。

表1—1　　助力学习与职业成功的通用技能

技能	能力欠缺
情绪智力	
同情 交流 团队共事 客户合作 领导能力 关系管理 工作场所多样性管理 矛盾解决	无法与同事合作完成规定任务 无法解决日常工作矛盾
信息	
评估信息 组织/解读信息 口头或字面信息交流 信息处理（比如：使用电脑）	不知道在哪里或者怎样搜寻关键信息来完成工作任务 上司无法理解你提交的报告，你的努力也得不到肯定
系统性	
社会体系（人际关系） 公司管理体制 科技体系（比如：设备的各个部分如何运作）	不了解个人在团队中扮演的角色，经常犯错 沟通不畅，遭人排挤，备受冷落

续表

技能	能力欠缺
科学技术	
在特定环境中选择设备以及/或者程序 清楚设备以及/或者程序的工作原理 恰当使用设备以及程序	工作拖沓导致上司不满；他不知道实际上你是害怕使用新设备；你被解雇了 你没有及时更新那些早已过时的技能
基本技能	
阅读、校对、写作、笔记 倾听 口头表达 记忆力与注意力	自己糊涂，他人茫然，双方都感到挫败 求职难，保住一份职业也难
批判性思维	
创造性思维 决策 问题解决能力 学习方法掌握 想象能力 推理能力	当你不知道如何继续学习时，工作变动将令你很难进步 职业生涯停滞不前，不管如何付出都难见成效
个人素养	
自我认知 自尊心 态度与自我激励 诚实可信 责任与坚持 自我管理（自我评价、目标设定、自我激励等习惯） 轻重缓急	技术再好也没用，糟糕的工作习惯将增加你的工作量 上司没完没了地追问工作进度，对你不再信任
资源	
时间管理 金钱管理 材料项目管理 人事管理	个人财务问题影响态度和工作 无法准时上班、到会；上司会认为你对工作毫不重视

情绪智力简析

你可能熟知上表列出的所有类别，但是情绪智力对你来说或许是个新词。这个术语由心理学家丹尼尔•戈尔曼（Daniel Goleman）提出，他本人所著的同名著作更成为畅销书籍。情绪智力是监察控制自身和他人情绪、思维、感情的能力。情绪智力以情商（EQ）为测量单位，就好像用智商（IQ）衡量智力一样。

戈尔曼认为，在商界，情商比智商更加重要。实际上，即使两者均智力平平，高情商者也比低情商者更易获得成功。换句话说，知识无法度量一个人的行动能力。也许你有世界上最棒的点子，可如果不能倾听他人，受到质疑时立刻反驳，又或者没有注意别人是否跟上自己的思维，这样一来，你既浪费了自己的潜能，也阻碍了个人的成功。

根据戈尔曼的理论，拥有高情商的人能够感知各种感情——从大悲到大喜。而另一方面，低情商者无法与人交往，常常不能经历、感知、接受自身产生的很多情感。

> 低情商将妨碍有效的人际沟通，无益于职场成功。

测一测：你的情商

下列各项是测算情商时需要参考的因素。如果你认为自己符合某一项描述，便在旁边画上记号。如果“低情商”栏里的记号多于“高情商”栏里的，那么你的情绪智力可能有待提高。

高情商	低情商
看到对方的脸时，我能很容易地猜出对方的情绪：生气、高兴、惊慌、忧虑……	看到对方的脸时，我很难猜出他的所感所想，除非对方告诉我
别人对我生气时，我不会感情用事并且轻易相信，我会尝试弄清楚到底发生了什么事情	别人对我生气时，我变得心烦意乱，认为他们无权这样。我要么朝对方喊叫，要么反驳他们，再不然避而不见

续表

高情商	低情商
和他人产生矛盾时，我会尝试想出一个双赢的解决方案	和他人产生矛盾时，我通常认为唯一的解决途径就是按照自己的方式行事
与他人合作时，我相信成功是大家努力工作的结果	与他人合作时，因为担心对方居功，所以我要独占功劳
如果有机会挣更多的钱或是得到更多的认可，我相信自己的行为不会损害他人利益	如果有机会挣更多的钱或是得到更多的认可，我可以做任何事情，即使伤害他人也在所不惜

通用技能在手，工作无忧

本书分门别类地介绍了除涉及具体技术外的其余全部通用技能，因为具体的技术技能可以在和工作相关的培训课程中进行专门的学习。后面的各个章节并不会按照表1—1的排列顺序对本节提及的通用技能逐一介绍，本书依照个人职业生涯发展的时间先后顺序编排，从了解自身和能力开始到学习人际交往、求职技巧，到赢得职业成功。跟着本书一步一步学下去，你将学到各种各样的技能，将自己的职场工具箱装得满满的。

掌握通用技能的人看似平常的一天却能反映出诸多职场特点，展现出通用工作技能与人们日常生活的交织与融合。注意看括号里的那些词，那些词就是杰克逊女士（Ms. Jackson）一天中用到的通用工作技能——那些你即将学习的技能。你会看到这些技能在日复一日的生活中是多么的重要；事无巨细，小到在杂货铺购物省钱大到获得高薪工作，你将了解这些本领如何助你达成目标。通用工作技能将以你从未想过的方式助你一臂之力。

平常人生：一位通用技能掌握者的一天

艾丽西亚·杰克逊（Alicia Jackson）刚搬去新的州，需要找一份工作。她是一位经验丰富的电脑操作员，清楚自己就想在一家小公司供职

(自知之明)。她跟本地的两个熟人通了电话，一个是自己的表兄，另一个是她的校友（人际关系）。两人推荐了几家公司让艾丽西亚去应聘，同时她自己在报纸和网络上看到另外两家公司也在招聘雇员（信息收集评估），于是艾丽西亚致电其中三家公司（轻重权衡），最后有两家公司提供了面试机会。

早餐时，她用五分钟的时间计划好一天的行程，这样在面试之前她还能干点儿其他事情（时间管理）。其中一件事就是去银行。通过电话咨询三家银行有关设立账户和客户服务事宜（决策力），她选择了一家最符合自己需求的银行——这家银行没有最低余额要求。随后，她在银行开立了两个账户——一个用于消费，一个用于储蓄（金钱管理）。

到了中午，艾丽西亚在一家小店备齐了几天的食物，囤了一点儿打折商品，昂贵的东西买的不多（金钱管理）。回家以后，她冲了个凉，把面试服装熨烫得整整齐齐（自尊与自我形象管理）。然后，艾丽西亚选择了一副小巧的耳环，整理好头发，化了一点淡妆。一切就绪，她出发了。

抵达应聘公司后，公司接待员接待了艾丽西亚并告知她需要参加两个小测试。第一个测试是基础知识笔试（阅读和写作）；第二个测试是软件程序上机操作，内容包括 Microsoft Word，Powerpoint 以及 Excel（技能）。

完成测试后，艾丽西亚到主管办公室接受面试（语言表达和倾听能力）。首先，她简要介绍了自己的情况，而后谈到自己的学业、相关计算机技术受训经历、早前从事的工作及其职责（责任与坚持）。主管向艾丽西亚说明了招聘职位的具体要求（倾听），然后请她谈谈自己五年内的职业发展规划。想了一会儿（思考能力），艾丽西亚开始跟主管聊自己对未来工作的期许，在不久的将来自己如何承担更多责任，提升职业技能（预测想象能力）。两人相谈甚欢，面试结束后，主管告诉艾丽西亚，公司会在一周以内以电话形式通知应聘结果。

杰克逊女士回到家，因为比计划时间稍晚，所以额外付给保姆一笔加班费（诚信）。换上舒适的家居服，她先坐下写了一封感谢信给那位面试主管（书面交流能力），临睡前又在脑中梳理了一遍当天面试的过程，总结自己哪些方面做得不错，哪些方面还应改进（自我评估）。她希望能早点得到通知。

艾丽西亚·杰克逊的故事向我们说明了职场工具箱里的工具怎样奠定个人职业成功的基石。你不用问自己如何学以致用，实际上，在人生的每一天你都在使用这些技能。

工具选择

虽然你的职场工具箱到目前为止还空无一物，但是从本章开始，你将放进一件又一件有助于提升个人能力，改善人际关系的职场工具，包括积极的自我形象、态度、激励、坚持、习惯、忍耐、诚信、情绪智力以及换位思维。你可以将拥有想法、梦想、天资和能力的自我个体与个人职场工具箱融为一体。好比锤子和螺丝刀，工具箱里的职场工具不可或缺，没有这些工具，你根本无法施展拳脚。

积极的自我形象

自我形象：名词，意指个人对自身的设想和看法（个人特点、能力以及价值）。

原声摘要——积极自尊

我们都有天分和贡献的力量，我们也都会犯错。让我们把错误当成资产而非障碍；让我们从错误中学习，消灭错误，不断强大，绝不能被错误击倒。

先来谈谈人们应该如何看待自己——自我形象。自我形象影响着生活的方方面面——个人情绪、人际关系以及职场成功的程度。人类强大的思维能力决定了他们对自身和外部世界的认知，反过来将影响其自身言行。

我们对自身的认识大部分来自父母和其他权威人士，在我们还是孩子的时候，他们告诉我们，我们是什么样的人。比如，想象一下，一位女士如果小时候问问题时碰到麻烦，也许她长大后会认为自己很笨，对于求助他人感到不自在。而另一位女士如果小时候问问题时得到了很多回应，还因为爱提问，好奇心强受到表扬，长大后她极有可能变得积极自信、虚心求教。

积极看待自己是首要也是最重要的任务。我们每个人都应该成为自己最棒的啦啦队长、最好的伙伴以及最优的资源。如果自己都靠不住，我们又能指望谁呢？消极的自我形象不仅麻痹自我，还阻碍我们接受别人提供的帮助。只有真正懂得并欣赏自我价值，我们才拥有了成功的力量。

不幸的是，拥有一个积极的自我形象并非易事。舆论破灭了希望，我们觉得自己不够聪明，不够好看，不够健康，不够富裕。我们被动地不满自我，感觉物质精神双匮乏。更严重的是，我们还告诉自己："我不明白"，"我绝不可能做到"或者"我注定失败"，其结果就是任何人在人生的任何时候都可能展现出糟糕的自我形象。我们极其苛刻地挑剔着自己。比如，如果你要去参加面试却坚信对方单位会因为你的文化或教育背景拒绝雇佣，那么在面试时你就会表现得缺乏自信，而这种不自信会传递给对方知晓。糟糕的自我形象不仅妨碍能力发挥，还会让梦想破灭。

积极的自我形象包含两方面。首先是自尊，建立切合实际的良好自我印象。具备较强的自尊心方能发现自我价值所在。你需要尊重自我，肯定自我能力及自我价值。你明白自身的素养和能力能够改变自己和他人的生活。你坚信世界会因为自己而不同。

其次是自信，符合实际，相信自己的能力和判断。自信的人相信自己，相信自身能力将推动自己和世界产生积极的改变。自信让你对自己产生积极的看法，并将之转化为行动。

自尊加上自信将为你奠定成功的基石。有一种说法将两者巧妙结合："我发现，我相信，我胜利。"如果能够发现自我价值（自尊），相信自身能力和行动的价值所在（自信），你就可以达成目标、实现梦想。

我们都会犯错。在事情不尽如人意的时候，怎样才能让自己不产生挫败感呢？第一，你应该认识到每个人都有跌倒的时候，你也不例外。实际上，那些总是特别自信的人很可能只是极好地隐藏了自我怀疑罢了。第二，你还应该认识到"失败"是大多数人对预期失望的一种称谓。有时候，这些期望一开始就是不现实的，所以即便没有成功也不能说明失败，只能说明你需要对它们稍做调整。事实是，只要坚持不懈，世上没有真正的失败，只有不断的学习。不尝试新鲜事物，人们便不会失败；与此同时，他们也无法获取新知，继续前行。

在感到失败，倍感悲观时，你很容易消极地暗示自己。不幸的是，很少有人意识到消极的自我暗示将为自己带来毁灭性的后果。诸如"这真是太蠢了""我怎么会这么笨呢"或者"哎，又来了……"之类的想法会逐渐削弱你的自我价值感，到了最后，你根本没有能力在工作中施展自己的天资、能力。

那么，怎样扭转消极暗示导致的严重后果呢？首先，你需要了解消极的自我暗示如何产生影响。对人而言，万物始于念（想法），念生情（情绪），情生素（激素）。素就是激素荷尔蒙，它可以促使人们感知影响自身行为的某种方式。由此看来，想法的改变方能带来行为的不同。

举个简单的例子，你自愿就"社会关系利用"这一主题做报告，不图任何利益回报。你真心喜欢这个话题，拼命想让自己的陈述有益有趣。由于从未在一大群人面前做过报告，你很紧张，但依然坚持。做完报告，老板告诉你"一切都搞砸了"，因为你忘记提及一些重要细节。你立马就会这样想："一做报告我就弄砸。"接下来，你会产生严重的尴尬感和耻辱心。再后来呢？你的脸涨得通红，眼泪都快流下来了。你想讲话，可声音发颤，害怕再做任何陈述报告。所以，念头催生情绪，情绪带来生理反应。

反之，如果老板对你说“太棒了！我都等不及想让你再做一次”，那么结果又会如何呢？你也许会想：“看，我做到了。还不赖嘛。”接着，你会感到快乐自豪，眉开眼笑，充满自信地感谢老板的肯定，告诉他：“我期待着再次表现的机会！”从此以后，你将满心期待一次次报告陈述的机会，因为你可是很在行的呢！

原声摘要

如果你要参加考试或诸如此类的活动，千万别说“我一定过不了”之类的话。因为这种负面消极的态度将影响你的行动。还没开始做，你就已经被自己打败啦。态度积极向上，事情才能做好。

——J. 韦德（J. Wade），计算机科学专业学生

自我暗示的管控

控制个人思维需要花大力气。

个人想法能转变成一个独立的声音决定成败。让我们看看有哪些方法能消除消极的自我暗示，成功逆转。

方法1：如果你发觉自己正在想“哎，我真笨”，马上停止这个想法，告诉自己“其实我能做得更好，下次看我的”。用乐观积极替换消极悲观，这意味着你需要提前想到一些积极的主意。当然，如果你长期消极，要改变想法虽非易事，却并非没有可能。如有可能，在纸上写下并大声念出那些积极的想法，直到将它们牢牢地记住，下次就可以迅速地使用这些积极想法去替换消极思想。即使这些消极的自我暗示一次又一次地出现在你的脑海里，也别太苛刻自己。那都是人的自然反应！只要你坚持用全新的积极思维替换老旧的消极思维，恭喜你，继续前进吧！记住，

进步的取得不在朝夕，需要长期大量的训练。

方法 2：试试专门找时间练习积极正面的自我陈述，可以在每天早上对着镜子练习。告诉自己：“我独特而有价值，一定有公司需要我。”或者，说得更加具体一些：“我将在今天的面试中用优异的表现打动某人。”一些人会抱怨说，这样的自我陈述显得很不真实，或者在陈述时他们并没有觉得有什么不一样的地方。没关系。只要自我陈述的次数足够多，多到牢牢记住这些想法，你就会相信自己，也会感受到这些想法的存在。实际上，有一种方法可以让自我陈述听上去更加真实，那就是在陈述开始时加入一些具体表达（见黑体字部分）：“**无论外表如何，事实就是，**我独特而有价值，一定有公司需要我。”出现在陈述开头的那些新词让你承认不足，虽然当下的情况并不一定如陈述所说的那样，但是这个陈述本身是真实的。

方法 3：还有一个方法就是用“想要”一类的给力表达替换掉“不得不”这类让人泄气的词汇。人一旦“想要”，便有力量，因为这个表达暗示着对个人行动的决定。比如，当你说“我不得不完成这个项目”或者“我应该完成这个任务”时，人们会感觉是有人在支配你工作。而“我想为该项目工作”和“我自愿完成这个任务”的思维想法将你置于一个有利的位置——自己选择、自己行动、自己决策。图 1—1 给出了很多建议。

推荐使用		建议避免	
• 我想	• 我许诺	• 我不得不	• 我打算
• 我选择	• 我知道我将要	• 我应该	• 我想我可以
• 我将	• 我承诺	• 我会试试	• 我希望

图 1—1 思维之增权益能

通过学习，你充满自信，不断成长。学到的每一种技能、取得的每一份好成绩、收获的每一条积极反馈都在证明着你的价值。告诉自己：我成功了。提醒自己在正确的道路上迈出的每一步、取得的每一个胜利，关注自身潜力。这些举动都将帮助你保持稳定强大的自我形象。

保持积极的自我形象是终身的挑战！你必须学会忽略自身和周围一切会让你感到软弱无力的消极声音。积极的自我形象赋予你力量和自信去施展个人本领。千万别忘了，无论怎样，你自己和你的想法是最重要的。维持住积极的自我形象，千万别弄丢了。比起其他任何工具，它最能为你扫清前行的障碍。

态度

态度：名词，一个人的性格、观点、精神状态，展现个人性格特点的行为、思维或者感官方式。

态度意味着你真实的精神状态，或者说为了表达这种状态而表现出的行为举止。态度有很多种，态度跟各种各样的情绪相伴。你是否曾听人讲过“她的态度令人讨厌”“他的态度很好”之类的话？这些评价指的就是那个人的精神状态。或者你还听过有人说“别用这种态度对我”？此时，讲话人指的是一种表现精神状态的行为方式。

你做的每一件事情均取决于态度。态度能助你一臂之力，也能诱使你犯错，拖拽你前进的步伐。态度能为你打开机会之门，也能让你失去机会。态度还能隐藏机会，让你根本无法察觉机会的存在。让态度成为服务工具，驯服它，然后放进你的工具箱。

态度与自我形象紧密相连。如果你拥有一个积极的自我形象，那么你也会很容易地展现良好的态度。一个消极的自我形象常常带来阻碍个人发展的悲观态度。内心的感受会转化为外在的表现。

事实上，人们宁愿跟积极的人待在一块儿，也不愿与满腹牢骚或挑三拣四的人为伍。听过“能量吸血鬼”这个词吗？“能量吸血鬼”指的是有些人因为个人悲观消极，好像要吸干周围人们蕴含的所有能量一样。待在这种人身边，由于需要花费大量能量去抗争消极，所以人们感到疲惫不堪。这就是积极思维为什么如此关键的原因，也说明了确保言谈举止展现积极态度的重要性。

驯服你的态度

> 人们更愿意跟积极的人待在一起。

也许你无法掌控发生在自己身上的事情，但是却可以控制自己的态度以及回应方式。早起后的态度有时似乎能决定整天的状态，对此你别无选择。很神奇吧！千万别让态度奴役你。万一在不顺的那天你要参加一个重要会议，赶赴一个重要约会或者打一场重要的比赛呢？难道你还打算拿态度当借口，为自己辩解吗？即便失败了，一个良好的态度也能让你从失败中迅速吸取教训，更快前行。消极悲观的态度只会让你一错再错。

下面这个例子很好地说明了一个道理：思维决定态度，态度影响行动。劳尔（Raul）学习的专业是放射学，学校就业办公室主任告诉他有一个在医疗诊所兼职的机会，不仅能发挥专业技能，还能挣钱。于是，他投递了简历，之后获得一次面试机会。可在这个时候，消极态度出现了。他担心自己没有医护或计算机方面的经验。这不是零售买卖，这可是他的第一次工作面试啊。所以，面试那天，他一醒过来就开始忧心忡忡，想着“他们不会看上我的。我毫无经验，不具备任何优势。参加面试的其他人都比我优秀。我配不上这份工作，我看还是算了吧”。

劳尔的消极思维催生了悲观态度。虽然他还没有参加面试，就已经确信自己无法获得这份兼职。游戏尚未开始，悲观态度就已经剥夺了成功的可能。带着这种态度，你认为劳尔的面试会怎么样呢？他肯定无法为自己美言，无法表现出自信与和善。当被问到为什么认为自己是这份兼职的最佳人选时，他甚至会说“我不知道”。态度反映自我形象，如果形象欠佳，那又如何指望他人（例如面试官）对你产生好印象呢？

如果劳尔的态度能积极些，情况会大不相同："虽然我缺乏工作经验，可是我聪明友善，热爱学习，一定能够很快适应诊所的办公体系。我喜欢跟人一起工作，我将用优质的服务和友善的态度好好对待病人。我的个性非常适合干这份工作。"劳尔积极的态度让他能看到自身优点，认为自己应该得到这份工作。在面试时，他会主动提及自己的技能和优点。如果面试官谈到他缺乏工作经验，他也会解释说自己学习能力很强，善于跟人相处的能力能在学习相关工作技能时起到很大作用。

良好的态度能够扭转乾坤。如果你确实带着悲观情绪在早晨醒来，请选择扭转局面。启用积极的思维模式。在机会尚未到来时，你就毁了它，这对你毫无益处。

测一测：态度和你

想出两件发生在你身上的重要事情，你的态度对结果产生了直接的影响：一个是积极正面的态度，一个是消极负面的态度。

1. 第一件事是什么（态度积极）？

____

- 你的态度如何？

____

- 你对自己说了什么？

____

- 结果怎样？

____

2. 第二件事是什么（态度消极）？

____

- 你的态度如何？

____

- 你对自己说了什么？

____

• 结果怎样？

• 应该怎么想、怎么说才能改变态度？

自我激励

激励：名词，推动、刺激，提供一个目的动机。

努力保持积极向上的态度，专注自身优点仅仅是开始，下一个要放进职场工具箱的技能是自我激励。激励赋予人们能量与埋头苦干的动力，让你努力朝着目标前行。当前行之路坎坷难行时，这个技能可以让你不放弃。自我激励的原因有很多。你是否曾经在清晨赖床不起？是什么促使你最终起床？你是否想起学校一会儿有个重要考试？想到上班迟到会扣薪水？抑或是肚子饿了想吃早餐？尽管缘由不同，但是都发挥了激励自我的作用。

自我激励非常具有挑战性。如果你曾经有过花时间锻炼身体的经历，你就知道自己有时候很兴奋，而有时候连去体育馆都步履维艰。即使感觉不到对成功的渴望，最后你将依然收获惊喜——自我感觉良好，觉得自己终于做到了，成就感油然而生。掺杂着骄傲与成就的惊喜源自一项棘手任务的完成，就好比看到隧道尽头的那一束光。

激励自己用功读书，找个好工作的原因因人而异。或许你梦想着有一天能从事自己喜欢的职业；或许你希望生活得有档次；又或许你要抚养孩子，需要一份好工作。对梦想的追求、对金钱的渴望以及对家庭的责任全都是强烈而正当的自我激励。有人是为了向自己或他人证明自己的能力，还有人是为了表现自己，展现自己的与众不同。无论出于哪种理由，要让梦想变为行动，自我激励必不可少。

态度端正但缺乏激励会怎么样呢？你可能终日赖在床上，嘴角挂笑，感觉良好。你态度端正，可就是不愿意走出去向他人展示自己，这样的你是不可能找到工作的。那么，应该如何激励自己呢？

让我们通过下面的场景，剖析自我激励形成的全过程：是什么原因激励你向 20 位潜在雇主发送简历？图 1—2 说明了这个过程。

1. 设定清晰目标	2. 定义回报	3. 消除障碍	4. 采取行动
列出自我激励的理由	确定收益	识别障碍，制订解决方案	万事开头难

图 1—2 自我激励，不断前行

1. 设定目标。你希望向 20 家当地企业投递简历。你希望从在线求职板块、报纸、公告板以及学校的就业办公室了解这些企业的名称。你希望每一份求职简历都能附带一封激光打印的求职信，以吸引雇主眼球。

2. 定义奖励。有些奖励可以自动获取，比如做好事情带来的满足感，完成工作任务时的轻松感或者设计一份专业、精美的简历带来的喜悦感。有些奖励得到与否不受控制，比如电话通知入围面试或者之后的录取。还有一些奖励可以选择是否给予自己，比如一次晚上外出活动、一张全新的 CD 或者一趟面试服装的选购之旅。

3. 审时度势，发现障碍。是什么原因阻碍了你进行自我激励？也许求职伊始，你有些紧张，那就晚点考虑困难，放松自己。而这个障碍只有在求职真正开始才能得以清除！另一个障碍是担忧家用打印机的打印质量以及希望找到一台更好的打印机的念想。扫清这个障碍很简单，你可以征求老师的同意在放学后使用学校的打印机。还有一个障碍就是对证明人的人选不太满意。要搬开这块绊脚石，你只需要给三个最了解你和你目前生活状态的人打电话，询问他们是否愿意为你提供证明。

4. 克服困难，勇往直前。坐着思考行动目标很容易。你需要的是迈出第一步，在投递前先更新现有简历的个人信息，在学校电脑上修改并打印出来。第二步，整理投递对象，确认寄送地址。第三步，写求职信，寄出前应根据每一位雇主的情况完成相应修改。第四步，将简历与求职信打印出来，装进信封，贴上邮票，投寄出去。第五步，给证明人打电话告知简历已寄出——提醒他们可能接到自己未来雇主的电话访问。你还应该告知证明人自己正在寻找的工作类型，请他们在接到雇主电话访问时重点谈及你具备的相关工作技能和素养。千万别忘了列出各位证明人的姓名、头衔以及联络方式。未来雇主或许会需要这份名单。看，你已经做到了，系统而有效地激励自己完成了一项任务。

> 没有动机激励自己安排规划，采取行动，即使态度端正，也将一事无成！

想想是什么激励你读完了这部分文字，请用那种动机激励你朝着目标前进吧。将“自我激励”这个工具放进你的职场工具箱里，跟“积极态度”摆放在一起。

承诺坚持

> 承诺坚持：名词，承诺保证做到某事；对一个长期行动的专注奉献。

现在你懂得激励自我，拥有端正的态度跟良好的自我形象——你了解了自身工作价值，怀揣干劲儿想证明自己。可是，光有这些仍然不够。我们为你带来另一种职场工具——承诺坚持。

任何时候你答应做某件事情，不管是用余下的人生爱一个人还是饭后把垃圾拿出去扔掉，你实际都做出了承诺。术语解释框里的第一个定义涉及承诺：“他答应每周六和我一起去回收中心。”第二个定义则表达了意愿，愿意坚持在一段较长的时间里为某事投入精力：“在那家俱乐部工作需要花费很多功夫。你会忙得不亦乐乎。”

干每份工作都需要坚持。事实上，你现在学习这门课程就是一个非常重要的承诺。如果没有承诺，学习不过是浪费时间。承诺意味着说到做到，找出实现目标所需的各项要求并按照要求行事。口头上承诺“我要提升自己”并非真正的承诺，你必须要制定出一连串清楚具体的行动，比如有规律地锻炼或者每周阅读一本书。

态度端正、动机强烈、欠缺承诺又如何呢？英雄将无用武之地。你会把自身良好的意愿（态度）和精力（激励）分散到各个方面，你没有实现具体目标所需要的那种坚持。有谁喜欢这样的人呢？没有承诺坚持的人虽然通常看上去甜美善意，可最后大都干着自己不喜欢的工作，人际关系不佳。如果没有对具体事物做出承诺，那么我们会倾向于碰到什么就干什么。如果干的第一件事对自己而言并非正确，我们也不更改，到最后就成了真正行不通的死胡同。

“承诺坚持”给予你最清晰可能的视角，看到自己想要的，并制订计划实现它。“承诺坚持”意味着在高速公路上驾驶时你的眼睛会紧盯着巨大的路牌。那么，应该如何做出并坚持承诺呢？图1—3提出了三个有关承诺坚持的关键步骤。

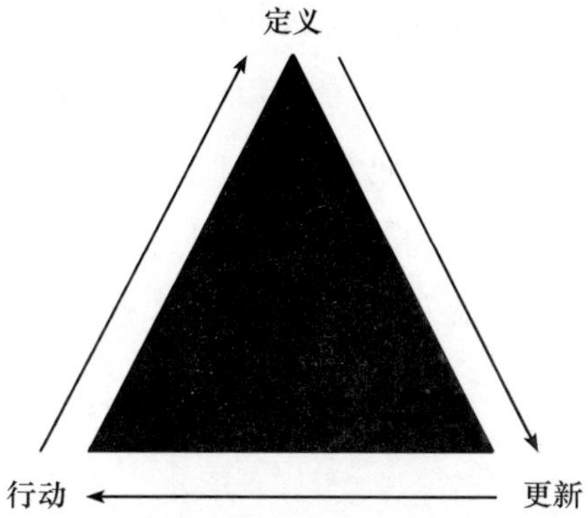

图1—3 承诺需要持续努力和准确评估

1. 定义承诺。决定想做什么：“我想和班上其他同学一起阅读完整本书。”首先是决定，即便做出决定时你并不清楚自己应当如何行动。

2. 开始行动。在上例里，开始行动就是开始阅读那本书的第一章。现在，你对自己承诺、对老师承诺（他希望你通过阅读获益）、对亲近你的人承诺（他们知道你在学校学到的知识将有助你获得一个更加成功的职业）。

3. 定期更新，坚持承诺。为什么坚持承诺比做出承诺更艰难？当初做承诺的时候，通常情况是你拥有更多的积极能量投入到任务中去，干了几天或几个月后，这种能量会减少。动力减少让人很容易放弃或懈怠。在你打算戒烟，坚持每日阅读、锻炼，保持屋内卫生或者保证健康饮食的时候，你或许会有这样的感受。

定期更新承诺是一种保持积极能量的方法，可以帮助你坚持承诺。当你更新一个承诺时，像刚开始行动一样去思考。提醒自己最初承诺的原因是什么；问问自己目标实现时将做何感想；回顾自己最初的想法，想想目标为什么重要。承诺是一种洞察力（对未来的看法），而坚持则意味着更新那种洞察力，尽可能地保证视野清晰。

当你提升了自己承诺坚持的能力，你就赢得了一个珍贵的职场成功必备素养——责任心。坚持一件事情是指为实现目标而需要完成每个任务的责任心。如果责任心淡薄，忽视目标，裹足不前，你会对自己的承诺踌躇迟疑。坚持与责任密不可分。当你做事认真负责的时候，你也赢得了他人的尊敬和信任，因为他们看到了你的坚持和行动。

承诺帮助你定义目标，勾勒梦想实现之路。人生变幻莫测，梦想之路也将起伏坎坷。只有怀揣积极的态度与良好的动机，坚持走下去，才能抵达成功的彼岸。

习惯

> 习惯：名词，倾向于某种行为或是按照某种方式表现；做某件事情常采用的方法。

每个人都有自己的习惯——好习惯和坏习惯。当你学习发扬优点，控制或改变缺点时，你就具备了另一个职场优势。

习惯是一种职场工具，原因在于它能影响人的各项活动行为。习惯掌控着很多事情；它很顽固，不管你需不需要，它都在那儿不会自动离开！人们坚守习惯是因为习惯有所回报。坚持一种习惯，反过来你会得到某些东西。有时候，最糟糕的习惯会带来立竿见影的效果；而好习惯的效果需要长期坚持方能显现。因此，你会发现消除坏习惯和坚持好习惯一样艰难。

比如，看看饮食的习惯吧。想象一下，拉斐尔（Raphael）有个嗜食巧克力的坏习惯。这个坏习惯立竿见影的回报是拉斐尔吃起来感觉相当美味。尽管如此，长远看来，脂肪和糖分对他没任何好处；实际上，他已经超重了。如果他不吃巧克力，而是选择更多水果和蔬菜，拉斐尔可以甩掉目前的高血糖问题。也许最开始他会感觉头疼、极度想吃巧克力，但是过不了多久就好了。虽然好效果不会即时显现，但是经过一段时间的新习惯适应期，拉斐尔将变得更加健康、更具活力，这是一个更持久珍贵的回报。

什么是坏习惯？坏习惯妨碍你追寻梦想，置你深陷俗套，难以脱身。做事拖沓就是一个最常见的令人裹足不前的坏习惯。每个人都有糟糕的个人习惯、工作习惯，以及跟朋友、家人相处或其他方面的坏习惯。坏习惯的种类很多——不遵守工作计划，不好好用餐，不跟家人交流等等。你是否有任何阻碍自己实现目标的习惯呢？

随着人生的不断前行，你也在改变，以前对你有帮助的习惯以后未必不会妨碍你。看看蕾妮（Renee），一位重返职场的全职妈妈。作为母亲，她养成了一个习惯，总是将他人需求置于首位。这个习惯在孩子们幼小、独立性弱时非常管用。现在，随着孩子们的长大独立，这个习惯就不再是好习惯了。如果在干完自己的工作前蕾妮不断留意他人需要，她本人的工作就会受到影响。将他人需求置于首位的习惯此时不再恰当，需要改变。

打败坏习惯需要持续坚定的努力。给自己一段时间。你必须先想想哪些习惯阻碍了你，自己希望用什么好习惯去替换坏习惯；然后，践行

"21天法则"，即用21天时间改变习惯。在这21天里，你将花时间思考改变旧习惯，尝试培养新习惯，再犯老毛病，继续培养新习惯。在这21天里，你有机会将问题考虑清楚，还有机会在改变的过程中意识到自身付出的努力。

如何在21天里打破对自身无益的习惯呢？下面列出成功七要诀：

1. 找出坏习惯。设定自己希望达成的目标，定义有哪些习惯阻碍成功。列出希望打破或改变的习惯清单，按重要程度依次排序。确定用于替换的新习惯。为自己制订行动计划。

2. 一次改变一个习惯。试图一次改变太多习惯会让人崩溃。改变一个习惯需要花费很多精力；改变很多习惯需要花费的力气会让你产生放弃的念头。竭尽全力，一次改变一个习惯。

3. 相信自己需要改变。仔细想想，确信自己能从改变中获益。写下来，让你更加坚持。

4. 立刻行动。从现在开始，别浪费宝贵的时间。越快开始，就能越早养成良好的习惯。

5. 一次一个小细节。别指望一天之内就能将习惯整个改掉。人的大脑和身体都会抗拒这种不切实际的期许。放松精神，善待自己。比如，如果你决定节约省钱，先从午餐开始，不去餐馆吃而是自己做饭，减少日常的咖啡消费；而后，再开始改变其他方面，如减少外出进餐、看电影的次数或者制定服装采购预算。

6. 适时犒赏自己。给自己加分。在习惯养成或改正的过程中，取得进步时，记得奖励自己——一个人安静地待会儿，外出购物或者骑一次车都行。以自己为荣，相信自己选择的道路是正确的。承认成功的重要性，如果跳过这一步，你会怀疑自己为什么要努力做出改变。

7. 改变有反复，千万别沮丧。每个人都会碰到这种情况，没人可以立刻获得成功。几个月或者几年时间形成的习惯不可能用一天或者一周时间改掉。慢慢来，原谅自己偶尔犯的小错——这是学习过程的一部分。

包容自己偶尔的错误，会让你在成功的道路上更加强大。如果你感觉自己偏离了道路，请重新审视自己，思考原先是因为什么而需要改变习惯，是否太具野心？是否太冒险？如果答案是肯定的，你就需要缩小目标，暂时缓解自身压力。

测一测：你的习惯

想出自己的三个好习惯和三个坏习惯。写下来，同时写上养成习惯的时间，留待本章最后使用。

好习惯

1. ________________ 2. ________________ 3. ________________

坏习惯

1. ________________ 2. ________________ 3. ________________

忍耐

> 忍耐：名词，能够自控，能够承受痛苦与困难的状态；不抱怨，耐心等待的意愿或能力。

因为做事从容不迫非常重要，所以我们开始探讨另一件职场工具——忍耐。对于起决定作用的职场工具而言，选择忍耐做工具看上去很奇怪，可是，如果没有这个工具，其他工具可能会令你失望。缺乏耐性的事业好比建造房屋没有一个平面能够确保板材间百分百平顺贴合。锤子、锯子和螺丝刀可以帮助你快速地建造房屋，可当房子真正建立起来，你并不喜欢。

同理，如果你态度端正，有动力，能坚持，努力改正习惯，你仍然有可能无法获得成功。要是在被心仪的工作单位录取之前，需要经历 5 次、10 次甚至 15 次面试，你会怎么办呢？这是可能发生的。缺少忍耐，经历 3 次面试你就可能放弃，随便找个现成的、自己却一点儿不喜欢的工作；能够忍耐，你才能意识到，即使没有被立刻录用，也没有必要放弃或是厌恶自己。忍耐将有助你提高面试技巧或者接受那些不可控因素(例如，你没有被录用是因为公司经理决定从公司内部提拔一位员工)。忍耐确保你能够坚持追寻自己心仪的工作。

有时候你要花费很长时间——甚至数年——才能得到自己梦寐的职位。也许你必须从一个职位换到另一个职位，在此过程中你需要更好地认识自己和自己的目标，在得到喜爱的工作前不断积累新技能。

保持耐心对你很有好处。只有少数人能够立刻上升至职业的巅峰。讽刺的是，我们只在书中读到或者在电视上看到。大多数人都在平稳而缓慢地朝顶端爬去，而媒体却很少关注到这一点。一位著名的演员曾经说过："我花了整整 15 年才一夜成名。"当他最终出演一部大片时，人们却将他看作一个有才华的银幕新人。殊不知，现实里的他数年来一边干着地位低微、收入微薄的工作，一边精进演技，耐心等待大好机会的到来。

好工作会有，可通常不是马上就有。记住，要忍耐，坚持使用其他职场工具。坐等工作上门没有任何好处。积极的自我形象让你对自身能力充满自信，端正的态度让你的精神饱满高昂，自我激励令你不敢懈怠，承诺坚持使你专注职业理想，而习惯则可以增加你的成功概率。

诚信

> 诚信：名词，具有健全道德准则和道德规范的素养或状态；诚实、正直、真诚。

在商业技能和工作技能之外有一样雇主们都非常珍视的重要个人素养——诚信。你可能很熟悉上面的名词解释里用到的词汇——道德准则、道德规范、诚实、真诚。在现实生活中如何诠释这些词汇？怎样诚信地生活？下面列出诚信四原则，每个原则后面都附有日常生活中的具体案例。

1. 一个诚信的人会依据良好的道德准则做出涉及家庭或工作的决定。

• 合理规划工作时间，让自己每天都能与孩子们共进晚餐。

• 面对来势汹汹的顾客，选择冷静地探讨问题，并为顾客提供可行的解决方案。

• 邻居的婚姻出了点问题，不对此乱传八卦。

• 浪费了公司时间，向上司承认错误。

2. 一个诚信的人会诚实地对待他人，对自己和他人都不说假话。

• 当配偶做了令你不舒服的事情，会告诉对方。

• 因为与合作者意见相左，工作质量受到影响，会真诚地和此人探讨，诚实表达自己的真实感受。

• 干好了，表扬自己；犯错了，勇于承认，拟定一个可以在下次做得更好的方法。

• 对上司决定有异议，诚实地告诉他。

3. 一个诚信的人言行真诚，能准确表达个人观点，坚持自己认为正确的事情。

• 当同事需要提前下班时，告诉他自己会完成项目余下的部分，并确实坚持到底，完成这项工作。

• 妈妈休假归来，告诉她，她看起来非常棒——真的很棒。

• 公司匆忙完成一个特殊项目，为此表示担忧。

• 一旦与长期合作伙伴的关系破裂，毫不迟疑地终止合作关系并尽可能清楚地向对方表达个人观点。

4. 一个诚信的人在做人生抉择时会考虑个人和他人的需要。

• 工作中最好的朋友遭遇家庭危机时，调整自己的工作计划，以腾出时间去帮助处理他的业务。

• 决定带领家人去本地海滩度假，既满足节省的需求，又兼顾了大人和小孩的需要，各得其所，其乐融融。

• 根据工作团队中每个人的才能特点，分配项目任务。

• 多个晚上都待在家里照顾孩子，以便让配偶腾出时间上夜校。

诚信是一种最受雇员、朋友或配偶欢迎的素养，它让人给予你最基本的信任。当老板知道你会按照吩咐做事，能诚实地说出个人想法以及根据良好的工作原则做出决定时，他们会很信赖地把任务分配给你，也会放心地给予你更多成长、学习的机会，因为他们无须再花时间重新指导或强化你的道德品质。在工作或个人人际交往中，信任带来自由。如果大家相信你的思维、工作和行事方式，他们就会让你按照个人意愿自由抉择。

假设你在一位经理手下工作，因为以往表现不佳，经理不信任你，质疑你的诚信。结果就是，他密切盯防，不让你独立决策，要求你在决定前先跟他确认。他仅仅分配那些他自己能够掌控和监督的工作任务给你。工作上缺乏信任既限制你的发展，也阻碍经理的工作，因为他在你身上花费的时间太多。

再想象一幅截然不同的画面。你在工作中展现出极大的诚信，聪明老练地表达个人观点，干好分配给自己的各项任务，言出必行。你真诚地对待上司和同事，关注周围人们的各种需要。这样，经理相信你，也相信你的工作，让你独立完成各项常规工作，只偶尔检查确保工作质量。在你有想法提建议的时候，他会认真倾听，认为言之有理的建议，他会让你着手实施。从不断监视的责任中解脱出来，这位上司也能完成更多的工作。诚信带来的信任让每个人都能工作得更轻松、更具成效。

从真正意义上来讲，诚信不是教会的。我们从父母、老师和人生经验里学习正确的行为举止，可我们每个人都对是否照办有着自己的决定。许多人虽然知道什么样的行为是诚信的，可是他们并不会那样做。诚信并不是仅仅知道正确的行为举止；诚信是独立地做出决定，按照正确的行为举止行事。给大家更多机会看到你的诚信，他们也会给予你更多自由追寻梦想。

如果你有诚信，即使偶尔犯错，人们也不会对你丧失信任。比如，你是否曾经犯错，很害怕告诉身边的人？可能的情况是，如果你是一个值得信赖的人，一旦告诉他人事实真相，对方的失望不会强烈到足以摧毁他对你已有的信任感。如果你努力坚持言行一致、诚信思考，你将获得身边人的信任。

换位思维

如果不能与周围的人换位思维，那么迄今为止你所得到的每一件工具都毫无价值。换位思维是一种站在他人立场，设身处地地想象他人感受的能力。这种能力能帮助你做出双赢而非单方面获利的决定，不只是你，每个人都能从中受益。缺乏换位思维会带来问题：输掉的一方会十分气愤，认为自己被欺负了，此人将一直寻找机会报复你。

缺乏换位思维的公司肯定会引发激烈的竞争甚至自相残杀，我们对这种情况司空见惯。比如，公司因为投资赔掉了职员的退休金，一方面职员薪水停发，另一方面公司领导层却大肆派发奖金；或者为了一点点蝇头小利破坏环境。缺乏换位思维，这些举动都将导致巨大的损失。

拥有换位思维，你就拥有了一种优势，你能理解他人的感受，因而可以更有效地跟对方实现交流沟通，最终取得持续性的效果。例如，你在一位经理手下干事，这位经理终日忧心忡忡，害怕失业。公司开始裁员了，经理感觉下一个走的就是自己。他如此忧虑的原因是妻子生病入院，需要一大笔医疗费。现在，经理问你，为什么花那么多时间还是没能完成项目。你试图解释，可是很快经理便开始大声斥责你，警告说如果你和你的团队不能按时完成任务，整个部门都会受到连累，你也会被开除！

如果没有换位思维，你可能产生的反应是，你也开始对着经理大吵大闹，甚至威胁要离开他，不干这份工作。天晓得，经理可能会当场炒你鱿鱼！瞧！两人到最后不欢而散，你也因此丢了工作。

尽管如此，要是你能换位思维，你就可以理解经理此时承受的巨大压力，他担心如果自己的部门表现不好，他会被公司解雇。这样一来，你就不会把经理的怒火当成是私人恩怨。面对斥责，你选择冷静解释，让他放心，虽然这个项目在设计阶段花费时间比预期稍长，但是在接下来的执行阶段花费的时间将相对较少。你有能力让他相信一切尽在掌握，大家一定能按时完成任务。最棒的是，经理此时可能也冷静下来了，因为他知道项目正在按部就班地进行中，整个部门表现良好。

体会他人感受并做出回应的能力会一直陪伴你，助你获得职场成功，取得优异学业，收获家庭幸福，稳健立身世界。这就是换位思维的力量，它是职场工具箱里最重要的职场工具。

压力管理

在得到工具箱里剩余的工具之前，最好记住一点，只有在恰当的时间选择恰当的工具并正确地使用，工具才会管用。这就取决于个人应对改变，管理压力的能力。后面章节会就压力管理进行专门的讨论，现在仅列出几点供大家记忆。

• 世界变革步伐日益加快，个人需要灵活地应对变化，不能顽固抵抗，粗暴回应，或者受制于这种改变。

• 无法控制改变，却可以控制自身对变化的反应（态度），做事从容不迫的人总是积极地看待改变，那些看似阻碍自己的事情实则帮助自己在未来更加成功。

• 对事物的反应决定个人承受压力的大小。消极应对会带来压力，消极的情感反应导致人体释放出某些激素，如肾上腺素和皮质醇。这些激素本来用于在危险迫近时给予人们能量去“战斗或逃离”。而现在，没有任何真正的危险，你只是感到忧虑、不安、生气或者害怕，但是身体仍然会释放出这些激素。不幸的是，长此以往，这些压力激素会损害身体机能，导致骨密度降低、肌肉组织减少、血压升高以及免疫功能下降。

感到压力时，让氧气进入体内很重要，氧气能将压力激素排出体外。

表1—2列出一些小建议供大家采用。

表1—2 压力管理建议

倦怠管理方法	行动步骤
吸入氧气	感到压力时，呼吸较浅。为了消除这种症状，请放慢速度深呼吸。散步可以让你呼吸新鲜空气。缓慢平稳的呼吸能缓解压力
调整状态	这个简单的方法能够迅速改变你的精神面貌。如果习惯坐着，不妨尝试站着处理工作。如果习惯站立，请坐下放松自己。站立通常表达一种非常强烈的参与感以及对事物的掌握程度，但是身体对站立的反应是难受的，身体不可能持续保持这种状态
放松大脑	调整状态，离开烦人的工作环境，比如办公桌或者办公室。散会儿步，即便在公司大楼里走走也行。伸伸懒腰放松身体有助于加快血液循环
建立平衡	与身体交流，静静聆听身体需要休息的无声诉求。头疼吗？目光呆滞吗？肩颈紧张吗？要避免或消除这些症状，平衡工作和休息时间很重要
适时充电	充电远不止放松休息那么简单，还可以是抽出时间吃饭、休息、锻炼、与他人交往互动，甚至是独自待一会儿

有基本的通用技能在手，再准备点儿应对压力的方法，现在是时候操练本章的知识要点了。

经验之谈——职场透视

走自己的路

雷·戈尔丁（Ray Golding）

模具经理、工商管理专业学生

因为中学时期成绩糟糕，所以我厌恶学校，觉得学习十分无聊。读完11年级后我就退学了。由于动手能力强，我先在一家木料厂工作，然后又去了一个建筑工地上班。之后，我在一家自动化设备公司获得一个职位，从事机械师工作，负责零部件制作，这些零部件用于装配线上产品的分类整理以及瓶子的装箱打包。

因为高中都没念完，所以我从未想过有朝一日能进大学学习。可我的老板却老是让我继续念书。他说，没受过大学教育，我就无法获得晋升。我并不真正相信这番话。毕竟，虽然薪水没有增加，但是我却在不断进步。尽管如此，我没有被委以更多重任。我不确定是否应当紧逼自己，开始走下坡路，经常跳槽，虽然都干着机械师的老本行。

再后来我结婚了，有了两个孩子，一家人住在活动拖车房里。我意识到自己需要做点事情让家人过得更好。当时，公司派我去一家机械模型店工作，为一个机械工程团队设计一套“概念”装置。我想这正是我需要的突破口。可是，他们接下来跟我介绍的很多概念任务，我闻所未闻。比如，他们希望我修改自己设计的零件机械图，甚至要求我将一些评估结果运用到零件制造上。我完全懵了。

他们还让我管理一个 4 人机械师团队，可我根本不知道如何管理他人。结果就是，这些人被我粗暴地支来唤去，我也没得到任何提升。

工作间歇，经理对我说即便中学没毕业，我也可以上大学。他建议我试试本地一所社区大学开设的计算机辅助机械设计课程（CAD）。虽然他的建议很疯狂，但是还是值得一试。重返校园是一个人生转折。我曾经被学校的困难打倒，现如今我却喜欢这种挑战。和中学的指令式学习不同，大学学习非常独立，需要自我激励。我遇到的教授第一门课程的老师非常棒，让 CAD 软件学习变得十分有趣，我真正爱上了学校，爱上了学习。

课堂上学到的知识我能直接运用到工作中。做学习项目时，我学会了与团队成员交流沟通，现在团队中的每个人都愿意彼此合作。公司要成功发展，团队合作至关重要。我了解到，上司不应该对下属发号施令，而是告诉员工做事的理由——为什么对公司如此重要。员工需要了解公司的发展前景以及上司对他们的期望。

我还懂得总有一些人真正关心你，希望你成功，但是你需要敞开心扉给对方机会；让对方知道你需要帮助。我就很幸运地得到了一位导师相助。有时，一天工作下来，我在他的课上表现得挫败和沮丧。我会告诉他自己在工作中碰到的问题，他也乐于倾听并为我提供不同的视角看待问题。解决问题需要创造性，而我正在学习创造性思考。

回想十年前，我无法想象自己现在能走这么远。我对家庭和个人未来都满心期待。我乐于为孩子们树立好榜样，让他们看见自己的父亲正努力学习。每当我回到家，告诉孩子们自己得了 A，他们是那样的欢欣雀跃。现在，我正努力争取拿到准学士学位，并决心终身坚持学习。

职场工具箱

我们通过观察、阅读和实践来学习。完成章节末尾的练习，亲身实践本章学到的知识。

1.1　通用工作技能

通用工作技能分为基本技能和工作能力两大类。表 1—3 列出的基本技能是你在工作中需要掌握的知识，而工作能力则涉及如何将知识运用到实际工作中。要胜任一份好工作，取得成功或者实现职位升迁，技能和能力不可或缺。

《职场工具箱》的所有章节都相互关联，基本技能和工作能力在整本书里会很多次出现，独立成章，互相补充。表 1—3 列举的每个技能后面都用括号标注了数字，表示该技能出现的具体章节，方便读者查找。AC 指所有章节，表示这个技能是贯穿本书始终的基本主题。仔细阅读这个技能备查表，检查自己当前的兴趣和技能水平，最后一栏空白不填。

每一章学习结束后，都需要回顾该表，在最后一栏填上自己取得的进步。

通用工作技能将促进你的职业发展。想想自己宝贵的工作经验，无论它们有无薪水。举例来说，你在工厂上班并自愿担任消防志愿者。平日你在办公室工作，闲暇时你会去看望社区养老院里的老人们。或者你一边念书，一边照顾马匹，打理草坪。

思考一下自己的工作表现，尤其是自己的优点，列出 3 个职场优势以及所需的通用工作技能。

1. ______________________________

2. ______________________________

3. ______________________________

另一方面，我们都有不足。再看看表 1—3 中列出的那些通用工作技能。想想有哪些能力是你以往需要却不具备的。或许因为缺乏耐心，你朝着老板大呼小叫；又或许因为不够专注，本该找零 5 美元，你却给了顾客 50 美元；这些都让你丢掉了工作。

表 1—3　　通用工作技能备查表

通用工作技能	我的技能：优秀/良好/一般/较差	希望改进	正在进步
基本技能			
思维清晰，富有创造性（AC）			
决策技能（AC）			
问题解决能力（AC）			
责任心（AC）			
积极的自我形象（AC）			
价值选择（AC）			
好习惯养成（1）			
诚信工作与生活（AC）			
换位思维和情绪智力（1，10）			
目标确定（2，6）			
轻重缓急（2，6）			
掌握学习方法（4）			
阅读技能（4）			
书写技能（4）			
倾听技能（4，10）			
口头表达（10）			

续表

通用工作技能	我的技能：优秀/良好/一般/较差	希望改进	正在进步
交际技能（6，8，10）			
工作能力			
交流能力（AC）			
工作多样化（9）			
时间管理（2）			
金钱管理（2）			
团队合作（6）			
客户处理（10）			
协调能力（8，10）			
冲突解决能力（10，11）			
资源利用能力（6，7）			
信息获取能力（5，6，11）			

列出3个需要改进的通用工作技能，请进行具体描述，态度诚实。在全新职场道路上迈出的第一步取决于诚实地评估自己。

1. ______________________________

2. ______________________________

3. ______________________________

1.2　积极态度表——你的好伙伴

态度决定行动，所以积极的态度可能是你拥有的一个最根本的职场工具。职场和个人生活的成功与否80%取决于态度。

通过本书的章末练习，你将创建属于自己的积极态度表。我们将这个态度表称为你的好伙伴。所谓好伙伴就是一个能帮助、支持你的亲密朋友，这正是积极态度对个人未来所起的作用。

每章最后都有一个包含相关态度的新表。你会发现某种态度不止一次地出现，这说明不止一章用到了它。我们频繁地提及某些态度，凸显它们在不同情况下的重要性。

查看下面列出的各种态度，用笔圈出最适合你的词。然后，选择一个你希望首先改进的态度，在空白处写下来。

- 野心。积极追求成功。
- 真实。诚实、真诚、坦率。
- 坚持。坚持理想，有很强的价值观；永不言弃。
- 富于想象。在工作中发挥创造性。
- 细致深入。综合全面的工作表现。
- 独特。具备并重视某些特殊的个人素养。
- 可靠。可信任、可依赖。
- 热情。对人对事表现出强烈的兴趣。
- 自信。对自身能力充满自信。

我希望培养我的______________________________态度。

有一种方法可以激励个人积极态度的培养。在索引卡片或者便条上写“我……”。在后面写上你想要培养的某种积极的态度。把卡片或便条放在自己每天早上醒来第一眼就能看到的地方，浴室镜子或者冰箱就是个不错的选择。你还可以多写几张放在自己能看到的各个地方。每天多念几次（如果有可能的话），以一种已经具备该态度的口吻，比如你要说“我很可靠”，而不是“我会可靠的”或者“我希望自己可靠”。记住，态度是自己选择的。只要人的大脑能理解、能相信，它就能做到。当你不断肯定并操练自己的积极态度时，你也得到了一个好伙伴。

1.3 习惯保证书

轮到你表明态度了。养成新习惯，改掉旧习惯，哪个更难？大多数人会说改掉旧习惯比培养新习惯更加困难。

分析自己的习惯。回想之前列出的那些习惯，哪些需要改正，哪些需要培养并用以取代旧习惯？

我想培养的新习惯是：________________

我想改掉的旧习惯是：________________

做出承诺——在保证书上签名，遵循“21 天法则”。

我将在未来 21 天里训练这个新习惯。

姓名：________________

日期：________________

21 天习惯矫正器

在 21 天习惯表（见表 1—4）中，先指出之前找到的那些阻碍目前生活与目标实现的旧习惯，再列出希望培养的新习惯以此取代旧习惯。每天检查新习惯的训练情况。一定要每天检查。如果有一天没有坚持检查，那就必须重新开始 21 天计划周期。习惯养成后别忘了犒赏自己。参照下面的例子，不用每天奖励自己——对刻苦努力的些许赞美和欣赏足矣。

表 1—4　　21 天习惯表

旧习惯	新习惯	天数	自我奖励
举例：周一至周五晚上 9：00—10：00 看电视	周一至周五晚上 9：00—10：00 认真学习	1	周末晚上 9：00—10：00 看电视
		1	
		2	
		3	
		4	
		5	
		6	
		7	
		8	
		9	
		10	

续表

旧习惯	新习惯	天数	自我奖励
举例：周一至周五晚上 9：00—10：00 看电视	周一至周五晚上 9：00—10：00 认真学习	1	周末晚上 9：00—10：00 看电视
		11	
		12	
		13	
		14	
		15	
		16	
		17	
		18	
		19	
		20	
		21	

1.4 管用的工作习惯

或许你已经具备了一些习惯，只要你能在工作中使用它们，你就能取得成功。每天你可以提早 10 分钟到达学校或者公司，睡觉前你会把准备第二天穿的衣服叠得整整齐齐，在休息时帮助一位同事。

在表 1—5 的第一栏里写下一个自己已经具备的良好习惯，再写下一个希望用到该习惯的场合。也许，读书时你总能提前到学校，工作后却老是在早上 9 点以后才冲进公司。如果是这样，你就需要将上学的习惯运用到工作中。在生活中拓展有用的习惯需要有意识的决定和不断重复。坚持下去，21 天后你将超越自己，毕竟你又拥有了一个有益的习惯。在空白处写下你想培养的其他习惯。统一标记，记录下自己养成习惯的天数。

表 1—5 有用的习惯

	好习惯	何时/何地使用	何时/何地适用	天数	奖励
1					
2					
3					
4					

1.5 通用技术

用“是”或“不是”回答下列相关技术问题。

1. 你知道如何打开通过邮件传送的链接吗?

2. 你知道如何运用 Google Docs 之类的程序编辑文档吗?

3. 你知道自己的互联网服务商和电子邮件账户吗（家庭、学校或者单位)?

4. 你是否能熟练运用电脑程序对材料进行专业编辑排版?

5. 你是否有过在线递交电子简历、求职信或者工作申请的经历?

6. 你是否使用过诸如 Excel 或 Lotus123 之类的电子表格?

7. 你是否使用过专业的软件程序制作视频或音频文件?

8. 你知道如何在线搜索图片资料用于报告、写作或授课吗?

9. 你是否创建过网站或者为网站提供过资源?

10. 你是否参加过任何在线论坛或社交网站?

如果回答中有：

• 7～10 个“是”，说明你把技术当作一种工具使用，懂得其重要性。继续坚持。

• 4～6 个“是”，说明你有技术使用的意识。考虑深入运用各项技术吧。

• 0～3 个“是”，说明你可能需要设定目标，提升技术方面的知识。

1.6 运用新工具

完成本章学习后，选择并写下 3 个你认为最重要的工具。

1. ____________________

2. ____________________

3. ____________________

在列出的工具后面写上你将如何使用它，帮助自己实现职场成功。你可以写下自己可能发生的改变或者希望强化和坚持的已有行为表现。

1. ____________________

2. ____________________

3. ____________________

列举一例以供参考：

工具：积极的自我暗示

• 如何运用：因为自尊心不强，所以我会到处贴上便条，提醒自己：其实我拥有积极乐观的好品格。我会努力，不断支持自己，不断提醒自己拥有的价值和智慧。当脑子里蹦出一个消极的想法时，我会用积极的想法替换它。

第二章　释放能力：打开工具箱的钥匙

学习目标：

- ☐ 自我认知
- ☐ 职业性格测试与个性
- ☐ 影响职业选择的因素
- ☐ “SMART”目标设定法
- ☐ 时间管理

做真实的自己。每个人都有他人无法比拟的强处。倾听内心，勇敢行动。

——佚名

职场谬见

“我今天花了很长时间艰难思考怎样完成手头工作。思考职业，思考人生目标和任务太浪费时间。”

职场现实

设定目标任务对于成功至关重要。没有目标任务，我们很容易偏离成功的方向，些许失望就能让我们屈服放弃。没有目标任务，我们无法管理时间，也无法判断轻重缓急，决定工作先后顺序。目标任务指明前进方向，给予动机激励，让我们知晓取得的进步是否具有意义。

梅勒妮（Melanie）和贾斯汀（Justin）在威斯特沃太阳能公司（Westward Solar）工作，两人性格截然不同。威斯特沃公司主要从事太阳能电池板控制器的软件开发。梅勒妮是一位软件测试员，工作有条理，把事情打理得井井有条，不喜欢闲着没事做。她是一位注重细节的人，只要专注于手上的工作不被打扰，她就一定能够按时完成。她喜欢在安静的办公室里独立完成公司分配的任务。她乐于钻研软件开发、发现并消除潜在问题。梅勒妮致力于让软件开发团队编写的每一款软件程序都能给顾客带来便捷无误的用户体验。

贾斯汀是一位平面设计师，典型的跟着感觉走。他富于创造，喜欢同时做很多事。他不喜欢截止日期或者日程安排，经常想一些和工作毫无关联的事情，因为他就是感觉需要做这些事情。他时不时地跟公司所有部门打交道，有时候还同时为好几个部门工作。他乐于在各个项目中穿行游走，为市场部设计手册封面和商标图案，为软件部设计工具栏图标以及为技术作家创作图例。只要有机会表现自己，有机会跟很多人打交道，贾斯汀就很快乐。

梅勒妮和贾斯汀都非常幸运地干着适合个人才能和个性的工作。如果两人的工作互换，你能想象情况会怎么样吗？可怜的梅勒妮要疯了，因为工作不停地被人打断，完全没法专注于一项任务直至完成；而且她还得向一大堆人报告。再看看贾斯汀呢，他无聊至极，一个人坐在办公室里，逼着自己一次只干一件事。

本章围绕自我认知进行编写。尽管你并不那样想，可是你确实拥有能够为世界做贡献的特别之处，而这取决于你是否发现自己所拥有的那份独特。越了解自己——观点、想法、喜好、厌恶、兴趣、梦想、技能以及才华——越能释放个人能力，成就真正的自我。任何时候挖掘自我，了解自我都不晚。按照本章进行学习，你将更好地了解自己，设定有意义的目标，而后把握轻重缓急，合理管理时间去实现这些目标。

自我认知

如果使用过电动工具，你就知道不了解它的工作原理，你就无法使用它。比如，你需要使用电钻，可是之前从没见过这种工具。首先，你应该阅读使用手册（满怀希望）。然后，你要试试怎样把握钻头最好，平衡力道。你还要学习哪些材料适合使用钻头，哪些不适合使用。你还将了解到钻头的优缺点。简而言之，你得里里外外地把工具研究透彻，才能去欣赏电钻的威力。

和电钻相比，人类大脑的威力更加强大。这就是为什么了解自己、尊重自己是如此重要。自知和自尊应当成为你当前的重心。不了解真正的自己，你就无法轻松展现个人的全部潜力，向世界分享你的才华。这也是本章让你将关注重心内移的原因。

是时候打造自知与自尊的坚实基础了，理由如下：

- 不知道自己相信什么，就无法相信自己。
- 不了解自己的优点、不足，就无法设定明智且现实的目标。
- 关心他人之前首先学会关心自己。

• 人们从他人表现中找寻蛛丝马迹。如果你能够展现出自我关注和自我尊重，那么其他人也会听从你的引导。

• 建立在坚实基础上的自知和自尊将陪伴你度过艰难岁月，让你坚强。

• 越了解自己，越能更好地决定理想的工作及生活方式。

自我认知如何帮助你的工作呢？一旦了解自身个性，你就能相对轻松地设定目标，为自己做出明智抉择；清楚自身喜恶，你就能洞悉适合个人的工作；意识并发挥个人才华、能力，你就能倍感满足，促进工作。最终，最适合你的工作是：(1) 符合个性，(2) 充分发挥个人才能，(3) 满足个人喜恶。通过有意识地努力发现真正的自我，你会发现，只要做出决定，你就能够在喜欢的工作中兼顾自身能力和个人兴趣。

如何开始认识自我呢？"自我"是一个相当模糊的观念，你可以把它分为 3 个基本类别—— (1) 个性，(2) 天资与能力，(3) 厌恶与喜好。

个性

> 个性：名词，身体及精神的活动、态度表现出的习惯模式和行为质量；独特的个人素养。

因为从外部观察你，其他人能相对容易地描述出你的个性。他们观察你如何与人交往，如何应对各种情况。而你呢，尽管忙于跟人、事打交道，你却不常停下来好好审视自己。

个性是一种通过观察个人外部行为和观点对个人特点进行描述的方法。为什么一谈到职业，个性就显得如此重要呢？要是极度害羞，喜欢从事室内工作的你决定当一名警察会怎么样？也许所有的训练只让你学到了一点，那就是你真的不喜欢这份工作。即便如此，如果能提早意识到自身秉性，说不定你已经在警界或者法律界找到了更加适合自己的位置：法律助理？犯罪实验室分析专家？或者法庭速记员？

来自家庭和朋友的压力、媒体宣传或者对高薪的期许促使很多人选择一些特别的工作岗位。然后，这些人发觉自己根本不喜欢也不适合这些工作。你是否真的想在接下来的人生里从事自己不喜欢或者不擅长的工作呢？任何时候了解自己都不晚，只有这样你才能从事天生适合自己的工作。了解自己的一个好方法就是性格测试。

迈尔斯—布里格斯（Myers-Briggs）性格测试

一位名叫卡罗卢斯·林奈乌斯（Carolus Linnaeus）的瑞典植物学家于1773年提出一套动植物分类体系，即界、门、纲、目、科、属、种。1943年，凯瑟琳·库克·布里格斯（Katherine Cook Briggs）和女儿伊萨贝尔·布里格斯·迈尔斯（Isabel Briggs Myers）开始研究人类性格类型分类系统，并于1962年正式发表了迈尔斯—布里格斯类型指标。这套性格测试系统非常重要，被广泛用于测量人们理解周边世界，制定决策的心理倾向。

迈尔斯—布里格斯性格测试根据个人对于状况的不同反应以及喜恶的不同设计出一套简单问卷。一个测试结果代表一种性格类型。你的老师可能在你完成性格测试后请一位专业人士对测试结果进行分析解读。本书仅简单谈及组成性格类型的种类（或者“维度”）以帮助你找到适合自己的职业。即使我们称之为测试，你不可能不合格，因为测试结果不是衡量能力的数字，而是代表性格的字母。图2—1列出了所有用于描述不同性格类型的字母。在我们观察性格维度时，想想自己属于哪一类。

内向（Introvert）	VS	外向（Extrovert）
感觉（Sensing）	VS	直觉（Intuitive）
思考（Thinking）	VS	情感（Feeling）
判断（Judging）	VS	知觉（Perceptive）

图2—1　人格类型的四种维度

外向还是内向。这两个术语指一个人是否从外部或者内部世界获取能量。

• 外向的人在与外部世界的接触中接受能量，喜欢跟人、事打交道，在与外界交往的过程中感到愉快自在。人们认为外向的人开朗或有魅力。

• 内向的人从自身内部世界获取能量，喜欢独处，喜欢抽象的想法概念。人们认为内向的人安静或善于倾听。

试着分析几个名人的性格类型——外向还是内向，看看他们从事的职业以及他们能量的源泉。例如，篮球运动员沙奎尔•奥尼尔（Shaquille O' Neal）擅长交谈，可能属于外向型；著名脱口秀主持人、采访家奥普拉•温弗瑞（Oprah Winfrey）的主要工作就是跟人谈话，她可能也属于外向型；演员朱迪•福斯特（Judie Foster）喜欢思考，不善联络媒体，很可能属于内向型。再想想你的家人或朋友，看看能否说出每个人的性格类型。

感觉还是直觉。这两个术语指一个人如何理解事物或者如何发现看待世界。

你知道吗？

凯瑟琳·库克·布里格斯与伊萨贝尔·布里格斯·迈尔斯母女俩在第二次世界大战期间开始着手创建迈尔斯—布里格斯指标，两人相信了解性格倾向将有助于女性找到最自在、最有效的战时职业，加入工业化劳动大军的行列。①

• 依靠感觉的人主要通过五官看待世界，依靠听觉、视觉、味觉、触觉或嗅觉获取信息，用五官衡量和验证事实。

• 依靠直觉的人做事凭直觉，依靠情感、关系以及个人内心感受看待世界——有些事物无法单靠感官获取正确解释。

这两类人对待同一种情况的反应是不一样的。假设你属于后者，经

---

① Myers, Isabel Briggs, with Peter B. Myers. *Gifts Differing: Understanding Personality Type*. Mountain View, CA: Davies-Black Publishing, 1995.

过一晚的酣睡，早上醒来后你感觉良好，相信今天会是不错的一天，管它外面下雨，待会儿有个面试，账单到期还是怎样。你的内心感受跟外部环境没有关联。

可如果你属于前者，一觉醒来，发现外面下着雨，又想起今天还有面试、账单也快到期了，你一下子就倍感压力，闷闷不乐。外部环境决定了你的情绪感受。

思考还是情感。迈尔斯—布里格斯测试系统运用思考和情感来描述事件发生时你的行为举止以及应对策略。在本测试系统中，思考不涉及智力，情感也不指情绪。

• 思考类型的人根据客观原则——事实和数据——做决策。他们更看重一致性和公正性，而不管其他人是否因此受影响。他们期望能够准确地解释自己所做的任何决定。他们倾向于对情况进行分析，更加客观地做出决定。这类人通常逻辑性强，行事慎重而有计划。

• 情感类型的人根据自身感受做决策。他们更倾向于根据个人价值和人际关系做出更加主观的决定。这类人通常敏感或者富有同情心。

面对同一个工作机会，思考类型的人和情感类型的人会做何反应呢？再来看看梅勒妮和贾斯汀吧。梅勒妮属于思考类型（T），而贾斯汀属于情感类型（F）。两人住在郊外同一栋公寓大楼里，有相似的计算机辅助设计系统使用经历和操作水平。试想一下，梅勒妮和贾斯汀一同参加面试应聘一家电脑适配器接口公司（Adaptive Interface），负责网站设计和在线推销。公司薪水少，福利欠佳，工作地点位于市中心，共有 15 名员工，大家都外向随和，性格很合得来。

虽然梅勒妮很喜欢这些同事，但是她依然迅速决定这份工作的薪水福利与工作本身价值不符。她基于数据做出了一个具有逻辑性的决定。

而贾斯汀和公司员工们相处自在，日后的工作情形也大抵如此。和薪水福利相比，大家融洽相处更重要，哪怕他得天天往返于家和公司也没关系。此时，感觉战胜了一切。

判断还是知觉。最后这个分类侧重分析你与外部世界的协调联系。在迈尔斯—布里格斯测试系统中，判断不是评判或者坚持已见，知觉也不指富有洞察力。

• 判断类型的人有一个典型特征，就是喜欢尽快做决定。制订计划、解决问题能让他们感到舒心。这类型的人喜欢更有规律的生活，对开放的事物感到不安。通常用果断、自制、组织能力强等词汇来描述他们。

• 知觉类型的人喜欢活在当下，对待事物开放灵活，不喜欢做决策、订计划。这类型的人不愿意做决定，对他们而言，决定意味着其他所有选择的终结。通常用自发、灵活等词汇来描述他们。

很容易想象一个知觉类型的人将草草写下自己的想法，而一个判断类型的人则会详尽地列出任务清单。

找准性格，找对工作

迈尔斯—布里格斯测试的每种性格类型里都有让你感觉特别适合的以某种方式看待世界的偏好。这些偏好构成了你的性格类型。例如，EIFJ性格类型说明你外向，注重直觉、情感与判断。

图 2—2 展示了迈尔斯—布里格斯性格分类中 16 种组合类型。图中的信息首先按照内向和外向类型分组，然后再按照判断和知觉类型分组。

16 种性格类型以不同的方式看待世界、对外交往					
内向	ISTJ	ISFJ	INFJ	INTJ	判断
	ISTP	ISFP	INFP	INTP	知觉
外向	ESTP	ESFP	ENFP	ENTP	知觉
	ESTJ	ESFJ	ENFJ	ENTJ	判断

图 2—2　迈尔斯—布里格斯性格类型

即使不做迈尔斯—布里格斯性格测试，光想想自己读到的那些描述性信息，你也能基本拼凑出自己的性格类型。我们假设你是一个开朗随和的人——属于外向型。你容易动感情，按照感觉行事，不喜欢花时间找出事实依据。所以你很可能也属于直觉和情感类型。但是你喜欢有规划的生活，这意味着你的性格最后也要归入判断类型。这样，你的性格类型就是 ENFJ。

性格类型中最后一个字母 P 或者 J 可能对你的职业选择起到最重要的作用，因为它能影响你对外部世界的处理应对，决定你的工作风格和喜好的工作环境。了解自己性格类型中最后一个字母是 P 还是 J，有利于找到一份能够支持你而不是令你受挫的工作。

• 判断类型的人喜欢结构和组织、明确的任务和进度表、一次专注一项任务的机会以及分析、解决问题的机会。

• 知觉类型的人偏向少些规则规范，喜欢灵活改变，频繁改变以避免无趣，还喜欢拥有大量和他人交往以及进行创造性思维的机会。

一旦清楚了自己的性格类型，选择适合自己的职业类型就容易了许多。再来就是看看每种性格类型，对每种性格特征进行归纳描述，提供适合该性格类型的参考职业。

以上信息来自一本颇受欢迎的书《干自己喜欢的事》（*Do What You Are*），作者是保罗 · D. 泰格（Paul D. Tieger）和芭芭拉 · 巴伦—泰格（Barbara Barron-Tieger）。[①] 两人都是性格测试和职业发展领域的专家，在过去的 25 年里，一直从事包括职业咨询师培训在内的团队及个人培训工作。无论你是否已经找到钟爱的工作，无论你对现有工作满意与否，无论你是否正迈入职场，性格信息都非常重要，图 2—2 按照顺序列出了迈尔斯—布里格斯性格测试中的各种性格类型。

ISTJ：内向—感觉—思考—判断

这种性格类型严肃，明理，责任心强，看重承诺，值得信赖。他们还很实际、现实、实事求是、准确、有条不紊、专注力强。大概 7%～

---

① Tieger, Paul D., and Barbara Barron-Tieger. *Do What You Are*. Boston, MA: Little, Brown, and Company, 2001.

10%的美国人属于这种性格类型。这类人要想愉快地从事工作，必须满足以下条件：

1. 带着清晰的目标开展技术项目，依靠自身能力记忆事实细节。

2. 项目实施兼顾逻辑与效率，遵循标准的操作流程。

3. 在能够提高实际判断力和获取经验的工作环境中花大量时间独自工作。

4. 结果有形，可以衡量。

以下为适合 ISTJ 性格类型的参考职业：

• **商业类：**审计员、办公室经理、会计、文字处理专家、效率专家、制定规章制度的官员、收款员、统计员。

• **销售/服务类：**警察、侦探、美国国税局稽查员、军官、房地产代理商、狱警、船长、水手、农场主、乐器制造商。

• **金融类：**证券投资员、纳税申报员、房产策划师、预算分析师、财务出纳/财务总管。

• **法律/技术类：**法律调查员、电工、工程师、软件测试员、技术写手、地质学家、气象学家、法官、法庭书记员。

• **保健类：**兽医、外科医生、牙科医生、护理指导、药剂师、牙齿矫正师、验光师、验尸官、公共卫生官员、内科医生。

ISFJ：内向—感觉—情感—判断

这种性格类型忠诚，投入，热情，懂得他人的感受。拥有这种性格类型的人通常认真负责，享受被人需要的感觉。他们容易接受信息，喜欢大量使用事实，具有极强的细节记忆能力。他们有耐心，能够坚持到最后。大概有7%～10%的美国人属于这种性格类型。这类人要想愉快地从事工作，必须满足以下条件：

1. 运用细致的观察力、准确的判断力以及记忆事实和细节的能力。

2. 在传统有序的环境中从事有形的工作。

3. 从事幕后工作，人们仍然感谢其奉献付出。

4. 遵守标准程序，一次专注于一件事或一个人。

以下为适合 ISFJ 性格类型的参考职业：

• **保健类：** 牙科保健员、护士、眼镜商、病历管理员、药品技师、临终关怀人员、职业治疗师、牙科技师。

• **服务/教育类：** 幼儿教师、图书管理员、社工、药物滥用问题咨询顾问、儿童福利咨询顾问、宗教教育者、咨询顾问、设备维修员、农场主、鱼塘主和动物饲养员。

• **商业/服务类：** 秘书、记账员、计算机操作员、律师助理、露天招待会服务部经理、特许经销商、博物馆研究员。

• **创造/技术类：** 室内设计师、电工、艺术家、商品规划师、珠宝商。

INFJ：内向—直觉—情感—判断

这种性格类型满脑子都是想法。拥有这种性格类型的人通常是特立独行的思想家，同时拥有强烈的情感、坚定的原则以及做人的诚信。大概有 2%～3%的美国人属于这种性格类型。这类人要想愉快地从事工作，必须满足以下条件：

1. 产生的成果、提供的服务能令自己倍感骄傲。

2. 想出解决问题的新办法。

3. 甘愿奉献，但应该为人所知。

4. 在一个没有人际冲突的环境中独立工作，但也会有跟人合作的机会。

以下为适合 INFJ 性格类型的参考职业：

• **咨询/教育类：** 职业规划顾问、特殊教育教师、员工援助顾问。

• **宗教类：** 教会负责人、宗教工作者。

• **创造类：** 平面图形设计员、设计建筑师、系谱专家、教育软件开发员。

• **保健/社会服务类：** 营养学家、语言治疗师、按摩师、职业治疗师。

• **商业类：** 客服销售专员、再就业咨询顾问、翻译员。

• **技术类：** 高科技客户关系经理、技术顾问、项目经理。

一个 INFJ 性格类型的人也许很喜欢从事与宗教相关的工作。

INTJ：内向—直觉—思考—判断

这种性格类型逻辑性强，富有批判性，追求完美。拥有这种性格类型的人对自主性和个人能力有着强烈的渴求。他们不容易受到外部批评的困扰，能够毫不动摇地坚持自己最初的想法。大概有 2%～3%的美国人属于这种性格类型。这类人要想愉快地从事工作，必须满足以下条件：

1. 解决问题以改进现有体系制度。
2. 尊敬并乐于跟那些有能力、有责任心的人一起工作。
3. 产生的成果符合自己一贯的高标准，并因此广受好评；掌控自己的想法。
4. 定期学习新知识。

以下为适合 INTJ 性格类型的参考职业：

• **商业/金融类：** 通信安全、预算分析师、房地产评估师。

• **技术类：** 科学家、电子技术员、软件开发员、生物医学研究员、药品研究员、网站管理员、数据库管理员、系统分析员。

• **教育类：** 大学教授（计算机科学或者数学专业）、遗产管理人、数学家。

• **保健/医疗类：** 精神科医生、神经科医生、心脏病专家、验尸官、病理学家、外科医生。

• **职业类：** 律师、法官、航空工程师、土木工程师、飞行员、情报专家。

INTP：内向—直觉—思考—知觉

这种性格类型率直、诚实、务实。比起夸夸其谈，拥有这种性格类型的人更喜欢付诸行动。他们了解事物运作，喜欢分析，更关注事物的基本原理，具有天生的机械才能。大概有4%～7%的美国人属于这种性格类型。这类人要想愉快地从事工作，必须满足以下条件：

1. 提出新想法，分析新想法，批评新想法。
2. 与德高望重者共事，关注过程而非结果。
3. 面对困难问题的挑战，用非常规手段解决。
4. 建立自己的高标准，摆脱过多规则，在灵活的环境中开展工作。

以下为适合INTP性格类型的参考职业：

• **计算机/技术类：** 软件设计师、系统分析师、数据库经理、网络集成专家、网站管理员。

• **保健/技术类：** 神经科医生、物理学家、整形外科医生、药剂师、化学家、兽医、微生物学家。

• **职业/商业类：** 律师、经济学家、心理学家、建筑师、精神科医生、生物物理学家。

• **学术类：** 数学家、人类学家、考古学家、历史学家、学院教职工管理员。

• **创造类：** 摄影师、创作家、艺术家、演艺人员、舞蹈家、代理商、发明家、编曲、导演、影片剪辑员。

ISFP：内向—感觉—情感—知觉

这种性格类型温柔，体贴，善解人意。拥有这种性格类型的人不愿分享个人想法和价值观。他们更喜欢用行动而非语言来表达情感。他们谦逊含蓄，跟熟悉的人相处时，表现得温暖热情。他们有耐心，做事灵活，很容易跟人相处。大概有5%～7%的美国人属于这种性格类型。这类人要想愉快地从事工作，必须满足以下条件：

1. 工作必须能够符合个人价值观和信仰，能够帮助他人进步成长。

2. 能够加深个人对于某学科的认识理解。

3. 拥有大量不受打扰的时间独自工作，但仍会征求他人意见。

4. 在较少规定的环境中工作。

以下为适合ISFP性格类型的参考职业：

• **创造/艺术类：**平面设计师、杂志编辑、网站编辑。

• **教育/咨询类：**特殊教育教师、双语教师、药物滥用问题咨询顾问、社工。

• **宗教类：**宗教领袖或教育家、教会同工、宗教顾问。

• **保健类：**营养学家、物理治疗师、职业治疗师、遗传学家。

• **组织发展类：**人力资源顾问、再就业咨询顾问、劳工关系专家。

• **技术类：**高科技客户关系经理、技术顾问、项目经理、人力资源招聘人员、教育软件开发人员。

INFP：内向—直觉—情感—知觉

这种性格类型最看重内心和谐。拥有这种性格类型的人善解人意，忠诚，充满理想主义。他们对于个人价值拥有强烈的荣誉感，心怀信仰和对事业的热爱，激励自己投身工作。大概有3%～4%的美国人属于这种性格类型。这类人要想愉快地从事工作，必须满足以下条件：

1. 从事的工作符合个人价值观和信仰。

2. 在相互支持、相互肯定的环境中工作，团队合作，彼此忠诚。

3. 关注细节，帮助他人。

4. 没有约束和规则，独立工作，但随时有人提供必要的帮助。

以下为适合INFP性格类型的参考职业：

• **创造/艺术类：**时尚设计师、木匠、珠宝商、园艺工人、陶艺家、画家、舞蹈家、裁缝、仪器制造商。

• **保健类：**上门服务护士、物理治疗师、按摩师、放射技师、家庭护理员、运动生理学家、艺术治疗师、药剂师、临终关怀人员、导演。

• **科学/技术类：**测量员、护林员、植物学家、地质学家、海洋生物学家、动物学家、土地保护员、考古学家。

• **销售/服务类：**小学教师、警察、狱警、危机热线接线员、清洁服务运营商、旅游销售、客户销售代表、儿童福利咨询顾问、宠物美容师或训练员、教师助理、园艺家、火车工程师、娱乐工作者、花农。

• **商业类：**律师助理、法律助理、保险评估师。

一个 INFP 性格类型的人也许很喜欢担任护士，提供家庭上门服务。

INTP：内向—直觉—思考—知觉

这种性格类型能够解决各种概念性问题。拥有这种性格类型的人充满智慧，不时有创造的灵光闪现。他们外在含蓄缄默、超然独立，内在却专注于问题解决。大概有 3%～4%的美国人属于这种性格类型。这类人要想愉快地从事工作，必须满足以下条件：

1. 尽可能高效地确认并使用可利用的资源。

2. 掌握技能，实践技能，并应用于解决现实问题。

3. 遵守清晰的指令，独立工作，有很多时间安静独处，能够专心致志。

4. 工作中不受过多的规则或官僚政治影响，有时间追求个人兴趣。

以下为适合 INTP 性格类型的参考职业：

• **技术类：**计算机程序员、产品开发员、研究专家、网络设计师、计算机安全专家。

• **保健类：**神经科医生、物理学家、微生物学家、遗传学家、化学家。

• **商业/金融类：**知识产权律师、精神病医生或者心理学家、企业家、调查员、人类学家。

• **学术类：**数学家、考古学家、哲学家、天文学家、历史学家。

• **创造类：**摄影师、创作家、发明家、制片人、编曲、导演。

ESTP：外向—感觉—思考—知觉

这种性格类型很少忧虑。拥有这种性格类型的人积极、随和、自然，享受着活在当下的感觉。他们现实，好奇心强，依赖感觉，富有洞察力，思想开明，待人宽容。大概有6%～8%的美国人属于这种性格类型。这类人要想愉快地从事工作，必须满足以下条件：

1. 运用专注的观察力记住事实。
2. 每天跟很多人打交道，能在紧凑有趣的环境中应对突发状况。
3. 靠经验寻找解题良方。
4. 做好心理准备应对高压状况。

以下为适合ESTP性格类型的参考职业：

• **销售/服务类：**警察、消防员、护理人员、侦探、狱警、空乘人员、反保险欺诈调查员、私人健身教练、飞行教官、军官、刑事专家、弹道学专家。

• **金融类：**个人理财规划师、审计员、股票经纪人、投资者、保险经纪人。

• **娱乐/体育类：**体育比赛转播员、新闻记者、筹划人、导游、代理商、舞蹈家、酒保、职业运动员、音乐家、演员。

• **贸易类：**木工、工匠、农场主、工程总承包商、建筑工人、主厨/厨师、技术培训师、维修工程师、航空机械员、计算机支持技术员、土地保护员、野外向导、旅游代理商、生态旅游专家。

• **商业类：**房地产经纪人、企业家、批发商、汽车销售、管理顾问、网络推手。

ESFP：外向—感觉—情感—知觉

这种性格类型热爱生活，喜欢跟人打交道。拥有这种性格类型的人贪玩，有活力，爱制造乐趣。他们适应能力强、随和热情、友好大方。他们也特别喜欢社交活动，希望成为他人关注的焦点，能同时进行几项活动。大概有8%～10%的美国人属于这种性格类型。这类人要想愉快地从事工作，必须满足以下条件：

1. 从实践中学习，喜欢直接跟客户交流，当场采取行动。

2. 在积极的社会环境中和很多人共事，工作充满乐趣和自主性。

3. 同时开展多项活动，减少小组间的紧张感，在工作中获得肯定和奖励。

4. 没有隐形的政治日程干扰，在友好轻松的环境中工作。

以下为适合 ESFP 性格类型的参考职业：

- **教育/社会类：** 小学教师、儿童保育员、提供家庭服务的社会工作者、教育软件开发商、特殊教育教师。

- **保健类：** 急诊室护士、医士、牙科保健员、牙科助理医师、高级护士、按摩师、急诊医士、兽医或兽医技术员、临终关怀人员、艺术治疗师。

- **娱乐/艺术类：** 旅行代理商、摄影师、制片人、音乐家、演员、策划人、服饰专家、画家/插画家、雕刻家、漫画家、素描画家。

- **商业/销售类：** 零售商、公关专家、筹款人、人力资源经理、家庭保健产品推销员。

- **服务类：** 警察、空乘人员、侍应生、接待员、秘书、室内设计师、主厨/厨师、健美操教练、生态旅游专家。

- **科学类：** 环境科学家、动物学家、海洋生物学家、地质学家。

ENFP：外向一直觉一情感一知觉

这种性格类型对各种新想法充满热情。拥有这种性格类型的人乐观自信，内心充满自主性和创造性。他们有很多独特的想法，有很强的意愿去实现这些想法。大概有6%～7%的美国人属于这种性格类型。这类人要想愉快地从事工作，必须满足以下条件：

1. 同各种性格类型的人共事，从事多项活动。
2. 产生新想法，创造新产品。
3. 在友好轻松的环境中工作，激发想象力和热情。
4. 按照个人进度安排工作，不用过多在意细节。

以下为适合ENFP性格类型的参考职业：

- **创造类**：记者、编辑、教育软件开发商。
- **市场营销类**：公关专家、市场顾问、销售总监、文案。
- **教育类**：特殊教育教师、双语教师、社工、就业咨询顾问。
- **保健类**：营养学家、健康医生、按摩师、理疗师。
- **商业类**：团队教练、再就业咨询顾问、环境律师。
- **技术类**：高科技客户关系经理、项目经理、人力资源招聘专员。

ENTP：外向一直觉一思考一知觉

这种性格类型喜欢刺激和挑战。拥有这种性格类型的人热情，健谈，聪明，擅长做很多事情。他们不断努力提高个人能力，激发个人潜能。大概有4%～6%的美国人属于这种性格类型。这类人要想愉快地从事工作，必须满足以下条件：

1. 在实践中创造性地解决问题。
2. 因为创造力、个人能力和即兴发挥能力而受到他人鼓励。
3. 跟很多不同性格类型的人交往，提高个人专业能力。
4. 在随意松散的环境中工作。

以下为适合 ENTP 性格类型的参考职业：

• **商业类：** 企业家、发明家、投机资本家、再就业咨询顾问、物业经理、雇员关系专家、饭店经理。

• **市场营销/创造类：** 创意总监、体育市场营销、电台/电视台脱口秀主持人、制片人、文案、专栏作家、记者。

• **规划/开发类：** 房地产代理商、投资经纪人、财务策划、城市规划师。

• **政治类：** 政治家、政治领袖、政治分析家。

• **职业类：** 侦探、犯罪学专家、弹道学专家。

ESTJ：外向—感觉—思考—判断

这种性格类型善于实干。拥有这种性格类型的人喜欢主导事物，负责认真，言出必行。他们也偏爱结构，能记住许多细节。大概有 12%～15%的美国人属于这种性格类型。这类人要想愉快地从事工作，必须满足以下条件：

1. 工作系统有条理，善于组织人员和信息。
2. 运用已经掌握的技能，工作有清晰的预期和明确的报告层次。
3. 在友好的环境中和其他人一道努力工作，工作中不涉及个人事务。
4. 项目开展现实可行，能够实际应用，结果具体。

以下为适合 ESTJ 性格类型的参考职业：

• **销售/服务类：** 保险代理人、电脑销售员、丧葬承办人、厨师、军官、律师助理、公务员、技术指导、预算分析师、保险商、录音师。

• **技术/体力类：** 机械工程师、总承包商、农场主、建筑工人、药剂师、审计员、数据库管理员。

• **管理类：** 办公室经理、行政管理、工厂主管、数据库管理员、首席信息官、银行经理或信贷员、信用分析师、收款员、护理主管。

• **职业类：** 牙科医生、内科医生、股票经纪人、法官、电机工程师、律师助理、学校校长。

> **技能指导**
>
> “我知道如何使用 Google，但是不知道用它来搜索什么！”人们经常在上网寻找信息时发出这样的抱怨，特别是关于一些可能的职业信息。弹出搜索结果页面后，他们开始点击链接，登录网站后发现根本找不到自己需要的任何信息。造成这种情况的原因通常是输入的搜索关键词不够具体。
>
> 搜索信息时，尝试输入一系列具体的词汇。比如，如果想找到更多关于平面设计师的职业信息，你不能只输入平面设计师这几个词，而应该尝试更为具体的关键词搜索，诸如“平面设计职业”或者“如何成为平面设计师”。用引号是为了搜索时把里面的内容作为一个整体意群，而不是一个词一个词地单独搜索。
>
> 即使输入的关键词足够具体，你也可能得到一连串毫无用处的搜索结果。事实上，当你点击那些置顶的搜索链接时，弹出的网站跟你想找的信息很可能没有一点关系。这是因为搜索结果并不总是按照信息相关性进行排序的；某些赞助商支付一大笔钱给搜索网站使得和他们相关的搜索结果得以置顶。你可以试试一些靠后的搜索结果链接。

ESFJ：外向—感觉—情感—判断

这种性格类型喜欢通过实际行动和相互合作来帮助他人。拥有这种性格类型的人对人友善，有责任心和同情心。他们重视与他人的关系，待人亲切，受人欢迎，健谈，渴望带给他人快乐。大概有 11%～14%的美国人属于这种性格类型。要让这类人愉快地工作，必须满足以下条件：

1. 跟同事建立并保持良好的人际关系。
2. 工作能够带来实实在在的好处，并且有机会学习新知识。
3. 在合作而非冲突的工作环境中工作，具有清晰的预期目标。

4. 做决策，和许多人打交道。

以下为适合 ESFJ 性格类型的参考职业：

• **保健类：**医务/牙科助理、语言病理学家、内科医生、护士、牙医、兽医、家庭护理、放射治疗学家、牙科保健员。

• **教育类：**小学教师、保育员、体育教练、护理指导。

• **社会服务/咨询类：**社工（照顾老人和小孩）、从事福利救济人员、宗教教育者、牧师/神父、儿童福利咨询顾问、药物滥用问题咨询顾问。

• **商业类：**公关、销售代表、业务经理、零售业主、信贷顾问、商品规划师、健康俱乐部经理、酒店经理、餐厅服务经理、苗圃和温室管理员。

• **销售/服务类：**空乘人员、殡仪馆负责人、美发师、美容师、筹款人、酒席承办人。

• **办公室文员类：**秘书、接待、会计、打字员。

> 我们在工作方面都具备独特的天资跟能力，能够与他人分享。

ENFJ：外向—直觉—情感—判断

这种性格类型是真正的施爱者。拥有这种性格类型的人最重视人和人际关系，天生关心他人。他们忠诚，喜欢打造和谐的关系，常常自我批评。大概有 3%～5%的美国人属于这种性格类型。这类人要想愉快地从事工作，必须满足以下条件：

1. 寻找创造性方法解决项目难题，能够对他人产生积极影响。

2. 喜欢在一个具有明确预期目标、对个人付出给予赞赏肯定、活动丰富有趣的工作环境中工作。

3. 融入充满创造性的团队，彼此信任。

4. 有时间探索新想法，提出新解决方案，乐于分享。

5. 工作有计划、有条理，运用个人的组织能力。

以下为适合 ENFJ 性格类型的参考职业：

• **交流类：**广告执行、公关专家、作家/记者、电视制片人、平面设计师、杂志编辑。

• **咨询类：**心理学家、服务商、职业咨询师、神职人员、药物滥用问题咨询顾问、就业咨询顾问。

• **教育/公共事业类：**教师、图书管理员、非营利组织负责人、特殊教育教师、老年社工、音乐指挥、成人日间护理协调员、社会学家。

• **保健类：**全科保健医生、营养学家、脊椎推拿按摩师、职业治疗师。

• **商业/咨询类：**管理咨询师、团队教练、再就业咨询顾问、生态旅游专家、销售经理、布景师、饭店/酒店经理、人才主管。

ENTJ：外向—直觉—思考—判断

这种性格类型是优秀的领导人才和决策制定者。拥有这种性格类型的人能很容易地发现事物的可能性，能很愉快地利用个人观点引导他人。同时，他们还是天才的思想家和规划人才。大概有 3%～5%的美国人属于这种性格类型。这类人要想愉快地从事工作，必须满足以下条件：

1. 领导、管理和组织他人。
2. 制订长远的战略规划。
3. 工作环境提供清晰明了的指导方针。
4. 与目标性强且受到自己尊敬的人共事。

以下为适合 ENTJ 性格类型的参考职业：

• **商业类：**行政人员、高级主管、网络集成专家、技术培训师。

• **金融类：**投资银行家、个人理财规划师、财务律师、风险资本家。

• **咨询/培训类：**商业顾问、管理顾问、劳资关系主管、公司团队教练。

• **职业类：**法官、知识产权律师、环境工程师、精神病医生。

• **技术类：** 网络管理员、系统管理员、数据库管理员、系统分析师。

记住，迈尔斯—布里格斯性格类型和推荐的参考职业不完全精准，也并非不能改变。分析性格类型的目的不是为了局限个人行动，而是为了拓宽自我认知。当你了解到自己的偏好和长处，就能够以此作为职业基础，并在工作中善加利用。

测一测：你的性格

根据前面的性格描述，猜猜自己的性格类型。

1. 你认为自己属于外向型还是内向型？为什么？

2. 你认为自己属于感觉型还是直觉型？为什么？

3. 你认为自己属于情感型还是思考型？为什么？

4. 你认为自己属于判断型还是知觉型？为什么？

5. 根据以上答案找出自己的迈尔斯—布里格斯四字母性格类型。

6. 过去从事过的工作中哪份最适合你的性格类型？曾经从事过不适合你性格的工作吗？是什么工作？

7. 未来有哪些工作可能适合你的性格？（参考本章节前面提到的内容）

天资与能力

> 天资：名词，在学习或干某种事情的过程中表现出的一种明显的自然能力或天赋。
>
> 能力：名词，干某种事情的身体能力或精神能力；技能。

想到性格，就会想到个人的天资与能力。很多人倾向于交替使用这两个词，其实“天资”和“能力”之间是有细微区别的。天资是生而具备的技能，即使不练习，你也拥有。能力则需通过后天学习训练来获得，只有通过后天的学习和不断练习才能掌握和拥有。

做真实的自己

给自己一点时间好好想想自己的天资跟能力。哪些事情是你一直擅长的？哪些事情要通过学习才会做？哪些事情为你赢得了他人的赞誉？运用有关性格类型的知识帮助你找到答案。

> **你知道吗？**
>
> 你是否应该从事一份自己已经掌握足够技能的工作？这个问题值得思考。有的人只喜欢做那些自己熟悉知道的事情，因为这样他们就不用再去学习或者尝试新鲜事物。而有的人却喜欢尝试新鲜事物，并在这个过程中拓展个人能力。你属于哪种人呢？

求职时真实地了解个人天资和能力至关重要。否则，你会发现自己原本想找一份擅长的工作，结果却事与愿违，原因如下：

- 家人或朋友促使你进入某个领域。
- 认为能挣大钱。
- 想向某人证明。
- 大家都在做。
- 简单方便。

认为上面提及的理由绝对不会影响自己的职业决定是不现实的——你会时不时地碰到这些干扰因素。只需要确定一点，那就是别让这些因素成为影响决定的全部因素。如果是这些原因让你决定选择某个工作，那么你就忽略了自己真正的天资，日后你就得疲于奔命，努力填补能力空缺。虽然挑战自我干自己天生并不擅长的工作非常棒，但也得根据实际情况决定。

了解个人优缺点

擅长的反面就是不擅长。我们每个人都有优势和劣势，这两个部分共同组成了我们完整而复杂的性格。没有人能够完美无缺，也没有人能够擅长做每一件事情。

了解自己意味着清楚自身优点跟不足。了解了这些细节，你将能够：

• 看到自己需要改进的地方，这样才能确定出发点。

• 了解求职和面试的重点。

• 更明确适合自己的工作环境（比如，公司规模和工作风格）。

• 决定从事行业内的哪种工作（比如，如果你学习时尚，你可以从事设计、销售、纺织品营销或者照片风格设计等工作）。

了解个人优缺点让自己做出更好的职业选择。最好专注一种能够发挥个人优势的职业，因为那将更有助益，让你更成功、更快乐地干好工作。

厌恶与喜好

仅仅做自己擅长的工作还远远不够，你还应该选择自己喜欢的工作。很多人因为自己“生来擅长”而被推进某种职业，结果却发现自己对工作缺乏真正的兴趣。从根本上讲，自己喜欢的事情才能做到最好。比起职场技能，兴趣在职业选择中常常起到更加重要的作用。某人如果对一份工作充满兴趣，饱含热情，即便他缺乏天分，也可以在后来的工作中学习相关技能，把工作干好。

> **你知道吗？**
>
> 人们有时候认为自己具备某些技能，就应该从事某种工作，不论个人喜欢与否。这是不对的。比如，某人可能拥有卓越的机械才能，却不渴望成为机械师，这无可厚非。这个人可以选择不同的工作，只在个人生活中发挥自己的机械才华即可，没必要完全依赖这些技能谋生。

认真审视一下自己的厌恶和喜好，它将帮助你厘清未来的就业思路。有证据清楚表明个人在感兴趣的领域表现最好。想想自己在中学或者大学学习时，哪一门功课或者课外活动的成绩最优异？你可能在最喜欢的课程上取得最好的成绩，也可能在最喜欢的活动中表现出色。当某件事情对你真正重要的时候，你才最有可能全力以赴。越往后越如此，职场尤其适用。

有人为了钱而工作，对工作没有任何兴趣，到最后常常因为憎恨工作而辞职；即便不辞职，工作对于他们而言也苦涩不堪，效率低下。在现实生活中，相比不喜欢工作的人而言，那些喜欢工作的人干得更好，更快乐，也更成功。当然，你可能认识一些不得不工作的人，这些人极少考虑自己喜欢与否；你可能还认识一些人一辈子干着自己不喜欢的工作，仅仅是为了一份薪水或者稳定的生活迫使自己忍受不喜欢的工作，或者因为能力有限又或是没有时间换工作。

不论因为何种原因选择了自己不喜欢的工作，干的时间越长，你就越难放弃。这是因为人们已经习惯了跟不适应打交道。再怎么不喜欢，毕竟已经掌握了这份工作的方方面面，换新工作的想法——换一份更好的工作——让人不安，因为好工作充满了未知数。

测一测：你的喜好

问问自己想从工作中获取什么。

1. 问自己：

• 我擅长什么？

• 我喜欢做什么（无论是否擅长）？

• 我对什么感兴趣（无论做过与否）？

回顾你的答案，注意看看自己是否对从没做过的事情感兴趣，或者喜欢做自己并不擅长的事情，又或者擅长做自己并不真正在意的事情。

2. 勾出下列最适合你的论述。

• 我只喜欢运用自身良好的能力去做那些自己知道怎么做的事情，这样我就不用再去学习或者尝试新事物。

• 我喜欢做以前从没做过的事情，这样我就可以学到新知识。

• 我喜欢做自己乐意做的事情。

• 只要我能做好，或者只要跟我喜欢的人一起做，我不介意做那些自己并不真正想干的事情。

• 即使做起来非常困难或者做得不好，我也喜欢做自己感兴趣的事情——我无法忍受无趣无聊。

• 只要自己能做好或者事情被安排得井井有条，我不介意做那些自己并不真正感兴趣的事情。

3. 根据自己给出的答案，按照重要程度排序，找寻你心仪职业的特点（1 = 最不重要，3 = 最重要）：

• ________我需要擅长我想做的事情。

• ________我需要喜欢我想做的事情。

• ________我需要对我想做的事情感兴趣。

原声摘要

你绝不会知道工作将带给你什么。还在学校读书时，我兼职干过数据录入工作，虽然很无聊，却让我学会了文本协调。毕业后，我在一家位置很远的公司干着最底层的工作。因为讨厌奔波，我决定在离住地近一点的地方找份工作，一干就是 5 年，从秘书、市场推销，最后干到运营部副总裁。

之后，我离开公司去一家宠物墓园从事销售工作。很多事情都得自己做。不久之后，我意识到自己一直想做的其实是独立创业，于是我开了这家花店。这是我的公司，自己的生意！

——K. 米切尔（K. Mitchell），独立咨询顾问

帮自己一个忙

年复一年地浪费时间和精力干着自己不喜欢的工作是非常悲哀的。看看吧：每天工作 8 小时或者更多时间，一周工作 5 天或者更多时间，一年工作 50 周或者更多时间。这种情况将持续 30 年甚至 40 年之久。如

果你把40%的时间花在不喜欢的工作上，睡觉又花去大概35%的时间，留给自己的活动时间就只剩25%了，如图2—3所示。

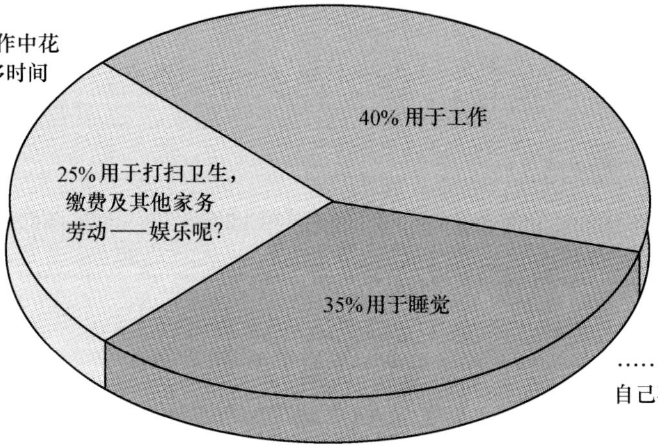

图2—3　时间分配

但是，仅有的25%属于自己的时间还得用来干那些自己不想干却必须干的活儿，比如做清洁、缴费以及其他家务劳动。那就意味着你还剩下不到19%的时间来做自己喜欢的事情。除了不开心，在这种情况下，人们还喜欢对着关心自己的身边人发泄挫败、伤心的情绪。不管什么原因，这都是不应该发生的情形。

为什么不在清醒时把40%的时间花在自己喜欢的工作上呢？帮帮自己，也帮帮身边的人，干一份自己满意的工作吧。这份满意可以来自任何因素的组合：氛围、任务以及同事。坚持寻找吧，你值得拥有一份令你乐在其中的工作。乐在其中并不是说这份工作能让你一直保持极度的兴奋和开心，而是指工作方式让你快乐。你需要将自己日后的快乐纳入求职考虑中。

水平移动

一旦找到自己喜欢的工作，你就可以像许多人一样换工作了，但是这种改变可能只是“水平移动”。“水平移动”指的是你可以换工作，但是一定要待在自己感到最舒服的特定工作范围内。

假设你对电脑感兴趣。你的水平活动范围是什么呢？你可以编程序、搞维修甚至动手组装电脑。你也可以编写电脑使用指南或者教授电脑课程。再者，你还可以用电脑设计标志，打造时尚。特定职业、特定兴趣范畴内的工作选择相当广泛。你可以利用其他因素帮助自己缩小选择范围，如自我认知和个人需求。

目标确立

目标：名词，目的或一个人努力实现的结果。

关于这一点，你需要更深入地了解个人能力和厌恶喜好。你需要清楚的下一个问题是：“这些知识用来做什么？”

开启职场秘密之门，你还需要另外一把钥匙——确立个人目标的能力。这是你将学到的最重要的工作（以及人生）技能之一。目标就是有着时间限制的梦想——你希望在时间期限内达到的结果。

或许你已经设定了目标却浑然不知。想想你每天为自己设定的那些小目标：购物，把不用的东西送到回收中心；看病，完成项目或者支付账单。

这些目标通常始于决定，然后做出承诺坚持到底，并且每天提醒自己。每日提醒可以简单到一张手写的购物清单、待办事项清单，或者在日历、手机上标注约会日期、项目截止时间或者账单缴纳时间等。

你的工作就是将自己已经学会的设定每日目标的技能运用于更大的生活目标中，最终学会按照重要程度排列这些目标。这样做是在为你的将来铺设一条康庄大道。图 2—4 阐释了能力、厌恶喜好跟目标建立及排序之间的关系。

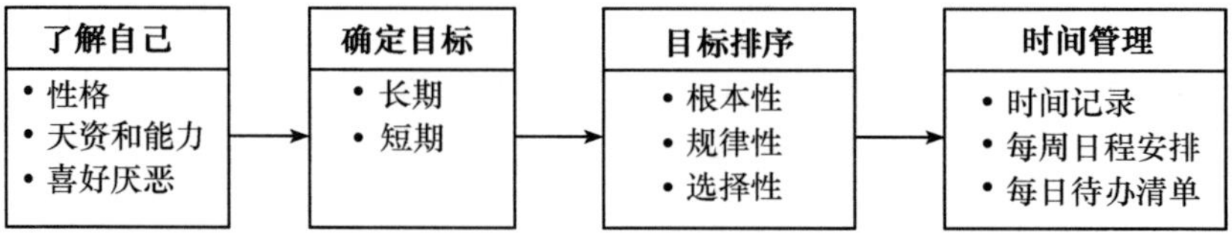

图 2—4　释放个人能力

目标设定障碍

如果迷失了方向，人生将相当艰难。设定目标能让你朝着目标不断前进，这样你就不会迷路。可是，既然目标设定如此重要，为什么那么多人不做呢？下面列出一些可能的原因，看看哪条适用于你。

• 缺少榜样。也许父母或身边的其他成年人也不知道怎样设定目标，你从来没有学习模仿过。

• 缺乏鼓励支持。其他人也许会取笑你，认为你的目标根本无法实现，或者试图破坏你的努力。

• 信心匮乏。你没有成功设定并实现目标的经历，所以你感到目标设定不可靠。

• 恐惧太强大。害怕失败，所以你甚至不愿尝试。

“SMART”目标设定法

即使曾经有任何理由令你止步不前，现在你也可以使用“SMART”目标设定法跨越障碍，确立目标。

• 具体（Specific）。确保设定的目标包含尽可能多的细节，让目标更为真实。目标设定得越具体，你越容易专心完成。假设你浑身僵硬、疲惫不堪，想要改善健康状况，对比下面两个目标：

模糊的目标：“我想变得健康。”

具体的目标：“我想提高身体灵活性，增强精力。”

• 可衡量（Measurable）。确定目标必须保证目标可衡量。毕竟，如果无法测量目标，你怎么知道自己完成目标与否呢？假设你和妹妹住在不同的州，你想跟她保持联系：

模糊的目标："我想和妹妹多交流。"

具体的目标："我想一周给妹妹发两封邮件或者打两次电话。"

• 可完成（Achievable）。确保你具备目标实现的条件；否则，你很可能放弃。这可能意味着你需要培养态度、能力、技能以及增强经济实力来实现目标。如果目标超出个人能力范围，你很可能无法坚持。例如，你很喜欢阅读悬疑小说，决定亲自撰写一本，可事实是你很少写作。

无法完成的目标："我想在 9 个月时间里出版第一本悬疑小说。"（你甚至都不清楚自己是否能写成！）

能够完成的目标："今年我想参加至少两个写作培训班，还要参加本地作家会议。"

• 现实且有意义（Realistic）。现实意味着考虑到个人能力、时间以及精力，目标是可行的。一旦目标实现困难，我们就会变得沮丧、无法激励自我，最后停止尝试。有意义指的是设定的目标应该对自己有意义，别人怎么想跟自己没关系。如果目标对你一点儿意义都没有，你很可能不会坚持太久。比如，工作之余，你喜欢在周末打网球，对比下面两个目标：

不现实的目标："我想成为职业网球选手，然后我就把现在的工作辞掉。"

现实的目标："我想参加网球俱乐部开设的私人网球课程，然后参加网球大师赛。"

• 及时（Timely）。为你的目标制定一个时间期限，这样你就有了努力的方向。你可以制定总体目标的完成期限，或者分别设定几个小期限。此外，在目标实现过程中，你可以根据需要调整时间安排。

没有时间期限："我想为我的研究旅行筹点钱。"（你忘了提及需要多少钱，怎么筹钱，或者什么时候开始研究旅行。）

有时间期限："我计划在一个月之内提交一份方案，申请 10 万美元作为3个月的研究旅行费用。”

花点时间用“SMART”目标设定法分别设定自己的个人目标和职业目标。

坚持目标

一旦运用“SMART”目标设定法设定出目标，你还要做很多事情来保证自己能够坚持。坚持，意味着保持兴趣精力，实现目标。

1. 写下目标。把目标写下来，目标就不再仅仅是一个想法或几个文字了；目标成为了有形的实物。把写有目标的纸条放在你每天都能看见的地方，不断提醒自己。

2. 确保目标有始有终，迈出明确的第一步。我们都有拖沓的时候。最大的挑战就是如何迈出第一步。通过确立一个开始时间和一个完成时间，我们找到了开始行动的理由——一种紧迫感。确定第一个行动步骤很有必要，它通常指在开始阶段那些能在短时间内完成的活动。比如，考虑一下这个目标：“我计划在一个月内提交一份方案，申请10万美元作为3个月的研究旅行费用。”行动第一步就是即刻上网查找有哪些机构组织能够提供资金赞助，本周内从3个可能提供资金赞助的机构组织网站上下载申请表格。用这个方法开始你的计划一点也不费劲。

3. 细分大目标。有些目标可能非常大，所以将它们细分成一个个小而实际的目标是个不错的主意，因为小目标更容易实现。在实现这些小目标的过程中，你对完成大目标充满信心。回过头来再想想那些“无法完成的目标”——全职工作，打算在9个月时间里完成一部悬疑小说。小而实际的目标可能是：参加写作班，在网上开展背景调查，亲自参观可能用作故事发生地的地方，采访现实生活中的侦探，抄写笔记，拟定提纲，写第一章的初稿等等。当然，每个小而实际的目标都需要使用“SMART”目标设定法确定。

4. 制订行动计划。尽你所能制定实现目标必备的各个行动步骤，把它们写下来。有些人喜欢采用逆向工作法，首先想象结果，先把尚未发生但需要发生的事情写下来，再写下尚未发生却不得不发生的事情，以此类推。缺少行动计划，你将很难了解自己需要做什么以及个人努力方向是否正确。

5. 定期回顾目标。重温承诺。随着时间的流逝，我们容易忘记当初制定目标的动机，热情殆尽，止步不前。腾出时间回顾一下个人目标，想想自己当初制定目标的原因，提醒自己当时制订计划时的那种激动心情，想象自己努力实现目标时感受到的阵阵满足。这将有助于你继续坚持下去。

做到以上 5 个步骤，你就能满怀骄傲和成就感地实现自己的目标了。

目标类型

你已经知道了“SMART”目标定位法以及坚持目标的 5 个步骤，现在来看一看你可能会有兴趣设定的目标类型。在人的一生中，目标在各种各样的领域里都扮演着重要的角色。下面列举几个例子，不论你是初入职场还是已经工作了一段时间，这些问题都相互关联。

- 个人目标。你希望在自身观念、想法、偏好、习惯和能力方面做出何种改变？你想改变或者改善人际关系吗？你想改变健康状况或容貌吗？你希望重整精神还是改变精神文化生活及精神修行状态？你是想发展某些天资或技能呢，还是探索新的兴趣爱好？

- 家庭目标。想结婚吗？想拥有家庭吗？希望生几个孩子？想花多少时间陪伴爱人和孩子？想和父母、兄弟姐妹或者其他家庭成员比邻而居吗？希望依靠个人力量打拼吗？

- 职业目标。你想在工作中具体干些什么？对现在从事的工作感到开心吗？你希望管理其他员工吗？你希望拥有自己的事业吗？你想成为独立经营者吗？你想做自己的老板吗？怎样的工作时间最适合你？怎样的薪资水平最适合你？怎样的福利待遇最适合你？

- 经济目标。你想挣多少钱？你想将部分收入用于投资吗？你想还清贷款吗？你有大宗消费吗，比如购买房屋、汽车、电器，缴纳学费，购买保险，支付休假费用等等？

• 生活目标。你希望在哪里生活——城市、郊区还是乡村？你想住哪种风格的房子？租房还是购房？喜欢什么类型的社区？

时间期限

不管设定目标的领域有何不同，你都得为目标制定时间期限。长期目标是那些你打算用较长时间去努力实现的目标，一般会耗费数月甚至数年时间才能完成。例如，你可能打算在 10 年时间里拥有个人公司，掌握一门外语或者购买一套公寓。长期目标让你关注未来。

与长期目标相比，短期目标小而具体，能够在更短时间内完成。短期目标可以独立于长期目标，也可以作为长期目标的过程步骤。比如，你的长期目标是拥有自己的家，你的短期目标可能是每月存一些钱，找一份薪水高的工作，以及研究报纸的房地产板块，以了解房地产价格趋势和评估购房可能性。短期目标还可以帮助缓解长期目标带来的巨大压力。每完成一个短期目标，你就将其从计划表中划掉，内心充满成就感。

让目标帮助你

不论目标设定得有多好，在努力实现目标的过程中你总会碰到障碍。内部障碍来自激励不足、消极的自我暗示或者糟糕的组织能力。外部障碍则包括经济变化、经济原因或者地理距离。

碰到障碍时你可以做些什么呢？这里给出一些建议，以供参考。

• 提醒自己目标实现的好处。关注目标带来的积极结果，想象一下目标完成后自己的感受。

• 求教良师。他们或许可以根据自身经历给出具体建议。

• 获取支持。缺乏自信时，跟朋友、家人谈谈，他们相信你，能给出一些积极的建议。别把时间浪费在那些用消极信息拖垮你的人身上。

• 用积极的自我暗示取代消极的自我暗示。当你感到害怕或者心存疑虑时，依赖坏习惯很正常，例如消极的自我暗示。每次想到“我不知道应该怎么干”的时候，请用“可能我现在尚不清楚，但是我却知道怎样努力向前”或诸如此类的话语来代替。

不管遇到什么困难和障碍，成功的关键是相信自己，一点一点努力向前。

如果没有目标，你的最后结局跟很多人一样，终日抱怨道：“我本应该这样做的。我本可以这样做的。可是我没有做。”这些悲惨的语句意味着你本来有机会和能力，可是你却没有善加利用。别让恐惧将你困进一生的悔恨中。挑战自己，挑战梦想，为自己设定目标。

测一测：目标逆向设定法

为了让你练习设定长期目标，我们打算让你采用逆向工作法先设定一些短期目标。

1. 从以下类型中确定一个长期目标：个人、家庭、职业、金钱或者生活。把这个目标概括地写下来。

2. 估计目标完成时间。

3. 采用目标逆向设定法，在长期目标实现之前确定自己必须完成的短期目标。为每一个短期目标设定一个期限。

短期目标	估计完成时间
____________________	__________
____________________	__________
____________________	__________

这些短期目标将成为你渴求已久，评估进步的里程碑。事实上，在朝着长期目标努力前进的过程中，你将学习到更多实现目标的方法，你很可能希望调整这些里程碑，让它们更加现实可行。

轻重缓急

> 轻重缓急：名词，以时间先后或者重要性大小顺序排序。

尽管了解了个人的性格能力，明白了如何设定重要且有意义的目标，在实现这些目标以前，你还需要按照轻重缓急将目标排序。

如果没有排序，只是随性地完成目标任务，你也许可以完成一些细小的目标，但是不可能实现大目标。确定轻重缓急让你知道哪些事情对你而言最重要，帮助你明确首先实现对你而言最关键（和可能最困难）的目标，其他目标留待稍后完成。以下是人们按照轻重缓急为目标排序的几个方法：

- 那些对于实现其他目标必不可少的目标必须排在靠前的位置。
- 那些为后续目标扫清障碍的目标十分重要。
- 那些对时间投入回报以丰硕成果的目标更加重要。

和设定目标一样，目标排序也因人而异。不同情况和个人偏好造成排顺差异。比如说，如果你喜欢体育运动，也许你会把外出工作放在首位；如果你不那么喜欢体育活动，你可能集中精神读书；又或者如果你是一位家长，你很可能将孩子放在首位。

有的目标排序可以在每日基础上进行调整，而其他目标可以每周、每月或者每年调整一次，还有一些目标可以终生不变。图 2—5 是布丽安娜（Brianna）——作为一位职业女性和两个孩子的母亲——制定的人生目标顺序表。

轻重缓急的目标排序
干自己喜欢的工作
照顾家人
环游世界
爱护环境
帮助他人
保持健康
买栋房子
写一本书

图 2—5　布丽安娜的目标排序

轻重缓急与求职

不论是在校读书、工作或失业，你都可以充分利用自身能力根据目标的轻重缓急立刻对其进行排序。确定每天工作的先后顺序有助于你在实现目标的过程中有序安排、集中精力。下面是一个学生的目标顺序表。想想其中哪些目标跟你的目标相同，你将如何根据重要性大小为这些目标排序。

- 上课
- 学习
- 兼职或者全职工作
- 养育子女
- 履行配偶的职责
- 家务杂事
- 睡觉
- 锻炼

对人生目标按照轻重缓急进行排序，在求职时你也可以这样做。通过排列职业目标顺序来帮助自己找到一份最适合个人性格和需求的工作。在求职前，制定个人目标顺序表将帮助你从一开始就确定希望实现的目标，帮助你排除不适合个人性格、个人需要和生活方式的工作、业务以及职业领域。最后，目标顺序还为你节约了时间和精力。

经验之谈——职场透视

成功的坚持

安德里亚·莎莲娜（Andrea Selena）

联邦快递客服代表、房地产经纪人

说到人生，任何时候从头再来都不算晚。高中毕业后，因为想成为一名牙科助理医师，所以我进入一所社区学院学习。那一年因为牙齿不断出问题，所以老往牙医那儿跑，正因如此，我和那里的助理医生成了非常要好的朋友。亲身经历加上从他那听到的信息让我意识到牙医助理这份工作不适合我。尽管我坚持去社区学院上课完成学业，但是我并不知道自己真正想干什么。我希望自己能够突然想明白。

除了上课，我还在一家杂货店兼职。虽然这家店的营业额不断增长，我的薪水却不高。妈妈告诉我她一个朋友的儿子在联邦快递工作。我和那个男孩谈了谈，发现薪水、福利都挺不错。他建议我申请兼职包裹处理员的职位。之后，我得到了这份工作。

那时，我放弃了一切，包括读书，因为就算是待在学校我还是什么都没有想明白。我晚上工作，相当累人。当全职客户服务助理一职空缺时，我申请并且得到了那个职位。比起晚上处理包裹，白天在联邦快递的成品库和电脑复印部同大家一起共事有趣多了。

几年过去了，我又感到兴趣索然。我开始思考是否应该重返校园学习，再做点其他事情。我有一位老客户，她是一名房地产经纪人。我问她喜欢自己的工作吗，得到的回答是她对工作充满热情，她告诉我干任何事情都比不上自己创业。

不久之后，我在一所社区大学申请了几门相关课程，我也想成为一名房地产经纪人。即便有时候要应付繁忙的工作，但是能够重新学习真的让我感到趣味十足。另一个困难来自一个全国性考试，虽然我刻苦学习，但还是没能通过考试。我感到灰心丧气，所以又不去学校了。

幸运的是，我的客户，那位房地产经纪人，没让我放弃梦想。她督促我再去参加考试，她甚至还帮助我备考。这一次，我通过了考试。

我询问她的公司是否招聘房地产经纪人，她说："当然——你喜欢这份工作吗?"从那以后，我从联邦快递公司辞职，开始从事房屋销售工作。第一年，我卖出的房屋总价就超过了 100 万美元。

这份工作让我认识到真正的自己。我喜欢跟人交谈，我懂得如何让他人感到舒心。我的客户喜欢我，因为我诚实可信，真正努力地寻找他们想要的房子。在客户征求我意见的时候，我会分享我知道的信息去帮助他们，这种感觉真的太棒了。买房在任何人的一生中都是一个重要的决定，而我有幸能够参与其中。

我还喜欢自由自在地安排个人时间。我不会感到无聊，因为我会碰到不同的人，参观形态各异的房子，处理各种各样的合约。我也很享受每年的进修课程，它帮助我紧跟行业发展需要。

这份职业最好的地方在于我知道是我自己在做事情，不是其他人帮我做。我自己读书学习，我自己参加考试，我自己碰到各种各样的人，我自己产生想法，然后我自己去实践。从开始到结束，我都拥有一份强烈的成就感和使命感。

学习给了我相信自己能够改变人生的勇气。要是在中学时就拥有了自我激励的能力，我可能会更拼命地为了成功而努力。谢天谢地，一切都还不算晚，我的职业和人生都让我感到心满意足。

轻重缓急与工作

一旦找到符合自身需求的工作，学会按照轻重缓急排序极其关键。作为员工，如果你懂得确认每日、每周以及各项长期的任务，按照轻重缓急排序并制定相应的工作日程，公司会更加看重你。公司青睐于懂得自律自控的员工，因为这些人知道如何做事而不需要提醒。

在按照轻重缓急，规划工作完成顺序的时候，不仅仅要包括自己认为重要的工作，还要包括上司和同事告知的重要事情。因此，你必须考虑更多的因素。有时候，你还得调整工作顺序。例如，你正为一个项目忙碌着，此时，有人告诉你今天还有另一个项目迫在眉睫需要完成。你应该干哪一个项目呢？这很可能取决于是谁的委托。比起同事交付的工作，完成上司布置的任务或许更为重要。

了解公司的组织结构有利于你做出明智的选择。如果太多人向你提要求，不知道如何安排工作顺序时，你可以请求上司帮助。

时间管理

要有效率地完成已经排列好先后顺序的目标，你还必须学会管理时间。缺乏时间管理能力，你将一事无成。

时间一刻不停歇，没有人可以控制时间的快慢。你能做的唯有在时间允许的范围内根据工作安排做出相应的规划调整，并把这种调整作为行动的动机。一天只有 24 个小时。除去睡觉时间，你还剩下大概 16 个小时的时间。如何管理时间完成目标才能让自己不至于忙到抓狂，过分乐观或者无法应对突发状况呢？这都得依赖于你的性格。

性格类型与时间管理

花点时间想想个人情况。还记得自己的性格类型吗？性格类型会告诉你如何处理时间，帮助你更有效地管理时间。下面两个例子告诉你性格差异造成时间管理的不同。

ISTJ 性格类型与时间管理。如果你是 ISTJ 性格类型的人，你可能是一个天生的计划制订者。代表思考的 T 以及判断的 J 结合在一起就是一个深思熟虑、考虑周到的人，这种人喜欢将日程安排写在纸上。如果你能列出合理的任务清单并坚持执行清单上列出的各项任务，你将受益匪浅。

性格中的 I 说明你是一个内向的人，而内向的人喜欢思考。如果你发现自己做事时用于思考的时间多于实际行动的时间，你就得试着减少安排计划的时间，多按照日程表将工作向前推进。

ENFP 性格类型与时间管理。如果你是 ENFP 性格类型的人，你可能做得多，而用于行动安排的时间却很少。缺乏组织的行动让人效率低下。你可以向那些喜欢制订计划的人学习，正如他们也正在学习你行动力和工作热情一样。随身携带一个小型日历，记下每天的重要安排。

性格中的 E 说明你是一个外向的人，而外向的人喜欢社交活动。如果你喜欢与人交谈，而这影响了工作进程，不妨采取以下步骤增加成功机会：在学习或工作时拔掉电话插头（或者将电话调整为振动），将电话改为语音信息；在学校或公司，径直走向你的课桌或者办公区域——千万别停下来喝水或者跟人交谈。如果你努力保持工作进度，而你的朋友却老是打扰你，请有礼貌地谢绝对方休息玩耍的邀请。你可以建议在空闲时再谈论此类事情。

如何成功管理时间

谈到管理时间完成任务，不同的性格类型适用不同的方法。不管你属于哪种性格类型，你都必须学会分辨重要任务跟紧急任务。重要任务是指一项任务拥有重要的价值，而紧急任务则说明一项任务需要立即重视。在紧急任务上花去太多时间实际上缩短了本应花在重要任务上的时间，到最后，你只能疲于奔命而无法未雨绸缪。

你可曾听过这样一句话“我们没有足够的时间来做正确的第一次，但总有足够的时间来做很多次”。这句话针对的就是那些老是面临时间危机的人们，他们总是在最后一分钟才做出反应，着手完成一项紧急任务。结果就是，他们不能够很好地完成任务，于是不得不重做，耽误了原本可以用来处理其他重要任务的时间。

> 干扰你工作的那些紧急任务会分散你本应花在重要任务上的注意力。

你应该如何安排时间，关注重要任务而不是仅仅应对紧急任务呢？下面提了一些小建议。虽然并不是所有建议都适用，但有一些建议肯定很管用。

1. 坚持时间记录，清楚了解实际花费的时间情况。

2. 以一周作为整体，进行总体规划。

3. 找到适合你的时间管理体系。使用纸质版或网络在线版时间管理系统帮助你记录时间日程。

4. 列出每日任务待办清单。通过建立清单，知道每天要做什么事情，对自己能做的事情有现实的预期。

5. 规划自由时间。别忘了休息放松，确保有效利用个人空闲时间。

6. 预见意外事件。学习调整，紧跟潮流，学会拒绝。

7. 花时间想想自己的时间安排。制订计划，保证效率。

8. 避免拖沓。无论何时，最好做点事情。

1. 坚持时间记录

> 注意：只需要专门做一次时间记录即可帮助你了解自己的时间花费情况。

在管理时间之前，你需要首先了解自己是如何使用时间的。如果你正打算制定一个财政预算，你要先看看自己是怎样花钱的，然后再决定哪些地方多花钱，哪些地方少花钱。制定时间预算或行程安排也是如此。

建议大家每天都记录时间，坚持一周，这样才能了解个人时间消费习惯。在一周的时间里，每隔 15 分钟写下自己正在进行的活动（如果觉得太浪费时间，可以调整为每隔 30 分钟或 1 个小时）。有些人喜欢在线记录信息，而另一些人则喜欢在纸上书写。不管选择哪种方式，都需要具体而真实。这能让你清楚自己是如何利用时间的，干某件事情需要花多少时间，在哪方面做事效率高，哪方面做事效率低。

> **你知道吗？**
>
> 成功人士通常会把 65%～85%的时间花在重要工作上，而其余的人则把大部分时间用在紧急任务上。①

也许你注意到自己在晚上 8：30 开始上网查找论文资料，在 9：30 开始看起 YouTube 视频来，一直看到 11：30。一周以后，你可以检查一

① Miller，Lucy. *Career Development Strategies*. Fort Collins，CO：McKinely College，2008.

下自己的时间记录，发现自己只花了 5 个小时在工作上面，却用了整整 10 个小时的时间观看 You Tbe 视频。有时候白纸黑字更让人信服。

图 2—6 展示了克丽丝塔（Krista）一周时间记录的几个片段，她以前是一名技术文档撰写人，现在一边攻读创意写作博士学位，一边在出版公司担任兼职助理。这个时间纪录片段仅仅包含了一天内的部分时间，但是你可以从中一窥究竟。在这份时间记录表中，我们可以看出克丽丝塔花费大量时间处理工作电话，收发电子邮件以及上网。

工作日	日期	活动	开始时间	结束时间	总耗时
周一	8 月 23 日	起床、锻炼	7：00	7：30	30 分钟
		沐浴、准备上班	7：30	7：45	15 分钟
		刷牙、早餐	7：45	8：15	30 分钟
		上班路上	8：15	8：30	15 分钟
		开始工作，接听电话并查看邮件	8：30	9：30	1 小时
		编辑新书的一个章节	9：30	11：30	2 小时
		午餐	11：30	12：30	1 小时
		进行调查/上网	12：30	1：00	30 分钟
		参加销售会议	1：00	2：15	1 小时 15 分钟
		回复邮件/上网	2：15	3：00	45 分钟

图 2—6　时间安排

2. 一周作为整体

一旦通过每日时间记录发现了个人的时间使用规律后，你就可以了解自己每天时间的大致分配情况以及可以做出的调整。现在，是时候规划出一周大概（不是具体）的活动日程了，如工作、上班往返、出差、锻炼、备餐、家务事、阅读以及娱乐等时间安排，在纸上或者在线记录下来。

记住，我们每个人一周只有 168 个小时（一周 7 天，一天 24 个小时）。一旦你计算出每周花在每项活动上的具体时间，你就可以了解自己还剩下多少时间，而后做出更明智的安排。请注意留出足够的休息时间！

鉴于年龄、健康状况以及生活水平的差异，你每周只有60～80个小时的黄金时间可以用于工作、学习或者从事其他重要活动。黄金时间使用过后，你的工作效率会变低，这意味着你需要花费更长的时间完成任务，也更有可能疏忽和犯错。不幸的是，繁忙的生活往往会让你每周的工作时间超过60～80个小时。

通过整周的时间规划安排，你能了解自己在家里和工作期间的时间使用情况。有多少时间用于活动开展？保持注意力集中是否困难？是否多次重复阅读同一段落？这些认知将帮助你确定哪些地方可以安排更多时间，哪些地方应该削减时间。

图2—7展示了一位离婚父亲特伦斯（Terence）的一周日程安排。特伦斯白天兼职，晚上上夜校。他和前妻共同拥有孩子的监护权，住所离学校有1小时的车程。

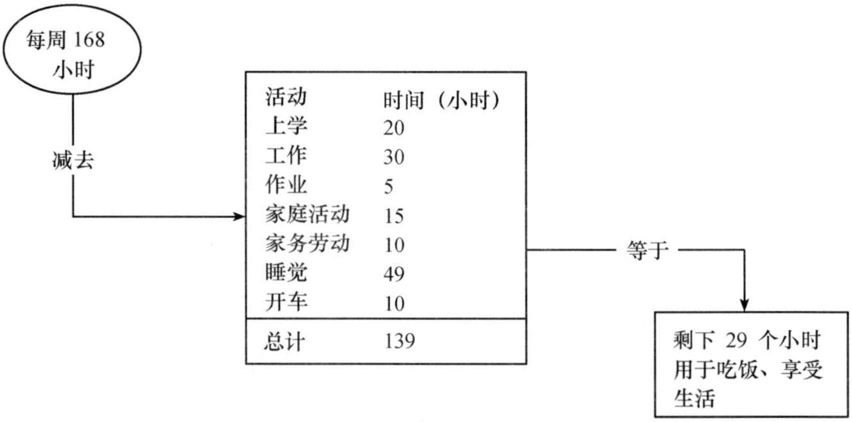

图2—7 享受生活的时间

3. 找到适合你的时间管理体系

你喜欢使用纸质日历还是电子记事本？因为选择很多，所以你得不断尝试直至找到最适合你的日程记录方法。记住，如果你忘记给手机充电或者电池耗尽了，日程安排就会丢失。那就是为什么把日程安排存入硬盘永远错不了的原因。

你会发现主要有两种类型的记事本：一种是日型记事本，一种是周型记事本。日型记事本让你有足够的空间记下当天的活动行程，但是不会提醒你接下来的活动安排。你可能会忽略那些没有看到的重要事件。而周型记事本虽然没有留出足够空间给你记录每日的活动安排，但是能对一周活动做出总体规划。考虑一下哪种记事本更适合你，然后坚持使用一周，记下最重要的事件即可。如果你还有很多书写空间或者你是一个细节主义者，你也可以记下那些常规任务以及备选任务。图 2—8 解释了 3 种任务类型：重要任务、常规任务以及备选任务。

任务描述	示例
重要任务指无论如何必须完成的事情。重要任务因人而异，因时不同。比如，洗衣服在某周周一并不重要，而在下周周日却尤为重要，因为你已经没有干净衣服可换了	典型的重要任务包括：接送孩子，工作约会或其他安排，上课，修车，准时邮寄账单或者看病就医。首先写下重要任务确保自己有时间完成
常规任务指那些在每天或每周固定时间里完成的活动，这些活动让事情得以顺利开展。但是如有必要，你还要调整或取消这些活动	典型的常规任务包括：每周一次必需品的采购，洗衣服，干家务，看最喜欢的电视节目或者周日去亲戚家聚会吃饭。将这些任务添进你的日程安排，想想如何平衡其与重要任务的关系
备选任务指那些“如果有时间”你想要做的事情。能做此类事情固然不错，但是如果无法很好地满足时间安排，你也可以将它们取消，放到第二天或者下周去做	典型的备选任务包括：逛街购物，做头发，看电影，打电话或拜访友人。根据情况变化，其中一些备选任务也可能成为重要任务。看看你的日程安排，在完成重要任务和常规任务之后还有哪些备选任务可干

图 2—8　日程安排中的任务类型

你可能注意到任务分类其实就是一种按照轻重缓急排序的安排形式。这一点对工作而言至关重要。工作期间，你可能碰到不止一项需要完成的任务，每种任务都有不同的轻重程度。你必须管理好日常工作时间，决定重要任务花费多长时间，在哪个具体时间完成最好，然后在此基础上规划出常规任务和备选任务的完成时间。

4. 开列每日任务待办清单

一旦制定出每周日程安排，就该规划每日活动安排了。你需要在待办清单上列出在特定的一天里必须完成（或者想要完成）的所有事项。

有人按照任务完成顺序开列待办清单，有人则更加随意。不管采用哪种方法，按照轻重缓急将清单上的任务进行排序并保证顺利完成都是很好的主意。

A＝高优先级（不管怎样都必须完成！）

B＝中优先级（你应该完成以保证其他任务顺利开展。）

C＝低优先级（如果当时没完成，你可将该任务移至第二天。）

技能指导

如果记录时间或者规划行程有困难，你可以试一试使用电脑帮助预算时间。诸如 Daytimer Organizer 或者 Microsoft Schedule＋之类的软件程序就是为了帮助你管理时间而设计的。或者你还可以利用 Excel 等电子制表软件制作每日行程、每周计划或者写下自己的目标、优先任务安排或者待办事项。

假设你是谭雅（Tanya），诺莱雅有限公司（Noraya）软件部的经理。你可以这样开列出待办清单（括号中的黑体字部分解释了安排该项活动的理由）：

A

- 下午两点完成部门会议的计划安排（**今天必须完成**）
- 为新进员工填写 W－4 表格（**如果不填表格，新员工没有薪水**）
- 去银行办理存款支票（**如果不存款，个人支票将被退回**）

B

- 为一名团队成员撰写年度评估报告（**还有两天时间，但是你担心不能准时写完**）
- 为儿子准备生日贺卡（**明天就是儿子的生日**）

C

- 在线提交选票（**还有两周时间**）
- 更换新鞋尺码（**本周任何时间都可以**）

有人喜欢在晚上回顾一天工作的时候，写下第二天的任务待办清单，还有人喜欢在工作开始的早晨列出待办清单。不管采用哪种方法，一份待办清单都能提醒你那些容易忘记的任务，帮助你实现目标。

在日程安排间隙，你还可以列出一份自己想要完成的长期任务待办清单。你不用把这些任务具体安排到某一天去完成，只需要把它们写下来，时刻提醒自己。使用这种方法可以让你充分利用计划外的自由时间。一份长期任务待办清单包括：

- 购买一根花园浇水软管
- 固定屏幕锁
- 整理衣服，将不穿的衣服送给有需要的人士
- 将照片放进相册
- 洗车
- 升级电话号码
- 整理旧唱片

长期任务待办清单的任务数量多少没有关系，数量越多，你在空闲时的选择性就越大。

5. 规划自由时间

不论你是粗略地安排时间还是制定具体活动行程，在开列任务待办清单时，你都应该给自己留出一些自由时间。我们称为停工期或“我的时间”，在这段时间里你可以做任何让自己放松的事情：沏一壶茶，喝杯咖啡，读书，写作，发呆，运动，看电视或者什么都不做。

时间排得满满的会让人感到焦虑沮丧、疲惫不堪。每个人都需要给自己留出一些时间空隙。一点点的歇息将振奋你的精神，给你充电。少许休息可以令大脑受益，哪怕只有短短的 15 分钟。或许你并不知道的另

一个好处是给自己一点时间有助于你一点一点更好地认识自己。

6. 预见突发事件

不管你把一天规划得多好，总有些事情是不受控制的，你只能做好回应。老是有些事情会打乱你的计划：或许外面下暴雨让你无法出门办事，或许你的汽车传动装置出了故障，又或许你的上司指派了一件紧急任务让你手忙脚乱。你一天的计划都泡汤了。不论这些突发事件是什么，它们都可能让你手足无措。

你可以通过保持开放的心态以及灵活的计划安排预见突发状况。如果你的时间安排过于紧凑，没有留出一点点时间空隙，你就不太可能对突然的计划改变做出调整。每天试着给自己留出一些空闲时间，这样才能在需要的时候拥有调整安排的机会。

接受这样一个事实，即活动待办清单和每日行程安排无法控制一天将要发生的事情。乐于接受变化，顺其自然。如果发生意外，你不得不放弃一些原本计划好的活动，请保持冷静。给自己一点空隙，别为了自己做不到的事情急得满头大汗。如果孩子病了，为了送孩子去医院你不得不缺席公司会议，你实际做了真正重要的事情。工作可以放一放，孩子的病不能等。反之，如果同事突发疾病，你不得不加班而无法带孩子去公园玩耍，这次你又根据事情的轻重缓急决定了它们的优先顺序：你还有很多机会去公园，却只有一次机会替代有急事不得不离开的同事。一切顺其自然吧。

7. 花时间想想自己的时间安排

我们都有感到没有时间坐下来好好安排事情的时候。有趣的是，从长远来看，花时间制订计划实际上能节约时间。试着早起几分钟吧，快速梳理一天行程，这将帮你节省出好几个小时的时间呢！假设你的工作地点位于城北。工作期间，你的一个任务就是去距离本单位 10 英里远的一家城南办公用品商店。在某个时间段里，你还得去距离那家商店 2 英里远的药房取个人处方。如果缺乏计划，你就得两次开车去同一个地方才能完成任务。

尽管如此，如果花点时间计划安排，你就可以想出最好的路线让你能够同时兼顾两个地点，为自己节省时间。不管时间有多紧迫，你都需要花点时间来安排规划。

8. 避免拖沓

原声摘要

深入了解一下所有感兴趣的学科课程，别让自己身受局限。找到喜欢的课程后，千万别拖沓。如果拖的时间太长，你就无法继续学习。我之所以懂得这一点是因为我有亲身经历，自己以前差不多就是那样。想做就去做。尽管坚持起来有些困难，可是一旦做了你会非常开心，一旦做成了，你会更加开心。生命在于奋斗不止。

——C. 哈特洛（C. Hartlove），计算机科学专业学生

下面提供的建议只在你有事可做的时候管用！拖延，又称为拖沓，是时间管理的头号敌人。

有时我们会产生一些奇思异想，我们极力避免它们阻碍活动的开展。比起完成工作，这些奇思异想通常占用了我们更多的精力。你是否曾经拖延一个困难的项目，打算不去碰它，因为那一周你没有充足的时间？或者，你是否避免处理一个难搞定的电话，因为你告诉自己正在等另一个人的电话，电话不能占线。这两种想法都很正常，富有创意却狡猾不已：你用这种方法欺骗自己，拖沓是聪明的一步棋。

人们有很多拖延的借口：因为缺乏目标或者目标设定不现实难以达到，因为对个人完成能力不够自信，或者认为任务看起来很难完成而害怕失败等等。幸运的是，人们也有很多方法消除拖沓。

• 请求帮助。教师、导师、同事以及上司都是获取信息和帮助的优质对象。

• 牢记没人完美无瑕。尽全力做到最好即可，虽然不完美，也好过

什么事情都不做。

• 制定并记下合理目标。将目标写在便笺或者卡片上。将卡片放在自己能够看到的地方，随时翻阅。

• 积极的自我暗示。把一张积极的自我暗示卡片和目标卡片放在一起。

• 将大项目拆分成小项目。每一个小项目的完成都有助于你获得成就感，让你愿意尝试下一个任务。

• 督促自己开始执行项目任务，然后快速评估工作进展。用 15 分钟的时间检查工作进度。万事开头难，一旦做了，你会发现一切都容易了许多。如果你能够坚持下去，你将打败拖沓。

• 想象任务完成后的个人感受。你会感到轻松、自豪、兴奋吗？想象一下这些情绪，它们可以为你提供开始执行任务时所需要的正能量。

握紧钥匙圈

现在你已经牢牢握住了一串钥匙：自我认知和自我管理。这些钥匙能让你的个人生活和职业生活更有效率。了解自己，确定目标，任务优先排序以及时间管理都是实现职场内外成功的关键。

职场工具箱

2.1 设定目标：过去、现在、未来

现在来看看你曾经实现的目标和现在设定的新目标。目标实现需要一个漫长的过程。写下对时间安排、目标坚持有所帮助的事项。

1. 在空白处写下过去一个月已经完成的目标，既可以是个人生活目标，如合理膳食、坚持锻炼，也可以是工作进展或学习成绩目标。再写出每个目标的实现对个人职场成功的意义。

2. 填写工作记录表，确定未来的目标并制订实现目标的计划。从中选择 3 个目标分别作为你的职业目标、学业目标以及个人目标。只要遵

照实施，你会在人生的 3 个方面都取得成功。

我完成的目标	如何促进我的职业
成功减重 5 磅	看上去更加职业干练
戒烟	能够在无烟环境中工作

人生领域：职场

目标——积极且具体（比如，不写“我将不再迟到”，写成“我在任何时候都要行动迅速”）

____

____

障碍——是什么原因导致现在还没有达到目标？

____

____

可能的解决方法

____

____

行动步骤——将采取的行动以及完成时间

____

____

得到的好处——目标实现的意义何在？

____

____

已经实现的目标以及完成时间，说明我的态度认真。

____

人生领域：学校

目标——积极且具体

障碍

可能的解决方法

行动步骤——采取的行动以及完成时间

得到的好处

已经实现的目标以及完成时间

人生领域：个人生活

目标——积极且具体

障碍

可能的解决方法

____

____

行动步骤——采取的行动以及完成时间

____

____

得到的好处

____

____

已经实现的目标以及完成时间

____

____

2.2 学以致用

对时间的需求在工作中频繁发生。你需要掌握各种各样的方法来应对需求。假设你是曼纽尔（Manuel）：

曼纽尔是一位发型设计师。一天早晨，发廊经理告诉曼纽尔晚上自己有两个客人预约做头发，所以必须在 6 点离开。另外，由于另一位理发师安伯（Amber）生病了，曼纽尔还得帮安伯服务几个客人。曼纽尔在发廊刚工作两个月，讨经理欢心和挣取加班费对他来说同等重要。

1. 如果你是曼纽尔，你会怎么做？

____

____

2. 如果你选择重新安排时间，你会怎么做？

____

____

3. 场景稍作改变：曼纽尔在发廊工作已经超过 3 年（和 2 个月形成鲜明对照），是经理的好帮手。如果你是曼纽尔，在这种情况下你会采取怎样不同的应对方法？

____

____

4. 在课堂上分组讨论各自采取的解决方法。看看从别人身上能学到什么。你还可以综合两种方法提出新的问题解决方案。

2.3 时间——像钱一样省着花

这项活动将一日时间记录、一周时间记录以及一周日程安排结合起来。也许在现实生活中你不可能如此安排，但是这项活动将让你深入了解个人的时间使用状况。

1. 在前面“测一测”的小测试中你已经尝试跟踪记录自己一天的时间安排。现在通过创建如下图所示的每日时间日志，记录自己一周的时间安排吧。你可以在电脑上操作，尽可能在表上多留空白栏，打印多份，每天按照时间日志所记录的时间和活动行事。开始的几行内容仅为示例，你可以使用步骤 2 中列举的活动类型或者创建个人活动行程。

每日时间日志

工作日	日期	活动	开始时间	结束时间	总耗时	活动类型
周一	9 月 13 日	起床、运动	7：00	7：30	半小时	运动
		沐浴、穿衣、准备上班	7：30	8：00	半小时	个人卫生
		早餐	8：00	8：30	半小时	吃饭
		骑车上班	8：30	9：00	半小时	运动

2. 到了周末，将收集到的信息从每日时间日志誊写到下面这个简

化的每周时间日志里，看看时间花在哪些地方，是否需要增加活动类型。

当前每周时间日志							
活动	周一	周二	周三	周四	周五	周六	周日
工作							
家庭时间、照顾孩子							
上课时间							
学习							
睡觉							
吃饭							
交通							
个人事务							
家务							
交流							
休闲娱乐							
宗教活动							
处理突发意外事件							
总计：							
累计（加总）：							

a. 在一周里感觉做事的时间太少？太多？还是刚刚好？

____

b. 检查每日时间日志和每周时间日志。是否发现时间浪费现象？在什么时候？

____

____

____

3. 现在你能够像花钱一样花时间——谨慎而切实。在经历了前面两部分的基础上，填写修改后的每周计划安排。

a. 既然你已经了解了时间的分配情况，那么怎样调整日程安排适应个人需求呢？检查当前的时间分配情况，做出必要的增减调整。看电视，打电话，收发邮件以及上网通常是主要的时间浪费点。减少这些时间浪费行为，但别缩短自己的休闲时间或者减少应付突发事件的时间。

b. 如果现在你失业了，正计划求职，你是否已经留出足够的时间空隙？如果没有，拿出时间表做更多的调整。如果已经没有可以减少的时间了，你需要明白你只是暂时按照这种方式生活而已，直至个人生活状况发生改变或者某些目标得以实现。

修改后的每周计划安排

活动	周一	周二	周三	周四	周五	周六	周日
工作							
家庭时间、照顾孩子							
上课时间							
学习							
睡觉							
吃饭							
交通							
个人事务							
家务							
交流							
休闲娱乐							
宗教活动							
处理突发意外事件							
总计：							
累计（加总）：							

4. 选择性：如果你是一个注重细节的人，也许你想把前面填写的时间誊写到下面的主图里。填写出你能用最合理的时间完成的各项活动的名称。当然，你需要写出真实的工作时间、学习时间以及完成其他具体活动、任务的时间。

主图							
时间	周一	周二	周三	周四	周五	周六	周日
7：00 a. m.							
8：00 a. m.							
9：00 a. m.							
10：00 a. m.							
11：00 a. m.							
12：00 p. m.							
1：00 p. m.							
2：00 p. m.							
3：00 p. m.							
4：00 p. m.							
5：00 p. m.							
6：00 p. m.							
7：00 p. m.							
8：00 p. m.							
9：00 p. m.							
10：00 p. m.							
11：00 p. m.							

2.4 做还是不做

我们都知道待办清单，但不是每个人都懂得始终如一地使用它。完成每一件事情，先写出主要任务是必须的。培养开列待办清单的习惯，你应该快速写下明天需要做的每一件事。坚持一周，一周后看看效果如何。

1. ______________________________
2. ______________________________
3. ______________________________
4. ______________________________

5. ______________________________

6. ______________________________

7. ______________________________

看看你列出的待办清单。其中，哪三件事最重要？根据事情的轻重缓急，在这些项目前面标注出 A、B、C。

2.5 积极态度表

第二章里介绍的好伙伴就是个人性格。下面列出的特点被认为是当今成功职员必备的个人素养。

1. 勾出那些让你感到自信的技能，找出需要提升的技能。

技能	特征描述
适应性强	能够很好地调节以适应新情况
诚实	诚实、真诚、坦率、直接
深思熟虑	采取行动或发表评价前花时间仔细想想
勤奋	努力工作，保持稳定，有效完成任务
不屈不挠	坚持理想，拥有强烈的价值观，永不言弃
善解人意	对影响自己和他人的需求和情况有个人的考虑
可靠	可信赖
换位思考	能站在他人立场考虑问题
自我控制	知道何时行动、如何行动，能够在必要的时候化解愤怒

2. 这些技能对于成功至关重要，所以不要停止提升那些你已经掌握的技能。记下需要额外努力练习的技能并为之设立目标。

a. 我要提高能力，成为：

____

____

b. 在便条或卡片上写下你想要提高的能力。把这张卡片跟前面章节写下的卡片放在一起。

2.6 技能练习

决定适合自己的职业极具挑战性。困难之一在于缺乏有关不同职业类型的第一手知识。初出校门的学生经常会碰到这样的麻烦，从没想过换工作的职场老手也会碰到同样的问题。下面这个任务可以帮助你拓宽职场眼界。

1. 在你感兴趣的职业中找出一个可能的入门级工作，例如，网页设计师、网站内容作家、汽车技工、牙科技术员，然后搜索相关职业信息。

2. 从搜索结果中挑出几个链接，打开它们查看自己可以从中学到什么。写下来。

____

____

____

3. 挑选并访问 3 位在该领域工作的从业人士。访问问题可以包括：任职资格、日常工作内容、职业优势与职业挑战、成败区分、入职准备等等。简要记下你的发现。

____

____

____

4. 网站对工作的描述和实际从业者对工作的描述有何不同？为什么？

____

____

____

第三章　管好时间与金钱：善用关键资源

学习目标：

- ☐ 收支预算
- ☐ 量入为出
- ☐ 日常开支
- ☐ 信用记录
- ☐ 信用卡与信用卡公司
- ☐ 信用卡问题
- ☐ 身份盗窃

没有什么像不断担忧着自己如何谋生那样丢脸了。金钱就像第六感，没有它，其他五种感官就无法完全利用。

——威廉·萨默塞特·毛姆（William Somerset Maugham）

职场谬见

“我从不做预算计划，也不喜欢记录消费情况，那样太受约束。看看我——现在这样挺好的。”

职场现实

成功通常意味着更多的责任和收入。在某个时候，我们需要学习金钱管理知识。我们不可能只是简单的买、买、买——我们还必须节约。我们需要利用工具帮助自己记录收入支出。开始制定预算吧，为成功做准备。

加奈尔（Janelle）并不是一开始就负债累累。不知道怎么回事，学校毕业后她就开始在职场慢慢打拼，而后结婚生子，债务也随之而来，购物一次就欠债一次。

加奈尔升职了，和丈夫打算给家里添置些大物件以示庆祝：一台平板电视、全新的手提电脑以及一辆新车。紧接着，加奈尔开始购置新衣。毕竟，自己现在是资深销售代表，需要在全国各地飞来飞去应酬客户。再来就是翻新房屋：买新家具替换儿子房间里父母留下的老旧家具、墙面油漆、墙角装饰、窗户窗帘等等。另外，丈夫还打算置办全新的雪橇、靴子、滑雪杆、山地自行车以及摩托车。

就这样，花钱的地方不断增加，日常生活捉襟见肘，直到有一天两人终于无法承受。丈夫失业了整整半年。在那段日子里，家庭开销全靠加奈尔支撑。可是之前累计的信用卡账单以及不断增加的利息实在是太多了，加奈尔和丈夫忧心忡忡，夜夜无法入眠。绝望中，两人到消费者信用与债务咨询处咨询。他们被告知需要立即停止今后所有的信用卡消费，坚持消费记录，缩减开支以及制定预算。该机构还帮助夫妻俩与债权人洽谈合并债务事宜。这个过程令人身心疲惫、痛苦不堪。但是两年过去了，加奈尔一家学会了勤俭度日，购物有计划，不再受媒体或者朋友的影响只知道购物了。

现在，加奈尔的丈夫重新就业，一家人几乎还清了所有债务，却依然坚持量入为出的生活方式。加奈尔一家绝不会忘记陷入债务时所经受的金钱跟精神的双重重压。他们发誓绝不重蹈覆辙。

金钱管理将直接影响机会的获得以及坚持实现个人及职业目标的能力。如果不担心偿还账单或者躲避债权人，你就能够更专注于工作。这就意味着你可以考虑那些需要学习新技术，更换工作地点或者调整上司的工作机会——当你深陷债务压力时，你不可能考虑这些工作机会，因为这些机会带有你无法承受的危机。

你已经知道了目标确认、任务优先排序以及时间管理的重要性。通过本章的学习，你将进一步拓展金钱管理——一项对于实现目标十分关键的技能。

良好的金钱管理能力不是简单地关注金钱的收支情况（尽管人们经常这样感觉）。金钱管理是节省开支，实现收入最大化的战略工具。你将在本章学到如何制定预算，如何明智地花钱省钱，你还将了解信用卡的优缺点，避免身份盗窃。把这些信息全都考虑在内，你就能够评估出当前财务状况并做出最适合个人需要的选择。

欠债：美国人的消遣方式

购物（特别是信用卡购物）和欠债已经成为美国人当今的一种消遣方式。根据美联储 G. 19 月度报告显示，在 2010 年 3 月，美国人的总负债额已高达 8 526 亿美元（其中 98%来自信用卡消费）。每一个美国家庭平均欠债 54 000 美元（包含信用卡欠款、按揭贷款、房屋抵押贷款以及其他贷款)。[1]

欠债是一位均等机会破坏者，普遍存在于在校大学生、白领、蓝领工人以及公司法人中。花点时间看看电视或者查看一下垃圾邮件，你就能明白欠债是多么容易的一件事情。事实上，你被鼓励欠债——从电视上众多的“免费”信用卡广告、各种信用卡优惠邮件以及商店里形形色色的“无息”优惠（特别是在节日期间）中可窥一斑。

消费者接受的讯息是使用信用卡购买任何想要的东西都属于个人权利，这种消费行为不会导致任何不良后果。我们将这种想法称作天方夜谭，因为它没有任何现实依据。鼓吹这种讯息的公司只对一件事情感兴趣：利润。如果人们能够迷上用信用卡购买自己无法负担的商品进而负债的话，那么这些信用卡公司就可以通过负债人支付的利息赚取上百万甚至过亿的利润。

5 年后，等你还清了加勒比海的旅行费用（你大概已经不记得这次旅行了)、大屏幕电视（早已不能使用了）以及崭新衣柜（现在已经过时了）的债务时，你实际积累了更多的债务。当一次新的经济危机来袭时会发生什么事情呢？当房屋分期付款中最后一笔较大金额付款到期时，孩子生病需要就医时或者学费需要筹措时，又或年迈的双亲需要照顾时，你将如何应对呢？你只能通过明智的金钱管理来应付这些情况。

公司与财务管理

聪明地花钱既是一个重要的生活技能也是一种重要的工作技能。财务知识和通用技能（读写能力）同等重要。当你学会如何管理金钱时，你就可以降低透支以及负债的可能性。对公司而言，你也是一种资产。在财政开支内准时完成工作是一种宝贵的技能。任务优化、成本评估以

---

① Woolsey, Ben, and Matt Schulz. “Credit card statistics, industry facts, debt statistics.” Accessed on October 7, 2010, from www. creditcards. com/credit-card-news/credit-card-industry-facts-personal-debt-statistics-1276. php

及购买决策的能力是保证公司运作的关键。个人学到的财务管理知识越多，就越有能力处理职业生涯中的各种项目预算问题。

金钱管理

钱在人们的生活中扮演着至关重要的角色。我们知道钱不能代表一切——它不能等同于爱情、家庭、教育以及一份令人满意的职业。但是婚礼需要钱；衣食住行需要钱；求职必须读书，而读书也需要钱。金钱是一种最根本的资源，懂得管理金钱让你在社会中能够很好地发挥个人才能。图 3—1 阐释了金钱管理中涉及的关键因素。你并不需要一大笔流动资金——你只需要一笔管理得当的钱。一笔处理得当的小钱比一笔随意花费的大钱用处多得多。

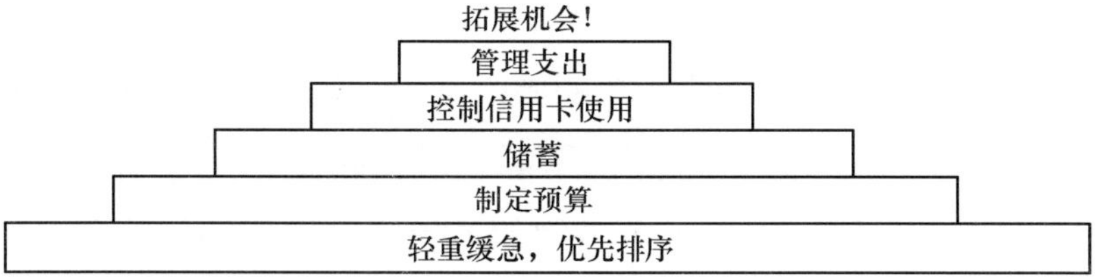

图 3—1　打造个人财务基础

以损失生命中更重要的东西为代价拼尽全力挣钱不会让你走得更远。要在投资和尽可能多挣钱之间取得平衡。控制钱而不受钱控制也很重要。也许你已经拥有了一份挣钱的工作，那么为什么不开始学习金钱管理呢？制定预算就是一个好方法。

预算

> 预算：动词，根据收入安排各项活动开支；名词，开支项目清单以及每项开支涉及的具体金额。

尽管有时候并不自知，但是所有人都会做预算。预算是一种简单的意识行为："如果把钱花在 X 上，那我就没有钱支付 Y 了。"即便简单，做好预算仍需要想法和精力。不考虑明天，今朝有钱今朝花是很容易的(也很有趣)，如果你能存上一笔钱，来日你将对自己感激涕零。一份明智的预算是对个人未来的投资。

去商店购物时，思索着"我有 20 美元，我可以用这点钱挑选晚餐所需的食材，再买几块香皂，洗衣液留到下次再买"，你正在制定预算。当你去看电影时，买完电影票后计划着用剩下的钱买一大份爆米花和一小杯饮料，或者买一小份爆米花外加一大杯饮料，你正在制定预算。当你决定在节日期间为每位家庭成员花费多少数额的金钱时，你正在制定预算。

从以上例子可以看出其实你已经进行了一些和预算相关的练习。但重要的是看得更远——制定一周预算、月度预算甚至是年度预算。制定预算意味着根据钱的多少制定目标。越早设定目标，越能掌控自己。

金钱问题＝缺乏掌控

花钱失控并不表示你无力掌控个人开销，它通常意味着你不曾尝试。更重要的是，它还意味着你缺乏长远的眼光。只有向前看，你才能掌控个人金钱。

这里有一个例子。马克（Mark）在一家不支持带薪休假的公司工作。现在是 3 月，马克打算在 4 月休假一周。他决定去个暖和的地方，于是计划在 4 月的第一周飞往墨西哥的坎肯（Cancun)，因为有一家航空公司在那个时段正好推出打折机票。到了 4 月底，他收到一摞账单，却无力支付。对此，他疑惑不已："到底发生了什么事啊？"

一切都源自马克没有事先计划。他没有想到因为休假自己会损失一周的薪水，他忘了 4 月 15 日要缴税，自己需要一笔额外的钱来支付税款。更不幸的是，他并没有根据个人实际收入安排消费。

马克应该怎样做才能使状况大不相同呢？即便旅行计划中的机票花

费很少，可他忘记了生活、饮食以及娱乐成本。改变休假时间会怎样呢？如果他选择在 3 月份或者 5 月份出行，他就能够避免与缴税日冲突。如果他确实想去个暖和的地方，为什么一定要去墨西哥而不选择佛罗里达州（Florida）或者佛罗里达群岛（Florida Keys）呢？不搭飞机改乘火车怎么样？做出跟钱有关的决定需要密切关注所有的开销，并且权衡最明智的选择。在 5 月份乘火车去佛罗里达将是一次温暖的休假旅行，可以为马克省下不少钱。

如何制定预算

制定预算并不困难，只简单地需要一些时间好好想想个人的收支状况，编制目录信息。你通常什么时候做一次预算？一个月做一次预算是必要的，因为每月都会收到账单和银行报表。学习并掌握了制定月度预算的流程后，你就可以预计年度费用开支了。下面的预算流程可以简单地用几个步骤概括：

1. 下个月大概能挣多少钱？

2. 在上个月的数据基础上确定本月的基本开销数额（食物开销、燃气费、暖气费、电费、电话费、网费、租金或按揭款、贷款、信用卡账单、药费、汽车贷款以及学费等）。

3. 从收入中减去这些费用，看看剩余多少钱。如果还有盈余，就有利于减轻突发状况时的金钱压力。如果没有盈余，你的生活很可能入不敷出。

4. 确定下月资金分配。

a. 把更多的钱用在需要的地方。

b. 确定非必需项目的开支数额，比如，娱乐。

c. 计划削减当前无法支付的开销。

d. 如果 a、b、c 三项都做了，你还是缺钱，那么很可能你需要换一份工作了。

现在，让我们来细看每个步骤。

步骤一：确定收入

如果目前你有一份工作，通过加法运算上月工资存根，你就能够确定自己本月收入数额；如果你是一位个体经营者，通过加法运算前两个月的支付发票，你也能够知道自己每个月能挣多少钱。如果你接受了任何财政帮助、贷款资金或者不直接支付给所在学校的奖学金，确定每月能够花费的金钱数并把它和收入相加。

步骤二：计算实际消费额

你可能会想："我对每个月的平均消费金额没有一点概念！"那没问题。如果你从来没有关注过消费，在成功进行预算前你需要一些时间记录个人消费习惯。用两周甚至是一个月的时间密切关注个人消费情况。买一个记事本或者在公告牌上贴一张纸，记下购买的物品以及每次花费的金钱数额。这被称为开支日志，类似于一个人在试着找出调整饮食习惯的方法时用于记录的食物日志。同时，开支日志还类似于在第二章学到的时间日志。只不过开支日志记录的是消费的钱，而不是花费的时间。为了让你能够调整消费习惯，找出钱的实际去向是一个很有效的方法。

如果能够在一周或两周时间里坚持每天记录消费情况，你就可以开始计算消费额了。首先观察你的消费项目，将这些项目进行归类，比如：

• 房租或按揭款

• 学费或学校贷款（如果你没有按月支付，计算一下平均一个月是多少钱。例如，如果你半年支付一次，就将该支付金额除以六。）

• 定期账单（暖气、燃气、电、电话等费用以及汽车贷款）

• 信用卡或者其他任何贷款

• 食物费用

• 化妆品费用

• 家电消费

• 育儿开支
• 娱乐及其他相关费用（外出进餐、书籍杂志、咖啡饮品）
• 保险费用
• 交通费用

然后，计算出每周的平均花费。针对每一个分类估算出每天的消费金额，再乘以具体的消费天数，得到的结果就是一周消费总额。仔细想想那些你可能忘记的细微项目，这些细微消费会增加消费数额。如果你每天下午都要吃零食，或者每天都要买报纸，每月的消费到最后能让你大吃一惊。例如，如果每天花在玛奇朵咖啡上的钱从 3.5 美元到 4.5 美元不等，那么，一周花在咖啡上的钱很容易达到 20 美元（按照每次 4 美元，一周消费 5 天计算）。

开支日志的要点在于大致了解个人消费情况。如果没能精确地把每一分钱计算入内也不用担心。只要保证能估算出消费的大概金额，在接下来制定预算时将得出的金额考虑进去即可。

步骤三：关注盈余

如果钱有盈余，你就应该想出一个存钱的方法（有关存钱的知识稍后也会在本章提及)。有时候你可能一连几个月没有任何剩余。因为你正在制定下月预算，尚未碰到麻烦，把这种现象当成一个需要特别注意的讯号即可，下个月一定不能超支。如果最后数字为负，说明你花的钱比挣的多。继续步骤四，调整预算避免超支。当你月末盈余为负数时，当你意识到本月消费具有代表性时，你就可以开始思考并调整个人的长期预算了。

步骤四：调整开支，按需消费

某些方面在某几个月时间里可能需要增加预算，例如一年两次看牙医。如果手头拮据，你可能需要调整其他方面的开支。调整并不意味着削减房租或者暖气费。调整是指着眼于那些不必要的花销。你是否经常外出午餐？也许你应该减少外出次数，自备午餐。你是否在有线电视服务中选购了一个付费频道？也许你可以取消该频道（甚至是有线电视服务），看看自己的 DVD 或者图书馆免费借出的碟片就好。

归根结底就是：聪明点。如果你无法承担额外费用，那么请避免这些消费。你会乐于看到自己终究还是做到了。当然，还有一个解决方法就是找一份薪水更高的工作。其实你正在通过学习朝那个方向努力呢。

学生预算看上去可能与员工预算不同。一位单身人士的预算也可能有别于有家庭的或者失业人士所做的预算。财务状况随着人生际遇的改变而变化，财务预算也需要做出相应调整。

图 3—2 和图 3—3 是罗伊（Roy）和 2 岁大的儿子泰勒（Taylor）的两份月度预算。图 3—2 是罗伊在校学习期间的预算，他和父母住在一起，每月缴纳一小笔钱用于支付房租。图 3—3 是罗伊毕业后的预算，他已经工作并且有自己的公寓。

支出	**数额（$）**
学费（一年 $8 500 除以 12 个月）	708
交通费	60
电话费	30
食品费	200
支付给父母的房租	200
税费（兼职薪水的四分之一） 注：该项仅在老板不扣税或扣税少时必需。如果已经自动扣税，取消本项目，开始列收入清单。	300
娱乐费	60
月总支出	1 558
收入	**数额（$）**
兼职薪水（每小时 $60，每周工作 20 小时）	1 200
学生贷款（一年 $3 600 除以 12 个月）	300
月总收入	1 500
$1 500（收入）－$1 558（支出）＝$58（超支）	

图 3—2　罗伊（Roy）在校学习期间的每月预算案例

为了求学，罗伊做出了艰难的抉择。学习期间，他询问父母自己和儿子是否可以搬回去和他们一起住。父母表示同意，但要求罗伊每月支付一小笔钱补贴家用。罗伊可以省下育儿费（父母照顾泰勒）、暖气费以及电费。但是他还得支付个人电话费和餐饮费（有时候可以回家吃饭以节省开支）。

那时候，罗伊手头很拮据。从图3—2可以看出，罗伊经常超支，花钱比挣钱多。碰到这种情况，他就得靠父母接济。总体来说，罗伊必须大幅度减少娱乐消费，谨慎购物，多和其他父母交换孩子衣物。他每天自己做午饭，这样就不用外出就餐。他买不起汽车，所以选择公共汽车出行。

> 有时候我们需要做的就是每周自带几次午餐，改变消费习惯，节省开支。

让我们看看罗伊毕业后的预算，他已经找到了一份心仪的工作（见图3—3）。一份工作带来的变化真大！图3—3反映了这些改变：

支出	数额（$）
房租	800
暖气费、电费	60
水费	45
汽车贷款	200
食品费	400
电话费、网络费	60
娱乐费	100
支付贷款	200
税费	875
汽油费	100
幼儿园学费	400
月总支出	3 240
收入	**数额（$）**
全职薪水（一年$42 000除以12个月）	3 500
月总收入	3 500
$3 500（收入）－$3 240（支出）＝$260（盈余）	

图3—3　罗伊（Roy）毕业后的每月预算案例

• 工作带给罗伊一笔丰厚的薪水。

• 罗伊不用再缴纳学费，但需按月偿还学生贷款。

• 搬到自己的公寓居住，罗伊需要支付房租、暖气费、电费及水费。

• 罗伊买了一辆二手车，每月需要支付汽车贷款以及汽油费。

• 餐饮费及电话费略有增加，因为得自己做饭。

• 泰勒读幼儿园了，但罗伊的父母仍然在罗伊有需要时帮忙照顾小孙子。

• 罗伊可以增加同儿子一起娱乐玩耍的费用。

由于薪水高，罗伊每月都有盈余。剩下的钱可以用于每月都有的计划外消费——购置一个全新的汽车零部件、几双新鞋，给某个家庭成员购买生日礼物，看病买药等。但在这些消费发生前，罗伊还需要节省开支以备未来不时之需。

不妨这样考虑：如果罗伊每月节省 150 美元，年底就有 1 800 美元——算上利息，钱会更多。省钱不易，需要练习，但是回报颇丰。因为你正在投资个人未来！如果你可以很好地规划个人财务，你就具备了在各行各业帮助自己的本领。

和罗伊一样，你的财务状况也会随着时间发生改变。当你开始工作，获得晋升，跳槽到高薪岗位时，财务状况的改变也会是积极的。而另一些变故也会突然发生，比如搬去廉价或者昂贵的地方居住，离婚带来的经济责任，孩子出生或父母一方生病须承担的经济责任。兼职所获工资或者 4 月退回的一大笔税费都将带来变化——任何事情都会发生。任何时候都要根据财务状况的改变修改你的预算方案。

测一测：创建一份每日消费记录

1. 今天，当你忙于日常工作时，有意识地记下每一笔消费，包括买的小东西、购的大物件以及账单。确保留下所有的发票收据。在一个小笔记本上写下这些消费项目及金额。这本笔记本就是你的消费记录。

2. 每天晚上检查所有的发票收据保证记录没有遗漏。

3. 回顾你的消费记录并回答下列问题：

a. 今天的消费情况有何不同？如果有，原因是什么？

b. 从自己的消费记录中有何发现？

c. 你更喜欢哪种支付方式，现金、支票还是信用卡？

d. 你是否买过自己并不真正需要的东西？

技能指导

尝试使用计算机制定预算。使用 Excel 之类的电子制表软件列出个人的收支项目，程序会自动进行运算。你将发现修改收支预算非常容易，而这种修改也将影响财务盈余。此外，利用这类软件，只需手指轻轻一点，年度预算便制作完成。

也许你还想试一试诸如 Intuit's Quicken 或者 Microsoft Money 之类的财务管理软件。如果手头很紧，不妨考虑使用一些提供在线免费预算服务的网站，例如 Mint. com 和 BudgetTracker. com。

其他预算方法

面对消费记录或者制定全面详细的预算，并不是只有你倍感压力。不同性格类型的人处理预算的方式也不同。

回顾一下你已经了解的个人性格与优点。你会如何处理细节跟日程安排呢？那些具有 S、T、J 性格类型中任意一种或几种的人可能每月会相对轻松地估计预算，享受由此带来的金钱掌控感。那些偏重 P 或者 F 性格类型的人也许并不能从预算制定中获得乐趣，他们更可能把预算当成麻烦。如果你不愿意每月制定预算，那么还有一种更简单、更广泛的方法可供使用，那就是制定年度预算。

• 很容易确定诸如工资、薪水、学费之类的全年金额。

• 将每月房租、汽车贷款之类的开支乘以 12（不管本年度有多少款项需要偿还）。

• 增加电话费和能源费之类的账单前，需要提前预估。

虽然一份粗略的年度预算无法提供更多信息，但是它可以满足你了解个人消费的需要，帮助你做出财务决策。实际上，无论你每月预算制定得多好，你都需要宏观地看待年度预算。有时候，某些项目并没有出现在月度预算中（保险费、税费以及其他季度或者年度缴费项目），但是却清晰地体现在年度预算中。

让我们来看看特拉（Terra）的年度预算案例（见图 3—4）。特拉是一位单身女性，租住了一套单间公寓，每周有 4 天上学，利用晚上和周末时间兼职。特拉没有超支。这点很好，但是她必须记住，食物、娱乐、衣物以及汽油等费用并没有纳入计算范畴，因为月度预算方法很难估算此类成本费用。特拉确实没有多余的钱去支付一年的食物开支和其他所有的额外消费。她知道自己必须寻找额外的收入来源维持舒适的生活。现在她需要考虑的就是如何寻找收入来源？也许她可以跟人合租减少房租，或者在白天的学习间隙也干点兼职工作，增加额外收入。如果你是特拉，资金来源增加会给生活带来怎样的变化呢？

支出	**数额（$）**
学费	6 000
房租（12×$700）	8 400
汽车贷款（12×$200）	2 400
汽车保险（4×$450）	1 800
承租人保险	300
电话费（12×大概$50）	600
电费（包括暖气和空调）（12×大概$70）	840
月总支出	20 340
收入	**数额（$）**
学生贷款	6 000
薪水（税后）	15 000
月总收入	21 000
$21 000（收入）－$20 340（支出）＝$660（盈余）	

图 3—4 特拉（Terra）的年度预算

消费储蓄

一旦回顾消费记录并制定出预算，你就能清楚地知道自己的钱花到了什么地方。这能让你掌控金钱，而不是让金钱控制你。下一步就该控制花钱了。此时，你需要明智消费和储蓄。

明智消费、储蓄之黄金法则：量入为出

入不敷出指花钱比挣钱多，故而负债。量入为出则意味着挣钱比花钱多。例如，你每月挣 2 000 美元，花掉 1 800 美元后，你还可以省下 200 美元的盈余。不论多少，这笔储蓄都能在发生紧急状况或需要大笔开销时派上用场。这并不代表你要放弃一切，仅仅保留最基本的开销。简单来说，量入为出是聪明地看待可能发生的消费开支，适时决定自己能否承担，是否需要延迟支出；量入为出是权衡即时购物的利弊，想想"如果我现在买了，我就无法……"；量入为出是理智购物，明智决策；更重要的是，量入为出还是不超支、不超前消费。即便是少花 1 美元，你也在朝着正确的方向前进。

如果入不敷出，你就深陷于对突发状况毫无准备的危险之中。乔纳森（Jonathan）就是一个例子，因为入不敷出，麻烦缠身。具体来说，他找到一份新工作，年薪 30 000 美元，比前一份工作高出 5 000 美元。每月平均 833 美元。为了庆祝自己找到新工作，乔纳森买了一辆自己梦寐以求的新车，花了不少钱。

两个月后，这家公司被另一家公司收购了，因为他是新晋员工，新东家更看重那些老员工，所以乔纳森失业了。他只得开始再次求职，完全没办法承担每月的汽车贷款费用。

要是乔纳森不是用一辆新车而是一顿丰盛大餐或者一套新衣服犒赏自己，情况又将如何呢？那样的话，乔纳森在失业后也不至于负债累累。另外，因为工作了 2 个月，他还能再拿到 833 美元的月薪。如果能省下

这笔钱，他就可以顺利度过二次求职的过渡期。

经验之谈——职场透视

轻重缓急，优先排序

伊顿·杰克逊（Eton Jackson）

地理信息系统（GIS）软件项目部经理、美国陆军后备军官

人生是一场充满挑战的旅行。原本为了应对未来挑战而接受的大学教育想不到也变成了一个挑战！虽然我获得了计算机专业学位，专攻GIS系统（地理信息系统），但是我在大学里学到的课外知识远胜于课程本身，特别是时间管理和金钱管理知识。

老话说："一分耕耘，一分收获。"一个人要想成功需要投入很多时间、金钱及个人努力。作为学生，我并没有投入太多。自由自在的校园生活让我很难不去浪费时间和金钱。尽管如此，随着时间的流逝，我还是学会了管理时间和量入为出。这个过程并不容易，因为我得限制个人消费，这也意味着我要制订自己并不熟悉的预算计划。

为了帮助自己记录消费情况，我开始收集发票收据。我坚持把现金放到信封里，并在每个信封上标明这笔钱的特定用途。一个信封用于购买学习用品，一个信封用于购买个人用品，一个用于食物和娱乐，还有一个留着以备不时之需。这可能并不是最有科技含量的方法，我还可以使用任何一种在线预算系统，但是对于一个喜欢动手的人来说，我更喜欢这些手工制作的信封。

在制定预算的过程中，我发现想要的东西并不一定就是需要的东西，简单生活并不等于贫困潦倒。我还认识到急事并不总是要事，钱最好用来储蓄和投资。买东西的时候我总认为没了它们我就不能生活，可一段时间过后，这些东西的吸引力也消失了。

虽然一直没用过信用卡，但我知道周围同学是怎样一边刷着信用卡，一边陷入可怕的财务困境的。即便你并没有可供支付的钱，有了信用卡，

购物也变得很容易，这是一个很危险的陷阱。我看到朋友们每月勉强偿还信用卡的最低还款额度，等到毕业时早已债台高筑，欠债多达数千美元。

大学期间，我还不断和时间作战。我最大的问题是参与的活动太多。刚入校时，我就加入了后备军官训练队奖学金项目。我总是忙于学业，忙于后备军官培训，参加体育锻炼，很难抽出时间去做那些真正重要的事情。

幸运的是，后备军官训练教会了我管理时间和制定决策。为了完成任务，我不得不根据任务的轻重缓急进行优先排序，制订并执行计划。我学会了确认需要，识别问题以及预见可能碰到的困难。我不得不具备超前思维，积极应对一切突发事件。我逐渐学会了建立目标，优先排序以及保持进度。一学会优先排序，制定时间预算就变得容易了许多。

毕业后，我在一家地理信息系统公司从事软件开发工作，之后被提升为项目经理。

读大学时，我认为即使缺乏时间和资金，事情也不可能变得很糟。这可真是大错特错。在软件开发、文档编辑以及软件支持领域里，人们每天都在跟项目发布日期和必要资源做斗争。因为涉及的人数太多，所以要在计划预算内按时完成任务十分困难。幸运的是，大学里学到的知识让我受益匪浅。

尽管我依然在跟时间与金钱作战，但是所有这些学习经历让我更加积极主动地采取行动。我正在学习如何规划个人未来，如何兼顾长期和短期目标。学习不应停止，学习需要终身的努力——“一分耕耘，一分收获”。

测一测：缩减娱乐开支

你正在困惑于自己能否缩减开支吗？试着在你的娱乐预算项目上做些调整吧。想一些你可以进行的免费或者几乎免费的娱乐项目。从图书馆借录像带或 DVD 碟片绝对胜过去电影院看电影。公园是免费的，某些博物馆在特定时间或特定城市也是免费的。如果你家附近有湖或水库，游泳通常也不花钱。物物交换的娱乐方式是另一种选择方案。你可以在周末乘朋友的船外出钓鱼，然后在下周末邀请朋友来你家后院野餐。利用图 3—5 完成以下任务：

免费娱乐项目	节省金额（$）	本月使用金额（$）
总节省娱乐金额		—

图 3—5　缩减娱乐开支

1. 头脑风暴，写出一些免费或者花费不多的娱乐点子。要有创意！
2. 估算出在一个月时间里每种活动为你省下的大概金额。
3. 将这些点子制作成一份备选目录供本月使用。

明智消费储蓄之白银法则：首先为自己埋单

为自己埋单意味着储蓄，到你需要使用的时候，储蓄能让金钱不断增长。当你消费后还剩余 1 美元时（我们希望还能更多），请将这 1 美元存进账户。你应该为自己存下这笔钱——这笔钱能在你年老、孩子上大学、经历危机、失业或者需要购置房屋、汽车等大物件时成为你的安全保障。

我们都喜欢将“多余的”钱花在自己并不真正需要的东西上面——

我们想为这些东西埋单，比如娱乐或者外出就餐。如果你正经历金融危机，一台全新的电视又有什么用处呢？即使你卖了它，你也不可能获得与当初相等的价钱，你的投资缩水了。最好还是存钱，留意储蓄带来的利息和增值，等到钱有更多盈余时再买电视吧。

另一个重要建议是别把付完账单后剩余的钱看作是“额外的”资金。相反，和公司做业务一样，请将这笔钱进行再投资。运行状况良好的公司不会任意消费利润；这些公司通常会把大部分利润投资到设备、研发以及未来培训等方面。履行对自己的承诺，将富余的钱纳入预算，首先为自己买单，这和抵押贷款或房屋租金同等重要。

当我们谈论预算和省钱方法时，我们不是指你应该牺牲掉所有那些令生活愉悦的额外开销。生命短暂，不能为了省钱就限制自己从活动中享受乐趣。那样的话，到你退休的时候，拼命工作换来的只有满身疲惫，早已无福享受一生积蓄了。我们希望的反倒是如果目前没有财务问题，请你保持头脑清醒，知晓个人财务动向。你绝不可能知道未来会怎么样。

我们鼓励你开动脑筋处理资金问题，理智思考财务需要，运用预算编制策略，做出明智决定，努力实现个人财务目标。你想吃大餐，欣赏表演或者篮球比赛吗？你想买新衣服还是新电视？别急着拒绝；帮自己一个忙，在你出手购买之前好好考虑一下。比如，整整一周都在家吃实惠的晚餐以节省出钱去餐厅吃大餐；不开车，步行或者乘坐公共汽车，把钱省下来买音乐会门票；或者一个月都不买甜食，用省下的钱买套新衣服（看看戒掉糖之后你穿上这套衣服有多棒）；再或者为了证明购买新电视是明智之举，周一晚上就待在客厅看足球赛（比起在酒吧看球赛，这可便宜多了）。

谈到花钱，请养成“如果……，那么……”的思维习惯：“如果我想买X，那么我就需要做到Y。”这其实正是自己在扪心自问多余的钱该用在什么地方，哪些消费你认为可以削减。不受金钱困扰，享受生活的方法有很多，你只是需要好好想一想罢了。

原声摘要

我认为最重要的是懂得自己需要存钱，因为未来你将需要钱来帮助自己。你不总是需要额外地买这买那，你需要的是将一些钱用于储蓄或者投资，然后看着钱变成更多的钱。我知道很多初出校园的人还很年轻，他们并不会想到用自己的钱去投资。但是，如果你挣的钱足够多，也有能力存钱，那么你一定要储蓄。当我还很年轻的时候，工作繁忙。那个时候的生活很简单，也没有太多账单需要支付。现在，事情变得越来越复杂——你买的不是鞋，而是新家具，两者的价格差异巨大。

——K. 米切尔（K. Mitchell），独立咨询顾问

信用卡

当心！一张信用卡既可以是一个救星，也可以是一个债务黑洞。一切都取决于你如何使用它。

有的公司或商店以账户形式为顾客提供信用贷款——购物金额登记入账，客户可以分期付清。可是，绝大多数信用贷款来自一张小小的塑料卡片——信用卡。

信用卡允许你手头没钱仍然放心购物，只要稍后还清即可。如果在本月月末之前还清贷款，你就不用支付利息；否则，你需要支付11%～24%不等的利息。特别是如果你一直不停地购买，利息将随着时间不断累计增加。事实上，有些人到了最后因为信用卡消费负债累累，每月只能勉强支付利息。在探讨信用卡的利弊之前，还是先让我们了解一下信用卡背后的历史吧。

信用卡的好处

如果信用卡能导致那么多问题，为什么还让它存在呢？其实，只要使用得当，信用卡还是有很多好处的。让我们看看信用卡的好处吧。

建立良好的信用记录

> 信用：名词，由银行或者信用卡公司提供的一笔钱，在此基础上，一个特定的人或公司可以取款使用。

拥有一张信用卡，适度使用、按时还钱能带给你良好的信用评级。艾可飞（Equifax）、益百利（Experian）、环联（Transunion）这三家公司都能为每位有任何信用消费的人士提供征信记录和信用评级。征信记录是你的信用卡使用情况，而信用评级指的是信用评级公司依据个人征信记录的好坏给出评分。信用评级对于找工作和大宗采买（比如买车和购房）非常重要。那些眼光长远的雇主会调查求职者的信用记录，看他们是否能够按时还钱，控制债务。高信用评级能够帮助你求职成功。同样，当你希望购买大宗商品时，你可能需要向银行贷款。银行更倾向于把钱借给具有良好信用评级的人，因为良好的信用评级代表着责任心和可信度。

怎样才能知道自己的信用评级呢？你可以联系艾可飞（Equifax）、益百利（Experian）、环联（Transunion）等三家公司（登录三家公司官网），提交信用申请。大部分州允许人们一年获得一份免费的信用报告，超过一次，则会收取一定费用。收到信用报告后，仔细研读确保无误。常见误差包括将已经取消或不再使用的信用卡纳入评级，以及当你要求信用卡公司关闭账户时，信用卡公司却直接销户。此时你需要分别联系这些信用卡公司来解决这些问题。稍后你可能需要一份新的信用报告证明这些误差已经得到修正。

应急处理

如果此时你身上没钱而又需要付钱，信用卡就能派上用场。这种情况时刻都有，像煤气烧完了，被困某地需要住汽车旅馆，慌忙寻找运输工具，又或者意外受伤需要立即就医。如果你没有购买健康保险，信用卡能够帮助你摆脱这些困境。

保留购买记录

有人喜欢使用信用卡是因为每个月都能收到一份标明购买地点以及付款金额的购买记录。如果你因公使用信用卡消费或者需要保留凭证缴税，这份购买记录十分管用。

从信用卡公司获取奖金

许多信用卡公司提供奖金以吸引更多人使用自家公司推出的卡种。例如，很多大型航空公司都推出了使用飞行里程兑换现金的信用卡种。其他一些通用卡种，当客户在规定时间内消费达到一定金额时会返现给客户。(注意，信用卡公司规定的消费金额通常很高，返现额度很低。)还有一些信用卡在你购买燃气时会提供折扣。如果你认为这笔奖金对自己很有用处，你习惯使用这张信用卡、保证每月能按时还款，那么你就可以保留这张信用卡。

原声摘要

由于工作的不稳定性，人们都有碰到财务问题的时候。能够同时付清所有账单是不现实的，你得按照轻重缓急排列付款的先后顺序——先买最重要的东西，至于其他账单，可以这个月付一些，下个月再付一些。这就好比修房子，你得一点一点地建起财务大厦，最终才可以依照计划完成所有支付。

我在纽约找到第一份工作时，正入不敷出，所以就在晚上兼职做房地产中介卖房。那个时候，我一次只能还清一张账单，所以只得尽可能多地还清 Visa 卡的欠款，其他卡种还清最低额度。我不是财务专家，我只能这么干。

——L. 德登 (L. Durden)，职业规划顾问

陷阱麻烦

除了好处，如果你不多加小心，信用卡也会给你带来麻烦。如果你发现自己使用信用卡频率高于实际需要，那么请特别关注本部分内容。

别人的钱

欠款还清前，这笔钱都不属于你，而属于信用卡公司。信用卡公司将钱支付给零售商，零售商需要向信用卡公司支付一定比例的服务使用费（这就是为什么有的零售商不接受信用卡消费的原因）。信用卡公司指望你还钱，可又不真正希望你按时还清。相反，公司希望你保持一定的欠款余额以便从中获取利息。如果你不喜欢支付利息，请每月还清欠款余额。

使用信用卡超前消费颇具诱惑，因为你不必用现金支付，消费起来也更自在。在这之后，如果你没有能力还清信用卡贷款或者支付最低欠款额度，麻烦将随之而来。

高息贷款

使用信用卡购物其实就是贷款，承诺使用后归还。如果你不能按月结清欠款，作为交换，你需要支付利息和其他相关费用。其实，信用卡公司就是关心挣钱的企业，靠的就是高额利息赚取利润。

假设在你的储蓄账户上有 2 000 美元，信用卡欠费 2 000 美元，外加 18%的利息。你不打算取出账户里的钱，每月仅支付 40 美元的最低还款额度。这样的话，你需要用 30 年时间来还清这笔信用卡欠款（假定你不再购买其他商品），总共支付 4 927 美元利息，比实际欠款的 2 倍还多。

相比将账户里所有钱都还给信用卡公司，让自己深陷窘困，你不妨尝试从存款中取出 1 000 美元还账，减半债务，月还款额增加一倍至 80 美元。结果是，你用 14 个月的时间还清了贷款而不是 30 年。另外，你支付的利息只有116美元而不是之前的4 927美元。而且，如果在14个月的时间里，你坚持存钱，你的账户余额将逐渐恢复到先前水平，并将持续增长。

总的来说，试着让你的信用卡欠债低于你的储蓄账户余额。如果确实需要钱用于大宗购物，可以尝试银行贷款。银行的贷款利息比信用卡贷款利息低得多。

贷款成瘾

花钱消费就像吸食毒品。因为一时看不到伤害（账单），你便乐在其中，好似没有任何痛苦。可一旦你上瘾着迷，物质欲望就将战胜你，最后让你的信用卡欠债高达数千美元。随着利息的增加，你将债台高筑。

加利福尼亚大学洛杉矶分校的学生心理辅导主任哈罗德·普鲁厄特（Harold Pruett）说自己和同事们遇到过很多深陷财务麻烦的学生。"我经常跟那些一年信用卡消费额高达4 000美元甚至5 000美元的学生交谈，"普鲁厄特说，"他们压力巨大，倍感焦虑，有的学生为了偿还贷款还不得不休学半学期，这只是恶性循环的开端。"[①]

巨额债务会在很多方面伤害你：信用评级降低，无法从银行获取贷款或按揭，无法使用信用卡，本该消费的钱只能用来还债。

糟糕评级

从第一次延迟还款开始，你的贷款利息就会升高，你会被罚滞纳金。一次又一次，不断增加的利息和滞纳金让你债台高筑。然后，当你忘记还款，拖欠贷款，滥用信用卡时，你的信用记录会出现污点，信用评级也随之降低。一旦潜在雇主查看了你的征信记录，他就不会相信你。当你申请银行贷款时，如果你有延迟还款或者拖欠还款记录以及其他信用

---

① Weiss，Kenneth R. "Survey finds record stress in class of 2000." *Los Angeles Times*，January 13，1997，P. A18.

卡问题，银行可能会拒绝贷款给你。

帮自己一个忙——别因为信用卡给自己造成不必要的压力。在当今世界，贫困缺钱让勉强度日都举步维艰！把钱存起来，这样你才可以还清房屋或汽车贷款，帮助家人渡过艰难时日，偿还教育贷款或者支付医疗费用。别让储蓄陷入信用卡的黑洞中。

个人财务规划

尽管不可能总是这样，你毕竟还掌控着个人财务。以你当前的薪资水平，还能勉强度日。即使不喜欢当前从事的工作，你也觉得自己不可能改变现状。你觉得自己被每月必须还清的欠款给困住了。

与其麻木不仁，倒不如利用已有的工具扩宽选择面。因为你已经知道怎样设定目标，优先排序；你也懂得怎样记录消费，制定预算；你还了解哪些开支需要削减，哪些地方可以省钱以及怎样控制信用卡的使用。

收集个人财务信息，建立坚实财务基础，做出相应财务抉择。在求职时，不论发生什么情况，你都应该知道运用哪些知识，采取哪些行动。完善使用个人财务工具让你在求职、跳槽时有所准备。

掌控财务，掌控人生。

职场工具箱

3.1 钱去了哪里？

随着时间流逝，你需要了解钱都花到了什么地方，这样才能调整和改进你的预算方案。一个好计划需要一个坚实的起点：坚持 4 周记录每周开支日志，帮助自己掌握每月消费情况。

在之前的“测一测”活动中，你已经有过一次记录日常开支的尝试。你已经知道如何使用开支日志记录日常消费并且收集相关发票收据。

1. 每天晚上检查发票收据，确保记录没有任何遗漏。

2. 每周周末将开支日志里的数据转移至每周开支表相应的分类项目中（见图 3—6)。注意具体的分类项目可能略有不同。

a. 从每一周的消费记录中有何发现?（其中一些消费开支是否每周都有所不同?是否有一些消费项目高于另一些项目?)

b. 最大的消费项目是什么?

c. 最小的消费项目是什么?

d. 在哪些方面超支?

开支类别	第一周（$）	第二周（$）	第三周（$）	第四周（$）
房租或房屋抵押贷款				
公共事业费用（水、电、气）				
食品费（食品杂货）				
外出就餐				
电话费、上网费				
贷款偿还（学生贷款、银行贷款、汽车贷款）				
保险费（汽车险、健康险、家居险、承租人保险、人寿险）				
汽车开支（维修费、零件费）				
汽油费				
公共交通费				
家庭开支				
服装费/个人开支				
沙龙服务费/劳务费				
娱乐费用				
育儿费（保育费、服装用品费及其他费用）				
医疗费（医药费、医生服务费、住院费用）				
其他类/突发类				
合计：				

图 3—6　每周开支

3.2 资金流动

既然你已经了解了个人每周消费情况，现在是时候估算每月消费、收入以及资金的流动状况了（见图3—7）。

开支类别	每月平均金额（$）
房租或房屋抵押贷款	
公共事业费用（水、电、气）	
食品费（食品杂货）	
外出就餐	
电话费、上网费	
贷款偿还（学生贷款、银行贷款、汽车贷款）	
保险费（汽车险、健康险、家居险、承租人保险、人寿险）	
汽车开支（维修费、零件费）	
汽油费	
公共交通费	
家庭开支	
服装费/个人开支	
沙龙服务费/劳务费	
娱乐费用	
育儿费（保育费、服装用品费及其他费用）	
医疗费（医药费、医生服务费、住院费用）	
其他类/突发类	
合计：	

图3—7　每月开支

1. 根据四个星期的消费数据计算出每个项目的平均消费金额。

2. 计算每月的收入金额。

3. 从总收入中减去总支出，分析每月的资金流动状况（见图3—8底部部分）。

<table>
<tr><th colspan="3">收入</th><th>金额</th></tr>
<tr><td colspan="3">固定薪酬（全职、兼职、自主创业）</td><td>$</td></tr>
<tr><td colspan="3">助学金或勤工俭学收入</td><td>$</td></tr>
<tr><td colspan="3">每月从家庭成员或其他渠道获取的经济支援</td><td>$</td></tr>
<tr><td colspan="3">个人物品售卖［当面出售，上易趣网（eBay）或克雷格列表网站（Craigslist）销售］</td><td>$</td></tr>
<tr><td colspan="3">其他</td><td>$</td></tr>
<tr><td colspan="3">总计：</td><td>$</td></tr>
<tr><td>我的收入为：</td><td colspan="3">$/月</td></tr>
<tr><td>我的支出为：</td><td colspan="3">$/月</td></tr>
<tr><td colspan="2"></td><td>收入</td><td>$</td></tr>
<tr><td colspan="2"></td><td>一支出</td><td>－$</td></tr>
<tr><td colspan="2"></td><td>资金流</td><td>$</td></tr>
<tr><td>请选择：</td><td>□ 我有 $</td><td>资金流为正</td><td></td></tr>
<tr><td></td><td>□ 我有 $</td><td>资金流为负</td><td></td></tr>
<tr><td></td><td>□ 收支平衡</td><td></td><td></td></tr>
</table>

图 3—8 每月收入

3.3 适当调整

既然已经确定了自己的资金流动状况，现在你就可以采取措施改善个人财务状况了。如果资金流动为负（每月入不敷出），你只有两个选择：多挣钱或者少花钱。你需要权衡这两个选项。制定的预算可能反映出你既想挣钱又想少花钱的想法。

1. 首先从减少消费入手。因为当你在校读书或者全职工作时，很多兼职对你来说是相当困难、无法胜任的。观察当前的消费开支，寻找可以“缩减”的空间。虽然房租或按揭贷款金额相对固定，但是通过搬家或者合租可以减少这笔开支。重新办理金融贷款（通过重新规划贷款改变支付状况）或者把汽车卖掉。一切都是公平的游戏。如果你现在勤俭节约，牢抓每一个成功的机会，你必将学到精湛的财务本领，收获由此带来的巨大利益，充满自信。

2. 列出你要缩减或者取消的消费项目清单，估算出每月的节省金额。

3. 修改预算（见图 3—9）。

4. 在修订后的消费基础上重新计算你的资金流动（使用图 3—9 底部部分）。如果之前的资金流动为负，你是否已经将资金流动转为正数？

<table>
<tr><th colspan="2">开支类别</th><th colspan="2">每月平均金额</th></tr>
<tr><td colspan="2">房租或房屋抵押贷款</td><td colspan="2">$</td></tr>
<tr><td colspan="2">公共事业费用（水、电、气）</td><td colspan="2">$</td></tr>
<tr><td colspan="2">食品费（食品杂货）</td><td colspan="2">$</td></tr>
<tr><td colspan="2">外出就餐</td><td colspan="2">$</td></tr>
<tr><td colspan="2">电话费、上网费</td><td colspan="2">$</td></tr>
<tr><td colspan="2">贷款偿还（学生贷款、银行贷款、汽车贷款）</td><td colspan="2">$</td></tr>
<tr><td colspan="2">保险费（汽车险、健康险、家居险、承租人保险、人寿险）</td><td colspan="2">$</td></tr>
<tr><td colspan="2">汽车开支（维修费、零件费）</td><td colspan="2">$</td></tr>
<tr><td colspan="2">汽油费</td><td colspan="2">$</td></tr>
<tr><td colspan="2">公共交通费</td><td colspan="2">$</td></tr>
<tr><td colspan="2">家庭开支</td><td colspan="2">$</td></tr>
<tr><td colspan="2">服装费/个人开支</td><td colspan="2">$</td></tr>
<tr><td colspan="2">沙龙服务费/劳务费</td><td colspan="2">$</td></tr>
<tr><td colspan="2">娱乐费用</td><td colspan="2">$</td></tr>
<tr><td colspan="2">育儿费（保育费、服装用品费及其他费用）</td><td colspan="2">$</td></tr>
<tr><td colspan="2">医疗费（医药费、医生服务费、住院费用）</td><td colspan="2">$</td></tr>
<tr><td colspan="2">其他类/突发类</td><td colspan="2">$</td></tr>
<tr><td colspan="2">合计：</td><td colspan="2">$</td></tr>
<tr><td>我的收入为：</td><td colspan="3">$/月</td></tr>
<tr><td>我的支出为：</td><td colspan="3">$/月</td></tr>
<tr><td colspan="2"></td><td>收入</td><td>$</td></tr>
<tr><td colspan="2"></td><td>一支出</td><td>－$</td></tr>
<tr><td colspan="2"></td><td>资金流</td><td>$</td></tr>
<tr><td>请选择：</td><td>☐ 我有 $</td><td>资金流为正</td><td></td></tr>
<tr><td></td><td>☐ 我有 $</td><td>资金流为负</td><td></td></tr>
<tr><td></td><td>☐ 收支平衡</td><td></td><td></td></tr>
</table>

图 3—9 预算修订

3.4 资金来源

我们已经知晓了你的每月收入情况，现在是时候拓宽眼界看看自己所有的资金来源了。收入和资金来源是有区别的：收入指的是你挣的钱；资金来源则涉及你能得到并使用的全部钱财。资金来源除了收入，还包括你能借到的或者可以在一个时间段内使用的钱（信用卡消费或者贷款），甚至还有你获赠的金钱（来自父母或者教育助学金）。

1. 如果你身陷债务危机，或者你刚刚达到收支平衡、希望给自己留出一些盈余空间，请在图 3—10 的顶端填写出你每月需要增加的金钱数额。

我每个月需要增加 $ ________			
资金来源	**当前金额（$）**	**资源挖掘**	**资金需求（$）**
1. 助学金或勤工俭学收入			
2. 教育贷款			
3. 奖学金			
4. 全职薪水			
5. 兼职收入			
6. 自主创业			
7. 个人经济援助			
8. 商品和服务销售			
9. 信用卡/贷款（从银行和/或信用社）			
10. 其他来源			
合计：	—		—
如果你能增加资金来源，请将增加的总金额计入预计收入中			
总计：	—		—
我将在 7 日内联系相关个人及机构组织帮助我按照预算生活，摆脱经济压力			
签名：________________________________			
日期：________________________________			

图 3—10 每月资金来源

2. 根据现有的资金来源填写第一竖栏（当前金额）。如果一年获得一笔钱，将这笔钱的数额除以 12，算出每月的金额。

3. 接下来，如果在任何项目中能够获得额外的资金，请在资源挖掘一栏里标注记号。

4. 最后，在资金需求一栏里填写自己希望获得的金额。这笔钱就是你想从相应资金来源中得到的数目。

5. 只要你决心在下一周达到自己的资金需求，现在你就可以准备签名同意该图了。

3.5 平衡预算

在前面的练习中你已经了解到自己的财务状况（不论你的资金流动状况是正向、负向，还是平衡）、希望达到的财务状况（实现平衡的或者正向的资金流动）以及实现目标的方法。接下来，你需要采取与商务人士书写财务计划和预算相同的步骤——书写一份全面、完整的个人月度财务计划。

你可以随意使用各种软件，比如 Microsoft Word（创建图表）、Microsoft Excel（创建表格）以及 Intuit（创建预算）。

1. 再次填写你的每日开支表（见图 3—11）。根据缩减的开支修改金额。

开支类别	每月平均金额（$）
房租或房屋抵押贷款	
公共事业费用（水、电、气）	
食品费（食品杂货）	
外出就餐	
电话费、上网费	
贷款偿还（学生贷款、银行贷款、汽车贷款）	
保险费（汽车险、健康险、家居险、承租人保险、人寿险）	
汽车开支（维修费、零件费）	
汽油费	
公共交通费	
家庭开支	
服装费/个人开支	
沙龙服务费/劳务费	

开支类别	每月平均金额（$）
娱乐费用	
育儿费（保育费、服装用品费及其他费用）	
医疗费（医药费、医生服务费、住院费用）	
其他类/突发类	
合计：	

图 3—11　每月开支（修订版）

2. 根据增加的资金来源修改收入金额（见图 3—12）。

收入	金额	
固定薪酬（全职、兼职、自主创业）	$	
助学金或勤工俭学收入	$	
每月从家庭成员或其他渠道获取的经济支援	$	
个人物品售卖（当面出售，上易趣网或克雷格列表网站销售）	$	
其他	$	
总计：	$	
我的收入为：	$/月	
我的支出为：	$/月	
	收入	$
	－支出	－$
	资金流	$

图 3—12　每月收入（修订版）

3. 从修改后的总收入中减去修改后的总支出，得出每月资金流动状况（见图 3—12 的底部）。

4. 对比第一份每月收入图（见图 3—8）。哪怕一点小小进步也说明你正朝着正确的方向努力前行。

这是你自己的钱，像安排时间一样制定你的金钱预算——小心仔细、符合现实。

3.6　学以致用

和个人一样，公司也必须制定预算并且根据情况变化重新调整。许多公司倒闭就是因为他们没有采取措施提前阻止财务崩溃，比如削减或者增加税收。深陷财务困境的公司必须决定是否增加税收，缩减开支或者将二者综合使用。

让我们将个人财务知识运用到公司运营中。精品公司（Wonderful Widgets）正面临财务危机，去年损失了25万美元，这意味着这家公司每月的负债预算达到20 833美元。

作为公司会计，特洛伊（Troy）希望通过削减库存，减少人事及广告支出来控制费用。吉娜（Gina）是一名业务开发员，她试图通过增加广告费用以及雇用更多的销售人员提高销售额，从而找到摆脱困境的出路。

1. 对公司而言，哪种方法对于还清债务更有效呢？

2. 你更认可哪种方法呢？或者你会将两种方法结合使用吗？

3. 哪些因素影响了你的决定？即使你不知道这家公司的具体预算金额，凭借对当前薪资水平的了解以及对库存和广告成本的猜测，你可以预测该公司将会采取哪些步骤缩减每月开支，通过这样的方法修正预算金额（20 833美元）。

4. 说明你的解决方法。

3.7 管理信用卡

在本章前面部分，你已经仔细研究了个人信用卡及其用途。现在你将更详细地评估你的信用卡使用状况。

1. 集合所有的信用卡和最近的结算单（最近1个月至3个月）。尽你所能完成图3—13。

卡名	利率	逾期罚款	平均费用	月末平均余额	利息平均支付额	信用额度

图3—13 信用卡消费细节

2. 哪些信用卡结余最多？首先考虑还清那些信用卡吧。

3. 哪些信用卡产生的利息最高？如果信用卡利息过高，你就得考虑和信用卡公司协商降低利息费率。如果利息不能降低，请考虑取消此卡（条件是此卡消费已经还清），或者还完余额后再弃用该卡。

4. 哪些信用卡信用额度最高？只要这些信用卡结余不多、利息不高，请考虑保留这些信用卡以备不时之需。

5. 根据你的回答，按照图 3—14 的要求填写出计划弃用的信用卡清单及其原因。

	卡名	弃用原因
1		
2		
3		
4		
5		

图 3—14　信用卡弃用

6. 按照先前的答案和图 3—15 的要求，根据还款的先后顺序填写出计划启用的信用卡清单。还要标明每张卡计划支付的平均额度。

	卡名	计划还款金额
1		
2		
3		
4		
5		

图 3—15　信用卡还款

7. 按照已经完成的工作来看，你什么时候能够还清信用卡（几周、几个月还是几年）？

3.8　保证身份安全

在此之前，你要明白身份盗用是当今网络社会面临的一个严峻问题。

下面这个练习将帮助你加深对身份盗用及其后果的了解。

你的身份被盗用过吗？如果没有，请上网搜索他人身份被盗的案例，这样你才能回答下面有关身份盗用的问题。将你的答案写成一篇短文。

1. 身份盗用如何发生？

2. 如何发现身份被盗用？

3. 一旦身份被盗用，如何解决？

4. 你（或者其他人）在未来如何防止身份被盗用？

3.9 关键资源商数

用“是”或“不是”回答下列问题：

1. 我从来没有收到过被忘得一干二净的“意外”账单。

2. 我每月往储蓄账户、个人退休账户、投资账户或者其他账户中存钱。

3. 我每月全额支付信用卡账单。

4. 我保持每月收支平衡。

5. 当我有一笔意外开支时（例如，车坏了或者生病就医），我不需要借钱或者使用信用卡。

6. 从每张薪水支票中节省出一定数量或者一定比例的钱。

7. 我的活期账户从不或很少出现存款不足的状况（或者支票跳票）。

8. 通常在每月月底我都有盈余。

9. 我每个月都会制定财务预算。

10. 在循环利用或者丢掉那些包含个人信息和财务信息的文件之前，先用碎纸机销毁。

所有的答案都应该为“是”。你是怎么回答的？

如果你的答案中有：

• 7～10 个“是”：恭喜你！你的关键资源将会为你的学业和职业成功提供坚实的基础。

• 4～6 个“是”：你已经意识到了自己拥有的关键资源。加强自身对资源的管理。

• 0～3 个“是”：你需要掌握并使用工具来管理你的关键资源。

3.10　技能练习

上网搜索一个免费的个人网络预算工具，例如，登录 BudgetSimple. com、Mint. com 或其他网站。

1. 比较这些工具的特征，写下对比结果（见图 3—16）。比如，有的软件每天下载并分类个人在线交易记录，有的软件用图表、图形记录开支，还有的软件自动生成收支报告。

2. 你想试试哪一个软件呢？

网站工具	功能特色

图 3—16　在线网络预算工具

第四章　善其事，利其器

学习目标：

- □ 积极倾听
- □ 注意力
- □ 记忆
- □ 笔记
- □ 阅读理解
- □ 写作
- □ 校对
- □ 工作测试
- □ 团队合作
- □ 压力管理
- □ 终身学习

因此，让我们珍惜获取知识的方法。让我们大胆阅读、思考、表达、写作……打开知识的闸门，让知识的源泉绵延不绝。

——约翰·亚当斯（John Adams），1765

职场谬见

"我就是不会写作，写作太难了。"

职场现实

写作是一种技能——一种非常重要和必要的技能。写作更是一种时尚、永恒的交流方式。写作方式透露出很多个人信息。我们中的大多数人无法成为著名的记者或者小说家，但是我们可以通过练习让写作变得简单，不那么讨厌并充满乐趣。

詹娜（Jenna）认为自己精通技术。她喜欢使用推特，发短信，在社交网站上更新个人信息，用手机跟家人朋友保持联系。事实上，她的手机从不离身。

近来，詹娜注意到跟同事一对一的接触简直是受罪。她在开会时会不自觉地查看手机信息。经理同她碰面检查新任务时，她也想着自己待会儿要做的事情，导致精力无法集中；发展到后来，连经理跟自己说了什么都记不住。更糟的是，她的注意力集中的时间越来越短，导致她根本无法集中精神书写和阅读报告，而这原本应该是她日常工作的一部分。事实上，那些工作和生活中碰到的困难经常让她倍感压力，她的脾气越来越差，夜夜无法入睡。

詹娜迅速意识到，不同于电视剧，日常工作问题不可能在10分钟内解决；不同于发给朋友的短信，工作问题无法用40个字或者更少的篇幅进行阐述；不同于自己爱看的杂志广告，工作报告要完整通读、分析和理解。

詹娜的阅读写作能力、记忆能力、交际能力以及压力管理能力都面临挑战。她怎么办呢？

迄今为止，我们已经研究了自我关注及其相关行为。现在我们将开始寻找有效的人际交往方法。为了避免重蹈詹娜的覆辙，你可以使用某些材料助你一臂之力。除了拥有能力、想法和天分，你还需要具备基本的阅读、写作、倾听、团队合作以及压力管理技能协助你驰骋职场。无论你从事何种职业，你都需要具备这些技能。

词汇无处不在。准确听取、快速阅读、清晰表达的能力在任何行业都受用。更重要的是，在时间急、预算紧的情况下，你需要懂得如何跟团队分享自己掌握的讯息，知道怎样处理与他人一起工作时需要承受的压力。

阅读和写作是两项必备技能——还有其他基本的交流技能。想一想阅读和写作在工作中使用的频率吧：

• 发给上司、同事、下属、供应商以及客户的邮件和备忘录，或者他们发来的邮件和备忘录都需要阅读；

• 职场规则、合同、职位说明需要阅读；

• 销售订单需要阅读；

• 设备使用说明需要阅读；

• 订购单需要阅读；

• 电话留言需要书写；

• 表格需要填写。

在开始学习基本技能之前，有一种包含了很多基本技巧的能力需要考虑，那就是学习能力。从第一章开始这种本领就被不断提及。这种本领涉及各种技巧，能帮助你拓展思维，更好地理解知识，还能促使你评估、记忆并使用学到的知识。

在本章末尾，你将看到一份详细的学习清单，你可以针对每个项目对个人能力水平进行评估。这份学习清单既包含了阅读、写作、倾听、团队建设、压力管理、注意力、记忆力以及测试等基本技能，又专注于打造适合个人的学习环境、学习态度和学习习惯。综合使用这些技能可以帮助你在学习和工作中拓展思维，接受新知。

现在，是时候开始学习那些对成功具有重要意义的基本技能了。

倾听

每个人在某种程度上都能倾听，即使是大多数实际上不擅长倾听的人也能通过观察他人唇语、手语或者面部表情实现“倾听”。虽然老师经常对学生说“听着”，但是学校实际上是不教授学生倾听技能的。我们知道自己应该倾听，但是经常没有这样做，因为我们根本不知道应该如何倾听。

面对快节奏的世界，人们强调一次不能只做一件事，他们似乎正在丧失倾听能力。看看这个案例。你努力完成了一个重要项目，计划用半个小时向老板进行汇报。现在你和老板在一起。老板看上去心不在焉。在你说话的时候，他读了桌上的其他材料，发了几条信息；更糟的是，他不但接电话，还打电话。此时，你做何感想？你的老板似乎并没有意识到自己的行为是多么的粗鲁，他的倾听习惯有多么的糟糕。

不管你是员工还是上司，都别犯这位老板同样的错误——一定要学会倾听。良好的倾听习惯不仅有助于表现自我，还能让他人知道你对工作的关注和尊重。

知道吗，良好的倾听习惯是最被各行各业的从业者看好的一项重要能力（包括你的朋友）。它涉及两个基本方面：第一，我们都希望被人理解。当我们谈话时，我们希望看到他人不但认真倾听，还能理解自己的意图。在你向一位认真倾听的朋友敞开心扉时，你不感到开心吗？在你试图跟一个人交流时，他却一直打断你并借用你的语言开始说自己的事情，你不感到恼怒吗？好像没人在真正听自己说话的感觉让人非常沮丧。

第二，公司的成功取决于员工自上而下和自下而上的交流水平。如果员工能够很好地听取他人的想法和指示，工作将顺利地开展。如果员工不能很好地倾听，交流将失败，那么公司的运作也将面临危险。比如，马里奥（Mario）和内尔（Nell）是同事。内尔已经在公司工作了两年，而马里奥是新人，马里奥需要听取内尔的意见和指导。下面是一段发生在两人间的对话：

内尔：明天你负责一下草稿的最后部分。现在，我需要你弄完这些订购单，并赶在下午 5 点前出单；否则，设备的收货时间就会受到影响，整个项目也会延期。

马里奥：好的。

不幸的是，马里奥正专注地看着电脑，没有认真听内尔说话。这是他听到的意思：

内尔：明天你可以开始着手完成草稿的最后部分，然后弄完那些订购单，让项目设备准时到达。

天哪！马里奥对于电脑的注意力阻碍了他听取关键词“今天”。他知道自己要干什么，却没能听出必要的时间安排；他认为自己可以等到明天再来完成订购单。会发生什么事情呢？除非内尔意识到马里奥没有认真听取她的安排，否则项目计划一定会被延误。

理解错误在工作中经常发生，许多错误原本是可以避免的，可是听话人没能很好地倾听，而说话人也没能注意到听话人是否真正在听。谈到倾听，一点小小的努力会让情况截然不同。例如，在讲话前，内尔可以要求马里奥注意听，这会将马里奥的注意力从电脑屏幕上移开。即使她没有这样要求，马里奥也应该看着内尔，眼睛离开电脑屏幕几分钟。这样做就能让马里奥专心听内尔说话了。

如果你是一位细致的倾听者，你会发现人们反过来也会仔细听你说话。这其实只是践行了另一个黄金法则：己之所欲，施之于人。这是值得的。图 4—1 指出了成功倾听的几个关键步骤。

原则 1：闭上嘴

不说话看似简单，却是一个最有效的认真倾听的方法。当你自己也

停止说话 + 平静，专注倾听 + 关注词源 + 信息重述 = 倾听成功

图 4—1 强化倾听技能

在说话时，要听清楚别人在说什么是相当困难的。闭上嘴，集中精力，别打岔。既然你让别人说话，你就得好好地听他们在说什么，不要插话。

要是你感到烦躁不安，请静下心来，别着急。

原则 2：关注词源

不论词源是一个人、一个电视节目，抑或是电话那头的声音，关注消息来源至关重要。即使你没干其他事，你也可能走神或者眼神游离在说话人之外。不幸的是，两种行为都将分散你的注意力。

视觉聚焦有助于提升倾听质量。在你直视说话人的时候，你将精力放在说话人身上，允许自己充分接收信息。此外，关注说话人也让你忽略那些让人分心的事物。更进一步地利用面部表情和身体站姿表达你的兴趣，你也将鼓舞对方敞开心扉。

比如，双手抱胸、边听边皱眉被视为是一个防御性姿势，让说话人认为你不相信他所说的话。一个人在试图通过加大力度来说服你时，常常会制造出谈话的紧张感。把手放在膝盖上以及面带充满兴趣的表情则是一种让说话人更想和你分享的开放姿态，能够减少对方的紧张感，促进交流。

要是通过电话交谈呢？看不到说话人时，如何专注于对方？有的人发现将注意力放在一个大脑影像上是十分有帮助的。只要你知道对方的长相并且擅长将事物视觉化，这个方法很管用。还有一个更管用的方法是确保你的眼睛没有太专注地盯着任何东西，比如电脑显示器、书本、备忘录或其他物品。即使你看不见对方，减少令你分心的事物也有助于你集中精神。

原则 3：牢记重复的重要性

这个技巧非常有价值，增加了几个倾听步骤。当对方说完以后，请你花一分钟时间用自己的话重复一下刚刚获取的信息，看看自己是否听对了。重复让你有机会检验自己对信息的理解，也给予对方消除困惑的机会。

我们并不建议你一个字一个字地重复。例如，假设你的上司说：

取消2点钟跟阿尔塔芒特（Altamont）女士的约见，因为她延长了跟客户见面的时间。看看明天下午3点能否安排我跟她会面。那个时候她有空。

你的反应应该是：

让我确认一下是否听对了。取消2点的约会，安排到明天，时间定在3点。

稍后对方的语言回应会说明你是否听对了。如果你听得不对，对方会告诉你，你就可以立刻改正。重复的目的有三个：

- 告诉对方你在听。
- 将听到的内容大声说出来，强化记忆。
- 在行动前有机会改正误解。

重复的好处是让客户愉快，让上司放心。

测一测：积极倾听

1. 观察自己今天的谈话情况，回答以下问题：

- 大多数时候是我在说话还是对方在说话？
- 我是否插话？我为什么要那样做？
- 我是否边听边想着其他事情？具体是什么事情呢？
- 我是否能很容易地理解和记住对方的说话内容？

2. 如何看待自己的倾听能力？很好还是仍需提高？

专注

专注：名词，将想法集中于一件事或一个概念的行动；增加某物密度和强度的行动。

积极倾听的能力取决于你的专注力。字典对于专注做出了两种解释，你需要全部了解。

谈到专注，我们通常涉及的是第一种解释——将想法集中于一件事或一个概念的行动。但是这也带来了第二种解释，因为这种集中行为增加了思维强度。

不妨这样想一想：你在任何时候都具有一定量的脑力。假设老师正在讲课，而此时你的脑子里同时想着三四件其他事情：父亲病了；存入的支票被退回；兼职遇到困难，本周末就是规定的截止日期了。所有这些事情在脑子里和认真听课竞争脑力。最后，听课仅仅占去了全部脑力的四分之一。要是你能百分之百地专注于老师的课堂，你就不会游离于课堂之外了。

就专注而言，不妨假设自己正参加一次自行车比赛。一位成功的车手脑子里只想着一件事情：坚持向前。要是这位车手担心其他车手骑得有多快，谁得了第一，自己被落下了多少距离，他的注意力就会被分散，也就无法调整个人状态了。这位车手的不专注将阻碍其赢得比赛的成功。下面，让我们学习几个能够改善注意力的行动原则吧。

原则 1：保持一个焦点

如果能让大脑一次集中于一件事，你的能力将会发挥得更好。我们都有同时忧虑几件事的时候。你是否注意到在那种时候其实你很少能够解决问题？那是因为你无法集中精力，思维涣散。你没办法采取任何行动，只能忧心忡忡。

反之，你可以通过划分精力来解决问题。一次专注一件事。你担心 6 件事情？那就每件事花 10 分钟吧，在这段时间里别走神。我们之前提到过，人的大脑一次只能够专注于一件事。我们所说的多重任务处理实际上是“多重任务转换”，指的是大脑在一个任务和另一个任务之间来回转换，花费在每个任务上面的时间都不多。最终，不断打扰与来回转换让你哪件事都没做好。尊重大脑，一次只处理一件事，让事情顺利进行。

原则 2：注重当前

专注于当前事物是最好的选择。思考那些发生在过去或未来将发生的事情会让你无法专注于当前。千万不要欺骗“当前”，它是你在任何特定时刻拥有的全部，也是你握在手中的最可靠的机会。

比如有这样两类人：一类期盼未来，一类深陷过去。谭雅（Tanya）整天盼望着周末来临以致把本周末前需要完成的两项重要任务搞忘了。本（Ben）则还因为昨天的错误懊悔不已，导致无法集中精神打电话修正错误。

你知道吗，大多数人将 90%以上的时间用于思考过去或将来。这就意味着我们只花了 10%的脑力在当前。想一想，要是能将百分之一百的时间用于现在，我们的成就该有多大！

注重当前还能节约时间。如果你能专注于当前发生的事情，稍后就不需要花很多时间去记住它。花在当前信息的精力越多，以后重获信息所需的时间就越少。这个原则对那些需要一边查看邮件一边做其他事的人们尤其适用——这些事情可以是散步，和朋友外出或者参加商务会议。因为大脑没有完全集中于当前事务，你很可能会忘记诸多细节。

原则 3：使用那些已被证实有效的方法技巧

你是否注意到大脑有时可以放松和专注，而有时却因为太活跃而无法集中注意力？在无法专心的时候尤为如此。尽管如此，你可以练习几个能够提高注意力的技巧。全都试试，看看哪个适合你。你也许会偏爱某种技巧，或者发现某个方法在特定情况下更管用。

深呼吸。几分钟的深呼吸，效果令人惊叹。缓慢地深吸一口气，吐气时将忙碌的思维一并呼出。闭上双眼，清空思绪。这个动作的持续时间不能太长——否则你会呼吸过度，喘不上气，或者导致神情困乏！短短几分钟的深呼吸能让你冷静下来，头脑清晰，这样你就可以选择关注的焦点了。

定睛注视。注视一个物品。有时候专注地盯着某物，缩小视野范围有助于将思维集中于一个类似的焦点上。盯着某物看可以自然而然地引导你思考看到的这个事物，其他思维也就消散不见了。当你的注意力集中时，你就更有力量将思维转向自己选择的方向。

换个环境。有的地方让人无法集中注意力——对你而言可能是一家喧闹的餐厅、孩子们正在里面玩耍的房间或者其他开着电视或音响的地方。你了解自己，你也知道哪些事物让你分心。如果环境让你无法专注其中，换个环境。为自己打造一方宁静。找一个更安静的房间、一间咖啡馆或者请人调低音乐或电视的音量。请人照看孩子一小时。减少分心，让自己能够很好地集中注意力。

原则 4：放松自己

任何人都需要劳逸结合。当你疲惫不堪，却坚持做其他事情时，你很难专注。如果你专注于学习、工作或者其他事情的时间过长，这种情况就很容易发生。倾听大脑的提醒。如果因为你老是想着外出购物，吃午饭而无法集中精神，那就出去吧，按照自己的需要好好放松一下。玩开心点，等你重返工作时，你又可以专注精神了。

劳逸结合很重要。提前规划能让你知道何时工作、何时玩耍。这样也可以让你不把珍贵的时间和精力浪费在幻想上。当你知道稍后有消遣和娱乐的时间时，你就能放松心情专注当前。在你担忧无法按时完成即将到期的项目时，制定时间规划来放松自己也许十分困难。事实上，短短 15 分钟的休息时间不会耽误工作的完成。利用那点时间伸伸懒腰或散散步正是大脑所需要的。没有放松，你会感到疲惫不堪、大脑迟钝，要完成任务就更难了。

> 将繁忙的工作、学业与放松休息相结合十分重要，这样做能让你保持效率。

回想一下自己的工作经历，试着回忆你忙得没时间喘气的那天。你觉得工作有效率吗，还是你感觉自己匆匆忙忙无法专注于每一件事？记住自己那天的精神状态。再想一天，那天你虽然全天工作，却留出了固定完整的放松时间。再开始工作时，你的感觉如何？工作状态怎样？你的头脑可能更加清醒，精力和注意力更加集中，工作起来也更有干劲。比较一下这两天的精神状态。你更喜欢哪种呢？

你知道吗？

当你在学习或工作感到疲惫时，让大脑休息一下，试试以下活动：

- 读书或者看会儿电视。
- 干一种不费脑力的活动，比如打扫、耙土、整理桌子。
- 午休或者睡觉。
- 深呼吸、伸懒腰、练练瑜伽。

重返学习或工作时，你将精神饱满。

记忆

记忆是一种人们在一天中频繁使用的工具。许多人都有记不住名字、电话号码或指令的时候。每天有那么多需要接收的信息，要全部记住真的太困难。

良好的记忆力能够节省时间，而时间在工作中是一种最为珍贵的东西。在规定时间里完成的任务越多，你就越有工作效率。如果你能够记住信息，快速回忆，无须借助任何人、任何物的提醒，你将为公司省下一大笔时间和金钱。

记忆力通过消除额外动作来帮助你节省时间。记住电话号码意味着你不用再去查阅，记住金额意味着你不用在成堆的订单中寻找，记住名字让你免于因为忘记客户姓名而再次询问的尴尬。举个例子，假设你是一位律师助理，在一段时间内你记住了各个抽屉里分别放了哪些文件，每本书里分别涉及了哪些案例。当你需要找文件或案例时，你不用再去查阅或者询问他人。将原本用于查找的时间加起来，你会发现省下的时间越来越多。

原则 1：其他技能使用

缺乏某些基本技能将严重影响你的记忆力。首先是专注力。如果不能在当时集中注意力，你就很难记住自己听到或看到的事物。你越专注，就越容易记住。其次是倾听能力。如果不能很好地听，你就不知道自己需要记住的内容是什么。

你是否曾经读完整整一页却没有记住一个字？这是因为你在读第一遍时没有集中注意力，所以你不得不重读获取信息。在和他人交谈时，你也许会听到诸如“重来吗”“可以再重复一次吗”“什么”之类的话。这些表达通常表示某人没有认真倾听。如果第一遍没有听到信息，你就得再重复一次才能记住它。

原则 2：重复

对自己或他人进行口头重复可以增加信息记忆概率。比如，大声朗读笔记可以帮助你记忆。口头重复在记忆人名时尤其管用。当你碰到某人时，试一试直呼其名：“凯拉（Kayla），见到你真开心。”直呼其名能够让你的嘴巴和舌头发出这个名字的音节并将它刻进记忆里。

原则 3：联想

如果能够跟已知信息相联系，你就可以更容易地记住新信息。比如，通过联系已知的广播节目、预告和广告，无线电广播专业的学生能够更容易地理解并记住节目调度的概念。

联想还可以用于对具体姓名的回忆。假设你碰到斯泰西·朗（Stacey Long），她的个子很高。你自然而然地会产生一种联想帮助你记住她——她的个头和姓氏。又或者，她让你想到最好的朋友特蕾西（Tracey）。那样的话，联系两人姓名的韵脚也能帮助记忆：斯泰西和特蕾西。你还可以自己创造关联帮助记忆，例如，“Stacey lives a long way from me.”（斯泰西住在离我很远的地方。）以上提到的这些联想记忆法都很管用。

原则 4：书写

对很多人而言，书写能够帮助记忆听到的内容，重复书写则更有效。例如，你在员工会议上做了笔记，会后希望记住某些关键要点，你可以在一张干净的纸上简单地重新书写一张要点清单。如果是课堂笔记，你可以稍后打印出来，记下重要的数字和名称。你写得越多，记住得就越多。

原则 5：记忆策略

记忆策略就是帮助记忆信息的词汇诀窍。对那些记忆能力强和可以使用辅助工具的人来说，记忆策略非常管用。

记忆策略帮助你记住具体的信息组。其中一种记忆策略是运用每个单词的首字母组成一个独特的句子。学过音乐的人可能都记得一个句子“Every Good Boy Does Fine”（每个孩子都很乖），这个句子帮助你记住五个高音谱号：E-G-B-D-F。还有一种记忆策略叫做首字母缩略词，利用每个单词的首字母创造出一个便于记忆的特殊词汇。比如，你需要记住公司五个主要供应商的名字，他们分别是伊戈尔（Eagle)、李斯特（Lester)、史密斯（Smith)、勒韦（Lowe）以及司伟奇（Switchell)，你可以将每个名字的首字母放在一起组成一个好记的缩写词 SELLS。又比如，你可以用这些名字的首字母组成一个句子：Easy Living Should Love Selling（舒适生活、热爱购物)。只要是对你有用的方法就是好方法。记忆策略很好记忆，因为它们的设计目的就是为了方便记忆，只要你能够创造出词汇句子，这种策略就特别奏效。

试试用记忆策略帮助你记住养成良好记忆力需要的各项技能。

跑（RUN）之前得先学会爬（CRAWL)。

Crawl（爬）	Run（跑）
Concentrate（专注）	Remmber（记忆）
Repeat（重复）	Unlimited（无限的）
Associate（联想）	Names（名字）
Write（书写）	
Listen（倾听）	

测一测：专注力和记忆力

想想你的思维运作方式并回答下列问题：

1. 你喜欢同时想很多事情吗？
2. 做什么事情的时候你最容易走神？
3. 当脑子里想着很多事情时，你是否难以入睡？
4. 你是否很容易忘记别人的名字？
5. 你是否经常忘记约会？

如果你的肯定回答达到或超过两个，你很可能不够专注。在学习了本章的基础上，看看可以做些什么来改善注意力。

笔记

可能你会认为学业完成后就不需要再做笔记了，然而笔记这个技能却不仅仅适用于学习。想想工作中进行的各项活动，笔记在其中扮演着重要的角色。

- 入职培训
- 规则学习
- 设备软件操作
- 员工会议
- 面试
- 电话记录
- 基本信息，比如暗码锁、警报、紧急电话号码、内线电话号码等

具体的工作还会涉及其他一些需要做笔记的活动。将这份清单当作参照，培养自己的笔记习惯。图 4—2 给出了几个可用于提高做笔记能力的行动方法。从此图底部一栏开始往上练习。

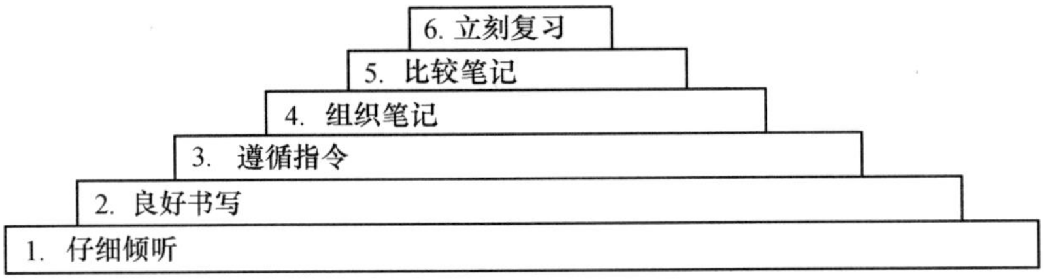

图 4—2　笔记原则

笔记在你当前的求学过程中十分重要。为了适应未来职场需要，你正投入宝贵的时间和金钱训练自己。记笔记让你能够对学过的课程进行笔头备份，也让你拥有再次消化知识的机会。

记笔记帮助你收集并记忆信息。

原则 1：仔细倾听

重新回到“倾听”部分。如果不认真听，你就不可能做好笔记。在大脑将信息翻译成文字以前，你首先得听出信息。头脑混乱意味着无法

做笔记。你是否曾经上课时疲倦不堪以致完全没办法做笔记？稍后，当你把自己的笔记跟认真听课同学的笔记一比较，你就知道自己的笔记有多么糟糕了。疲倦降低了你的倾听能力，也让你远离了信息。

原则 2：良好书写

想象一下，你认真倾听并记下了所有的重要信息，可是最后却无法识别自己书写的内容。这样的笔记又有什么用处呢？作用不大！良好的书写可以让你从笔记中获益。要做到这一点，请遵循本章“书写”部分提及的书写原则。

原则 3：遵循指令

老师、经理、教练还有同事都可能是一次会议或者一堂课的指令发起人。遵照他们的指示做笔记。如果他们在黑板上书写，请抄写下来；如果他们反复重复一件事情或者说这是要测试的内容，请记下来；如果他们着重强调某件事，请记下来，甚至可以标注一下；当说话人提高声调，减慢语速或者面带兴奋时，也可能出现重点。遵循指令，让说话人为你指引正确的方向。

原则 4：组织笔记

即使书写可以识别，你也需要通过有效组织笔记以获取最多信息。或许做笔记时你使用的是大纲格式，用罗马数字完成；或许你使用的是一种更为有效的自创方法。这些都没有关系，因为笔记大多数是自用的。选择并坚持使用一种自己能够明白的组织方法做笔记。

做笔记时，要好好利用纸上的空白部分。如果把笔记内容挤在一起，之后读起来会相当困难。你可以用空格或者圈注将重要信息隔开。你还可以画线或画箭头将相关信息联系起来。

图 4—3 给出了记笔记的几种组织方法。左边的是标准的大纲格式。

另一种是由学习理论家弗兰克·莱曼博士（Dr. Frank Lyman）于 1965 年开发的联想图或泡式图，这是一种视觉创意法，利用几何图像和线条将相关想法及案例关联起来。实践这些方法，看看哪种最适合你。

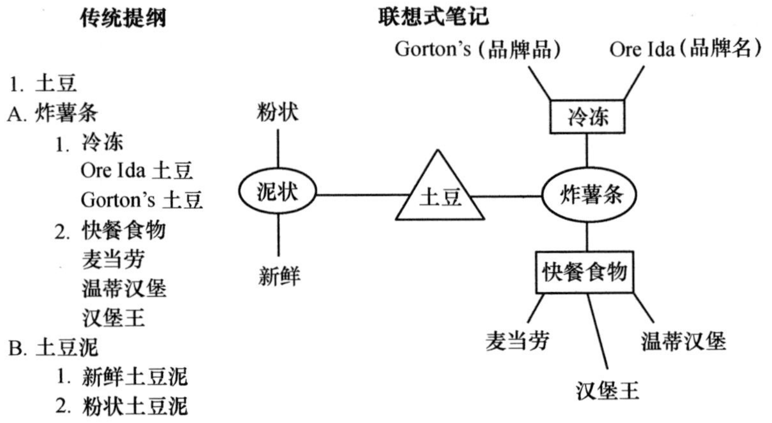

图 4—3　笔记组织方法

你甚至还可以使用联想笔记法安排日常计划。图 4—4 就是一个使用联想法规划一天行程的案例。你能发现那些空白部分以及几何图案是如何帮助你更好理解笔记各部分结构的吗？它们能让你发现重点。

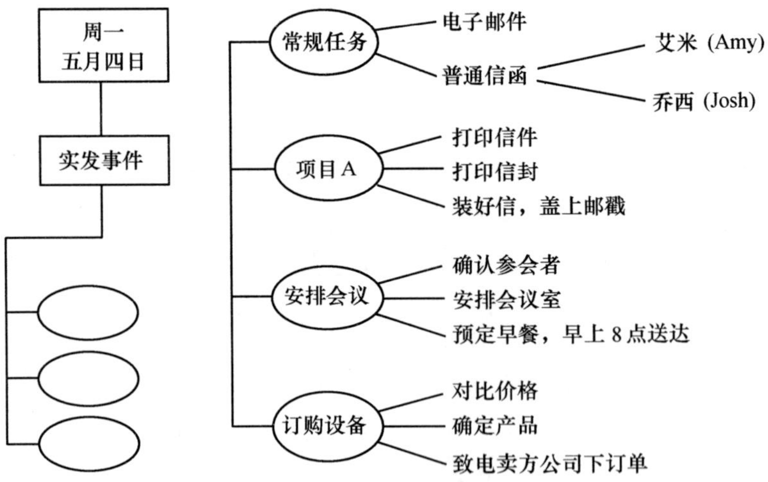

图 4—4　联想笔记法范例

原则 5：比较笔记

如果你还在读书或者正在参加培训课程，那么这个步骤尤其有效。请在课下对比自己和同学的笔记。你的笔记是否存在遗漏的信息？是否记下了他人遗漏的要点？一个白日梦、一小会儿走神、去一趟洗手间都可能让你错过一个要点。和同事或同学一起查漏补缺吧。三个臭皮匠，赛过诸葛亮嘛！

原则 6：立刻复习

做完笔记后应当尽快复习。及时检查、查漏补缺可以让你更好地记住信息。我们在第一天会忘记 50%听到的内容，在两周时间里这个比例将上升至 80%。[①] 你需要通过立刻和经常的复习来巩固记忆。

如果你的工作或者课堂作业需要采访某人，尽快复习笔记显得尤为重要。否则，你可能忘记听到的内容，误解笔记内容，甚至错误记录采访人的话语。

阅读

你很早以前就开始学习阅读了。你也许还在努力提高阅读技能，抑或是你认为自己的阅读能力已经很棒了或者从事的职业不需要阅读，所以阅读能力无须再提高。不管怎样，你都应该坚持阅读。跟体育技能一样，不阅读将导致阅读能力衰退。读得越多，掌握的词汇就越丰富，也就越能综合使用词汇。

看看工作内外的世界吧，到处充斥着文字。文字为你指路，教你使用物品，告知真相，指导行动。信息以文字的形式持续不断地涌向你，

---

① "Note Taking." *Counseling Center of North Carolina State Univeristy*. Accessed on August 23, 2012 from http://www.ncsu.edu/stud_affairs/counseling_center/resources/academic/study%20skills/note_taking/note_taking.htm

只有懂得阅读你才能接收这些信息。

要是你是一位电子技术员、理发师或者厨师，你是否需要具备良好的阅读能力呢？当然需要！你需要阅读电脑安装、染发设备或者切肉机的使用说明书。没有良好的阅读技能，你可能会错误地组装电脑，导致没人可以使用；你可能会错误地混合染发剂，毁了顾客的头发；你还可能会错误地插入切肉刀片，伤到他人。这三种情况都会让你失业。

不是只有图书管理员、记者或者作家才需要具备良好的阅读能力。即使不存在阅读困难的情况，每个人也应该不断提高阅读水平。那些将晚上大部分时间用于阅读的人在一边使用阅读技能，一边提高阅读能力的同时，也提高了个人的拼写能力。读得越多，接触到的词汇及其恰当的拼写就越多。只要你坚持阅读，保持良好的阅读状态，阅读能力将让你受益终生。

如果你不想提高英语的听说能力，请记住，不仅在美国，在世界大多数地方，英语都是一种商务语言。（当然，你的母语也能帮助你和使用相同语言的客户进行交流。）为了工作成功，你需要好好地掌握英语听说技能。阅读的东西越多，学到的知识也越多。

有的人不喜欢阅读，觉得读书无趣、缓慢、过于安静。就目前从事的职业而言，也许你根本不相信自己需要提高英语技能。别小瞧自己，大家都有提高阅读水平的能力。来看看对于阅读能力良好和欠缺的读者们都适用的指导原则吧。

原则1：大量阅读

最重要的助推手段就是尽你所能地大量阅读。进入大脑的词汇越多，理解的词汇就越多，阅读速度就越快。无论学习哪种技能，主要方法都是实践。如果提到阅读，你联想到的是那些在学习或工作中被迫阅读的无聊书籍，那么请选择自己喜欢的书开始阅读，在阅读中得到快乐。有人发现小说能激发好奇心，因为它能让你逃离周遭世界。还有人觉得关于人、有趣活动或机械的非小说类文学作品更加有趣实用。去图书馆找找自己喜欢的书吧！

原则2：决定阅读

怎样才能在一天里更多地阅读呢？这需要有意识的努力。好比决定去商店购物或者准备晚餐一样，你也需要做出阅读的决定。如果阅读在你目前的生活中并不重要，那你需要慎重地思考如何节省出阅读的时间、精力以及投注足够的注意力。

完成学校老师规定的阅读任务是个不错的开始。当你需要完成一项阅读任务时，不妨找个自己头脑敏捷的时间段试试。

原则3：找时间阅读

一旦决定阅读，你就需要找个恰当的阅读时间。生活节奏很快，工作、家庭和每日事务占据了我们大部分时间。这里提供一些方法让你能够在日程安排里寻找时间兼顾阅读和其他活动：

- 早餐或午餐时阅读
- 乘车上下班时阅读
- 做饭时阅读
- 在健身房里骑健身脚踏车锻炼时阅读

你还可以挤出隐形的闲置时间用于阅读。比如说：

- 上床睡觉前阅读（或者躺在床上还未入睡前阅读）
- 课间阅读
- 一小时阅读而不是看一小时电视。最初，阅读好像并不吸引人，可是它可以促进你的脑力和创造力。看电视是被动消极的行为——不需要任何投入。坐在电视机前，你不经大脑思考地接受他人形象。电视画面实际上减少了大脑活动的频率，压制了个人信息分析能力；另一方面，阅读却是一种互动的活动。在阅读的时候，你可以凭借想象力创造出画面并扩展开来接受信息。通过分析评估信息，最终形成自己的结论。[①]

要找出阅读时间，一定要想一想什么时间对你最便利，而后再做出承诺。牢记先前学到的避免做事拖沓、习惯养成以及时间管理方面的知识——关键就是要立即行动。一旦开始，坚持起来就不会太难。试试每天花 15 分钟时间阅读自己选择的材料，慢慢进步。随着时间一天天过去，这些每天额外增加的 15 分钟阅读时间将汇聚成数不清的小时数。

有的人发现在短短的空闲时间里阅读很容易让人分心。那样的话，不必非要在紧张的时间间隙里阅读。相反，你可以试着把阅读安排在一个稍长的时间段里。很多人还喜欢，甚至会要求在一个安静的环境中阅读以减少干扰。你喜欢哪种阅读环境呢?

原则 4：按照个人喜好阅读

如果你不喜欢阅读，你很可能是想到了学习和工作任务。除了学习和工作中的阅读任务，你还可以选择其他任何阅读材料。读自己喜欢的东西。如果不喜欢，你就不能坚持，也就无法受益。

任何阅读材料都能让你受益匪浅：报纸、杂志、小说、非小说类文学作品、装麦片的包装盒、小册子或说明书。喜欢占星术？阅读一本有关占星术的书吧。喜欢修理物品？找一本关于家庭维修的书籍吧。喜欢户外活动？寻觅一本涉及旅行的书籍或提供园艺的杂志吧。推理小说、健康杂志、心理自助书籍以及体育图书都能帮助你学习知识，获得快乐。

原则 5：使用具体的方法技巧

本原则涵盖的不是娱乐方法，而是可用于工作学习的技巧。阅读时具体使用的方法技巧频率越高，提高阅读速度、阅读效率以及记忆力的时间就越短。还记得在记忆策略部分读到的内容吗？第一个具体方法就

---

① "The Effects of TV on the Brain." *EruptingMind Self-Improvement Tips*. Accessed on September 20, 2010, from www. eruptingmind. com/effects-of-tv-on-brain

是成为读书俱乐部的创办人（CHARTER）：

• 遵循前面提到的各条原则，集中注意力（Concentrate）。

• 强调重点章节，（如果书归自己所有）用笔在空白处做笔记（Highlight）。

• （将读到的内容与个人生活相联系）联想（Associate）。

• 阅读新材料之前，重新阅读以前的内容。比如，在开始阅读新章节以前，再读一读前面章节最后一页的内容（Reread）。

• 尽可能多地抽出时间阅读（Take）。

• 从阅读材料中获得快乐（Enjoy）。

• 为了备考或履行工作职能的阅读，读完之后立刻复习（数据表明，阅读当天进行复习可以极大地强化信息记忆）（Review）。

还有一些方法可供尝试：

• 别大声阅读。这会减慢阅读速度。

• 不要再三重复阅读词汇。第一次阅读时，采取适合个人的速度阅读，获取全部信息。

• 阅读词组。让你的眼睛接受词组信息（这样既能加快阅读速度，又不会影响理解）。

使用这些方法技巧进行阅读的机会越多，阅读能力将越强。

测一测：阅读

了解个人阅读喜好是个不错的主意。请回答下列问题：

1. 你阅读是因为不得不读呢，还是自己想读？

2. 你喜欢阅读电子文本还是纸质文本？为什么？

3. 如果有时间你希望读什么？

4. 一般看书多长时间会让你感到疲惫无聊？时间长短是否取决于阅读材料的类型？请解释说明。

5. 拥有阅读能力开心吗？如果回答是否定的，你希望哪方面做得更好？

你的问答将帮助你更好地安排个人阅读活动。

书写

懂得如何阅读之后就要懂得如何书写。如果你是一位优秀的读者，你能在某种程度上获得一种其他人也能理解的语言组织感。某些职业要求从业者具有极强的写作能力，比如市场营销、技术写作、新闻记者以及法律工作。但是任何职业都需要你具备良好的写作能力。

很多时候你需要与其他人进行书面沟通。例如，你可能需要写一封商务信函、一份报告或者备忘录。就像我们将在第十章探讨的一样，成功的工作环境和工作关系建立在良好的沟通基础上，写作就是其中一种形式。

无论哪种书写类型，你都会发现清晰直接的写作让工作变得简单许多，因为良好的书写能力为你省去了额外的功夫当面解释、电话交流或者其他任何形式的书面沟通。你成为一名工作效率高、易于被人理解的员工。想想自己工作中的一天吧。你必须在什么时间书写什么材料？书面沟通帮助你完成了哪些重要任务？

如果你不具备良好的书写能力，不论你多么才华横溢，文化程度多么高、多么聪明，都毫无用处——因为人们无法理解你表达的信息。你无法让自己的观点通过电子邮件、书信或者网页的方式被人接受理解。实际上，拙劣的写作能力很可能误导读者得出错误结论。如果你写得晦涩难懂，读者可能认为你的思维混乱，也无法很好地理解你的主题。糟糕的语法和拼写可能让人们认为你的教育水平低下或者写作态度漫不经心。更糟的是，读者还会觉得你并不在意自己的写作内容，这样的话他们为什么又要在意地阅读呢？一篇好文章力量无穷大。你写得越好，工作就干得越好。

经验之谈——职场透视

适应变化

艾米·李（Amy Lee）

苹果公司兼职销售助理、图形艺术专业学生

大学一年级时，我在当地一家叫作麦克小屋（Mac Shack）的苹果商店兼职。因为自己主修会计专业，还拥有丰富的计算机操作经验，我认为自己相当了解平板电脑、手机、App程序、笔记本电脑……直到客户们不断询问有关分辨率、数据处理、像素、存储器、图像显示等问题时，我才明白自己想错了。好在这家商店有一个培训课程。

一直以来，我都注意到很多图形艺术家喜欢使用苹果笔记本电脑。我跟他们交谈，询问他们如何使用电脑，如何谋生，为什么从事图形艺术这个行业。这些图形艺术家经常和我分享他们的最新设计。那些照片、图案以及动画深深地震撼了我。我希望自己也能制作出那样的东西。

那时，我就读的是会计专业，因为这是父母的希望。可是，我却无法忘却有关计算机和图形艺术家的一切。我感到自己被会计专业限制，我希望自己能更富有创造力。那就是为什么我决定转专业学习图形艺术的原因，在线设计是我的学习重点。我可以使用电脑训练自己的创造天赋。

因为来自会计这个充满数字和事实的世界，第一次上图形课碰到那些闻所未闻的视觉设计术语和概念时，我感到压力巨大。有那么多知识需要学习，我感觉自己的脑子都快爆炸了。在弄明白各个部分是怎样组合之前，我得专注于所有细节，所以听课耗去了我大量的精力，但还是有那么多的细节需要领会。我明白，如果能够适应新的学习经历，自己就可以放松下来，集中精力做到最好。说着容易做着难！

随着时间的一天天过去，我弄明白了那些有助于我学习的知识，这些知识直到现在都还在帮助着我的学习。我喜欢亲自动手：我必须通过实践操作来学习，只看光听无法满足我的需求。我经常在课堂上随手涂鸦帮助自己理解听到的那些设计理念。当我参与项目工作时，我总是清空学习区域，这样我才可以集中注意力，避免分心。我还喜欢在安静的地方独自学习。保持连续性也让我受益良多。每天我都努力在同样的时间学习完成一点图形项目，而不会临时抱佛脚。我发现阅读时画线、打钩、画点等标记有助于我更好地记忆。

课前预习也让我受益匪浅。在预习的时候，我能了解老师将会讨论哪些问题，还熟悉了一些新观点。因为老师在网上上传笔记和示例，我也总是上网找寻素材。我不断地上网搜索那些颇具创意的网站和视频，更新最新的App程序。这让我和其他图形艺术家以及App设计开发员保持同步。此外，每周周末我都会进行自我测验，看看自己是否理解了书本和课堂上涵盖的内容。

当我最初开始接触图形艺术项目时，我就像是一个惯用左脑、善于分析的陌生人闯入了惯用右脑的创意人士的领地一样，很快迷失了方向。我认为自己虽然拥有优异的计算机技能，却缺乏艺术天分。尽管如此，在过去的3年时间里，凭借对图形艺术的热情、强大的自律性以及充分的实践操作，我已经成功设计了一些网站、App程序、微视频以及动漫作品——这些东西之前我想都不敢想。

从会计专业转到图形艺术是一个巨大的挑战，但我庆幸自己坚持了

理解课堂内容变得越来越容易，我的项目完成得也越

店兼职打工，不同的是我熟悉每一款

到现在。我对自己的图形

适用于喜欢和不喜欢写作的人。

原则1：字迹

虽然计算机可以用于输入一切内容，我们仍然会碰到很多需要手写

的时候，比如填写表格、收据或者订单等。人们书写潦草的时候，写出的东西其他人常常看不懂。如果没人能读懂你写的东西，不论拼写和语法多么完美，你的信息都无法表达。你是否曾经努力解读他人书写的潦草的字迹？那既让人感到挫败，又浪费时间。事实上，你可能知道有些人刚刚写完就看不懂自己的字迹了。

要改善手写能力，试试令自己舒服的书写风格（除非你的工作对于书写有具体要求）。你的字迹潦草稀疏吗？那就用打印替代吧。你喜欢端正书写还是倾斜书写？照着自己喜欢的方式写吧。如果使用一种让你更舒服的书写风格，你的书写也可能会得到提高。别忘了放慢书写速度，让别人能识别你的书写。写得越快，书写越可能散乱潦草，也就越难阅读。

原则 2：寻找书写机会

写作在当前是一门正在丢失的技艺。当今世界是一个快节奏的喧嚣世界。手机、电子邮件以及文本信息的快捷让它们成为交流的主要模式。因此，找不到好作家（以及好作者）也就不足为奇了。

你可以改变这种状况。找机会写点东西吧。这里提供一些可以写作的机会：

- 清单（待办事项清单和购物清单）
- 给亲戚朋友写信（很多人都喜欢保存私人信件）
- 感谢函（比起电子邮件，朋友或商务伙伴更加珍惜手写的信函）
- 会议摘要
- 写给公司的信件，肯定产品或反映问题
- 随简历附上的求职信
- 求职面试后写给公司的感谢信
- 为求职、求学的亲戚朋友写的推荐信

查看一下自己每天的日程安排，你还可以找到其他书写的理由。好好利用这些机会吧。

原则 3：写日记

你或许非常健谈，但是由于某些原因，你感到很难把个人感想用文字表达出来。在这种情况下，日记就是一个提高写作水平的好方法。尽可能地坚持写日记。每天都写日记最理想，却不现实。一本日记本记完后，再找出一本空白笔记本继续写。写什么并不重要。你可以写人物、活动、发生在自己身上的事件、自己对于世界的看法，你还可以写诗，发泄愤懑情绪，填歌词，抄写有意义的词句、希望记住的笑话等。任何东西都可以写，坚持就好。

你不用给自己压力，要求自己每天写日记。有时候你可能很忙，而有时候可能就是提不起精神写日记。但是，你将发现写作能帮助自己组织思维，发发牢骚，激发创意。如果你不强迫自己掌握写作的艺术，到最后你还很可能从写作中获取乐趣。对很多人来说，写作既是放松的手段，也是情感释放的方式。

原则 4：考虑读者

除非是写日记，否则你是为他人而不是自己写作——这个人既不像你，也没有机会知晓你的个人想法。这就意味着你需要用一种别人能理解的方式书写。首先问自己一个问题："谁是我的读者？为什么写作？"

如果你不清楚自己表达信息的目的或者谁是自己的读者，不妨现在停下来问问自己下面列出的问题：

- 读完我表达的信息后，我希望读者做些什么？
- 读者熟悉我用来传递信息的方法吗？
- 我的读者具备哪些知识？我是否需要增加更多的背景信息？
- 读者的什么经历可能会影响他们对于信息的理解？
- 读者对问题的知晓程度是多少？

心中有了答案，你写下的信息才能吸引读者并让他们理解。更重要的是，你还可以将信息局限在读者需要知晓的范围，没有必要将你希望探讨的一切材料囊括在内。

原则 5：写作 3C 原则

这是一个记忆策略，给出 3 个实用提示以提高写作效率：C－C－C。

- 第一个 C 表示清晰（clear）。只写需要的内容。
- 第二个 C 表示简洁（concise）。用尽可能少的文字陈述理由。
- 第三个 C 表示具体（concrete）。信息简单易懂。

下面这份备忘录没有遵守写作 3C 原则，写得很糟糕：

糟糕的范例

那些有兴趣加入今年秋季志愿者团队的人员在今天晚上有个会议，就是 10 月 5 日下午 6 点。要是你想加入志愿团队却又无法参会，请告知梅尔·麦克法登（Mel McFadden），他会换个时间跟你谈话。使用语音信箱告知他晚上安排有冲突，好让他知道你是否有空参加会议。我们会在会议室，我们需要在 7 点前办公室关门前结束会议。谢谢——再见。

优秀的范例

今晚会议——欢迎参加

10 月 5 日晚 6：00—7：00，会议室

主题：志愿者秋季社区活动

＊＊ 如有兴趣却无法参会者：请联系 x213 梅尔·麦克法登（Mel McFadden）＊＊

3C 原则让读者更容易更迅速地了解情况。如果你不习惯做大量的写作练习，你可以问问自己：“我的写作技能如何从糟糕转变为良好？”本部分后面的内容集中讨论了能够帮助你提高 3C 原则标准的几个步骤。

1. 使用主动语态写作。你希望读者在阅读你的作品时保持清醒吗？你想要他们理解自己表达的内容吗？那么请在任何可能的情况下使用主

动语态。主动语态意味着句子的主语正在执行一个动作。而被动语态表示主语没有执行动作——相反，句子的主语正在接受一个动作。被动句通常比主动句长。请参考图 4—5 有关被动句和主动句的范例。

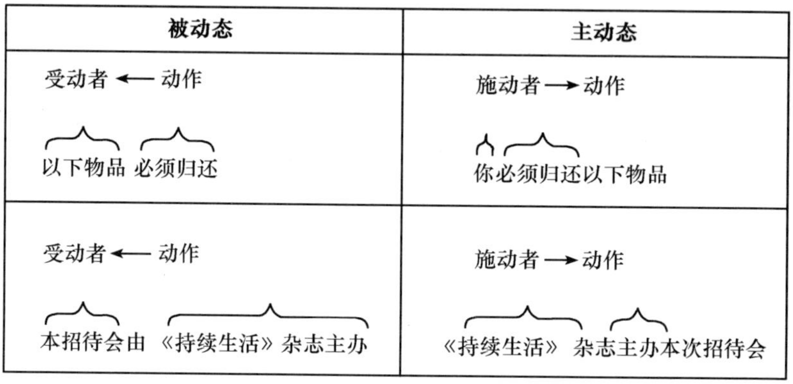

图 4—5　被动态 VS 主动态

2. 词汇越少，影响越大，保持简单明了。没人愿意辛苦地读完冗长的句子，然后再重读以理解要点。由于短小的句子意思清晰，所以通常传递信息的效果更好。简化词汇。尽管有些人相信使用较长的词语可以让自己显得更聪慧，可实际上那些较长的词语会干扰别人的理解。请参考表 4—1 中的示例。

表 4—1　　简化词汇，便于理解

复杂冗长的词汇	明了简洁的词汇
老师促进学生教育	老师帮助学生学习
复杂啰唆的句子容易阻碍读者的全面理解	冗长的句子让读者难以理解
使用电子邮件沟通所有需求至关重要	请使用电子邮件沟通所有需求

3. 为读者写作。在任何可能的时候，称呼读者为“你”。“你”是第二人称，与第三人称他/她相对。为读者写作，让读者感觉正通过纸张和你交流沟通。这种写作风格更为友好、更易阅读、更节约篇幅。请参考表 4—2 中的示例。

表 4—2　　使用第二人称清晰友好的写作效果

第三人称	第二人称
本表格帮助买家准确记录成交价格、买卖条款，然后提交他的购房申请	本表格帮助你准确记录成交价格、买卖条款，然后提交你的购房申请
这名员工可以考虑和一位人力资源代表谈谈，这位代表建议他应该如何与经理交流糟糕的业绩	你可以考虑跟一位人力资源代表谈谈，如何就糟糕的业绩与你的上司交流

4. 句子段落短小精干。读者的注意力时间通常较短，或者他们正忙于其他事务。他们喜欢浏览，而不是仔细阅读。将冗长的段落用空格拆分能让文章更容易阅读。请参考表 4—3 中的示例。

表 4—3　　短小精干的段落句子更具可读性

一个长句	两个短句
我们每月都要处理数千条信息要求，估计完成一个要求的时间差不多是 1 小时	我们每月都要处理数千条信息要求。我们估计完成一个要求的时间差不多是 1 小时
一个长段落	**两个短段落**
在写报告供他人阅读的过程中，请牢记你不是读者，读者来自不同背景，拥有不同的经历和阅读技能。对读者的了解越多越好。那样，你就能根据需求，选择有意义的词汇，安排信息内容。你还可以避免使用读者们不需要了解的信息内容（但是你喜欢探讨）或者不熟悉的术语（但是你很熟悉）。最后，简洁明了，牢记读者，成为一名成功的作家	在写报告供他人阅读的过程中，请牢记你不是读者，读者来自不同背景，拥有不同的经历和阅读技能 对读者的了解越多越好。那样，你就能根据需求，选择有意义的词汇，安排信息内容。你还可以避免使用读者们不需要了解的信息内容（但是你喜欢探讨）或者不熟悉的术语（但是你很熟悉）。最后，简洁明了，牢记读者，成为一名成功的作家

原则 6：阅读、写作相结合

良好的写作能力来自对词汇及其使用的了解，对于词汇的了解使用离不开阅读！读得越多，写作能力就越强。当你观察他人写作时，特别是那些优秀的作家，你就会注意到是什么在起作用了。你可以从作家的写作示范里学习写作。

你知道吗？

我们有很多交流方式：面谈、电话或语音信箱、电子邮件或文本信息以及书信留言等。在可能的情况下，书写好消息，面谈坏消息。

说到好消息，当你希望祝贺或感谢某人的时候，可以写一张便条。这张便条对那个人而言代表着很多意义，他将保留这张便条，稍后重读。谈到交流诸如坏消息或者冲突之类的负面信息时，不妨坐下来跟那个人面谈。当面交流能够缓解打击。如果无法面谈，一个电话也行。

最重要的是，避免使用电子媒体传递坏消息，比如文本信息、IMs、电子邮件或者电话留言。这类媒体太缺乏人情味，会给人留下不好的印象。

校对

在工作中，即便只是一通电话留言，你也必须在写完后进行校对，再读一遍检查有无错误。如果这通留言很长，不妨找个人读一下确保信息清楚无误。换个思维角度是很有帮助的——另一双眼睛往往能看到你看不到的问题。

谈到校对，我们不涉及具体的句法、语法或者标点符号的使用方法。我们探讨的是校对基本功。无论你从事何种职业，无论你是校对个人还是他人的作品，这些基本功都能帮到你。

原则 1：必须校对

不管写什么，在你上交前请花一点时间检查。文本信息、IMs、电子邮件、电话留言甚至订单都很容易出错，所以必须全部校对检查。

你还记得因为某人没有校对检查而导致工作出现问题的情况吗？这种事情常常发生，例如，货品装运出错，记错约会的时间地点，弄错收信人等。那样不仅让人尴尬，还会导致严重的后果。

原则 2：暂时搁置

如果你的信息很简单，必须立刻发送，请至少保证在发出前将信息通读一遍。反之，如果信息、报告或文章篇幅太长，不妨给自己留点间隙放松一下，然后再开始检查——一天、一小时、哪怕是一小会儿都好。这样做的目的是为了让你带着清醒的头脑，以一个陌生读者的视角来看待自己的作品。假装你就是那位读者，你能理解全部内容吗？这些内容有意义吗？如果你是收件人，你知道自己该做什么吗？在校对的时候，首先保证客观和诚实，然后再做出必要的调整。

原则 3：关注细节

校对就是关注细节，寻找需要修改的地方，让作品更容易阅读理解。改错指检查并修改错误信息。需要修改的常用信息包括电话号码、地址、名称、单词拼写、时间、金额、产品数量、道路指示牌等。改进就是让写作变得更好。你可以使用完整句、正确的标点符号、恰当的人名称谓以及直接清晰的写作手法。这样，读者在阅读时就无须一遍又一遍地咬文嚼字了。

改错

确认资料来源——笔记、电话簿、通话人、同事等。同时，别忘了检查拼写。电脑拼写的自动纠错功能并不适用于查找所有的拼写错误。当电脑显示拼写正确时，自动纠错功能并不会告诉你词汇是否使用错误。那就是你为什么还需要边读边检查错误的原因。例如，看看下面这个幽默的段落是如何通过拼写测试的（错误已用斜体字标出，后面括号内为正确译文）：

I have a spell-checker，（我有一个拼写检查程序）

It came with my PC；（它在我的计算机里）

It marks *four* my *revue*，（它为我*检查*）

Mistakes I cannot *sea*.（我*看*不见的拼写错误）

I've run this poem *threw* it，（我*通过*它检查这首小诗）

And I'm sure you're pleased to *no*，（我想你会欣然*得知*）

It is letter perfect in it's weigh，（*诗本身*字字正确）

My checker *tolled* me *sew*.（这程序*告诉*我的就是*这样*）①

最好先使用拼写纠错功能粗略地检查一下拼写错误，再仔细校对找出其他错误。另外，一定要留意拼写自动纠错功能发现错误时的修改建议，该功能常常试图自行替换错误单词。

改进

站在读者的角度看看自己写下的内容是否有意义。或者请同事读一遍，让他提供反馈意见，信息表达是否清楚无误？

当你校对自己的作品时，试试使用下面这些阅读方法：

- 自上而下阅读
- 自下而上阅读
- 块状阅读
- 分项阅读

图 4—6 是一封电子邮件，有很多错误。通过校对，错误已经得到修改，内容也改进了许多。注意看看使用加粗、着重号和空格后产生的不同效果。改正拼写和语法的错误补充资料，让信息表达更加清晰。

测一测：写作和校对

1. 你是否曾经不经过检查就直接发送电子邮件或文本信息？

a. 如果是，电子邮件或文本信息里有错误吗？

---

① Harper，Pennye. "Spell Checker." *The Write Advice*. Pensacola：University West Florida Writing Lab. Accessed on April 13，2009，from http：//uwf. edu/writelab/advice/documents/wa-goodgraml. htm

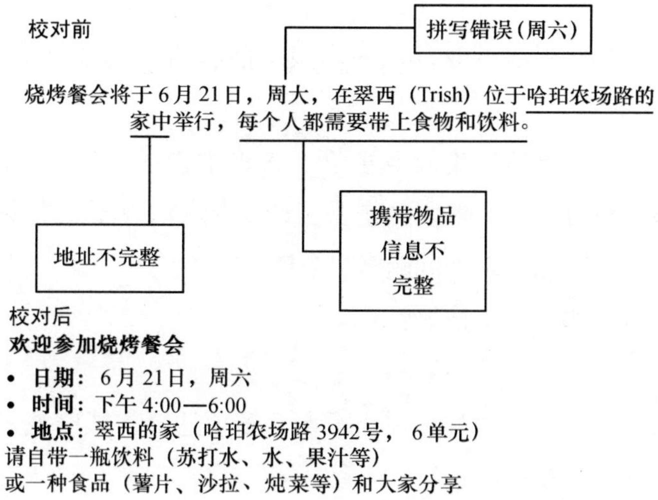

图4—6　校对修改电子邮件

b. 这些错误是否导致问题产生或让你难堪尴尬？

2. 从你最近读过的电子邮件、文本信息、书刊杂志、备忘录或者信件里，找出几个书面信息案例。这些例子有的很容易阅读，有的书写很糟糕。

c. 哪些原因导致一些材料不容易理解？

d. 哪些原因导致一些材料容易理解？

3. 检查自己的作品。你是否发现有些地方用2B铅笔标注过？哪些是你最容易犯的错误？

工作测试（员工评估）

我们已经学习了倾听、专注、记忆、阅读以及写作等基本技能。那么，测试呢？你可能在上学时听到过很多有关应对考试的建议。是时候将知识运用到职场了。你在求职时也会遇到考试，因为某些工作领域的老板利用测试来确定合适的聘用人选。

其中一个方面就是文字处理。许多行政助理和数据输入员在应聘时必须参加打字测试、拼写语法测试或者某些软件应用测试。某些技术行业的老板，如软件程序行业，在雇用员工前也要对其进行基本技能知识测试。

和学校老师、学院招生就业主管、人事主管或者在该领域工作的其他人士联系，看看自己在求职时是否必须参加相关测试。如果需要考试，请及时提出相关疑问。以下问题谨供参考：

• 考试涉及哪些基本技能？

• 考试时间？

• 考试内容：直接回答、判断正误、多项选择、填空或者技术操作？还测验打字或其他技能吗？

• 可以携带参考资料吗？

• 考试和其他因素（经历、教育程度、性格）的关联程度如何？

尽可能多地收集信息。有时候，学校或者职工中心有模拟测试供你练习。你至少需要了解足够的备考内容信息。

至于考试焦虑症，它不同程度地发生在每个人身上。要消除考试焦虑，最好的方法就是充分利用时间，好好备考，保证充足睡眠。如果你已经充分地利用时间，尽你所能地备考了，那就别再过多地要求自己，也别问其他人是如何备考的？和他人比较会让你觉得自己准备不充分。其实，每个人都有不同的特点。一个人学习内容的多少和他的知识面与经历相关。专注于你自己的学习需求，因为你才是最佳的决策者。

想想自己以往的考试经历。你容易紧张还是相当放松？一般来说，你是充分备考还是临时抱佛脚？你的注意力够集中吗？考试结束以后，你会对自己的考场表现感到沮丧，还是自信满满？了解自己参加测试时的性格将帮助你端正个人态度，提高备考质量。下面是关于测试的几个有效原则。

原则 1：健康、精神

在考试当天保证充足睡眠和健康规律的饮食。不能打瞌睡、饿肚子或者没力气，那样不利于考试。给自己一个充分发挥才智的机会。

原则 2：适可而止

你对知识的掌握程度可能比你以为的好很多——你已经学习很长时间了。相信自己。充分学习让你自信满满，但是不能过度。考前一晚，放松，想象自己信心百倍地参加考试，结束考试时，脸上带着胜利的笑容。

原则 3：考前规划

确保你知道考试日期、时间以及地点。安排好时间提前到达考场，这样你会感到准备充分、头脑冷静。

原则 4：考时放松

考时放松，虽然说着容易做着难，但是并非不可能实现。坐下，平稳地深呼吸，集中注意力，抓紧时间。记住，你知道考试内容，信心百倍，你能够在规定时间里完成试题。你掌控着一切。

原则 5：牢记考试基本功

有的人可能最近刚刚参加完测试，有的人已经很久没有参加考试了。下面总结了一些较好的测试基本功。

• 浏览试题。注意题目数量和分值，帮助你大致了解考试范围，决定题目时间分配。

• 仔细读题。如果考官大声念读考试说明，请认真倾听。考试说明通常会提示如何答题。

• 简单入手。除非是上机考试，否则没有必要按照题目顺序答题。从简单题入手，你将有更多时间自信地解决难题。

• 心存疑虑，直觉第一。第一感觉通常比较准确。

• 抓紧时间。答题遇到困难时，换到下一题，之后再返回答题（如果时间允许）。

• 检查答案。粗心大意容易出错。

• 尽量不改动。之前已经讲过，第一次填写的答案通常正确。

原则 6：善待自己

考试结束后，鼓励一下自己。你完成考试了。即使感觉考得糟糕，也别太苛责自己。你已经尽力了。而且，你还不知道考试结果呢。如果结果确实差强人意，也别紧张。你不会因为仅仅一次考试失败就成为失败者。你还是你，拥有着跟考试前同样的珍贵价值。你只是在那次考试中发挥欠佳。找找失误的原因——是太紧张，还是知识掌握不够好。然后想想自己应该做些什么来提高下次的考试成绩。

以上原则适用于工作和学习中的各种测试。好好利用吧！

团队合作

> 团队合作：名词，一个团队做出的合作协调努力，成员们组成一个团队，为了共同事业而一起行动。

迄今为止你已经学习的诸如阅读、写作、测试之类的很多技能一般都由你独自完成。听力也是如此，即便你正在听他人说话。但是，如果不知道如何成为团队的一份子，你仍然无法获得成功。为什么呢？因为几乎没有工作是让你独自完成，不与他人交往的——大部分都需要团队合作。

当前，各公司出于不同目的各自成立了很多工作团队。有的公司不顾一切地开发新产品并尽快推出上市，没有哪个员工能够单独完成这项工作。还有的公司在全世界范围内设立办公地点，公司员工必须学会像虚拟团队一样通过视频会议、即时消息、电子邮件以及电话会议等方式完成工作。还有的是新成立的小公司，员工不多，公司要求员工同时兼顾多项工作任务，确保公司盈利。这就是为什么好公司招聘员工时都要求其具备团队合作精神。

当然，团队合作并不轻松，有优势也有劣势。表 4—4 列举了团队合作的优劣。团队合作是一种挑战，而现实是，与团队的沟通将决定你在职场的成败。在 20 世纪 80 年代重振克莱斯勒公司（Chrysler Corporation）的实业家李·艾柯卡（Lee Iacocca）曾说过："能者止步不前的主要原因是他们无法与同事合作共事。"

> 有效的团队合作是任何职业的重要组成部分，要求团队成员的耐心、沟通技能以及情绪智力。

表 4—4　　团队合作优缺点对比

优点	缺点
带来很多问题解决方案，任务解决更容易	随着团队的壮大，问题解决进程放缓，容易错过最后期限
允许成员分享各自才能，一起共事	团队合作将使那些喜欢独自工作的人感到沮丧
加强员工之间的联系，改善工作满意度	有些团队成员工作参与性不强

所以，怎么做才能与同事成功合作，成为精英团队的一份子呢？下面这些行动原则能对你有所帮助。

原则 1：学会拒绝

要想在团队中成为有工作效率的一员，你需要清楚个人长处——能拿出手并帮到团队的那些技能和天资。回想一下在第二章学到的确定性格和能力的知识。有了这些知识，你就知道对于某些要求，什么时候该同意，什么时候该拒绝。要是某人找你帮忙，而你知道自己有能力，那就答应他吧。可要是你没有能力改变现状或者没有时间，请果断拒绝。一味地应承会让你筋疲力尽，心存怨恨，什么忙都帮不上。

原则 2：情绪智力和性格

还记得在第一章里学到的情绪智力以及在第二章里学到的性格类型吗？团队就是实践这两类知识最棒的场所。

通过发展情绪智力，在关注他人情感的同时，你将学会控制个人的情感、思维以及感受。这种能力在团队环境中显得尤为重要，因为我们都很容易感到灰心丧气或者冒犯他人。如果能够了解同事心中所想，工作干起来会高效许多。

至于性格类型，清楚自己的性格类型有助于避免令人不快的情况。例如，如果你属于 ESTJ 性格类型，你可能知道自己话多健谈、重视事实与想法胜过感觉，喜欢主观臆断。懂得这些性格特征，你就可以格外努力地让自己多听别人说话（不插话），考虑他人感受，压抑天生的批评习惯。这样做，你既让他人有所贡献，也让团队工作开展得更加顺利。

团队冲突司空见惯，懂得应对他人的愤怒非常重要。无论你是哪种性格类型，你都必须能够听出隐藏在情感中的深层含意。情感是静态的，你需要发现真正的问题所在。那人也许只是在表达正常的忧虑而已，可是要知道他什么时候发飙却很困难。保持冷静，认真对待他人，你就不大可能将事态扩大。

原则 3：理解团队发展阶段

大多数团队都要经历几个发展阶段。某些阶段仅仅需要几分钟或几个小时的时间，而有些阶段可能持续几天或者数周时间。越了解团队的发展阶段，你在每个阶段的表现就越好。

1. 形成阶段。这个阶段非常混乱，团队成员正彼此熟悉，思考团队优势所在，决定团队发展方向。

2. 震荡阶段。这个阶段让人不自在，冲突频发，团队成员彼此之间开始展现真正的个性，矛盾出现。本阶段的重点是保持交流。

3. 规范阶段。这是个轻松的阶段，团队成员们在本阶段重新考虑并接受各自的角色和责任，开始达成共识。

4. 执行阶段。这个阶段充满活力，团队从真正意义上完成了各项工作任务。团队成员们了解彼此的优缺点，能够合作完成项目计划。

5. 休整阶段。任务完成后，团队发展进入最后一个阶段，成员们探讨任务的完成情况，解散团队。在某些情况下，团队也将开始下一个项目任务。

原则 4：会议安排

作为团队成员，你可能不时需要安排会议。为了保证会议效率，不妨考虑分发含有以下问题的会议安排表：

- 会议目的。为什么召开会议？
- 会议结果。会议结束后期望产生哪些效果？
- 会议预期。希望团队成员们对此次会议有何贡献？
- 会务安排。会议召开时间及长度。

记得遵守会议安排，你的团队成员们将很高兴见到你这样做。

原则 5：会议礼仪

作为团队一员，你需要参加各种各样的会议。所以，练习会议礼仪能让你成为更有工作效率的参会者或者领导，还能帮助你传达个人观点。

- 准时参会。迟到是很不礼貌的行为。如果你预料将晚到，请提前致电告知。如果不幸耽误，一定要为自己的迟到致歉，无须冗长的解释。

• 有所准备。确保将所需材料（纸质文本和电子文本）尽数发给团队成员。提前检查电脑、软件程序、视频播放器等设备，保证设备正常运行。

• 不要插话。对大多数人来说，在会议中不插话最难做到。尽管如此，如果你能遵循本章节前面“倾听”部分提及的行动原则，团队成员们将会十分感激你，他们尊重认真倾听讲话的人。

• 言谈有礼。不论感到多么生气或灰心，你都不能用语言表达极端情绪。在你咆哮咒骂时，你已威信扫地。己所不欲，勿施于人。

• 注意保密。如果某人在会议上传达的信息需要保密，会议结束后请不要泄露。人们不会相信泄密者。

• 私下探讨。如果和团队中的某人产生分歧，别在众人前面怨声载道，应该在会后单独交谈。如果你在他人面前斥责同事，大家会不由自主地认为你也会这样对待任何人。如此一来，他们就不太会主动与你互动，交流想法，共同行动。

• 肯定队友。有功则赏。即使贡献最大，你也应该保持谦虚，肯定他人的功劳，不论功劳大小。

• 忌开小差。除了迟到，最没礼貌的行为就是边开会边发短信、电子邮件、即时信息，甚至打电话。专心开会、心无旁骛很关键。否则，你将缺乏专注，丢三落四，激怒他人。有的公司甚至强制规定参会人员开会时将手机和平板电脑集体存放在一个箱子里！

遵守以上5项原则，你就可以成为不可或缺的团队成员，帮助团队高效运作。

测一测：团队合作

回想一次个人参加团队活动的经历（不包括体育活动）。回答下列问题，审视个人在团队中的表现。

1. 项目类型是什么？

2. 个人角色是什么？

3. 作为团队成员，你喜欢哪些方面？不喜欢哪些方面？
4. 出现的问题是什么？
5. 团队能否成功完成任务？(不）成功的原因是什么？
6. 你喜欢独自工作还是集体合作？为什么？

压力管理

> 压力：名词，身体、精神或者情绪上的紧张感（比如，“因为担忧个人工作和妻子健康，他倍感压力”）；阻碍身体正常功能运转的生理因素，比如受伤，或者精神状态，比如焦虑。

要成为成功的专业人士，你还需要学习应对与他人共事（特别是团队合作)、任务到期以及突发情况导致的压力。

人生处处是压力——这些压力可能来自工作、学业、家庭或者社区。虽然你无法控制人、事的发生，但是你可以掌控自己的反应。这就是压力管理。表 4—5 列举了一些有助于压力处理的实用方法。

表 4—5　压力管理方法

压力管理方法	行动步骤
调整状态	调整身体状态，改变精神面貌。如果习惯坐着，不妨尝试站起来走一走。如果习惯站立，请坐下来放松自己
放松大脑	离开工作、学习或者家庭环境一会儿，散一小会儿步，即便是在公司大楼里走走也行，舒展身体加快血液流动。深呼吸几次，让自己平静下来
建立平衡	关注身体状况，知道什么时候需要休息。是否感觉肩颈疼痛紧绷？呼吸浅而急促？精神烦躁不安？是时候放松休息啦！学会用片刻放松来平衡紧张的工作
适时充电	充电远不止稍事休息那么简单，还可以抽出时间吃饭、休息、深呼吸、锻炼、与他人交往互动，甚至是独自待一会儿。劳逸结合才能让人放松

> **你知道吗？**
>
> 因为身体适应压力的方式有很多种，所以压力会对身体产生一定的毒素。压力可能促进某些疾病的发生，包括心脏病和癌症。佛罗里达大学的研究表明，精神压力能够减少心脏的血液流动。《美国心脏病协会期刊》（*The Journal of the American Heart Association*）将压力、有害胆固醇以及吸烟作为引发冠心病的危险诱因。此外，压力激素，比如肾上腺素和皮质醇，能够抑制免疫系统，导致高血压发生。①

测一测：压力管理

1. 你是否认识能够很好应对压力的人？
- 此人如何处理压力环境？
- 你曾经采取过同样的方法应对压力吗？
2. 想象一个让你倍感压力的场景。
- 你如何应对压力？
- 是否还有不同的应对方法？

思考自己的压力反应能够帮助你认清压力环境，更好地处理压力。

这些方法只能帮助你暂时减少压力。要在长时间内应对压力，保持合理饮食，参加体育锻炼，合理规划安排，排除干扰，专注于工作非常重要。

通过练习，你能够更好地处理繁忙生活中经常发生的意外事件。

终身学习

不论你感觉对本章所涉及的基本技能的知识掌握得有多好，你仍然需要不断学习。现实世界里那些成功人士通常都愿意坚持学习，欢迎新事物、新方法。

---

① Lam，Kevin. "Sickness Can Be Price of Unbridled Stress." *MindBodyHealth*，October 18，2010. Accessed on October 30，2010，from www. mindbodyhealth. com/stressillness

公司在经济萧条期一般会裁去 25%甚至 50%的员工。每天都上演着停工、失业、解聘的戏码。因而，找份工作，保住饭碗对当代人而言是一个巨大的挑战。

是什么决定了员工的去留？失业期将会持续多久？同等薪资的工作，为什么有人先得到，有人后得到？

因为公司试图保持优势或者在全球化科技竞争中保留一席之地，所以越来越多的雇员都会面临这些问题。问问第一洲际银行被富国银行收购时，员工们的感想吧；让 GTE 公司雇员谈谈近几年公司不断重组的经历；或者请因汽车装配厂关闭而失业的通用公司工人讲讲无法找到高薪工作的原因。

总有一天你会发现优异的职场表现意味着一笔增加的年薪以及一份长期稳定的工作。“我干活，你给钱”曾经是不成文的劳动合同。如果我一直干，我就一直拥有这份工作（也许还能挣更多的钱）。可是，时代改变了，干好工作远远不够。现在，终身学习成为保住饭碗或者获取高薪职位的核心因素。

终身学习意味着与时俱进，紧随科技和竞争变化带来的新的工作要求，并参与到（不是打败）由此产生的变革中去。终身学习还意味着在工作或学习中培养相关的新技能。终身学习是享受学习的过程，也是认清学习谬见的过程。

谬见 1：毕业文凭等于学习结束

完成学业后，姗娜（Shanna）将学习抛诸脑后，只专注于一件重要的事情——工作。这可大错特错！

我们通常认为自己的早期人生（接受正规教育时期）主要任务就是学习和受教育。从分工的视角看待学习让我们产生一种错觉，即当我们完成学业时，学习也随之结束。生活在当今的人们即便不改变职业，一生也至少可以先后从事 5 至 7 份工作。无须学习新技能就可以成功胜任这些工作或者职业变化，这现实吗？答案是否定的。

谬见 2：学习不是必需

经过数年的求学生涯以及 5 年的辛苦努力，泰勒（Taylor）得到晋升，他一直在为之奋斗。现在梦想成真了，终于可以放松了。

这个职业生涯规划听上去很耳熟吧？不幸的是，这并不是当今的职场现实。迅速变化的人才需求、激烈的全球竞争以及快速的技术革新让终身学习成为一种需要。工作技能淘汰速度加快。为了不至于要靠降低薪资标准和能力要求来保住饭碗，终身学习对于拥有好工作至关重要。

谬见 3：以后学习

你是否想过为什么有的人一连失业好几个月都找不到新工作，而其他人却坐等工作送上门来？两者最大的差异在于通过坚持学习获得相关技能，个人发展程度的不同。

人类是习惯的生物。一旦开始拖沓并告诉自己以后还可以学习时，你就很难获取机会；一旦停止学习，就再难继续。另外，一旦你懂得了学习的价值并积极投入学习，学习就变成了一种习惯，成为你生活的重要部分。

好比你能找出很多理由不去牙医那里检查牙齿一样，你也能找出很多理由拒绝学习。学习需要时间、精力以及坚持。别让时间浪费在你的身上——将时间花在学习上是值得的。学习不仅创造就业机会和更多的就业选择，还提供开启品质生活大门的钥匙。通过学习，你可以了解新观点，解开业务新流程的谜题，填补技术革新带来的技能空白，消除对改变的恐惧。让学习成为一种终身习惯吧！

技能掌握

现在你已经拥有了一套齐全且珍贵的技能工具。不管是分开还是配合使用，这些工具都能让工具箱里的其他工具发挥更大的作用。花点时间去发现并试验每种工具。本章后面的练习题能帮助你使用这些工具。你会发现，无论职场内外，自己每天都在使用这些工具。它们随时待命，确保你能轻松成功地完成任务。

职场工具箱

4.1　懂得学习

真实评估学习能力对你的成功至关重要。懂得怎样学习对学业和职场成功都尤为重要。除非你懂得怎样学习，否则你将在建立工作技能时遇到困难，使你无法适应不同的情况。只有有效地学习和掌握在各个课程和书本中学到的知识，这些知识才会有用武之地。

检查你当前的技能水平，在下面的练习中巩固各项学习技能。第四章重点关注适用于学校教育的学习技能；第十一章还设计了一个类似的练习，旨在告诉你这些技能如何在工作中发挥作用。

技能	很少	有时	经常	几乎总是
我有固定的地方学习				
当时间紧迫时，我依然有固定的时间用于学习				
我制订学习计划，并按照重要性大小进行排序				
学习教材之前，我会浏览目录				
我一般先快速浏览一遍阅读材料，然后再仔细阅读				
阅读时，我会在空白处划线，标记号或者做笔记				
我会就刚刚的阅读材料问自己问题				
我使用字典查阅不懂的词汇				
我按时上课				
我提前到达教室				
我上课专心				
我随身携带笔记本				
我上课时记笔记				
我知道如何找出老师阐述的重点				

续表

技能	很少	有时	经常	几乎总是
我把关键要点写进笔记				
我按照老师要求完成作业				
上完课当天我会复习笔记				
我会先学最难的科目				
完成写作作业时，我会先写初稿				
我能够校对改错				
我的注意力不错，能够专心于自己读到和学到的东西				
我懂得并会使用记忆辅助工具				
我每周复习笔记和作业，不会为了考试临时抱佛脚				
如有需要，我会向老师、院长或者导师寻求帮助				
完成学习后我会奖励自己				
提前到达考试地点				
考试时，我先回答知道的问题				
交卷前我会检查填写的所有答案				
比起担心学业，我花在学习上的时间更多				
我明白只有自己最终为学到知识的多少负责				

用下列数字给答案评分：4 分——几乎总是；3 分——经常；2 分——有时；1 分——很少。

总分：________

• 110～120 分：恭喜！你拥有优秀的学习技能。继续保持，让你的能力不断提升。

• 100～110 分：你拥有良好的学习技能。尝试新的学习方法让你的学习技能达到优秀。

• 90～100 分：你的学习技能水平一般。改变一些习惯吧，让你学得更好，在工作中更有自信。

• 90 分以下：你的学习技能存在缺陷，导致学习困难。在工作中运用学习技能，提升潜力。

4.2 你会倾听吗?

在选框中标上恰当的标记以评估你的倾听能力。你将注意到还有其他一些技能和倾听能力混合在一起，这些都是你将在第十一章里学到的基本交流技能。由此我们可以了解良好的倾听能力和有效的沟通技巧密不可分。

倾听技能	很少/有时	经常	几乎总是
我避免打扰他人			
我从头开始听			
别人说话时，我会放下手头正在做的事情			
我鼓励他人说话，讲出心中所想			
我会提问			
即便不怎么喜欢说话人，我也会认真听他说话			
如果不明白，我会请说话人解释清楚			
我尊重他人表达个人观点的权利			
我认为分歧是一种分享不同观点的机会			
我认为分歧是一种更好了解他人的机会			
我喜欢倾听			
我注意眼神交流			
我注意倾听说话人的语气，观察说话人的手势以便理解说话人的真实意图			
我寻求与说话人之间的共同点而非不同点			
我意识到即便使用的是同样的词语，说话人和我表达的意思也不一定相同			
不论说话人的年龄、性别、种族或者文化背景，我都一视同仁			
如有必要，我会做笔记			
我不会以训斥、试探或者讲述更好的自身经历的方式去回应说话人			
如果我没有听清楚，我会礼貌地请求说话人重复一遍信息			
我知道倾听对于成功是一种重要的技能，所以我坚持不懈地提高倾听技能			

2分——几乎总是；1分——经常；0分——很少/有时。

总分：________

• 30～40分：你是一个很棒的倾听者，能够在任何环境里清楚地获取他人想要和你交流的讯息。

• 20～30分：你的倾听能力一般，你可能会遗漏某些重点。

• 0～20分：如果你能激活自身倾听技能，你的学业和工作将更加成功。

不管你的得分是高，是低，还是中等，请列出对你来说最困难的5项倾听技巧：

1. ________________________________

2. ________________________________

3. ________________________________

4. ________________________________

5. ________________________________

在未来的两周时间里专注于改善这些技巧。再次阅读本章的“倾听”部分内容以获取帮助。两周以后，简单举出两个自己从倾听技能提高中获益的例子。

1. ________________________________

____

____

2. ________________________________

____

____

4.3 阅读量

人们常常忽视文字和阅读的重要性以及印制材料带来的信息量。现在请审视一下自己真实的阅读情况。

1. 使用下面的图表记录你一整天用于阅读的时间。记录下你阅读的所有材料，不论是在线阅读还是在工作单位、学校、家里或者其他任何地方读到的纸质材料。

- 阅读时间＝时间段（早上、下午还是晚上）
- 阅读材料＝阅读材料的标题
- 阅读类型＝商标、招牌、菜单、书籍、杂志、广告、漫画、网上的文章、电子杂志、博客等
- 阅读理由＝上学、工作、个人娱乐、个人研究、个人教育等

阅读时间	阅读材料	阅读类型	阅读理由

2. 到了晚上检查你的阅读记录。

a. 你一般是上网阅读还是传统阅读？

b. 你通常阅读哪种类型的材料？

c. 阅读是出于个人原因还是因为上学或工作的需要？

d. 你希望多读什么材料？

e. 你大多数的阅读是在每天的固定时间还是任意时间进行？

f. 你在什么时候最注重阅读？

g. 什么时候你能挤出更多的阅读时间，白天还是晚上？

4.4 阅读内容

为了测定你的阅读专注度和理解力，请快速浏览下面的段落，然后再仔细重读一遍。读完以后，将此段遮住并回答相关问题。

人体工程学

大多数美国人将70%的清醒时间用于工作，因此工作环境需要尽可能地安全、健康、舒适以及高效。为什么在工作环境中我们感到不那么自在呢？这是因为，传统来说，工作环境期待员工符合其要求，而事实是，员工无法满足工作环境对自己的期待。

其中一个原因就是电脑。随着电脑技术的发展，越来越多的员工开始使用计算机，用户舒适度问题由此产生。自从电脑在20世纪80年代问世以来，一个完整的产品市场应运而生以支持用户对电脑的使用。使用电脑的人越多，产生的身体不适也会越多，人体工程学领域因此得以进步发展。人体工程学是一门研究工作环境满足员工生理和心理需求的科学。影响员工的一切因素都必须考虑在内——办公场所的布置、装饰、家具、灯光、空间、空气质量、冷暖气、声效以及设备摆放。①

1. 大多数美国人将多少比例的清醒时间用于工作？ ______________

2. 办公环境应该：(写出三个要求)

____

____

____

3. 在过去，工作环境对员工的期望是什么？

____

4. 当我们开始使用电脑时，与员工舒适度相关的问题就出现了。

① Paraphrased from Jennings, Lucy Mae, Sharon Burton, and Nelda Shelton. *Procedures for the Automated Office*. Upper Saddle River, NJ. Prentice Hall, 1994, p. 8.

正确________错误________

5. 人体工程学是：（选择一个答案）

a. 先进的计算机科学技术

b. 员工适应工作环境的过程

c. 研究工作环境满足员工需求的科学

6. 工作环境只需要满足员工的生理需要。

正确________错误________

7. 举出影响员工的4个办公因素。

____

____

____

____

回答完毕后，翻回到该段检查答案。你回答得怎么样？即便没有答对全部问题也别泄气。为了记住阅读的内容，你需要首先浏览材料，再仔细阅读，然后问自己几个相关问题。还有，你需要经常复习。请在每次学习教材时使用这个阅读流程吧。

4.5　你具备团队合作精神吗？

将同学们分为四组。假设每组组员都在一家雪糕公司工作，四家公司相互竞争。快到夏天了，每家公司都铆足了劲要在夏天增加销售。考虑到市场上所有的快餐食品以及儿童肥胖和营养问题，每家公司都在思考如何让家长为孩子们买更多的雪糕。

1. 在小组内想想需要为雪糕销售的成功开展做哪些准备。考虑诸如产品研发（外形、颜色和口味）、市场营销、财务预算以及销售网点分布等因素。用10分钟时间进行讨论。

2. 10分钟以后，操练前面讨论过的团队发展前3阶段。请每个组准确说出每个阶段的发生时间及发生事件。

形成期：______________________________

震荡期：______________________________

规范期：______________________________

3. 到了第4阶段，执行期，请每个小组在全班陈述各自的雪糕营销方案。陈述完毕后，全班同学投票决定最有意愿购买的雪糕品牌。

4. 决定雪糕品牌后，返回各自小组进行最后一阶段的操练，休整期。

• 你提出了观点，结果如何?

• 回想一下，你们组是否还有改进的余地让执行期更加成功?

5. 现在考虑一下自己参与团队合作的情况。

• 你注意到自己是如何与他人打交道的吗?

• 同他人一道想出一个有创意的点子有多难?

• 你能够独立想出办法吗?

• 你喜欢团队合作的哪些方面? 不喜欢哪些方面?

在你的人生和职业生涯里，团队合作对于任务完成至关重要。你总是要和其他人一起工作。到了最后，团队合作总能使事情干得更好。

4.6 如何管理生活压力?

人们经常忽视压力对自己的影响。本练习将帮助你学会确认那些关键的刺激因素，找出最好的应对方法。

1. 想一想那些给你造成很大压力的情况。列出造成生活压力的主要原因以及以往让你承受过巨大压力的事件。

____

____

____

____

2. 当你承受巨大压力时，你的身体如何反应? 身体哪些部分受到更大影响?

____

____

3. 你通常如何处理压力？处理方法有效吗？

4. 复习表 4—5 提及的减压方法。

- 你试过哪些方法？
- 哪些方法有效？
- 你希望尝试哪些方法？

请记住压力是你对环境状况的反应，而你可以选择如何反应。认识身体反应，努力练习压力管理的方法技能，让你的反应更加积极。

4.7 量化基本技能

用“是”或者“不是”回答下列问题：

1. 即使碰到很多陌生人，我也能很容易地记住他们的名字。
2. 我很少，如果有的话，在开会或者上课时走神。
3. 我经常阅读电子版或纸质版报纸。
4. 我在阅读时会记笔记，划线或者做标记。
5. 我在找工作时参加了一系列考试。
6. 我喜欢在工作中学习新的计算机技术，使用新的计算机软件。
7. 我习惯在开会或上课时做笔记。
8. 我会在写作时检查拼写，写完后先搁置在一旁，等到过一会儿重读时再做进一步修改。
9. 注意力不集中时我会休息一会儿，只要发现身体出现压力症状，我就开始练习减压。
10. 我能和其他人愉快地共事，喜欢团队合作。

所有答案都应该为“是”。你的答案是什么呢？

如果答案中回答“是”的个数为

- 7～10 个：你已经掌握了全部基本技能。继续坚持！

• 4～6 个：你已初步掌握基本技能。在此基础上使用你的职场工具吧。

• 0～3 个：努力掌握基本技能将让你受益匪浅。

4.8 技能指导

选择一种文字处理软件对下面这封求职信进行排版、编辑和美化。这封求职信是一位刚刚失业的程序设计员写的，她希望重新找到工作。

记得校对的原则以及写作 3C 法。特别注意空格、短句、段落和主动语态的句子。

2012 年 10 月 30 日

亲爱的 EarthWired 公司主管：

一次在与同事交谈的过程中，我被告知贵公司正在招聘网站测评员，我对这个职位很感兴趣。

我叫詹妮弗・莎伦（jennifer sharone），我十分心仪贵公司，因为贵公司重视客户，希望客户可以尽可能方便地使用网站。在过去的 6 年里，我一直效力于佐治亚州萨凡纳的 Athena 网站服务公司，同软件开发员、图形设计师以及市场营销员一道合作开发直观、界面友好、受人欢迎的网站。说到我的经历，贵公司会发现我有 15 年从事网站设计、营销写作以及培训的综合经验。我就是希望将自身经历运用到像贵公司这种富于创新的公司里。我能够帮助贵公司完成职位说明中提及的任何工作任务：

用户分析

网站评估及设计

网站内容开发

陈述与报告

我是一个多才多艺的人，掌握多种技能，希望与众不同。我乐于同来自不同部门、不同地域的同事一起工作，并擅长书面或者当面交流沟通。我还具备换位思维，能站在他人立场，了解他人需求。那就是为什么我认为自己对于任何团队都是一个重要的成员。

期待您的回复，

詹妮弗·莎伦

Jen. sharone@comcast. net

770-555-1212

霍莉街 102 号

萨凡纳，GA 31420

下面是修改后的求职信，改正了之前的拼写错误，留出了更多空白，使用了主动语态以及较短的句子。此外我们还把较长的第二段拆分为两个段落。

2012 年 10 月 30 日

亲爱的 EarthWired 公司主管：

一位同事转寄给我一份贵公司招聘网站测评员的职位说明，我对这个职位很感兴趣。

我叫詹妮弗·莎伦（Jennifer Sharone），我希望为重视客户并且致力于提升网站使用便捷度的公司工作。我在过去的 6 年里为佐治亚州萨凡纳的 Athena 网站服务公司工作，同软件开发员、图形设计师以及市场营销员一道合作开发直观、界面友好、受人欢迎的网站。

我拥有 15 年从事网站设计、营销写作以及培训的综合经验。我希望将自身经历运用到像贵公司这种富于创新的公司里。我能够帮助贵公司完成职位说明中提及的任何工作任务：

用户分析

网站评估及设计

网站内容开发

演讲及报告撰写

我多才多艺，拥有多种技能，希望与众不同。我乐于同来自不同部门、不同地域的同事一起工作，十分擅长书面沟通或当面交流。我还具备换位思维，能站在他人立场，了解他人需求。我认为自己对于任何团队都是一个重要的成员。

期待您的回复，

此致

詹妮弗·莎伦

Jen. sharone@comcast. net

770-555-1212

霍莉街 102 号

萨凡纳，GA 31420

4.9 学以致用

你已经看到了学习和工作对专注、倾听以及记笔记等技能的需求。现在运用这些技能解决雷蒙德（Raymond）遇到的问题吧。

雷蒙德从事电脑维修工作。他无法记住自己检修的其中一种电脑模型所有的精密零件。这是一个需要他学习的全新电脑模型，但是他并没有花时间去学习。结果，雷蒙德本周两次出错，导致一位重要客户办公室里的电脑关机。

他的上司田中（Tanaka）女士非常生气。她威胁雷蒙德说要是再犯一次这样的错误，自己就炒他鱿鱼。等到心情平复后，田中女士告诉雷蒙德明天早上工作之前到公司见她。

雷蒙德忐忑不安，认为自己无法使情况得到改观。现在他认为自己很可能被炒鱿鱼。

就雷蒙德明天如何与田中女士进行一次富有成果的会谈，保住工作书写一段文字。运用已知的全部基本学习技能，比如积极倾听、专注与记忆、做笔记、阅读、团队合作、压力管理等。

____

____

____

____

____

____

____

____

____

____

4.10 积极态度表——你的好伙伴

1. 这个基本技能不同于此前学过的积极态度清单。圈出能够反映你当前行为的选项，写下你需要提升的品质。

- 做好笔记
- 上课全勤
- 认真听讲
- 学习课堂笔记和材料

我要提升我的________________________________能力

2. 在便条或卡片上写下你希望提升的能力。和其他卡片一起放在每天能看到的地方。

3. 现在用另一张保证书强化这些技能。制作一张学习保证书确保你的职场准备有效率（使用减少浪费、富有成效的方法）、有效果（使用能够产生卓越成果的方法与技能）。

只要你有意愿履行这些指导方针，请在学习保证书上签名吧。

我保证上课全勤，专心听课，认真记笔记，课后 24 小时内复习笔记。

姓名：______________________________

日期：______________________________

4. 如何坚持践行保证书呢？请避免分心。如果你不专心学习或工作，你就会浪费时间。没有人能够浪费时间。当你分心时，你就无法专注于学习。现在你正在想什么事情呢？这些事情可能干扰你的注意力。昨晚的约会、今晚想接听的电话、希望完成的工作项目或者放学后办的事情都可能干扰你现在的学习或工作。

用一分钟时间写下你现在所想的每件事情。这些事情就是“干扰思想”。

这些事情让我分心：

- ______________________________
- ______________________________
- ______________________________
- ______________________________
- ______________________________

5. 现在，将所有这些导致注意力分散的事情留在纸上。将注意力转移至学习材料。闭上双眼。让自己回到现在的事情上，清醒头脑，集中精力。学习结束后，那些干扰思想还在纸上等着你，这时，你就可以随心所欲地考虑这些事情了。

一旦遇到“思考过去或将来阻碍现在”的情况时，不妨试试这个方法。快速写下和过去或将来有关的想法，在学习时将这些想法遗忘。学习结束后你再回头思考一下这些想法。

第二部分　寻找工作

第五章　探寻职场：适合是关键

学习目标：

- ☐ 本地职场
- ☐ 就业趋势
- ☐ 职业调查
- ☐ 就业四阶段
- ☐ 潜在职场
- ☐ 职业调查与时间管理
- ☐ 职业调查中择业灵活性与范围限定的重要性

找到喜欢的工作，你会发现每周多了五天。

——H. 杰克逊·布朗（H. Jackson Brown，Jr.）

职场谬见

“工作处处难求。”

职场现实

美国到处都充满经济挑战，对某些行业来说也一样。事实是，有些你从未听说过的工作——可能非常棒，需要你所掌握的技能和经验，而且十分适合你。你需要做的就是弄明白它们是哪些工作！

职场谬见

找工作的最好方法是确认报纸或网络职业公告上的分类广告。

职场现实

当某个职位出现在分类广告或全国就职公告网站上时，竞争会十分激烈。如果不想通过竞争就获得某个职位，你需要做的是探索潜在就业市场。事实上，80%的岗位招聘信息都没有出现在广告上。

托德（Todd）曾在几家医院担任X光技术人员数年，但是最近在太平洋西北地区某家医院工作的这段时期让他意识到了一件事情。他不想再做X光技术人员了，他想要更多机会与病人交流，并帮助他们治愈疾病，而不是简单地看看X光图。

他想成为一名注册护士，但不确定——毕竟，这需要更多的培训。可能还有其他职位适合自己，但他不知道是哪些职位，也不知道在他居住的城市是否有这些职位。托德认为在弄清楚自己真正想要做什么前就辞去现有工作是不明智的。

幸运的是附近有一个就职中心，他可以在那儿做一些考察。他决定利用午饭时间走访一下，在那里，他发现了一个很好的网站，可以调查不同的职业，寻找相关类型的工作，了解工作需要哪些技能和经验、哪些教育培训，职业需求是否在增加，以及哪种性格最适合的各类工作等。因为不确定自己的性格类型，他报名参加了迈尔斯—布里格斯（Myers-Briggs）性格剖析研讨班。因为刚刚得知大多数招聘职业都不会刊登在广告上，他做的第二件事是报名参加“潜在职场”研讨班。托德正在发掘最适合自己的工作，以及怎样着手获得这份工作。

托德的故事是很好的例子，告诉我们发现工作机会的重要性，以及什么样的工作可能适合自己的天赋、能力、价值与需求。本章将介绍一整套新的工具，帮助你寻找适合的工作。该章涉及对本地职场趋势和经济因素的调查，通过查阅刊物和网站信息帮助你确定可能从未留意的工作和职业。最重要的是发掘潜在职场和灵活择业的重要性，这将使你在求职者中拥有巨大的优势。

注：本章篇幅短小，着重职场调查，是职场择业的开胃菜，因此不会涉及求职过程的基本细节，比如人际交往、简历和面试。这些话题将在第六、七和八章中加以讨论。让我们从影响岗位信息有效获取的诸多因素开始吧。

本地职场

了解本地职场的快捷方式是浏览当地报纸的分类或商业版块。是否关于某类职业的广告很多，其他职业的却很少？是否提到公司搬去城镇开发新的设施？公司是否裁员？这类信息可以帮助你查明你感兴趣的职业和公司的情况。

你也可以试着使用美国求职信息搜索引擎，比如 Indeed 网（www. indeed. com）。键入你所在的城市名，搜索引擎就会梳理所有的职业公告和求职网站，如 Monster 和 Dice 网，为你指出哪些职位是空缺的。

商会和当地就职中心也可以为你提供关于本地职场的信息，比如能帮助你建立人际网的机构名称，所在区域有名的产品和服务，以及迁入和迁出该区域的公司名称。

记住，你没看到公开招聘的工作，并不代表其不存在，只是它们并没在广告上出现。在本章的“潜在就业”部分，你将了解到更多没有广告宣传的工作岗位。

当地职场疲软并不意味着你找不到工作。比如，设想你所在城市的一家大型电子公司解雇了25%的员工，然后你失业了。因为该区域没有其他大型电子公司，你可能自然地认为这是注定的。然而，可能有一家新成立的名不见经传的小型公司正寻觅一名电子工程师帮助开发一项新产品。你恰恰需要用开放的心态面对各种可能出现的情况。请相信一扇门关闭时，另一扇门一定会打开。

你知道吗？

一些地区的职场独具特色。以下列举一些：

- 旧金山和纽约是男女演员的集中地。
- 硅谷和加州是计算机技术人员的集中地（比如谷歌）。
- 西雅图和华盛顿是高科技产业的集中地（比如微软）。
- 怀俄明州需要石油工人。
- 奥兰多和佛罗里达州因当地的旅馆和热情好客的服务而闻名。

你知道你所在的城市什么领域的工作机会最多吗？

就业趋势

趋势：名词，总的倾向或方向；潮流，时尚。

了解当地职场固然重要，但是了解全国就业趋势同样重要。你可能很熟悉时尚、汽车和电视节目的潮流趋势，殊不知找工作同样存在某种趋势。

受经济情况总体方向的影响，不同地区的就业岗位或多或少。例如，劳工统计局（BLS）就劳动经济学和统计学领域的职业开展调查。结果显示到2014年以下十类职业需求较多，其原因是从事这类工作的人多出生在生育高峰期，他们将面临退休：①

- 记账、会计和审计
- 高等院校教师
- 教育或其他行政人员
- 小学教师
- 农民
- 大卡车司机
- 门卫和清洁工
- 注册护士
- 中学教师
- 秘书

趋势只是总体的倾向，记住这点很重要；它们可能或不能使你求职成功。然而，尽量避免追求那些太抢手的职业，太受欢迎的职业往往生命周期很短（如推特校对员），也不要选择没有发展前途的职业（如石油码头工）。最好的办法是从事的职业让你有机会获得各种技能，适用于不同的情况，也方便你以后换工作。

劳工统计局每年都会追踪就业趋势。

职前调研

一旦你掌握了当地职场和就业趋势的信息，就该行动了。这一节涉

① Dohm. Arlene. “Gauging the labor force effects of retiring baby-boomers.” *Monthly Labor Review*. July 2000: page 18. Online (PDF)

及你可以考察的各种资源，以便清楚了解各种潜在的工作机会。

专业机构网站和刊物

几乎每一个职业都有一个专业机构负责出版该行业刊物。大多数是纸质刊物，也有网络版。上网查询你的意向行业或职业，找到相关专业机构。快捷的方式是首先浏览以下网址。

维德尔协会目录（WEDDLE's Association Directory）。该目录按主要的职业焦点或行业列出了世界上数千家协会。此网站由维德尔公司维护，是一间集调查、出版、咨询和培训为一体的公司。

网址：www. weddles. com/associations/index. cfm

网上协会通道（Gateway to Associations Online）。该网站提供综合性的商业和职业机构网站目录。如你不清楚正查找的机构名全称，只需键入你知道的那部分，将出现一连串可能的机构。该网站由美国经理协会（American Society of Association Executives）管理。

网址：www. asaecenter. org/Community/Directories/associationsearch. cfm

在线协会（Associations on the Net）。该网站列出的机构设有互动交流途径，你可以考察你想加入的团队。你需要做的是选择你有兴趣的区域，然后会出现很多链接。该网站由互联网公共图书馆（Internet Public Library）管理。

网址：www. ipl. org/div/subject/

表 5—1 仅仅列举了一些维德尔网站上提供的专业机构，你可以找到更多的机构。大多数机构都有刊物，你可以阅读。一旦确定你有兴趣的专业机构，访问该机构网站，看看该机构是否有自己的杂志或刊物以供订阅。你通常需要付会员价。通过该机构刊物能关注相关职业和就业趋势，从这点上看是值得的。再看看该机构刊物上是否涉及你所在区域的版块，也许你可以作为嘉宾参加会议。

表 5—1　专业机构举样

协会	网址
美国信息科技协会	www. asis. org
国际购物中心协会	www. icsc. org
激光牙科研究所	www. laserdentistry. org
美国餐饮协会	www. restaurant. org
美国护理协会	www. nursingworld. org
美国科学作家协会	www. nasw. org
软件开发协会	www. center. org

成为专业机构的会员可以方便你联系工作。即使不参会，也可以找到会议记录、电子快讯和刊物，这些都能够帮助你进行职前调研。

求职网站

除了行业刊物和网站外，还有各类求职网站，上面有美国和世界的职业行情。一旦这些职业出现在网站上，竞争就相当激烈。然而，访问这些网站，你可以了解不同公司的招聘要求。即使某个工作岗位没有列出来，你也可以主动与公司联系，询问你感兴趣的其他工作。在第六章中我们会进一步加以讨论，并讨论人际交往关系。

由于全国各大型网站都张贴了许多职业公告，收到许多邮件，你可能需要等待数周或数月才能收到回复。此外，网站也不会提供联系人的真实姓名。有时访问你所在区域的，或针对某类工作的较小规模的求职网站，会更有效果，其原因就在于此。表 5—2 列举了一些网站名称。虽然小型网站无法张贴很多职业公告，它们却更有可能提供较有用的信息，比如与谁联系，而且答复也比大型网站更快。此外，一旦与这些网站取得联系，你就能说明你想要寻找的工作，联系人便会密切关注你的信息。这确实是真的——的确有人管理这些小型网站，他们会回复你的邮件和问题！例如，一个美国大学生与某所新西兰大学网站联系，本想咨询印刷工和网店销售员的工作，结果与一位实验室助理通过电邮展开详谈。

最终这位学生得知大学里有一个教学助理的职位，他提出申请并且成功获得了职位。

表 5—2　　工作公告网站举例

网站名称	工作描述
www. monster. com	普通类
www. dice. com	普通类
http：//careerbuilder. com	普通类
www. coloradojobs. com	科罗拉多地区工作
http：//jobs. 37signals. com	软件编程、设计、实用性工作
www. geosearch. com	地理咨询系统（GIS）工作
http：//freelanceswitch. com	自由撰稿人工作

各类机构

如果你不熟悉某地区或某领域，最好亲自与人交谈一下相关就业机会。以下是一些优质的信息来源。

就业中心。你所在州的每个郡一般都有就业中心。对求职者来说，就业中心是非常可贵的资源，可以提供各类求职帮助，比如着重职业发展和转型、人际交往和面试技巧提高的各类研习班，以及各种招聘公告。就业中心的职业顾问可以帮助你撰写简历、求职信，指导你掌握各种面试技巧。许多就业中心也提供有关津贴和职业培训的信息。最好的是，你所在地区的就业中心一般免费为你提供服务。

网站：不同地区网站不同。登录你所在地区的浏览器输入以下内容，找到最近的就业中心：“你所在郡的名称”就业中心。

小型企业发展中心（SBDC）。你所在州的每个城市一般都有该类中心，由美国小型企业管理局资助。小型企业发展中心为现在和未来的小型企业主提供帮助。该中心一般提供各类资讯以及价格不太昂贵的研讨班，探讨企业相关话题。在当地，小型企业发展中心是掌握小型企业相关知识的好去处。

网址：www. sba. gov

找到离你最近的小型企业发展中心，进入该网站的以下链接：

- 本地资源
- 小型企业发展中心
- 小型企业发展中心定位器

商会。每个城市或郡都有商会，一般是当地企业主聚集在一起，共同提高企业利润的机构。商会可以提供你所在地理区域的就业的相关统计信息，也负责社交活动和企业培训。虽然要交些钱才能成为会员，但非会员人群通常可以免费参加社交活动。

网站：不同城市网站不同。

在线调研工具

如果你喜欢网上调研，可以在许多大型网站上详细考察劳工市场。例如，你可以根据自己的性格特征和兴趣寻找适合的职业，这些职业需要什么样的教育背景和技能，以及职业前景。

以下所有的在线工具每年都会更新，并且包含美国各类职业的最新信息，信息含量丰富。

劳工市场：名词，根据需求提供劳动力。

欧网在线（O* Net Online）。这是一个综合性网站，可以分类浏览各行业，了解这些地区有哪些职业。你也可以寻找某个职业的具体要求，你将要完成的各项任务，职业所要求的技能、知识和教育背景，需要使用的工具和技术，甚至是圆满完成工作的工作风格！

网站：www. online. onetcenter. org

美国职业信息网（America's Career InfoNet）。你可以通过该网站检查各种报告，把握你所在州各行业和职业的供需情况。该网站还提供职业辅助，比如如何找到因转行所需的教育费用资助，如何撰写简历和探索择业问题。

网站：www. acinet. org

职业展望指南（Occupational Outlook Handbook）。劳工统计局职业指南提供许多行业的珍贵信息。你可以了解教育培训、收入情况、理想职业前景、工作条件、工作职责等相关信息。

网站：www. bls. gov/ooh

莱利指南（Riley Guide）。该网站提供自由职业和就业信息，包括怎样进行求职规划，怎样找准雇主，怎样撰写简历和求职信等内容。此外还有职前调研中心，可以查询各类职业的工资、职业发展以及教育培训等相关信息。

网站：www. rileyguide. com

技能指导

网络信息调查，阅读新闻文章以及光顾就业中心是了解不同职业和公司信息的好方法。但你也许想获取独家信息，了解其他求职者对各类公司的看法。如果你认识某人在自己心仪的公司工作，你可以经常给他打电话或和他面谈，这是了解该公司的工作环境、企业文化、收入和企业发展的最佳方法。如果不认识该公司的人，你同样可以从公司内部网站或者全国各大公司现任和前任员工那里获取信息。（这类网站一般不会提供本地小型公司的信息）这类网站经常变更，但其中有两个网站很受欢迎，它们是 www. vault. com 和 www. wetfeet. com。

测一测：浏览欧网在线

现在试着通过欧网在线进行职前调研。本章末还有更多实际操作的机会，本部分内容可以让你熟悉一下该网站。现今，绿色能源正成为一个飞速扩展的产业。通过以下练习你可以找到更多信息。

1. 进入欧网在线网站，www. online. onetcenter. org。

2. 在屏幕右面找到“绿色职业”版块。

3. 点击“了解更多”，进入绿色经济网页。

4. 从该网页上点击绿色版块的标签，出现一系列与绿色能源相关的版块。

• 点击查看各个版块的相关描述。

• 确定你最感兴趣的版块。

5. 回到绿色经济网页，点击“在线搜索”标签。

• 从该标签中选择你感兴趣的区域，查看相关职业清单。

• 点击某个职业，查看详细描述。

• 找出一两个你喜欢的职业。

6. 现在回到绿色经济网页，点击“绿色职业”标签。

• 了解哪些职业要求越来越高，需要掌握新的技能，哪些是新兴职业。

• 了解你选择的职业属于哪一类。

7. 纯属取乐，访问一下劳工统计局职业前景指南网站，调查风能行业的就业机会。

• 进入网站：www. bls. gov/green/wind _ energy

• 考察一下风能行业的就业信息，看看哪里有更大的机会。

希望以上练习能帮助你熟悉更好地使用欧网在线和职业前景指南。这些都是很好的网站，你可以通过它们了解更多的适合你的各类职业。

经验之谈——职场透视

从下岗工到自由撰稿人

玛里琳·罗伯特（Marilyn Roberts）

自由作家、用户体验专家

下岗绝不是一件开心的事，但有时会为你提供意想不到的机会，至少这是我的经验。

多年来我一直在各类高科技公司工作，担任专业技术写手和培训师，负责编写计算机手册，开发培训课程，并且成为一名小有名气的软件用户体验专家，帮助公司设计了许多直观好用的软件。毕竟花费大半生的时间努力教人们使用复杂软件，你自然会想出一些好主意使软件更便于使用。

每次为一家新的软件公司工作，我都会得到更多的技能，做出更好的成绩。在某种程度上可以这样下结论：当没有什么可以再学习时，就该跳槽了。我尽力做好每份工作，每间公司对于我的离开都深感可惜。别人总是乐意为我写推荐信，为此我感觉良好。

我认为自己工作优秀，在软件业有一定的影响。但是后来我们整个部门面临裁员。坦白说，裁员与自己主动向公司提出离职是不一样的。下岗后，我感到沮丧、愤怒和震惊。我无法思考，不想与人交谈，甚至没有精力更新我的简历。这种情况下我怎么能寻找新的就业机会呢？

感谢离职时前任老板放在我文件夹里的一张纸条，上面列出了我们当地就业中心的地址、电话号码和网址。该中心离我家只有四个街区，但我竟然从不知道它的存在！

我访问了中心网站，参加了一些研习班，这些研习班可以帮助我撰写简历、求职信，学习面试和人际关系技能，以及从新的途径寻找工作。作为一名作者和用户体验专家，写简历和面试很容易，但其他方面——人际交流和找工作呢？就不那么容易了。毕竟过去都是工作自动找上我，我从不需要自己找工作。下岗后 25 年来（换过 6 份工作）我第一次真正失去了信心。我需要学习怎样与人交往，怎样找工作。

我报名参加了新途径求职研习班。在研习班里我知道了欧网在线，这个网站开阔了我的视野，使我知道除了专业技术写作外的许多其他写作类型——网络写作、市场写作、教材写作以及期刊写作。我也认识到自己开始慢慢敞开心扉，谈论自己（也向别人请教问题），慢慢我开始与人交流。我还意识到我这样的性格更适合做自由职业者，在过去我从未想过。

奇怪的是，失业让我看到了其他许多机会，我过去从未思考过的机会！我突然发现自己可以成为一名自由撰稿人，我需要做的只是寻找客户。大概花了四个多月，我终于找到了第一个客户，一所函授学校。我开始编写教科书。后来有所大学需要创建网站，有间诊所需要撰写市场动向材料，有家软件公司需要编写员工手册。就这样，我努力前行！

下岗已经 8 年了，我拓宽了写作技能，建立了客户群。我喜欢这份工作，喜欢我的客户，我认为自己在该行业有一定影响。从某种程度上说，我要感谢下岗，感谢就职中心，感谢欧网在线！

岗位创造

到此为止，你已经掌握了可能找到工作的不同途径，但是你知道岗位最初是怎样创造出来的吗？弄清楚整个流程可以帮助你了解应该在何时何地去找工作，而不是等某个岗位出现在当地报纸上才知道。

以下是公司岗位创造的四个阶段，如图 5—1 所示：

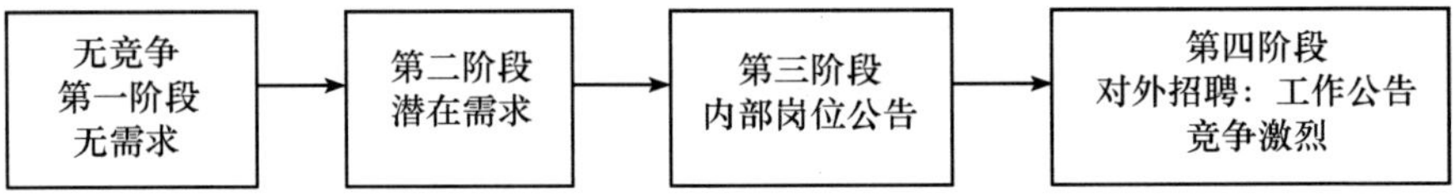

图 5—1 岗位创造的四个阶段

第一阶段：因为人员需求饱和，没有职位空缺。但仍是个好时机，可以与公司内部员工交谈，了解公司文化、产品服务以及招聘政策等详细信息。与公司经理们交谈可以让他们思考一些甚至连他们都没有意识到的职业需求。一旦公司决定满足需求，他们会想到你，因为你曾经与他们谈论过并投了简历。

第二阶段：没有正式的职位空缺，但是经理们知道不久会有某个岗位空缺。比如，也许有人将要搬到别的州或有人要请产假；也许一个新项目即将启动，团队需要掌握具体相关技能的员工；或者公司在某个领域出现问题，知道最终需要聘请某人帮助解决问题。这是交谈的好时机，你也许会知道有人离职，有新项目启动，或某部门需要扩展。你可以在别人行动之前投简历。

第三阶段：人力资源部内部宣布岗位空缺。公司内部员工知道有招聘人员，但还没有公开向外发布。公司希望自己的员工可以推荐合适的人选。这阶段如果你知道这样一个空缺职位，别犹豫，赶紧投简历吧。

第四阶段：官方宣布岗位空缺。在网上或报纸刊物上公布招聘信息。现在你要与所有能看到该招聘广告的人竞争。脱颖而出有点困难，因为竞争激烈。

求职过程中怎样减少竞争？通读第一阶段至第三阶段了解潜在职场。下面会讲到怎样发现潜在职场。

潜在职场

提到工作，最重要的事情之一就是要认识到一旦某职位在网上或报纸刊物上登了广告，如果不是数以千计，也是数百人会看到广告并准备应聘。竞争会很激烈，因为是在公开招聘市场上求职——正式公告岗位空缺，竞争必然存在。

然而，为了减少竞争你可以考察另一类职场：潜在职场。潜在职场的岗位没有在报纸或网上的分类广告中出现。事实上，公司甚至可能没有意识到需要招聘员工。

思考一下冰山原理。冰川大约有20%的部分是可见的，但80%的部分却藏在水下。公开招聘市场就是那看得见的山尖，潜在职场才是藏在水下的那部分。也就是说广告上发布的仅仅是一小部分岗位。

你知道吗，其实公司不喜欢招聘新员工，就像人们不喜欢找新工作一样。刊登招聘广告需要花费时间才能找到适合的人，许多老板都更愿意聘请自己的员工、商业伙伴、朋友和家人推荐的人选，因为这些是他们信任的人。也就是说，潜在职场依靠人们口口相传打广告——知道就业机会的人告诉别人，别人又告诉其他人，慢慢传开。

试举一例，劳伦（Lauren）正考虑离职因为自己的工作几乎看不到晋升机会，缺乏创新性。她想做平面造型设计师，并把这个想法告诉了她的朋友伊莉莎（Elisha）。劳伦现在的工作就是设计，虽不是一份正式的工作，但她认为自己有能力去做，只是没有经过正式培训。伊莉莎回家后把劳伦的事告诉丈夫达尼尔（Darnell）。第二天上班，达尼尔得知自己所在公司的市场流通部需要一名初级平面造型设计师设计网站和书面材料，经理还没有张贴招聘广告，正在寻觅符合资格的人选。

你可以想到事情的结果。达尼尔晚上回家就将此事告之伊莉莎。伊莉莎立刻打电话告诉劳伦，接下来就看劳伦的了！

当然你不一定像劳伦一样在潜在职场这么快有希望找到工作，但可以与你心仪公司的员工交谈，寻找以下机会：

- 正在规划阶段的岗位
- 员工调职、离职或退休导致的岗位空缺
- 扩大新计划或项目产生的岗位空缺
- 公司新计划或重组引起的岗位空缺

如果不确定怎样向人提及这些机会，可以寻求帮助。不是每个人都习惯与陌生人交流，但若想求职成功，必须能够轻松自在地与你不认识的人交往。这是为什么我们会在整个下一章介绍人际交往艺术的原因。

巨大的潜在职场隐藏在相对较小的广告招聘职场下。

你知道吗?

考虑从公开或潜在职场中寻找一份新工作时，不妨先思考一下现任工作你干了几年。招聘者如今并不看好一个工作干不满两年的员工，因为很少有人能在一年内做出成果。如果你在旧工作岗位上干不满两年，老板会认为在新工作中你不能有所不同。然而如果在同一个岗位上你工作的时间超过五年，老板又会认为你缺少抱负。

如果你打算跳槽，选择工作的第三年年末是个不错的主意。你可以考虑在目前就职的公司换岗，或者去其他公司寻找另外的职业。①

测一测：善用潜在职场

回想一下你曾经获得的非公开招聘的工作，可以是你青年或成年时做的全职或兼职工作。

1. 是什么工作？
2. 怎样发现的？
3. 怎样获得的？

这就是考察潜在职场的例子——或许你当时并没有意识到。

时间处理

在某个岗位形成过程的早期阶段与雇主沟通需要花费大量时间。据一些专家推测，在求职过程中，要想找到多一万美元薪资的工作就需要多花费一个月的求职时间。② 人们成功求职的时间可能较长也可能较短。

为了尽可能找到适合的职业，你需要全心全意完成这项任务。如果你只想投入几个小时用以求职，可以预料与那些每天投入 8 小时求职的人相比，你的求职过程会长些。为理想职业做好调研并不是一场比赛——时间越长越好。在安排求职时间时要现实点，每周挤出几个小时找工作。坚持做职前调研。当然，大家都很想每天花一小时看电视，给朋友打电话，或听听音乐，但这样会使你分心，做职前调研的时间就少

---

① Fraser，Jane E. “How long should you stay in your job?” *The Big Chair*：*Career Couch*. Aug. 29，2010. Accessed 8 Nov. 2010 from http：//thebigchair. com. au/news/career-couch/when-to-move-on

② Barrett-Pointdexter，Jacqui. “Failing in Your Job Search? Here Are 5 Things You Must Must Do.” *U. S. News*，August 20，2012. Accessed on August 29，2012，from http：//money. usnews. com/money/blogs/outside-voices-careers/2012/08/20/flailing-in-your-job-search-here-are-5-things-you-must-od

了。下一章我们将学习怎样有效地进行人际交往，使投入在职场调研上的时间真正有价值。

灵活变通

> 找到适合的工作压力很大，因此灵活变通很重要。

在公开或潜在职场求职是有压力的。为了减压，你需要实践早前在第四章学到的压力管理技能。此外，你还需学会灵活变通，但也要设置个人底线。

当无法获得你真正想要的东西时，需要灵活变通。比如通过网上职前调查你发现一个特别适合你的工作，但从公司员工处获悉，该职位需要经验比你更丰富，或学位更高的人。然而，某个初级职位你完全能够胜任，问题在于该职位的收入较低。

你该怎么做？放弃心仪的工作重新再找？或者仍然应聘该工作但谎称自己经验丰富？或者应聘那个初级职位？还好前两种选择没有打动你。反之，你可以先考虑初级职位。如果公司真正赏识你，再协商增加薪资；或者你们可以协商在某段时间内涨工资；又或者你的上司愿意经济资助你拿到资格证书，然后你稍后可以应聘高薪职位。你无法预知哪一种情况会发生。

如果可以灵活地看待工资、住宿、工作时间和职衔，你可能会较快地找到工作。本书稍后会讲到协商工资方面的事情。

当然，还有种情况就是你太过灵活和随意，结果却找到你并不真正想要的工作，或不适合自己的工作。这就是设置底线的原因。你要清楚自己的最低要求，可能包括：

- 维持生计的最低工资
- 愿意去的工作区域
- 可以忍受的工作环境（人际和实体环境）

• 最适合的工作风格（比如：高度结构化 VS 不拘形式）
• 不会过度紧张，可以接受的上下班距离
• 不伤害健康和家庭关系前提下可以允许的最长工时

务必弄清自己的底线。当出现潜在工作机遇时，最好弄清什么是自己想要的。

测一测：求职

1. 你是否曾经辞职、下岗、被开除或迫切想要找到工作？
2. 需要多久才能找到下一份工作？
3. 你最终得到的工作是你真正喜欢的吗，或是仅仅因为当时需要？
4. 是否对工作任务、工资或工作时长问题进行过协商？
5. 最终找到工作用了多长时间？

这些问题的答案表明在求职期间，如果迫切想要找到一份工作，我们会忘记自己的最低要求。

择业评估

职业处处有变数。希望本章介绍的内容能够为你提供择业评估的工具。提到求职，如果知道在哪里获取相关信息会对你大有裨益。通过前期职前调研，你将更有可能找到地理区域、综合技能、性格类型和未来规划都适合自己的工作。一旦确定适合的职业，是时候开始准备人际交往、简历、求职信以及面试等相关事宜了。如前所述，所有这些内容在下面的章节中都会提及。

职场工具箱

下面开始亲身实践——一次职业考察的机会。

5.1 查询网站和刊物

当你对某个职业有兴趣，通过专业机构和相关刊物获取更多信息不失为一个好主意。当然，如果你不知道相关机构或刊物，很难知道从何处入手。下面的实践能帮助你通过维德尔网站（WEDDLE’S）找到相关机构和刊物。

1. 进入 www. weddles. com/associations/index. cfm。

2. 浏览协会目录，找到你中意的职业类别，选定某个机构。

3. 滚动出现的机构名单，进行选择。

4. 进入该网站，浏览相关内容，然后回答下列问题：

• 如何能成为该机构的会员?

• 是否需要订阅该机构的刊物?

• 该机构最近的分部在哪里?

• 有什么活动可以参加?

5.2 进行网上调研

不管你是否待业在家，是否由衷喜爱现任工作，或想要跳槽，多多了解外面的世界是没有害处的。下面的活动是通过本章前面提及的三个求职网站，让你有机会考察可能原来从未考虑过的职业。你将有机会了解更多的岗位，也能发现哪些网站对你最有用。

欧网在线（O* Net)

1. 进入 www. online. onetcenter. org。

2. 在高级搜索中，选择“技能搜寻”，单击箭头。

• 在技能搜寻页面上，选择你已经掌握的技能放入旁边的选择目录框里，点击“进入”，就会出现所有需要这些技能的职业列表。

• 点击某一职业获取更多相关信息（参阅“概要”和“细节”标签)。

• 记下你获得的信息。

3. 回到主页。

4. 在“求职”标题栏中，选择某一职业类型，单击箭头。

• 在职业类型中，浏览某个具体职业领域（比如，“教育培训”)。

• 选择某个职业，查看“概要”和“详细内容”标签，学习更多关于工作任务、收入和职业趋势的知识。

• 了解你所在州的平均工资。

5. 记下你获得的信息。

美国职业信息网（America's Career Infonet）

1. 进入 www. acinet. org。

2. 点击“行业信息”。

• 找到发展最快，就业率最高的行业。

• 选择你中意的某一行业，学习“行业简介”。在“行业描述”部分，记录该行业中各种职业。

3. 回到主页，选择“职业”。

• 寻找某个你确定的职业，了解其职业描述。

4. 记下关键信息。

职业展望指南（Occupational Outlook Handbook）

1. 进入 www. bls. gov/ooh。

2. 点击页面左边列表中的某个职业类型，如果跳出菜单，点击你有兴趣的职业。

• 从产生的职业列表中，选择喜欢的职业。

• 阅读工作性质、必备培训和工作前景。

3. 记下任何感兴趣的信息。

以上述三个网站的实际操作经验为基础，你认为哪个网站更方便使用，并能提供你所需要的最有价值的信息？我们希望稍后你能返回该网站，帮助你进行职前调研。

5.3　设定限制以及时间安排

有时职业考察或求职中最困难的是弄明白你对意向职业的最低要求，以及抽出时间探讨该要求。

1. 让我们从设定限制开始。以你当前的需要或期望为基础，你对工作的最低要求是什么？有时除了写下你的期望，记下不能接受的事项也是有用的。

- 时薪或年薪
- 工作地点
- 上下班往返距离
- 旅游
- 实体环境
- 工作类型
- 人群类型
- 每天工作的时间

2. 根据5.2中所做的职业探索，什么是适合的工作？记住你的最低要求，再随意重新访问一个求职网站。

3. 一周几天，或一天几次进行职业探索和求职最为合适？即使每天只花十五分钟，也要记录结果。

天数	次数

既然选定了某个职业，设定了最低要求，你应该可以更好地利用时间进行深入考察。

5.4 学以致用

现在把所学到的职业考察的知识，运用到玛雅（Maya）的现实生活中。

玛雅在一家地理信息系统公司（GIS）担任接待员。她每天见到的大多数人就是开发软件的计算机程序员。这些软件帮助人们查看和打印地图。有时程序员会让玛雅帮忙测试软件的实用性。他们让玛雅测试新软件，并告诉他们是否好用。程序员们告诉玛雅她是一名很棒的软件测试员，因为她总能在测试中找出别人发现不了问题。玛雅享受其中，喜欢安静地坐着，聚精会神地操作电脑。她不喜欢被电话、来往的人、电邮和传真打扰，但这却是她作为一名接待员每天必须做的工作。

但是，玛雅知道她没有学位，也不确定自己是否具备软件测试员的技能。此外，她不知道地理信息系统领域是否提供相关职业机会，也不知道怎样能够进入该领域。

假如你是玛雅的朋友，她告诉了你自己渴望成为一名软件测试员的梦想。根据本章学到的知识，你会给玛雅什么建议？请用一个段落描述你打算给玛雅的建议。

5.5 走出电脑世界

你参与的大多数活动都涉及通过网站进行职业考察，现在请从电脑世界走出去。最大的区别在于你将离开电脑，真正与人们交流！

1. 上网查询附近的就业中心。进入就业中心网站，搜索各类研习班和服务机构。有没有感兴趣的？如果有，报名参加。

2. 其次，考察网站确定求职工具和建议。

- 该求职网站需要注册吗？
- 有没有可以咨询的顾问？

3. 给就业中心打电话预约参观时间，亲自与那里的工作人员进行面谈，寻找可能的就业机会。参观完毕后写下你如何使用就业中心的各种资源的计划。

第六章　洞悉人际交往：创造机遇

学习目标：

- □ 人际交往
- □ 人际关系网构建
- □ 指导者
- □ 电梯演说
- □ 信息化访谈
- □ 工作观摩
- □ 街头智慧
- □ 评估就业机会

人多好办事。

——约翰·海伍德（John Heywood）

职场谬见

求职最好的办法是把简历放到怪兽网（Monster. com）上。

职场现实

这是一种普遍但不正确的观点。求职最好的途径是通过你认识的人：家人、朋友、老师等。生活就是互帮互助，建立和维持人际关系。与他人建立联系，帮助他人，构建人际关系网。

生活中蒂娜（Tina）和女儿艾希莉（Ashley）第一次发现两人境遇如此相似。蒂娜最近下岗了，之前在一家大型电子制造公司担任技术文职。女儿艾希莉刚从大学毕业，学习生态旅游。母女两人在经济不景气时期到处求职。镇上只有一家电子制造公司，蒂娜不愿去其他地方，因此打算在其他行业找工作。艾希莉不介意在哪儿生活，只希望在某处立足，干她自己喜欢的工作——担任向导，带领游客旅游，与他们分享她对自然的热爱。

母女二人在当地就职中心参加研习班，决定要找到工作得先调查潜在职场，因为公开招聘的职位不多。唯一可行的方式就是进行人际交往。她们努力与人建立联系，先从朋友和家人开始。采用就业中心建议的方法，慢慢搭建人际网，比如采用电梯游说，以及按照每个步骤玩职探游戏。几周内她们开始享受职业探索的过程，成功与朋友的朋友的朋友建立联系，并从他们那里获取了有效的就业指导帮助。

蒂娜与镇上的一些作家交流，一个在销售公司，一个在杂志社，另一个在一所专科学校工作。蒂娜意识到与编写电子手册相比，她甚至可能更享受编写课程练习册。艾希莉和环境科学与可持续商务部的几位教授进行了交谈，其中一位教授与他的研究生一直保持联系，该生现在在波多黎各工作。艾希莉与这位研究生电邮联系，了解到那儿有几家生态旅游机构。她知道自己去波多黎各工作的梦想将会实现。

现在母女二人正在准备投递简历和求职信，与相关公司取得联系。

蒂娜和艾希莉的求职经历值得学习。她们通过有效利用人际关系网考察潜在职场，获得许多就业机会。即使在经济低迷期，她们同样能够得到有效的求职指导，你也可以。

现在我们知道你已经深刻了解了自己的性格，提高了基础技能，这使你能够积极思考，良好沟通。我们也希望你能清楚自己的技能和才能，获得自信。最好现在你能花些时间考察一下可能适合你的职业。机会来了，把你的能力运用到真实生活中加以检测，通过神奇的人际关系网，在潜在职场中找到适合的工作。

本章涉及怎样通过良好的人际交往，掌握更多潜在职场中既选行业和工作的知识，怎样从各种渠道寻求帮助，包括朋友、家人、学校、机构和社交群。信息化访谈的具体细节、工作实习，以及如何在人际交往中使用街头智慧评估所学知识等内容都会在本章中逐一提及。

人际交往：人与人的联系

人际交往：动词，与别人建立联系，交换信息以促进职业发展。

人际交往是一种与人交流，实现互助互惠的非正式方式。

你已经做过职前调研，知道最适合自己的技能、天赋和兴趣的职业。现在呢？怎样求职？如前章所讲，搜索招聘广告或者到怪兽网寻找求职公告可能并不是最好的办法。相反，应该考察潜在职场。但怎样操作？进行人际交往！

在很多人看来，人际交往很困难，既费时又费神，其原因在于他们错误地理解了人际交往的含义，以为是考验业务能力，广发名片，以及与陌生人寒暄。其实人际交往只是与认识或不认识的人接触，相互了解，建立联系，互换信息。事实上你可能每天都与人沟通，只是自己没意识到。和朋友共进午餐，与亲人交谈，与杂货店或干洗店的某人随便闲聊，这些实际就是交往。当然不一定谈工作，但这也是人际交往。

人际交往让人愉快的是即便涉及求职，但也是生活的一部分。比如，你可能告诉美发师或银行人员你想找什么类型的工作。他们每天接触很多人，可能知道你该与谁交谈。又或者在孩子们的体育和学校活动中与某父母分享求职信息。你并不知道这些谈话有何结果。这就是人际交往——投入其中，别怕麻烦。

付出与得到

人际交往不仅是请求别人帮助，或者试图得到什么，当然也绝非求职时才去做的事。人际交往是任何时候的付出与得到帮助。人与人之间的互助使整个商界得以运作——人们因为工作结识，相互帮助，通过接触、介绍、建议和推荐找到工作。人们彼此建立联系，促进业务。人际交往无外乎人与人之间共事、协作和帮助彼此获得成功。

人际交往的基本指导方针很简单：像别人对你一样对待别人。不要只想着收获，还要思考付出。当然你要找工作，别人也得找工作。也许你可以做点事帮助别人找到工作，也许你可以从前任雇主那里得到内部消息，或者认识某个知道相关信息的人，也许你可以为别人检查简历，或利用一起喝咖啡的时间为其提供建议。我们把这叫作“先付出，再收获”。你投入时间和精力帮助别人而不求回报，他们将来也会助你一臂之力。

这并不是说你职业生涯中遇到的每个人都会帮助你（尽管多数人会），但是你可能会惊讶地发现，保持联系会使点头之交发展为互惠互利的关系。分享意见和相互帮助会使一般工作关系的朋友变为莫逆之交。

人际交往的价值

不要总想着为己之私的人际交往。想想生活中对你很重要的那些人，其中还有多人仍旧与你保持联系。如果像大多数人一样，你可能会与一部分人失去联系。失去朋友和友情，我们深感遗憾，但确实莫名其妙地就失去了。为了保持和重建联系，我们需要经常进行人际交往。

人际交往很简单，就像定期打电话、发邮件或一起喝咖啡一样。与他人交往，你可能会发现某家大饭店或附近的周末度假好去处。你可能得知某个令人兴奋的新的就业机会，或学到解决工作中恼人问题的方法。人际交往使你有机会给予或得到别人的建议。也许朋友正考虑跳槽去另外的公司，想要听取你的意见，或者另一朋友正在求职需要你的帮助，又或者你被要求策划你不太在行的项目，急需同事帮忙。你越敞开胸怀扩大人脉圈，你越有机会与他人互助互惠。

日复一日，年复一年，周而复始，与人交往分享意见，人生会充实而有意义。如此一来你将丰富人生经验，一生中会收获更多的机会——这些机会将帮助你发挥潜能，实现梦想。

人际关系构建

技能指导

结交的朋友越来越多，你会越来越难记住他们的姓名、地址和电话号码。可以用以下方式整理信息：卡片、通讯簿、电子通讯录、掌上电脑、计算机文件夹或手机。记住，最好保存联系人列表复印件，以防电子设备出故障！

既然明白了人际交往的重要性，下面谈谈构建人际交往的途径。最好从熟人开始——朋友、家人、老师、前任雇主、社区机构会员或休闲活动中结交的队友。

与人交往，自然先从熟悉和信任的朋友开始。不管是向其求助，或是帮助他，你都会感觉很自在。人际交往的理念就是投入其中不怕麻烦，与人交谈也不要期望每一次接触都会有助于找到工作。人际交往是一个有机过程——经人不停引荐。就如一位侦探追踪线索，你并不知道哪条线是死胡同，哪条路能助你解决问题——或在此情况下，能为你找到工作。

因此，从何处构建人际关系？请参看图 6—1，了解一些可能的人际交往资源。余下章节将介绍怎样确定可用的人际交往资源，但不会深入探讨人际交往中需要说些什么，本章后面将会对谈话内容进行深入分析。

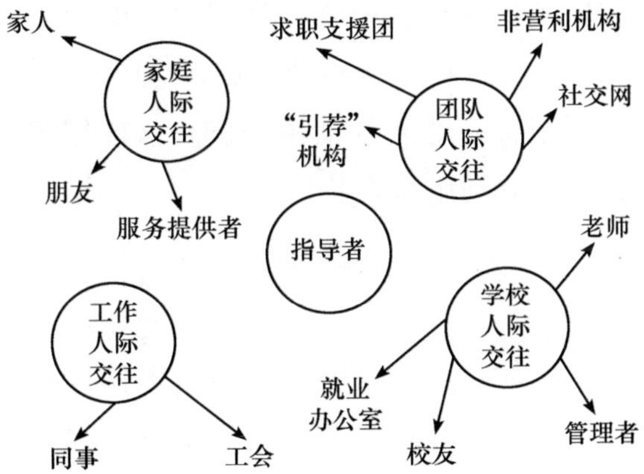

图 6—1　人际关系网络

人际小故事

每个夏天，朱利安（Julian）都在家乡的一家饭店当服务员。他很喜爱这份工作，因为可以接触不同的人，为他们服务。后来他出国进修饭店管理课程。他基本完成了课程，想知道怎样找工作。他打电话回去向最好的朋友咨询，朋友告之朱利安他认识饭店业的一些新老板。他建议朱利安与老板们谈谈怎样经营饭店。他说老板们都很友好，可能会提供一些建议或与朱利安联系。朱利安很高兴给朋友打了这通电话。

家庭人际交往

最好首先与你最熟悉的人交往——你的朋友和家人。与他们交往很放松，因此不难沟通。

家人

熟人圈里总有一些人他们的工作让你感兴趣。首先考虑家人。家人的职业里有你喜欢的吗？如果是这样，约定时间与他们谈谈他们的工作，这很重要。这样就能把焦点放在有效利用他们提供的信息上。

家人之间的交往是件好事。想想家族企业，或你认识的那些与他们的朋友或家人共事的人。人们喜欢聘请他们信任的人。作为朋友或家人，你们之间已经建立了信任、尊重和情感基础，这样你在竞争中就会占优势。如果可能的话，充分利用这些关系。

朋友

朋友间的交往呢？你有人脉广的朋友吗？即使他不了解你想找的某类工作，这个人也许认识某个内行人。你有朋友在你计划求职的领域工作吗？也许是时候与他们谈谈“行话”了，深入了解他们的工作，寻找进入他们公司的机会。

你知道吗?

如果你的社交圈只局限于家庭、工作和学校，在全新领域或不同行业求职和择业就相对困难些。这就是为什么经常需要阅读新闻杂志或报纸（纸质或网络版），保持与时俱进的重要性。这样做，可以帮助你了解重要趋势，更好把握求职和择业机会。不要置身世外！

即使朋友与你不在一个职业圈，也可以先向他们询问就业机会。有些公司专门生产某一产品或服务，但需要聘请不同背景或教育水平的员工。比如，某税务筹划公司需要报税员负责纳税申报单，同时也需要行政助理跟进工作和客户事宜。又比如，某家电脑维修公司既需要电脑维修工完成技术工作，也需要客服人员接听电话。做出选择前你需要考虑周全。

服务提供者

人们相互交往时，常常认为只需与从事同类职业的人交流。许多专职人员只努力做好自己的工作，很少有时间顾及其他事，也不清楚周围其他职业的情况；他们只了解自己的同事，仅此而已。但是从事服务业的人，比如银行柜员、美发师、护士和医生，他们每天一般都会与形形色色的人打交道。努力构建人际关系，首先就应与他们联系，其原因就在于此。其次找你的保险经纪人或银行经纪人谈谈，问问他们是否有顾客可以为你引荐。

团队人际交往

除了联系朋友、家人和服务提供者外，可以考虑在一些固定团队内进行人际交往，一般是各种机构的会员，大家拥有相同的目标、兴趣或背景，常常聚在一起。

求职支援团

无论跳槽换岗，还是解雇下岗，求职支援团会对你有所帮助。这类团体为人们提供安全的环境，可以畅谈经验，分享求职机会，构建人际关系。人们在同一团体内与自己境遇相似的人交流会更自在——比如同样待业的人。这类团体常常从社区中找来演讲者，为大家提供本地职场情况、求职技巧和资源等珍贵信息。与当地就业中心商量，寻找你附近的求职支援团。

非营利机构

志愿活动是人际交往的有效方法。你不仅可以有机会以新的方式用技巧和才能帮助别人，还可以有机会学习新技能，体验不同种类的工作。此外，还可以见到许多人。有时你认识的人又认识其他朋友，对你求职有所帮助；有时志愿活动使你开阔眼界，你将了解不同行业，改变你原先的职业追求；有时如果志愿者协会欣赏你的做事能力，最后可能会雇用你，这也不是不可能的事。

人际小故事

玛丽安娜（Marianna）在当地一家邻里互助机构做园艺和庭院清洁志愿工作。她每月来这里一次，很享受这个工作过程。每月的志愿工作使她更了解这个机构，也参观了许多低收入者租住的公寓大楼。她注意到一家叫作“强力清洁”的保洁服务公司，一般在租客外出时打扫公寓卫生。玛丽安娜与一些清洁人员交谈，知道该公司聘请了一些临时工，工作时间灵活，甚至还提供医疗保障。

玛丽安娜决定与公司老板沟通，了解更多公司情况，她还提到自己有很多保洁经验。几个月后，老板联系了她，因为邻里互助机构旗下又增加了另一栋公寓楼，“强力保洁”公司老板不得不扩充员工人数打扫新增的 12 个单元。玛丽安娜是否对此感兴趣呢？那是当然！

“引荐”机构

实际上有些机构专门为人们做引荐，帮助他们进行人际交往。这类机构以需要经常结识新客户的个体经营者为对象，主办社交活动以吸引新人，然后把他们分成小组，相互帮助，不进行竞争。（一些交际机构需要征收会员费，一些又不需要）。比如，其中一组可能由美发师、房地产经纪人、保险推销员和汽车修理工组成，其理念为小组内的每个成员为该小组其他成员引荐客户。比如，假设汽车修理工的客户来换胎时想卖房子，那么汽车修理工就把客户引荐给他所在交际小组的房地产经纪人。

联谊会

也许你不这样认为，但假日聚会、野外烧烤或生日聚会是人际交往的理想场所。人们轻松自在，更愿意听陌生人倾诉。当然，在这种社交场合，更重要的是简单进行自我介绍，另找时间详谈求职计划，毕竟人们聚会是想玩尽兴，不愿去听推销言辞。

人际小故事

特洛伊（Troy）带儿子凯西（Casey）去邻居家参加生日会。因为来得较早，特洛伊帮女主人琳妮（Lynne）将桌椅搬到后院。琳妮感谢他的帮忙，特洛伊告诉她不客气——毕竟自己以此谋生。特洛伊提到他和兄弟过去在国内规模数一数二的搬家公司工作了十年，最近刚成立了自己的搬家公司。他给琳妮名片请她告诉她的朋友。特洛伊不知道琳妮的父母一个月后将搬家，急需帮忙，琳妮准备将此事告诉特洛伊。

社交网

对于性格比较内向，交际圈比较小，或者与陌生人面对面交谈不自在的人，你可以通过访问与商务相关的社交网站扩大交际圈。

一般来说，只要做三件事就可以使用社交网：（1）建立账户，设立用户名、密码和个人资料；（2）找到该系统内与你有关的人（朋友和其他联系人）；（3）查看你的联系人名单和本系统内其他人的联系人名单。

邻客音（LinkedIn）是一个时下十分流行的商务社交网，拥有 7 000 万注册用户，跨越 200 多个国家和地区。[①] 该网站帮助专职人员联系过去

① Neal, David. "LinkedIn claims 70 million users worldwide." June 10, 2010. Accessed July 20, 2010, from www. v3. co. uk/v3/news/2264529/uk-businesses-link-linkedin

和现在的同事，寻找职业和商务机会，结识网内朋友，参加在线团体，负责解答与商务相关的问题。

许多企业浏览邻客音用户资料，寻找拥有相关技能和经验的人士。这就是为什么邻客音用户需要不时更新个人资料的原因。各企业在该网站上张贴工作公告，此外，许多邻客音用户参加他们职业圈内的特别兴趣小组。他们可以结识本行内部其他专业人士，扩大人际圈，解答相关职业难题。

邻客音用户资料一般包括表 6—1 列出的信息。即使没有打算加入邻客音，收集这些资料也是有价值的。图 6—2 展示了邻客音部分真实资料（用户名省略）。一旦完成资料建设，你就可以开始寻找联系人加入你的人际圈，然后请求他们为你写推荐信。许多公司在评估潜在应试者时都会参阅该信息。

表 6—1　　　　邻客音资料信息

版块	描述
经营综合报告	陈述主要个人信息、专长、喜好和经验来源。其理念是如果别人决定阅读你的资料，只需几秒钟，从综合报告中可以充分了解你的个人资料，引发兴趣从而继续读下去
主要技能或专长	列出你的专长、具备的技能，以及如何运用技能帮助他人和企业完成目标
经历	列出近期从事的三个工作或职位（员工、自由撰稿人或志愿者）。简单谈谈你运用的技能、你的成就，以及如何为个人或公司效力

名字、技术作者和用户体验顾问

概要

我的目标是化繁为简。

——我为高科技、低科技和不需要技术的公司工作，致力于制作易读文件、易操作网站和易用软件

——我简化晦涩难懂的哲学类材料，让外行也可以使用和理解

——不出错，无空缺，不炫耀——这就是我的创作和设计风格：朴素简单

专长

——网站和软件界面：受众定义、现场组织和布局、视觉模型、网站内容和用户体验评估

——教育资料：用户指南、手册、联机帮助、培训、教科书

——提案：投标合同、政府或公司提案和报价单回函

——技术和市场资料：数据一览表、个案研究、成功事例、白皮书、手册、通讯稿、简历和求职信

——幻灯片展示：销售、技术、教育类

经历

自由作者和用户体验专家（自主经营）

用户界面作者

2007 年 1 月至现在（3 年 11 个月）

开发教育和信息类材料、网站和软件，引人注目、直观、易用，确保消费者拥有真实的体验。

目前向客户提供一些服务：

——技术和市场材料写作与编辑

——教科书和培训材料编写

——网站策划和内容安排

——软件界面设计模型、可用性测试

——文章和通讯稿撰写

——提案和报告撰写

用户体验和技术通讯专家

擎天柱公司（OPTIMUS Corporation）

2005 年 5 月至 2006 年 11 月（1 年 8 个月）

提案写作：

——为新的商业和政府企业软件项目撰写获奖提案（价值超过一百二十万美元）

市场报告写作：

——撰写以消费者为核心的数据一览表、白皮书、个案研究和龙头产品广告

网站设计和体验：

——引领企业网站改造项目（评估、信息构架、导航、线框模型和内容编排），实现企业再造界面设计和体验：

——为企业和政府开发引人注目的线框模型应用程序，确保其可用性，加速开发周期（价值超过 80 万美元）

学习材料：

——为军事人员开发易读的用户指南，他们一般很少有时间学习使用软件

图 6—2 邻客音资料样本

你知道吗？

在邻客音里，你的资料是公开的，任何人都能阅读，即使访客不是邻客音成员；因此确保你的资料只是你想要公开的信息，经常更新资料以免大家看到过时的信息。如果加入某团队，你可能会收到大量的包含提问和解答的电邮。阅读这些邮件很费时，因此谨慎决定加入哪些团队。

测一测：社交网 101

不管你是否是某社交网团体的会员，现在请访问一下邻客音，了解更多知识；已经是该网站会员的也可以学到一些东西。

1. 访问邻客音网站：www. linkedin. com。

2. 进入网页下方点击“相关”链接。

3. 如果出现“关于我们”的页面，阅读左边列出的内容。

• 找到“公司简介”一栏，点击“公司历史”，了解更多邻客音的知识，然后点击“返回”回到“关于我们”的页面。

• 找到“资源中心”一栏，点击“常见问题和统计”，快速浏览邻客音资料，然后点击“返回”回到“关于我们”的页面。

• 找到“相关链接”一栏，点击“学习中心”。

4. “学习中心”页面出现时，目录会发生改变。这是该网站的精华部分，从中可以知道更多使用邻客音的方法。点击以下任何链接：

“网站特征”

• 资料

• 团队

“用户指南”

• 新手

• 学生

• 求职者

以上内容可以使你充分了解邻客音的力量。本章学习结束时，你将有机会成为邻客音的会员。

行业人际交往

如果你已经找到工作，现在开始人际交往也为时不晚。你可能在现在或以前的工作中已经认识了一些人，他们能进入你的人际圈。

公司同事之间的交往

如果你现在已经有工作但正在考虑跳槽，而你对公司内部某位同事的工作颇感兴趣，你可以找他们谈谈。这可以使你了解你中意的某领域内的机遇和挑战。你的同事可能还认识公司里其他你可以联系的人。

和过去的工作伙伴取得联系也很重要，他们曾经与你密切合作，熟悉你的工作能力，因此能根据你的能力和需求提出参考意见。他们能帮助你寻找就业机会，只要他们足够信任你的工作能力，很有可能会为你引荐你未来的老板。

人际小故事

克里斯塔（Krista）在一家大型电子制造公司担任行政助理。她一直渴望升职，但是不确定喜欢什么类型的职位，也不确定是否能胜任。她很清楚自己不喜欢生产线工作，却很享受与人相处，参与团队合作，而且擅长电话和书面沟通技巧。

克里斯塔留意到市场部经常开会，做现场发言，但不清楚他们做的其他事情。她决定与市场部担任行政助理的朋友聊聊。朋友告诉她几个市场部同事的名字，但克里斯塔担心他们不愿与她交流。朋友安慰道："别担心，市场部的同事都很健谈。有什么问题尽管问他们！"

工会

如果你正在为进入某行业而学习，或者已经身在其中（比如机械工、电工、建筑工），工会是很好的人际交往场所。工会是同一行业群体组成的正式机构，会员们在此讨论工作标准、工资待遇和福利。因为会员们直接参与其间，所以一般都掌握了丰富的行业和职场知识。他们监控工作环境，出现问题立即采取措施。

看看你所在的行业是否有工会，不是每个行业都有工会。如果有这样一个工会组织，看看你所在的区域是否有当地分会，然后打电话联系该会总部。大多数工会在华盛顿地区都设有全国办事点，如果知道该工会的确切名称，就可以打电话给华盛顿信息查询热线（202 - 555 - 1212），查询当地分会的电话号码。

一旦知道你所在地区工会的地址和号码，立刻主动出击——打电话预约参见组织部或会员部。约见相关工作人员，谈谈对该行业的兴趣和你现在的学习情况。你带给该行业的新理念和能量可以激发你的兴趣。看看是否能与工会成员谈论该行业的发展前景。这叫作信息化访谈，在本章稍后部分会详细讨论。

学校人际交往

学校不仅是上课的地方，也是人际交往的场所，能为你的职业道路提供许多实用的建议。学校里的人还可以在各个方面帮助你扩大人际圈。他们是哪些人呢？

老师

许多老师在自己的专业领域里工作，也许现在仍在工作着。他们经历丰富，可以传授给你许多宝贵的经验。他们会指导你了解某行业的具体工作或给予你进入某个领域的宝贵建议。老师们拥有自己的朋友圈和生意伙伴，能为你穿线搭桥。熟悉你的老师，你就可以走进他们业已建立的人脉圈。问问老师们是否有空，抽时间与他们联系一下。

人际小故事

斯科特（Scott）是当地社区大学机械程序专业大四的学生。老师说他很有天赋而且成绩优异。斯科特决定问问老师是否认识本地公司的机械工，他想去拜访。结果老师最好的朋友在当地风力涡轮机厂工作，这位朋友喜欢和学生交流自己的工作和他所在的公司。斯科特迫不及待地想给老师的那位朋友打电话。

管理者

大多数的学校管理者都来自基层。他们都是按职位等级层层晋升，在学校项目的开展方面展示卓越才识的人。由于他们对于学校发展方向的决策会直接影响学校的成败，管理者们必须掌握企业界的最新知识。他们等握的企业知识也能够帮助你。

与老师一样，管理者有广泛的人脉可以联系。如果你心中已经确定了某个工作，大胆请求他们是否能为你推荐可以联系的公司。你没什么损失，与学校办公室联系，预约某位管理者。

校友

一些学校设立校友会，可以为毕业生和往届学生提供继续支持、信息和职业引荐。毕业后一定要加入校友会，有些校友会免收会费，有些只收取一点年费。校友会一般会召开例会，发时事通讯给会员。他们常常建立网站或社交网，方便会员相互联系，并发布就业信息，或者回应招聘启事。一些校友会甚至举办研讨班和其他聚会，方便大家交换信息。

如果你的学校没有成立校友会，应该有一些成功的校友，他们一直与学校保持联系。有些校友想招聘本校毕业生，大多数会很高兴与你谈论工作期望。校友是学校和社会的桥梁，他们有来自双方面的经历。

人际小故事

埃文（Evan）是自然资源专业的大学毕业生。他希望毕业后找到一份公园管理员的工作，但是却在附近的国家公园访问中心做临时出纳。虽然毕业后他加入了大学校友会，但也只是读读校友会季刊。其中他最喜欢“身处何方”版块，该版块以专题短文为特色，谈论个人大学毕业至今的工作近况。

其中一篇讲述了一位公园管理员的故事，故事主人公比埃文早毕业四年，拥有同等学位。埃文仔细记下这位管理员的名字和联系信息，决定与他联系。也许埃文能够从中了解公园管理员的工作，并得到引荐。

职介顾问

老师受聘任教并在业余时间给予大家建议。职介顾问与之不同，他们受聘为你提供专业的求职指导。顾问的专职工作是了解各种就业机会并为你传递这些信息。大多数学校都聘请了一个或多个全职职介顾问，和他们面谈也是学业的一部分。

如果你是一个有工作的学生，你可能会想，有了工作就不需要求职咨询了。因为你有宝贵的经历，但既然选修了该课程，就是想做些改变或为职业晋升做准备。顾问可以根据你现在的情况，建议你如何实现梦想。

与职介顾问面谈，你们将会重点关注当前的就业机会。因为顾问十分了解你心仪行业的各种机会，经常能够在公司办公室或者学校就业办公室为你安排面试。在你在校学习的期间，他们会为你提供实习或兼职的机会。向职介顾问打听一下你意向职业领域的相关公司是否有实习或半工半读的项目。如果没有，可以考虑主动花时间到该公司或机构做义工，这样不仅可以使你获得真实的工作经验，还能扩展你的人际圈。有些顾问会带着你的简历安排初次面试，然后决定什么样的就业机会最适合你。

职介顾问经常与你们学校的毕业生联系，这些毕业生通常是现在能制定招聘决策的人。参加面试最好有一个受人尊敬且见多识广的推荐人——比如学校的系主任、职介顾问、指导教师或者教职工。前往他们所在的机构或学校，向他们寻求帮助吧。

指导者

为你提供求职建议的所有人中，指导者的才识和建议是最受用的。

和指导者交谈，你会感到很放松，他为你提建议，是你的朋友。他会培养你的独特兴趣，带你走向成功；他不辞辛苦为你的职业生涯铺路搭桥，长期关注你的进步，为你提供帮助和支持；最重要的是，当你需要帮助时他总是在你的身边，关心你的最大利益。

在你的生活中，可能有一位或几位指导者，他们可能是父母、兄弟姐妹、朋友或其他家庭成员，也可能是现任或前任雇主或职员。不管你是谁，你人生中总有一些人比你学识渊博、经验丰富。你应该尊重他们的学识，愿意向他们学习。

人们通常不喜欢听取他人的意见。与指导者交往需要一些勇气因为这要求你用开放的心态接受新的观点，这是一种交换。指导者告诉你至理名言和具有教育意义的故事。记住，你无须遵从指导者的所有建议，优秀的指导者也不希望你这样做。他最期望的是你能虚心倾听，认真考虑他的建议。

如果你没有指导者，不要强求。指导关系是意料之外自然而生的。凭直觉寻找你信任的指导者。你与指导者或潜在指导者最重要的关系就是你寻求意见，欣然接受。你们将增进友谊，成为多年的朋友。指导者同样向你学习，这样，你们可以共同成长。

指导者：名词，智慧忠实的导师、教师或教练。

经验之谈——职场透视

整合资源

德洛丽丝·尼禄（Dolores Nero）

精品店老板、烹饪学校学生

我的梦想一直是开家餐馆，我祖母、母亲和我都热爱烹饪。而且，大家都喜欢我的厨艺。虽然现在我是本地一家精品店的老板，但闲暇时我承办过许多酒席：教堂和当地学校的特殊活动、社区节日活动、超过100人参加的我最好朋友的婚礼。这些工作带给我很多实践经验。精品店老板的工作带给我的则是丰富的市场营销经历，我学会了如何与买家协商，为顾客提供服务和追踪订单。这些知识在将来也会对我有所帮助。

由于我打算以后继承祖传秘方，开家餐馆，所以我一直从网上、居住在这和西印度群岛的家人、朋友那儿收集加勒比菜肴的烹饪秘方。其他人也帮助我圆梦，精品店的一个女店员劝我报名去烹饪学校学习。她给我拿了一些不同烹饪学校的宣传小册子，经过考察，我选择了一所学费和时间都合适的学校。我申请了该校的财政资助，得到一笔教育拨款，但我还需要申请一小笔银行贷款。作为一名成功的企业老板，长期良好的声誉使我获得低息贷款。现在我一周上两个晚上的课，这样才能拿到饭店管理证书。

除了上学，我明白人际交往是成功建立企业和维持经营的关键。因此我总是与精品店内的顾客交谈，还和饭店与餐饮业的朋友经常联系。烹饪学校还帮我构建了重要的人际关系。比如，学校布置的任务之一就是让我去镇上一家特别的素食餐厅采访主厨。我向主厨询问了许多关于他工作的问题、怎样进入这一行以及未来的规划。采访后他主动邀请我参观他的厨房，因此我学到了许多配餐知识。通过这次经历，我决定以后开餐馆时，一定要参考他的经验。

在考虑开餐馆时，我从精品店学到的东西，还有我熟识的顾客们都会帮助我成功，这样想来我感觉更踏实。当然，一路上我也需要一些指导人的帮助。在寻找身边那些可以指引我的人时，我意识到人们有不同的优缺点，我欣赏他们的真实。比如我尊敬老师的品格和奉献精神，欣赏经营一家本地面包店的好朋友的工作效率。我崇拜市区商业协会的某位会员，他很有商业意识，我们相处很愉快，我信任她成为我的商业伙伴。还有其他一些人都是很好的指导者。

不幸的是，有时我感觉上学占据了我很多时间。当我不工作时，我需要学习；当我不学习时，我又得参加一些课程。有时我困惑这些牺牲是否值得。但是后来我明白我所做的是正确的。比如，一天我意外地收到了一封邮件，告之我已完成采购课程学习，取得了证书。这份证书提醒我自己已经在通往梦想的路上了。一步一步，我离目标越来越近了。我绝不放弃。

保持联系

既然你已经列出了联系人名单，就可以与他们联系了。你该说些什么呢？本节主要介绍如何沟通和“挖掘”信息的不同方式。

简短的初步个人联系

一些人际交往是从简短的个人接触开始的。假设你知道你牙医的客户是本镇大部分上班族。洁牙预约后，你告诉牙医自己刚失去机械工的工作，想在高科技公司寻找人脉，甚至自己还可以从事机械以外的其他职业。虽然牙医也许不了解机械或高科技行业，但她可能认识在该地区高科技公司工作的其他病人。她还可以把他们的名字和联系信息告诉你，或者把你的联系信息告诉他们。

有时你可以通过简短的“电梯演说”，帮助自己尽可能清楚快速地与人交流信息。之所以叫作“电梯演说”，是因为你需要在短暂的电梯楼层上下运行的时间内向陌生人进行自我介绍。自我介绍的关键点是：

- 姓名
- 工作类型或所学专业
- 兴趣和技能
- 需要的帮助

图 6—3 提供了电梯演说的模板，针对上班族或学生的使用。图 6—4 呈现了机械工给予牙医的电梯演说示例，以模板 A 为基础的自定义版本。

A
“你好，我的名字叫________。
我有____________年的在____________的工作经验。
我的兴趣是____________。”
或者
“我喜欢____________。
你知道任何____________？”
B
“你好，我的名字叫____________。
我将要从/我刚从____________毕业，获得____________学位。
我的研究方向是____________，兴趣为____________。
你知道任何____________？”

图 6—3　上班族（A）与学生（B）的电梯演说模板

“你好，我的名字叫拉马尔·道格拉斯（Lamar Douglas）。我是 A-Line 装配公司的一名机械熟练工，从事这一职业已经超过十年了。公司最近裁员，25%的员工下岗，我就是其中之一。我知道我是一名优秀的机械工，但我认为自己同样可以是一名优秀的制造工程师。我曾与许多设计工程师紧密合作，确保他们的设计便于制造，然后才投入实际加工。

我愿意把这方面的知识用于其他高科技公司。你有病人在高科技公司工作吗，是否需要机械工或制造工程师？我想与他们谈谈。”

图 6—4　电梯演说模板

> 你可能从未在电梯间大声演说过，但“电梯演说”是向人们进行自我介绍的好方法。

电邮和电话

一旦确定了有用的联系人，是时候与他联系了。最简单的方法是发送一封自我介绍的电邮并拨打跟进电话。别忘了在邮件下方写下你的联系方式！

让我们继续前面提到的机械工的案例。假设你决定与牙医推荐的人迈克尔（Michael）联系。你的电邮如图 6—5 所示。你会注意到邮件的大部分内容受到之前电梯演说的影响。

<table><tr><td>
你好，迈克尔：
海兰德博士的保健医生丽莎（Lisa），让我联系你咨询更多有关电子技术公司的信息。我想与相关人士交流进而了解本地高科技公司的情况。
我的名字叫拉马尔·道格拉斯（Lamar Douglas）。我是 A-Line 装配公司的一名机械熟练工，从事这一职业已经超过十年了。公司最近裁员，25%的员工下岗，我就是其中之一。我知道我是一名优秀的机械工，但我认为自己同样可以是一名优秀的制造工程师。我曾与许多设计工程师紧密合作，确保他们的设计便于制造，然后才投入实际加工。
可以为我引荐贵公司的工程师或机械工吗？我想与他们交流，了解他们在公司要做的事和工作任务。
我将在本周末给你打电话跟进此事。
谢谢帮助！
拉马尔·道格拉斯
[邮件]
[电话]
</td></tr></table>

图 6—5 自我介绍电邮样本

最好在邮件末尾注明“行动呼吁”，详细叙述你的计划或期望收件人做些什么。图 6—5 中拉马尔（Lamar）的行动呼吁是“我将在本周末给你打电话跟进此事”。跟进电话使你有机会与联系人交谈，再次进行电梯演说，看看联系人是否有兴趣与你交流，这也是获得信息化访谈的大好机会，接下来我们会讲到。图 6—6 是跟进电话的样本。

信息化访谈

如何在某一领域取得成功，为了得到最准确的信息，你通常需要与在职人员交流。他们最清楚该职业的现状，因为这是他们每天的工作。他们能分享他们遇到的困境，工作带来的益处，他们的待遇和工资。他们是行内人。如图 6—6 所示，拉马尔计划电邮联系的工程师和机械工就是行内人。

你好，迈克尔，我是拉马尔·道格拉斯。我的邮件你收到了吗？是关于引荐电子技术公司相关员工的事。

[迈克尔收到邮件。]

太好了！你可以为我引荐工程师或机械工吗？

[迈克尔想到某位工程师和机械工。]

是吗，太棒了。你需要事先联系他们，告诉我会联系他们吗？

[迈克尔回答没有必要。拉马尔可以直接与他们联系。]

好的，我直接找他们。发邮件，打电话，哪种好些？

[迈克尔建议发邮件好些。]

好的。我会发邮件给他们每个人。能告诉我他们的邮箱吗？

[迈克尔拼出邮箱地址。]

迈克尔，非常感谢你的帮忙。如果将来有什么需要我帮忙的尽管告诉我。非常感谢你能为我引荐。

图 6—6 跟进电话样本

这里，信息化访谈开始发挥作用了。信息化访谈是人际交往的核心，也是所有你的联系人会引导你去做的事。这是一种你可以收集某工作、公司或专业信息的面谈方式。通过与下面的人交谈，信息性面试可以帮助你考察潜在职场。这些人是：

- 从事你想要做的工作的人
- 在某一领域进行培训的人
- 在你意向领域里负责招聘的人

信息化访谈的理念是通过询问获取信息。你不会因为推销自己，得到工作而倍感压力，为你提供信息的人也不会感到有压力非要帮你找到工作。信息化访谈为人们提供机会进行人际联系，了解某公司某职位的具体信息。

信息化访谈的过程包括以下步骤：

1. 联络联系人，安排访谈。
2. 准备访谈。
3. 进行访谈。
4. 后续联系。

信息化访谈：名词，访谈是为了询问职业和行业信息，不是为了求职。

第一步：联络联系人，安排访谈

通常电邮和电话联系后就要开始准备谈谈了。邮件中通常会提到你是谁，你的目标是什么（和实现目标的时间）（见图 6—7）。打电话核实访谈的目的、地点和持续时间。

你好，德文（Devan）：

电子技术公司的迈克尔·布兰登（Michael Brandon）让我与你联系。

我的名字叫拉马尔·道格拉斯。我是 A-Line 装配公司的一名机械熟练工，从事该工作已经超过十年了。公司最近裁员，25%的员工下岗，我就是其中之一。我认为自己是一名优秀的机械工，但我同样认为自己可以成为一名优秀的制造工程师。我曾与许多设计工程师紧密合作，确保他们的设计便于制造，然后才投入实际加工。

作为职业探索的一部分，我想与你进行“信息化访谈”，了解更多电子技术公司的信息和你的工作。可能需要 30 到 45 分钟，还有一些问题需要你进行回答。根据你的喜好，我们可以通电话或面谈。

你有时间进行这样的访谈吗？很乐意以你的时间安排为准，请告诉我你方便的时间或日期。

我会给你打电话进一步联系，回答你提出的关于信息化访谈的任何疑问。

先行感谢你的帮助，

拉马尔·道格拉斯

[邮件]

[电话]

图 6—7 安排信息化访谈

如你所见，确定信息化访谈的邮件与图 6—5 邮件类似，主要的不同点在于这里你要求进行信息化访谈，设法约定大家都方便的时间。提供你的联系信息，然后打电话跟进相关事宜，这很重要，以便能够确定时间、日期和地点。

面谈是最好的，因为你们可以面对面交流。你可以选择去一般场所或对方的工作单位。如果去像咖啡馆这样的一般场所，如有可能，你应该承担费用。如果你们从未见过，最好要求他描述一下自己的模样，你也应该描述一下自己的模样。如果你在咖啡馆坐着等候对方，却不知道他也坐在旁边等你——你们双方谁也不认识。没有比这更尴尬的了。

如果你约在他工作的地方见面，你可以看看他的工作环境，这有助于你考察就业的可能性。如果对方不能与你面谈，你仍然可以进行电话访谈。

第二步：准备访谈

一旦安排访谈，你需要准备一些问题。问题应该涉及对你来说重要的事，能帮助你明确最适合的工作。问题应该围绕工作职责、个人观点、公司文化、教育背景和未来趋势展开。图6—8列举了供你参考的一些常见问题。你可能没有时间咨询所有的问题，可以从中选择（或添加你自己的问题）。

一般性问题

1. 你的职务是什么？
2. 你在该职位多长时间了？
3. 你怎样在该领域起步的？

工作环境和文化

4. 你是在家里、办公室，还是在户外工作？
5. 你怎样处理事务，电话、邮件或亲自出马？
6. 你每天工作几小时？每星期工作几天？
7. 怎样描述你工作的氛围？
8. 你的主管多久来检查一次工作？
9. 你被正式评估过吗？多久一次？
10. 你认为你所在的企业管理过度还是管理不力？如果这样，你喜欢什么样的管理模式？（如果受访人与你的个人喜好相似，你可以确定也许你对管理模式的感受和他的一样）
11. 工作日中哪种休息方式让你感觉放松？什么休闲方式你能够接受？
12. 现实和你接受的计划或结构存在怎样的偏差？新的观点是否受到欢迎并立刻被采纳，还是会被搁置一旁直至能与现有结构协调才予以采用？

职责

13. 你的主要工作职责是什么？
14. 你拥有什么技能使你能做好工作？
15. 你最喜欢做的工作是什么？
16. 你最不喜欢做的工作是什么？

17. 工作中最有趣和最具挑战的是什么？
18. 每天常做的事是什么？

工资和福利

19. 起薪的范畴是多少？
20. 不同职级的工资范畴是多少？
21. 我可以获得什么样的福利？
22. 是否有儿童保育福利？
23. 我需要加入某工会吗？

未来趋势

24. 该地区有职位空缺吗？我需要乘车上下班或搬家吗？
25. 该领域未来五年的发展规划是什么？
26. 有晋升的可能吗？

要求

27. 有技能和/或身体条件的要求吗？
28. 我需要开车吗？需要穿制服吗？需要其他配备吗？
29. 该领域初级职位的推荐需要什么背景？
30. 你的教育背景是什么？完成正式教育求职成功后，你还需要学什么？
31. 进入该行业工作，需要怎样的教育和培训经历？需要学位和证书吗？
32. 对于某类工作，需要什么样的课程学习或经历？

图 6—8 常见信息化访谈问题

第三步：进行访谈

进行访谈前，确定并核实访谈地点和时间，还有受访人的模样。如果是电话访谈，确保准时打电话。如果亲自参加访谈，早到几分钟为好。称呼受访人的名字，向他问候，谢谢他抽出时间与你见面。礼貌待人，也许某天他会成为你的老板或同事。

下一步是重温访谈目的：你要收集求职或职业规划的信息。其次，简单谈谈自己，让受访人了解你一直在做或研究的事情、你的兴趣、技能和规划，还可以分享相关工作经历。言简意赅，留下足够的时间提问，不要超时。

访谈最重要的是提问。让受访人了解你准备的问题，但是必须明白由于时间限制，不能问完所有的问题。你也可以让受访人知道你做了笔记，不会忘记重要的问题。如果不想因为做笔记分心，可以带一个录音机。(不要用手提电脑记录——屏幕和打字声都不礼貌，也会分散受访人的注意力。）面谈过程中注意时间。如果时间紧迫，需要删去一些问题。

信息化访谈中，积累关于职业挑战的事实、故事和看法。你知道得越多，将来身处其位时越有准备，能成功处理任何情况。

对消极信息持保留态度。这类信息是某人对某事的主观看法，未必是真实情况。倾听受访人的意见，处理、加工信息，然后进行调查。信息化访谈不需要评估，只需要积累信息，之后再做评估。

访谈结束后，一定要感谢受访人抽出时间为你提供信息，表示将来有机会一定会为他们排忧解难。你还应该咨询受访人是否想到其他能与你进行访谈的人。最后，向对方要一张名片（如果你有名片，也给他一张)。如果受访人需要你的简历，无论如何都要给他！

第四步：后续联系

访谈结束后，你需要寄感谢信，不用邮件或打印稿形式，而是手写(除非你字迹潦草)。这是基本的礼节。你也可以打电话感谢为你引荐的人。

然后你需要誊写你的笔记（人们一般喜欢打印)，以便阅读和学习。本章稍后将讲到怎样评估你所了解到的知识。

> 非正式的信息化访谈是人际交往和深入了解他人任职情况的好方法。

测一测：发动人际交往引擎

有时很难单刀直入地开始人际交流，下面有个小活动能帮助你发动人际交往引擎。

1. 想想你中意的某个工作或职业。工作中的哪些事让你困惑？记下你想咨询关于某个工作或职业的具体问题。

2. 现在，想想自己可以找哪些人询问某具体工作或职业的相关信息。

• 写下他们的名字。

• 如果不知道他们的名字，记下头衔（比如，风力涡轮机厂机械工）。

• 如果不知道找谁联系，写下你可以联系的人，他们最终也许能为你引荐你想找的人。比如，先联系朋友和家人，然后联系美发师或银行经纪人，然和后这些人的朋友联系，然后联系和他们有业务往来的人。

本章末提供更多的人际交往练习。

工作观摩

观摩：动词，跟着某人观看他的行为活动。

与别人谈论他们的工作是一回事，观察他们怎样工作是另一回事。如果你想获得比信息化访谈更多的亲身体会，你可以观摩别人工作。

工作观摩指跟随某人观察他的工作情况，这是直接体验他人具体怎样工作的好方法。想想看——你可以询问别人工作的事情和为什么喜欢这份工作，或者观看他们如何处理工作中的事情，然后得出结论这份工作是否适合自己。

小公司常常比大公司更愿意接受别人前来观摩。找到可以观摩的人类似于找到进行访谈的人。运用人际关系寻找意向行业中你想要观摩的人，然后联系此人，让他知道你，向他解释你想要花些时间安静地观摩他的工作，以便深入了解该领域职业的具体情况。你还要保证不会打扰他工作，或问东问西。相反，你更像一个侦探尾随嫌犯一样——尽量使自己隐身。让他们知道你只想在观摩结束后问几个问题，弄清楚你所看到的。你将发现许多人十分乐意展示他们所做的工作，允许你跟随其后。

观摩多久取决于你、计划观摩的人以及他的工作类型。观摩至少需要持续一两个小时，最多可能需要一天。观摩的理念是用足够的时间观察对方工作中最常见的任务，使你能够了解工作所需的技能、人际交流程度和工作环境。

完成观摩后，你可以问他们是否有时间让你提问。如果可以，问题最好和信息化访谈中的一样。观摩中得到的答案和观察到的东西可以让你了解自己是否愿意从事该行业的工作。

选择评估

我们都喜欢这样的工作：能从中得到快乐，充分展示我们的才能，并满足我们的需要。但是我们需要花费许多时间和精力寻找这样的理想工作。建立人际关系，进行信息化访谈，观摩工作，下一步就是评估以上方法是否起到引导作用，并决定你想要从事什么样的工作，如图 6—9 所示。

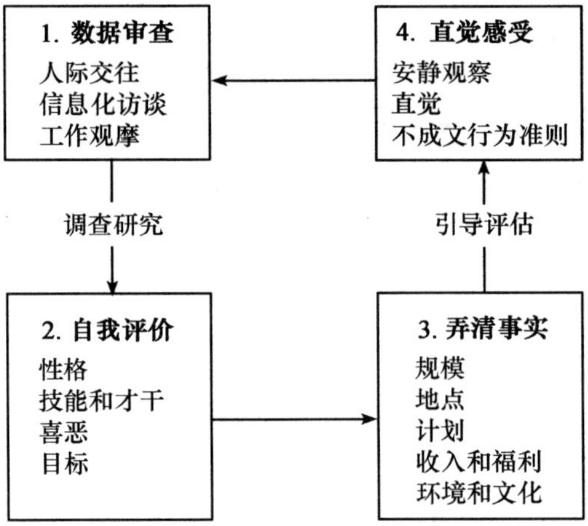

图 6—9　开创职业之路

你知道吗？

你可能花了很长时间找工作，最后为了不再花时间，勉强找到一份并不真正适合你的工作。这种情况下，你放弃了优先考虑的工作，为了安心，找了一份稳定且有收入的工作。有时这是有意义的——至少你找到了工作，可以密切关注未来其他可能。

评估过程从审查信息化访谈和工作观摩中收集的信息开始，并分析考察发现的结果，然后用直觉发掘你实际是如何看待所学知识的。

认清事实

花时间弄清工作中你期望或不期望的事情。如果现在想清楚了，就不会浪费时间追逐不适合自己生活方式的工作。本章末将为你提供机会，表明你的职业意愿。表 6—2 列出了常用标准，供你考虑不同职业时思考。通读各项找出哪些适合你。

表 6—2　求职标准

标准	描述
连锁公司 VS 独立公司	通常连锁公司员工管理有序，拥有健全的行为、职责和员工待遇规定，工资体系统一可靠。然而，连锁公司的员工认为个人得不到应有的重视，或者说管理体制不重视员工的特殊才能。独立公司给予员工更多的灵活度，规则较宽松，工作氛围较轻松，管理更人性化。你更喜欢哪种，连锁公司还是独立公司？
大型公司 VS 小型公司	大型公司可能有更雄厚的财政实力，招聘力度更大，就业机会更多，更便利的地理位置，工种更多，但是会裁员。小公司员工较少，工作环境更人性化，更轻松。工作自由度较大，职责更灵活，甚至工作时间安排也更灵活。当然福利套餐会少些。你更青睐于大公司还是小公司？
规律的时间安排 VS 灵活的时间安排	一些人喜欢严格、规律的时间安排，生活井然有序；另一些人喜欢更灵活的时间安排，这是由个人喜好和生活方式而定的。比如，你愿意外出工作吗？你需要偶尔在家工作以便照顾孩子吗？因为学校课程你需要灵活的工作方式吗？确实有工时灵活的工作，但可能没有工作保障和工资。一些雇主提供给全职固定员工的工资要比兼职员工的多。想想什么对你更重要
位置	你喜欢离家近的工作吗？你愿意搬家吗？喜欢乘车上下班还是步行或骑自行车？考虑公司位置时不妨思考这些问题
福利	某些工作提供福利（比如，健康保险和假期），有些不提供。决定哪些福利更重要，哪些是必不可少的，然后只在提供这些福利的公司里求职。如果福利不是必要的，你选择的职业会更多。本书后面会讲述就职时的福利协商

续表

标准	描述
收入	收入因地域、职业和经历而异，因此做好调查提出既现实又能接受的收入范围。比如，如果你才入行，马上想要挣大钱就不现实。你应该有能接受的最低收入的概念，既能满足基本经济需要，又能使你在该行业站稳脚。求职前最好基本了解你的价值所在，了解你的最低需求
技能	列举一些你能运用自如的技能和才干，确保它们是你意向职业所需要的
文化	企业文化包括指导员工行为的一套价值观念、行为标准和信仰。如果你打算一天工作八小时，你需要知道该企业文化是否适合你。你喜欢层级明晰的规章制度吗？你喜欢“随大流”的工作环境吗？你喜欢自上而下还是自下而上的管理理念？怎么看待着装要求？你需要一间办公室，还是一个小隔间就可以了？

记住，我们太过关注补偿和利益，职能要求和工作地点，忽略了你个人是否与公司文化吻合或融合。如果你不确定哪种工作文化让你轻松自在，问自己这样一个问题：在学校或工作中，如果没有人严格监督，你会偷懒吗，或者因此鞭策自己进步吗？一些人就算没有外在的鼓励也能严格要求推进项目；他们在松散的工作环境中也能努力工作。另一些人需要设定最后期限，受人检查监督才能进步。他们可能在严格的工作环境中有经理在旁监督才能干好工作。清楚自己的工作方式将有助于评估适合自己的工作文化。

既然你已经确定了什么是重要的，现在可以回顾人际交往、信息化访谈和工作观摩中所做的笔记了，试把你所掌握的信息与表 6—2 中的标准相比较，然后决定你适合的职位和职业。

运用街头智慧：实践直觉

评估过程远非只是事实评估，你必须运用街头智慧。街头智慧是一种实践直觉，告之你做什么，去哪里，与谁交谈和交谈的方式。“街头智慧”这个术语原指流浪街头的人拥有的应变能力，使他们可以保暖，藏身和觅食。本书使用该术语，旨在表达对周围一切的直觉，以及做好事情的最佳方式。街头智慧取决于：

- 冷静观察，而非直接询问
- 直觉，而非思考
- 不成文的行为准则，而非众所周知的行为指南

> 街头智慧：名词，对于工作进程和怎样做好事情的实用知识，一种面对困境时的创新能力。

评估信息化访谈中获取的信息时，街头智慧一定有用。比如，与三位联系人交谈后，你获得的结果可能相似。也许这些职位包含类似的工作任务、环境和收入。现在是你发挥观察力和直觉的时候了。

在某家公司信息化访谈时，你注意到和你谈话的人对待秘书态度很差，还留意到公司里大多数人着装正式。公司的员工似乎并不友好、匆匆忙忙、高傲自大，由此你可以推测出该公司看重哪些品质。你的直觉告诉你这家公司可能不适合你从容、友好和开朗的性格。

认真倾听自己的直观感受，直觉通常从腹腔神经丛中心产生——位于胸腔之下肺部之上。留心体会自己焦虑、担心和不安的情绪，它们可能告诉你不适合该环境。留意积极的情绪，如期望、安全感或兴奋，这是与环境融合的迹象。信息化访谈后若有小小的不安，不要让它影响你找工作。焦虑仅仅是人们面对新环境时正常的紧张情绪。但如果信息化访谈后你明显感到某份工作会让自己不高兴，相信自己的直觉，另谋他职。下一次机会也许更好。

越是细心观察周围的人，遵从自己的直觉，你就越能成功地评估职业信息。街头智慧能指引你远离不开心的或者不适合你性格和能力的环境。想想因为各种原因拒绝你的那些行业、职位或公司，仔细思考一下，再投入精力去应聘和面试，不要浪费时间去追逐不适合自己的工作。

测一测：运用街头智慧

设想你告诉朋友钱德拉（Chandra）你刚在她过去任职的公司做完信

息化访谈，她回答说："如果去那儿工作无异于自掘坟墓。同事会使你的生活成为噩梦。我在那儿工作了三个月，再不能忍受。经理总是检查工作进度和现状报告——这使我很紧张。抓住机会，我就辞职了。"

你真的很享受与受访人交谈，喜欢听他讲所从事的工作，因此钱德拉的话让你很惊讶。你认为自己很适合这个工作，你喜欢受访人有条理的做事风格，也喜欢公司条理有序的管理风格。你认为这样一个结构合理的公司很适合自己。

运用你的直觉，根据以下的不同情境解读钱德拉所说的话，决定自己下一步该做什么：

1. 钱德拉和你是好朋友，她真正关心你。但是她性格闲散，你却有条不紊，善于组织安排。

2. 你和钱德拉一家关系很好。她家人告诉你钱德拉曾与该公司的某人订婚，关系破裂后她很难过，于是辞职了。

3. 钱德拉和你认识不久，她总是妒忌你工作上取得的成绩。

了解钱德拉和你自己的性格特征，了解你们之间的关系以及她与该公司的关系，这会影响你如何解读她的话，影响你是否应聘该公司的决定。只有你的直觉能帮助你。

进度追踪

建立了人际交往，开展了信息化访谈后，你该开始追踪进度了。保存以下列出的项目信息：

- 人际圈里的人
- 联系或准备联系的人
- 开展信息化访谈并做笔记
- 排除的公司或工作（信息化访谈后）
- 你应征或递交简历的公司

在专用笔记本或卡片上记下相关信息，包括你需要知道的人名、地址和电话号码，最好记录下访谈日期。即使找不到联系人或无法马上进行信息化访谈，你也不知道接下来会发生什么；有时和你访谈过的人会在数月之后出现岗位空缺时想到你并与你联系。如果保存的是联系信息的电子文本，确保定期打印出来，以防电子版出状况。

移步职场

现在你可以结合以下技能有效地备战职场：人际交往和信息化访谈的人际关系技能、获取信息的技能、评估工作信息的街头智慧、收集建议的基本技能（听、写、说和读），以及做出明智决策的思维技能。

与众多联系人交流后，你可能了解了你想要的工作类型以及去哪里求职。下一步实际上就是开始递交求职申请，可以在信息化访谈中了解到的潜在职场里求职（可能这些岗位还不存在，但你能发现其潜在需求）；可以通过报刊杂志上的广告或网络招聘网站在公开职场里求职。

下一章将着重探讨工作的应征过程——具体怎样润色简历和怎样精心绘制求职信，以便能在众多求职者中脱颖而出。

职场工具箱

6.1　开启人际交往引擎

你认识的人可能比你以为的更多，但就算你的朋友圈很小，一旦开始与人交往，别人为你介绍认识更多的人，圈子马上就扩大了。记住，善于交际的人就像一位好侦探——不管别人带你去哪，都要紧随其后。

你最终是想与你意向领域的人联系，或者认识该领域内的人。通过整理联系人名单你可以找到他们。

1. 开始整理联系人名单，在以下表格每种类别中至少写下一个你可以联系的人。

2. 弄清你想从该人那里获得什么，比如，你可能期望这个人为你做以下事情：思考其他可以联系的人，提建议，提供你意向领域的信息，或者担任介绍人。

类别	姓名	我的需求
前任雇主		
前任同事		
现任雇主		
现任同事		
朋友		
亲戚		
宗教团体成员		
工会成员		
顾问		
老师		
牧师		
邻居		
同学		
律师		
社区成员（警察、小型企业主、服务提供者）		

3. 既然有了联系人名单，想想你能为联系人做些什么作为回报。记住，善有善报！写下你帮助别人的方式。比如，你可能有学校或工作关系，或你的调查可以提供一些有利于他们的信息。

____

____

____

____

6.2　你想说什么？

既然有了潜在人际交往的名单，现在可以设计电梯演说了。你想对他们说什么？对不同的人要说不同的话，但最好准备通用常规的演说内容。

• 填写以下演说内容，可参照前面图 6—3 样本。

____

____

____

• 然后从联系人名单中选出某个人，决定你需要他给予哪方面的帮助。不同的人可以从不同方面帮助你。此人能为你的求职做些什么？选择以下一项或多项信息。

——提供工作或职业信息

——继续联系其他能够为你提供职位或了解更多职业的人

——提供求职策略、简历和/或面试的建议

——给予精神支持，以及帮助规划人生

• 根据情况调整你的电梯演说，确定最终落脚在某个具体的要求上。

____

____

____

• 现在可以打电话了。如果此人不认识你，务必自我介绍，说出自己的名字，告之你是如何知道他的。然后开始电梯演说，最后提出一个具体要求。如果你的要求是详细了解某个职业或某个人具体的工作任务，这是开始信息化访谈的最佳时机。详见活动 6. 4。

6. 3　职业重心

开始信息化访谈前，最好弄清楚你优先考虑的事，确定工作中各事务的重要性，以便提出明智的问题。判断以下哪些条件和职责是你喜欢的。你的聪慧、经历和直觉会帮助你做出判断，使你找到最轻松自在的工作环境，在此环境下你能充分发挥自己的工作潜力。

回答以下问题确认自己的工作重心。这些可以帮助你找到最理想的工作条件和氛围。

1. 我更喜欢哪种规模的工作场所?

——小型（不超过 25 名员工）

——中型（接近 100 名员工）

——大型（公司某一分部的员工超过 100 名）

——总公司（许多分公司）

——跨国公司

2. 我最喜欢的工作环境是什么？

——室内工作

——户外工作

——经常出差/实地考察

——在家工作

——各种工作环境的综合

3. 哪种时间安排适合我的生活方式？

——朝九晚五/传统工作时间

——弹性工作时间

——兼职

——轮班

——晚班

——早班

——独立合同（自由安排时间）

4. 我更喜欢什么样的工作结构？

——固定职位

——临时职位

——自营管理/企业主

——季节工

5. 我最喜欢的课程是什么？

---

a. 所学课程中我掌握了哪些技能？

---

b. 最不喜欢的课程是什么？

c. 为什么不喜欢这些课程？

d. 我最喜欢的职责是什么？

e. 通过回答问题 a 至 d，在工作/职业中我最喜欢使用的技能是什么？

f. 我喜欢承担什么责任？

6. 我更愿意工作重心围绕在：

——一些我能完成的任务

——每天不断变化的职责

——与顾客和客户打交道

——很少与人打交道

——需要接受培训的新任务

7. 希望我的工作场所可以有（选择适合的）：

——方便的位置/离家不到 30 分钟

——离公交站较近的位置

——室内停车场

——附近的停车场

——装修漂亮的办公室，色调怡人

——独立工作平台

——独立办公室

——带窗户/采光好

——现代办公设备

——高科技设备

——安全的工作环境

——友好、容易相处的同事

——自助餐厅

——健身中心

——托儿设施

——管理有序的工作氛围

——随意闲适的氛围

——其他（另行说明）

8. 我期望的报酬方式：

——时薪（可能较高但福利较少）

——年薪

——周薪

——每两周发一次工资

——每两个月发一次工资

9. 我想要的福利有哪些（大型公司通常提供较好的福利）？

——教育/培训机会

——医疗/牙齿保险

——人寿/残疾保险

——带薪休假/假期

——产假/陪产假

——事假

——加班费

——退休计划

——储蓄计划

没有什么工作能为你提供你喜欢的所有条件，规划你的任务清单或安排，你需要确定优先考虑的事。重温你的选择，以 A、B 或 C 标记先后次序。

• A 为工作顺利进行最重要的条件。

• B 为不太重要的条件，但若有的话，能使你拥有特别的工作经历。

• C 为额外条件，如果能够获得，固然很好，但不是你在工作中获得满足的必备条件。

清楚了优先考虑的条件，让自我认识成为你的指南。信息化访谈后，你将更清楚需要问什么，以及怎样评估所了解到的知识。

6.4 信息化访谈时间

策划和进行真正的信息化访谈的时机到了。在你的人际圈中选出你想访谈的人。如果你有点害羞，选择你比较熟悉的人。即使他们从事的工作不是你的意向职业，也可以进行访谈，掌握更多信息。

1. 想好请求访谈的电话内容。不要忘了解释访谈的原因。如果你计划亲自面谈，务必描述你的外貌特征，如果从未见过即将访谈的人，询问对方的外貌特征。

____

____

____

____

____

2. 为访谈做好后勤工作。

• 计划访谈的人：

____

• 联系信息：

____

• 外貌特征（如果你之前没见过他们）：

____

• 日期和时间：

____

• 地点：

3. 在笔记本上写下访谈问题。随时参看图 6—8 相关问题。这些问题能帮助你深入了解受访人的工作类型，并写下前面活动中确定的优先考虑的事情。

4. 反复练习自我介绍和面对对方时要提的问题，解释进行信息化访谈的意图以及需要的时间。访谈当天记住早到几分钟。

5. 访谈当天不要忘了带笔和写有问题的笔记本，留下足够空间记笔记。

6. 记住信息化访谈结束后的 24 小时内寄出手写的感谢信。

6.5 评估你的选择

信息化访谈结束后寄出感谢信，现在开始仔细查看访谈笔记，确定下步要做的事。

1. 抄写信息化访谈中记下的笔记。

2. 比较所了解的职业信息与职业中自己优先考虑的事。

3. 你发现了什么问题？看到了什么益处？

4. 从受访人所做的工作中你学到的最重要的事是什么？

5. 下一个你准备访谈的人是谁？为什么？

6.6 学以致用

从本章中你已经接触到一些理念，能够助你求职成功。构建联系人和指导者的人际圈可以极大地助你求职。来自经历和直觉的街头智慧可以使你对现实境遇进行评估，在人际交往中有效地做出回应。前面章节中学到的技能，比如，倾听、交流和做决策的能力在工作和职业调查中迟早会用到。然而，不是每个人都拥有你掌握的知识。看看是否你能运用所学知识帮助罗西（Rosie）在求职中重整旗鼓。

罗西报名参加泰勒科技学校为期两年的电子课程。第一个月她按时上课，大部分作业和测试都得到了 A。但是罗西和丈夫暂时产生了矛盾，丈夫决定搬出去住。没有丈夫的收入帮助支付账单，罗西不得不去找工作。这导致她的上课出席率和分数都下降了，但她没有告诉家人自己的困境，朋友也不知道她的情况或糟糕的心情，而她也没有将此事告诉老师。在花费了三个月的时间来努力帮助她，为她提供指导和咨询后，罗西的指导老师不得不要求她离开泰勒学校。罗西很愤怒，朝校长大吼大叫。

离开学校后，她开始在电子领域找工作，但罗西发现自己不能胜任。她现在想回到泰勒科技学校，但因为之前的僵局不敢打电话。

1. 你能给罗西什么建议？怎样才能做到既好好生活，又能体面地回泰勒求学？思考这些答案时，想想罗西该怎样运用以下工具：

- 了解社会和机构（学校和公司）体制
- 有效交流思想
- 解决问题和做出决策
- 正直和诚实
- 责任和奉献
- 自我认识和自尊

____

____

雇主们愿意招聘这样的人，他们办事灵活，有责任感，拥有优异的出勤率和分数，掌握学校专业知识，善于与不同层级的同事沟通。虽然罗西最开始不能展示这些优点，她的指导老师和校长肯定愿意帮助她进步，所以一切都还不晚。

2. 以你为罗西寻求的方法为基础，哪些建议适用于你？你处于有利地位：你还是一名学生，在良好的氛围下，你有机会马上改进。

6.7　技能练习

许多网站能使你更好地与进行人际交往。邻客音（Linkedin）就是这样一个网站。在下面的练习中，如果你选择加入邻客音，你需要创建一个可以使用的个人资料。如果你已经注册成为邻客音会员，可以选择更新你现有的资料。

你可能想重温图 6—2 中邻客音个人信息资料模本，或者回顾网站 http：//learn. linkedin. com“邻客音学习中心”里的在线学习材料。

1. 在你的邻客音个人资料的以下项目中填写信息：

执行摘要

专长

经历

2. 做好准备后，登录 www. linkedin. com。

- 键入姓名，点击加入。
- 填写你的资料。
- 如果你已经是会员，照此登录并编辑个人资料。

第七章　树立个人品牌：有效使用工具

学习目标：

- □ 简历的功能及常见类型
- □ 求职信的成功要素
- □ 推荐人
- □ 工作成果集
- □ 商务名片
- □ 申请填写

观其职业知其人。

——让・德・拉封丹（Jean de la Fontaine）

职场谬见

“不需要简历，只需要填写求职申请。”

职场现实

简历是有助于你在求职中推销自己的重要工具。人力资源招聘人一般会花大概 20 到 30 秒的时间浏览简历，决定是否可以做进一步评审。因此，想想怎样才能使自己的简历更合理，怎样用更多的相关经历、技能和成功的例子来增加吸引力，而不是分散招聘者的注意力。如你的简历引人注目，你将更有可能获得面试机会。

多米尼克（Dominic）为不同的建筑队工作了 10 年，负责操控重型器械，如推土机、挖沟机和倾卸卡车等。房屋建筑业不景气时总承包人解聘了整个建筑队。幸运的是，多米尼克朋友的搬家公司需要他帮忙。有了坚强的后盾他马上开始兼职做工。他还决定重返学校，选择当地社区大学学习清洁能源技术，他认为这是未来的潮流。

因为具有建筑经历，他自愿帮助学校成立一个小型的回收中心。可是他很快意识到自己的兼职搬家工作只能勉强支付账单，急需找一份稍好点的工作。他的一位表姐提起她听到的招聘信息，本地一所大学需要兼职卡车司机收集和整理学校回收的物品，报酬应该不错，还有实际福利——医疗保健和假期！

多米尼克立刻请表姐打听该学校联系人的姓名，以便获得更多该工作的信息。简短通话后，多米尼克确定他适合这个工作并提交了申请，但又不能肯定自己是否有这方面的经验。此外，他还听到传言，说学校有许多人申请这份工作，获得面试机会的可能性不大。

多米尼克勇敢地走进社区大学职业咨询中心，快速浏览了一下简历和求职信，职业顾问帮助他打造一份专业的简历和求职信，以树立个人“品牌”。在顾问的帮助下，多米尼克相信自己可以将这些年获得的各种技能自如地运用到这份工作中。顾问建议他组合一份综合性简历，大肆渲染了他掌握的相关技能和经验，还帮助他精心制作了一份引人注目的求职信。

最后，多米尼克请求以前的建筑老板、搬家公司的客户和社区大学的导师为他写推荐信。通过努力地撰写简历和求职信，阅读推荐信，多米尼克开始找到自信了。

通过邮件投递了简历、求职信和申请后，他打电话跟进了相关事宜。虽然没有收到回复，但他仍然邮寄申请材料的复印件给学校，以示提醒。功夫不负有心人，两周后他接到电话——学校打算安排他面试。

你的情况可能与多米尼克不同——最近下岗或者重返学校。然而，你已经了解自己的内心世界和外在世界，正寻找最适合你的职业选择。你像专业人员一样构建人际圈，确定意向岗位和想要工作的公司。现在是时候去应征这些职位了。与多米尼克一样，你需要为打造个人品牌做准备——准备展示自我和能力的材料。手持材料，你将能以书面形式尽量专业地展示自己，以便在面试中脱颖而出。

本章着重用整洁、完整和专业的简历、求职信以及工作成果集打造个人品牌，也将深入探讨怎样寻找可靠的推荐人，设计名片以及填写求职申请。

按照本章图 7—1 的步骤所示，在潜在雇主亲自面试你之前，你会看到一个专业、能干的自己。这些过程的目标是使你获得面试机会（详见第八章）。

个人品牌

今天的世界，品牌常常指与某产品有关的商标、标签或象征——比如，耐克鞋、可乐或某类咖啡。然而，品牌也指某产品区别于其他产品

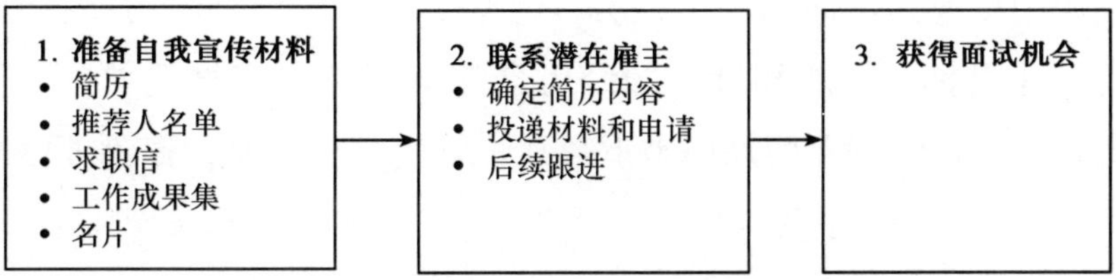

图 7—1 获得面试机会

的独特特性，你也是一种产品！

本章将关注你设计的宣传材料，定义你的品牌，推销自己。这些材料包括：

• 简历。一到两页概括你的职业目标、经历和技能。

• 求职信。简短地向潜在雇主做自我介绍，解释你对某个职位有兴趣的原因以及你能提供的东西。

• 推荐人。一些能担保你的品格与能力的人。

• 工作成果集。你所做工作的样本，展示你的技能和才能。

• 名片。一张小的联系卡，对自己和所做工作的介绍。

• 电梯演说。一小张推销材料，初次见面时可以大声宣传自己。（回顾第六章电梯演说内容。）

让我们从简历开始准备推销自己的材料吧。

> 品牌：名词，某类产品区别于其他产品的特征。

简历

简历的目的是获得面试机会。简历通常是你留给潜在雇主的第一印象，因此一份完整和专业的简历就显得很重要。递交简历时，雇主可能会检查你所提供的东西，决定你是否能满足公司的需求。一般来说，公司内负责筛选简历的人只需 30 秒钟快速浏览一份简历，这就是为什么简历必须夺目、易读，且不宜太长。事实上，一至两页是最好不过的了。

简历中尽量简化你的工作经历，但这绝非易事。写简历前花时间思考你的职业目标、技能和过去的经历会让这项任务变得简单些。记住，写简历是一个过程，不要期望坐下来几分钟就敲打成文，这需要做准备，需要写作技巧，有格式要求。

收集简历信息

写简历前，重要的是思考你想做的工作，你申请的职位和过去的业绩。大多数人没有花时间整理思绪或工作经历就直接开始撰写简历。为了帮助你收集信息，我们列出一些项目，最终都将包含在你的简历中。收集信息时，随意写下你想到的任何东西。此时无须担忧简历的格式。实际完成简历后你可以规范格式，本章稍后会讲到。

联系信息

确定你的电话号码、邮箱地址和家庭住址，以便潜在雇主能够联系到你。邮箱地址确切地说应该是正规邮箱，不要包含可笑的昵称或其他更糟糕的内容。

举例

- 非正规邮箱：HotMama@yahoo. com
- 正规邮箱：mtesla@gmail. com

这就是说你必须申请一个用于商业信函的新的邮箱账户。推荐申请谷歌邮箱账户。该账户不仅免费而且所有收发的邮件都会自动存档。

职业意向

职业意向就是你的目标——你想做的事。职业意向能帮助他人快速浏览你的简历，确定你寻找的工作类型，然后决定由谁接收你的简历。如果你申请的工作有具体的职衔，可以把它作为你的职业意向。

举例

• 拥有机械和焊接经历，申请工会车间熟练机械工。

• 具备文字处理技能，申请初级技术文员。

如果你申请的工作不是具体的某个招聘职位，你可以创造符合你职业目标和综合技能的职业意向。最好是缩小意向范围以便阅读简历的人能为你的才能和志向归类，但又不能太狭小排除所有可能的机会。一个好方法就是详细说明：(1) 背景，(2) 综合技能，(3) 意向职位。

举例

• 全职工作，结合我的地理信息系统专业知识和现有的计算机科学技能。

• 运用创造和分析技能，以及电子机械设备方面的经验，与设计和测试新产品的专业队伍共职。

一些人更喜欢写出专业资历而非职业意向，这些通常是经历丰富的专业人员，想要突出背景经历，不需要说明某个具体类型的工作。

举例

• 以质量为导向的专业保证，从业 12 年来的平台手动和自动软件测试业绩优异，熟悉各种软件开发环境，精通技术、交流和管理技能。

• 超过 20 年经历的高级主管，富有创新性和实践能力，有各类行业的工作经历，比如制造业和应急医疗救援。工作业绩可靠，快速找到症结，处理变数环境，为扫清影响成功的障碍提供创新的解决途径。

硬技能和软技能

你可以利用这个机会思考一下自己擅长或者愿意做的有助于雇主的事情。这些技能可能来自家庭、学校、义工或工作中，可以分为硬技能和软技能。硬技能指你掌握的操作能力，软技能指你的本性（性格）。表 7—1 列出两种类型技能的一些样本。

表 7—1　　硬技能和软技能样本

软技能	硬技能
准确性	打字速度每分钟 75 字
适应能力	撰写技术手册
合作能力	修理汽车和卡车
注重细节	测试印刷电路板
高效率	修复糟糕的发型和染色
精力充沛	足球教练
富有同情心	编写教科书
目标明确	安装自动喷水灭火系统
工作努力	操作重型设备
创新性	建造房屋
组织能力	安排行程
实用性	使用微软办公套件
善于解决问题	推销产品和项目
重视结果	设计促销材料
待人体贴	设计网页
有始有终	安装太阳能电池板

说到技能，请回想第一章的技能列表，那里列出的是你获得成功所必需的技能。以下类型和具体技能可以帮助你认清你的技能是否具有市场价值，选择你认为有职场价值的技能。

有偿和无偿经历

收集过去 10 多年的就业历史，以便撰写工作经历。对专业人士来说这不难。但是提醒一句——没必要包含 10 多年前的经历，除非你准备换工作，想要重点突出 10 多年前的某些经历，以展示你胜任新工作的才能。如果简历中包含的东西太多，仅仅列出对你最有价值且与现今职业道路有关的东西。比如在一份重要的工作中你得到某个令人尊敬的职位，即使对你现在向往的职业不适用，也能展示你在各行业中都能如鱼得水的个人素质。

对于学生或某些暂时没有工作的人来说，撰写 10 年的有偿工作经历可能很困难。但是如果考虑无偿经历就比较简单了。经历即是经验——即使没有报酬也能发展技能。想想你在学校、教堂、社区或家里所做的非正式的或义务工作。例如：

在朋友或家族企业里无偿做工。这是奉献与忠诚的证明。

• 有负责接听过电话吗？说明你能与人良好沟通，并掌握沟通技能。

• 你曾分类、清理过文件或设备吗？也许你善于整理数据和公司资产。

• 你曾帮忙取钱、数钱或管账吗？也许你善于金钱管理、记录和账目管理。

在学校或家里承担特殊责任。这表明你有责任感和奉献精神，做事可靠而且精力充沛。

• 你担任过学校班级、行政机构或校友会的代表吗？这充分展示了你的领导才能和与人协调的能力。

• 你帮助处理过家庭预算和财政计划吗？你可能知道许多管理、信息评估和维持预算平衡的知识。

• 你是老师的帮手吗？你可能办事积极主动，喜欢与人合作，善于倾听。

做义工。这是你关心他人，具有社会价值和良好时间管理能力的表现。

• 你在某中心帮助过有情绪障碍的孩子吗？也许你具备创新思维和决策能力，因为你永远不知道接下来会发生什么。

• 你曾花时间与养老院的老人交往吗？你可能洞悉社会体制，具备交流和倾听的能力。

• 你参与重建和重新粉刷过破旧的学校吗？这表明你能熟练使用设备和技术，具有良好的合作精神和自我管理意识。

在家照顾孩子的责任。这表现出你的责任心、灵活性和关心他人的本性。

• 你照顾过日程安排充实的孩子吗？包括充实的校园生活、体育实践、娱乐活动和其他约会。你拥有很好的管理时间的能力。

• 你照顾过婴儿吗？你可能掌握了基本急救和医疗护理的应用知识。

• 你同时照看过不止一个孩子吗？你可能办事效率高，能够处理多项任务。

现在完善你的工作清单，包括职衔、你志愿服务的雇主或机构、地址（城市和州）以及工作或做义工的日期。对每份工作做一简要综述，描述岗位目标，然后列出主要工作任务和业绩。图 7—2 和图 7—3 列出一些样例。

就如体育成绩一样，行为动词表示你能做的事以及你做事的能力。

注意图 7—2 和图 7—3 中的任务和业绩都是以行为动词开头的。这些动词表明所做的事情。

2009—2012，乔治亚州萨凡纳市，珠穆朗玛联合公司，设计顾问

负责增加客户群和管理客户设计项目。

• 担任区域大客户联系工作的组长。

• 协调设计工作和客户关系。

• 为新职员开发培训资料。

• 策划和参加萨凡纳年度设计大奖晚宴。

• 2010 年引进 10 名新客户，增加了 15%的部门税收。

图 7—2　职衔以及工作经历举例（有偿工作）

2005—2010，田纳西州那什维尔市，看护年迈母亲

负责年迈母亲家庭护理方方面面。

• 陪伴我母亲就诊，确保医生礼貌待人，并清楚解释母亲的身体状况。

• 监控母亲的血压、血糖和活动量。

• 负责母亲每天用药剂量，并根据营养师的建议烹饪全部食物。

• 帮助母亲寻找邻里社会活动场所，使她能够参与娱乐活动。

图 7—3　职衔和工作经历举例（无偿工作）

如果不确定用什么行为动词，查看下面的清单（这里有许多供你使用的动词）：

描述工作任务和业绩的行为动词样例

- 评定
- 建立
- 合作
- 交流
- 记录
- 评估
- 生产
- 处理
- 指导
- 引领
- 管理
- 实施
- 优先考虑
- 修理
- 解决
- 教授
- 培训

资格证书

列举你获得的任何职业证书，并写明获取证书的日期。有些证书似乎不适用于你的求职意向，但现在有必要确定。

举例

- 2008 年，美国绘图协会，绘图员证书
- 2005 年至今，美国红十字会，急救和心肺复苏证书

教育

确定你获得的学位或你获取学位的过程。如果你实际没有拿到学位，但花费了时间正在努力中（或者获得许多学分），也要标明。

举例

- 2010 年，商务和医疗事业研究所，药剂师文凭
- 2000 年，加州大学戴维斯分校，环境工程理科学士学位
- 2008 年至今，加州洪保德州立大学，儿童发展专业，攻读学士学位已获 100 学分

专业发展

如果你曾进修过提高市场综合技能的职业课程，记下来并注明进修日期（如果知道日期）。

举例

• 在美国培训发展协会（ASTD）进修专业课程：成年学习者教学课程、计算机基础培训、在线学习

• 完成教学研究所（TILT）研习班课程，包括学习技巧、口头陈述能力和书面沟通能力的培训。

奖励和荣誉

你曾经获得过任何优秀人才或成就方面的奖励吗？如果有，请写下来，包括获奖日期。就算该奖励与你的技能不直接相关，也能说明你诚实可靠，或者证明你其他的优秀品格。

举例

• 2010 年，伊莱克塔制造公司，月度最佳员工

• 2009 年，吉瓦尼斯俱乐部，月度最佳志愿者

• 2009 年至今，荣誉协会会员

接下来看看怎样将这些信息放入真正的简历中。

选择简历格式

一旦你收集到信息，就该想想简历的内容和格式，有几种标准格式可供选择：时序型、功能型和混合型。下面看看每种简历的类型，决定哪种最适合你。

时序型简历

这是最常见的简历类型，按时间逆向顺序列出你曾从事的工作。每个职业描述需包括所完成的重要任务、展示的技能以及获得的成就。这类简历适合于工作稳定，没有太多待业或跳槽的经历的人。读者能很快看到你工作上的进步和习得的技能。图 7—4 和图 7—5 是托马斯·瑟埃特玛依尔（Thomas Zetlmeisel）和摩根·艾希莉（Morgan Ashley）的时序型简历样本。

托马斯·瑟埃特玛依尔

亚利桑那州图森市 85719　　602-555-8055
克莱格摩尔园东 9 栋，4757 号　　tzetlmeisel@earthlink，net

职业意向

数据处理员职位，能使用新的、现代化的技能

技能

Word 文字处理、Word Perfect 文字处理、Excel 表格、Lotus 办公软件、Access 数据管理。dBase 数据库、Windows 操作系统、打字（保证每分钟 60 字）

工作经历

亚利桑那州图森市马尔夫产业

2005. 2 至今，**库存管理员**

- 把库存量数据放入计算机系统
- 把新货物放入仓库地址，将地址录入数据库
- 更新数据库，清除过期货物
- 接收退回物品并放入仓库

亚利桑那州图森市星期五餐厅

2003. 9—2005. 1，**经理**

- 面试、招聘和评估员工
- 在餐厅组织活动
- 协调员工日程安排

图森联合校区暑期中学

2003 年暑期，**助理秘书**

- 将学生和班级数据录入数据库
- 从数据库提取班级名单和课程安排信息
- 维护和更新课程安排

图森联合校区暑期中学

2002 年暑期，**实习生**

- 整理和制作复印件
- 帮助教学秘书接听电话，把教学材料分发给老师

教育背景

亚利桑那州图森市，吉尔沃斯商学院

- 进修信息技术课程，2005 年 11 月将毕业

荣誉

- 吉尔沃斯商学院优秀学生，全勤奖

按要求提供推荐人

图 7—4　托马斯·瑟埃特玛依尔的时序型简历样本

摩根·艾希莉

哥伦比亚柯林斯堡市史密斯街道 237 号，80527　　(970) 555-3975
morganash@mailto. com

职业意向

寻找有挑战性的职业，能结合我掌握的平面设计、界面设计、软件开发技能，有未来发展的机会。

技能

■ 3D 设计：计算机辅助设计、三维软件

■ 绘图与动画：图像处理软件、广告设计制作、动画图像

■ 语言编程：Java、HTML

■ 桌面出版系统：论文排版

工作经历

哥伦比亚柯林斯堡市，新科技公司

2007. 9—2010. 11，**主设计师 & 项目经理**

■ 带领 3 到 5 名小组成员负责软件和网络建设项目

■ 为协同软件设计用户界面

■ 使用应用程序语言开发、超文本标记语言、绘图和动画软件开发公司网站

■ 设计页面结构

德克萨斯州奥斯丁市，世界设计公司

2005. 7—2007. 8，**网络设计师**

■ 与客户一起为公司网站发展平面设计和信息构建技术

■ 应用超文本标记语言、图像处理软件、广告设计制作、应用程序语言开发和图像绘制技术

哥伦比亚柯林斯堡市麦克斯政府机关

2004. 5—2005. 6，**电子销售经理**

■ 组织电子部活动

■ 帮助消费者购买个人电脑

■ 回答问题并提供计算机方面的信息

教育背景

哥伦比亚柯林斯堡市，科罗拉多州立大学

■ 2004 年 5 月取得平面设计文学士学位

■ 主修计算机科学、平面艺术、数据和技术写作课程

荣誉

■ 2004 年 4 月获系优秀学生称号

■ 2003 年 11 月获最先进网页设计奖

按要求提供推推荐人

图 7—5　摩根·艾希莉的时序型简历样本

功能型简历

这类简历着重体现你的综合技能而非工作经历，重点突出整个职业生涯中获得的技能和成绩，包括义工和实习经历，并不太看重实际所做的工作。这类简历尤其适用于频繁跳槽或有过失业经历的人，强调掌握的技能，而非为谁工作或何时工作。这类简历也适用于做过各类工作但负责相同工作任务的人。图 7—6 为托马斯·瑟埃特玛依尔的功能型简历，着重综合技能的展现。

托马斯·瑟埃特玛依尔

亚利桑那州图森市 85719　　602-555-8055
克莱格摩尔园 9 栋，4757 号　　tzetlmeisel@earthlink. net

职业意向

寻找有挑战性的职业，能结合我掌握的平面设计、界面设计、软件开发技能，有未来发展的机会。

技能

技术

■ Word 文字处理、Word Perfect 文字处理
■ Excel 表格、Lotus 办公软件
■ Access 数据管理、dBase 数据库
■ Windows 操作系统
■ 打字（保证每分钟 60 字）

管理

■ 面试、招聘和评估员工
■ 在餐厅组织活动

信息处理

■ 将仓库地址录入数据库，将库存物品存放到相关地址
■ 更新数据库，清除过期货物
■ 将学生和班级数据录入数据库
■ 维护和更新课程安排

组织和沟通

■ 文件存档和制作影印本
■ 整理和发放教学材料给老师
■ 协调员工日程安排

■ 接听电话
■ 向老师做报告，类似于学生代表向校方做报告

工作经历

■ **亚利桑那州图森市马尔夫产业**

2005.2 至今，**库存管理员**

■ **亚利桑那州图森市星期五餐厅**

2003.9—2005.1，**经理**

■ **图森联合校区暑期中学**

2003 年暑期，**助理秘书**

■ **图森联合校区暑期中学**

2002 年暑期，**实习生**

教育背景

亚利桑那州图森市，吉尔沃斯商学院

■ 进修信息技术课程，2005 年 11 月将毕业

荣誉

■ 吉尔沃斯商学院优秀学生，全勤奖，学生代表

按要求提供推荐人

图 7—6　托马斯·瑟埃特玛依尔的功能型简历样本

混合型简历

混合型简历包括功能型简历里提及的综合技能以及时序型简历里提到的工作经历信息（工作任务和业绩）。这类简历适合待业很长时间后重新进入职场的人，或想要去原来从未涉及的领域工作的人。

图 7—7 为托马斯·瑟埃特玛依尔的混合型简历，包括他的综合技能，也包括更多的工作经历信息。

> 就如交响乐一样，混合型简历是独特的组成。

托马斯·瑟埃特玛依尔

亚利桑那州图森市 85719　　602-555-8055

克莱格摩尔园东 9 栋，4757 号　　tzetlmeisel@earthlink. net

职业概要

掌握各项技能和信息处理软件，有效使用数据库，能与各类专业人士愉快工作，擅长书面交流和口头交流。

主要技能

技术

- Word 文字处理
- Excel 表格
- Access 数据管理
- Windows 操作系统

管理

- 面试和评估员工
- 协调工作日程安排

信息处理

- 键入和更新数据
- 生成数据库报表

组织 & 沟通

- 组织和分发材料
- 接听电话

工作经历

亚利桑那州图森市马尔夫产业

2005. 2 至今，**库存管理员**

- 将库存量数据录入计算机系统，包括仓库地址
- 更新数据库，清除过期货物
- 接收退回物品并放入库存

亚利桑那州图森市星期五餐厅

2003. 9—2005. 1，**经理**

- 面试、招聘和评估员工
- 在餐厅组织活动
- 协调员工日程安排

图森联合校区暑期中学

2003 年暑期，**助理秘书**

2002 年暑期，**实习生**

■ 输入和更新学生、班组数据到数据库
■ 从数据库提取班级名单和课程安排
■ 接听电话和分发教学材料给老师

教育背景

亚利桑那州图森市，吉尔沃斯商学院
■ 进修信息技术课程，2005 年 11 月将毕业

荣誉

■ 吉尔沃斯商学院优秀学生，全勤奖，学生代表

按要求提供推荐人

图 7—7　托马斯·瑟埃特玛依尔的混合型简历样本

推荐人

正如写简历一样，联系三到五个推荐人也很重要。现在的雇主在招聘时通常很谨慎，他们想弄清你是否如你说的那样。

考虑赞同你的人作为推荐人

有些人了解你的个性和能力，亲眼见过你做事，知道你的工作方式和能力，这些人可能是老师、朋友、经理、员工或社区领导。他们或许不是你知道的头衔最高的人，但以前工作中职位高的人——经理或主管——也许并不十分了解你，因而无法推荐你。如果他们了解你，那太棒了！让他们为你推荐。如果不是，更了解你的那些人比职位高但不了解你的人更适合做你的推荐人。确保你选的推荐人真正知道你的资格和体现你价值的其他独特能力。

请求他人让其愿意做你的推荐人

联系每一个人问问他是否愿意做你的推荐人，如果你事先不与他沟通，没人喜欢突然接到询问你资历的电话。如果是申请某个特别的工作，告之推荐人该工作的内容，以便他接到电话时知道如何更好地为你推荐。你需要推荐人重点向你的潜在雇主介绍你的技能和业绩，所以最好事先告诉他。

再次确认每位推荐人的联系信息

一旦别人同意为你推荐，写下每个人的姓名、头衔、电话号码、电邮地址。检查拼写是否正确，信息是否准确。与他们每位取得联系后，创建一个格式清楚的联系人列表。大多数潜在雇主都是为了公司利益与你的推荐人沟通的，因为他们不愿错误地招聘某人。为安全起见，确保名单上的或你想要沟通的每个人都能联系上。图 7—8 是联系人名单的样本。

亚利桑那州图森市 85719	602-555-8055
克莱格摩尔园 9 栋，4757 号	tzetlmeisel@earthlink. net

■ 莱斯利·斯科特（Leslie Scott）博士，亚利桑那州图森市吉尔沃斯商学院，企业形象设计教授，602-555-0101×25，LScott@killingworthbus. edu

■ 迪安娜·摩尔多瓦（Deanna Moldova）女士，亚利桑那州图森市吉尔沃斯商学院，职业顾问，602-555-0101×89，DMoldova@killingworthbus. edu

■ 伊恩·佩特斯凯（Ian Petrosky）先生，亚利桑那州图森市马尔夫产业，数据处理部主管，602-444-7500×1211，ian.petrosky@wolfeind. com

■ 帕梅拉·特恩鲍（Pamela Turnbow）女士，亚利桑那州图森市马尔夫产业，资深数据处理员，602-444-7500×1233，pam.turnbow@wolfeind. com

图 7—8 托马斯·瑟埃特玛依尔推荐人名单

请求提供推荐信

可以请求一部分推荐人为你写推荐信。并非所有人都擅长写作，因此为他们提供一些你想要他们在信中提及的要点，这样就简单些，推荐信也更直接、清晰。

你知道吗？

邻客音是求职的一个大型社交网站，仅以职业为基础，通常是大多数应聘者求职和人事经理寻找人才的网站。张贴一份简历和个人职业信息在网站的历史部分，包含这两部分很重要，因为和你个人资料中的信息一样，别人无法找到你真实简历的链接。确保他人能够看到你的邮箱地址，以便潜在人事经理联系你。使用状态功能，让别人知道你感兴趣的就职机会。然后加入与你行业相关的小组，以便接收即时的招聘公告。

测一测：收集资料

尽早开始收集简历所需信息，本章末你将有机会实际操作如何撰写简历，同时开始编辑以下信息：

1. 构思职业意向

2. 列出掌握的硬技能和软技能

3. 列出你曾从事的工作、义工职务以及实习经历（职衔、日期和任务）

4. 列出推荐人名单

审查和润色简历

现在你已写出简历的初稿，接下来你需要花时间为其润色。下面是供你审查简历的指南。

1. 整洁、干净和精练

简历必须打印出来，确保字体清晰，字号大小适度，方便阅读。表7—2列出标准字体类型和字号。即使标题想用其他字体，正文也必须使用标准字体。

尽可能把所有的信息都放在一页纸上，最多两页。如果简历有两页，一定双面打印，使其在一张纸上（在首页底部标注继续字样），这是防止各页被分开。如果信息过多，评估重点，择优而选。如果简历占两页纸，确保最重要的信息放在第一页上，以防阅读简历的人不看第二页。省略最不重要的信息，缩小打印尺寸（但不能缩小到影响阅读）。尽量简短些！只讲你需要提及的与申请工作相关的信息。

表 7—2 简历标准字体和字号

字体	字号
Times New Roman	12 号及以上
Georgia	11 号及以上
Verdana	11 号及以上
Arial	11 号及以上
Tahoma	11 号及以上

2. 检查标准格式

确保简历按照之前所示的标准格式书写。除格式之外，还要考虑本章“收集简历信息”部分里的内容。职业意向和技能部分需按照你所应聘的具体工作的要求来编写。其他部分则没必要花费大量时间来如此编写。

以下是简历细节清单，帮助你做最后的修改。

联系信息。在简历上方写上你的合法全名、地址、电话号码和邮箱地址。突出你的姓名——用粗体，大写，用不同的字号，或者比其他内容大点的字号。

职业意向。确保只用一句话写明职业意向，不超过两行。使你的意向具体到与所申请的工作相关。简历的这一部分是为某份工作量身定制的！

运用的工作技能。列出与该工作相关的技能。如果可能，与你读到的职业描述里的话类似，并使用行为动词（参照本章之前相关部分的例子）。你可以在此处展示自己熟悉的技能，这些技能同样也是职业描述中所提到的。为节省空间，考虑用表格多列展示，并加上着重号方便浏览，也可以把它们进行分类，以便阅读。

工作经历。逆序列出工作经历，把最近的工作放在最前面。每一个职位都写上官衔（如果有的话）、公司名称、地点（城市和州），以及任职日期。这些信息用粗体或突出的字体标记。然后用行为动词列出最重要的职务和业绩（如果忘记什么叫行为动词，参考本章前边相关列表）。确认你所列出的经历能表现你具备完成所应聘工作的能力。这样可以限制列表的内容，将简历控制在一页内（单面或双面）。

教育背景。确保教育背景与工作经历一样——逆序排列，最近的最先说。最近的大学教育可包含高中阶段，但也可以不写，写上学校名称、学位或证书和完成学业或毕业的时间。

奖励或荣誉。列出正面肯定你的那些荣誉，能让潜在雇主对你印象深刻，包括奖项的名称和获奖日期，以及颁奖人姓名。

推荐人。最后，写上“按要求提供推荐人”。这样，推荐人信息就不会占据简历的太多空间，你也不需把别人的私人信息提供给接收简历的人。如果需要，再提供联系人名单。确保实际联系人名单上列出的是最新联系方式。

3. 使用高级纸张

不需要彩纸，干净整洁，白色、灰白色或浅灰色稍有厚度的纸张即可。影印服务中心或打印店会告诉你哪种纸最适合打印简历。记住，外观很重要，简历更是如此。推销材料的外观也能洞悉你的某一面。好的简历能使人印象深刻，因为这代表你的个人品牌。

4. 信息准确

注意编写简历一定要信息准确。核实教育经历和日期，确定各种工作任职年月时间准确。准确汇报你在工作岗位和学校时的任务和成绩。

不真实或不准确的信息终会被戳穿，并惹来麻烦。如潜在雇主给你的前任主管打电话，你也希望前任主管所说的能证实你简历上所写的。此外，为什么要对你的经历撒谎？如果你谎称履行了某些职责但实际没有，当得到某个工作并且需要履行这些职责时，真相一览无余。

5. 校对

写完信息准确的简历，你感觉很好。不要忘记还要校对。细心检查错误、拼写问题、不一致的间距或者奇怪的句子，还要查看格式（比如，使用不同的字号或粗体）、措辞、大小写或缩进是否前后一致。十全十美的简历表明你在意完美地突出自己，表明你花费时间认真做事并为此自豪。相反，简历上的错字表明你不认真。安全起见，也找别人帮忙校对。

可以暂时搁置一会儿简历，然后再用全新的视角进行校对。

6. 以可读形式存档

如果简历中使用特殊字号、页面空白或布局，如果以电子版的形式寄出，确保存档格式每个人都能打开阅读。比如，假定你以微软文档格式（Microsoft Word）并使用下载的特殊字号编辑简历。如某人无法使用该格式，他将不能打开你的简历。就算能打开，字号也不对。考虑下面的格式。

PDF 格式。它是便携文件格式。把文件转换为 PDF 格式大概相当于给文件照相，以便每个人都可以分享，别人和你一样都能阅读。如果没有，可以在网上免费下载 PDF 转换器。一旦简历采用 PDF 格式，每个人都能免费下载阅读器（Adobe Reader）打开 PDF 格式文件。

RTF 格式。它是多文本格式。如果打开带有文字处理软件的 RTF 格式的简历，它就能阅读文件。然而，RTF 支持的格式类型是粗体、斜体、带编号和着重号列表以及缩进排版。它不支持某些特殊布局或某些字号。

纯文本（Plain Text）格式。这类文件没有特殊格式或字号。通常求职网站比如怪兽（Monster. com）或戴斯（Dice. com）网站要求你提供该类格式的简历。如果计划使用这类网站，最好用纯文本格式的简历。编辑此类格式的简历，不能使用粗体、斜体、字号、列表或缩进排版。事实上，你应该使用像文本编辑器（Notepad）这样的纯文本工具来创建纯文本格式的简历。

图 7—9 是每种格式的部分简历样本。你可以看到 PDF 样本是最好的格式。RTF 格式保留粗体，但不能使用特殊字号和布局。纯文本格式完全没有特殊格式，使用破折号和等号帮助简历进行分隔。

（a）PDF 格式部分样本

摩根·艾希莉

哥伦比亚柯林斯堡市史密斯街道 237 号，80527　　(970) 555-3975

morganash@mailto. com

职业意向

寻找有挑战性的职业，能结合我掌握的平面设计、界面设计、软件开发技能，有未来发展的机会。

技能

■ 3D 设计：计算机辅助设计、三维软件

■ 绘图与动画：图像处理软件、广告设计制作、动画图像

■ 语言编程：应用程序语言开发、超文本标记语言

■ 桌面出版系统：论文排版

工作经历

哥伦比亚柯林斯堡市，新科技公司

2007. 9—2010. 11，**主设计师 & 项目经理**

■ 带领 3 到 5 名小组成员负责软件和网络建设项目

■ 为协同软件设计用户界面

■ 使用应用程序语言开发、超文本标记语言、绘图和动画软件开发公司网站

■ 设计页面结构

德克萨斯州奥斯丁市，世界设计公司

2005. 7—2007. 8，**网络设计师**

■ 与客户一起为公司网站发展平面设计和信息构建技术

■ 应用超文本标记语言、图像处理软件、广告设计制作、应用程序语言开发和图像绘制技术

（b）RTF 格式部分样本

摩根·艾希莉

哥伦比亚柯林斯堡市史密斯街道 237 号，80527

(970) 555-3975
morganash@mailto. com

职业意向
寻找有挑战性的职业，能结合我掌握的平面设计、界面设计、软件开发技能，有未来发展的机会。

技能
■ 3D设计：计算机辅助设计、三维软件
■ 绘图与动画：图像处理软件、广告设计制作、动画图像
■ 语言编程：应用程序语言开发、超文本标记语言
■ 桌面出版系统：论文排版

工作经历
哥伦比亚柯林斯堡市，新科技公司
2007. 9—2010. 11，**主设计师—项目经理**
■ 带领3到5名小组成员负责软件和网络建设项目
■ 为协同软件设计用户界面
■ 使用应用程序语言开发、超文本标记语言、绘图和动画软件开发公司网站
■ 设计页面结构

德克萨斯州奥斯丁市，世界设计公司
2005. 7—2007. 8，**网络设计师**
■ 与客户一起为公司网站发展平面设计和信息构建技术
■ 应用超文本标记语言、图像处理软件、广告设计制作、应用程序语言开发和图像绘制技术

(c) **纯文本格式部分样本**

==================
摩根·艾希莉
==================
哥伦比亚柯林斯堡市史密斯街道237号，8057
(970) 555-3975
morganash@mailto. com

职业意向
========
寻找有挑战性的职业，能结合我掌握的平面设计、界面设计、软件开发技能，有未来发展的机会。
技能
========
* 3D设计：计算机辅助设计、三维软件
* 绘图与动画：图像处理软件、广告设计制作、动画图像

* 语言编程：应用程序语言开发、超文本标记语言
* 桌面出版系统：论文排版

工作经历
=========
哥伦比亚柯林斯堡市，新科技公司
2007. 9—2010. 11 主设计师 & 项目经理
—————————
* 带领 3 到 5 名小组成员负责软件和网络建设项目
* 为协同软件设计用户界面
* 使用应用程序语言开发、超文本标记语言、绘图和动画软件开发公司网站
* 设计页面结构

德克萨斯州奥斯丁市，世界设计公司
2005. 7—2007. 11，网络设计师
—————————
* 与客户一起为公司网站发展平面设计和信息构建技术
* 应用超文本标记语言、图像处理软件、广告设计制作、应用程序语言开发和图像绘制技术

图 7—9　不同格式的简历：(a) 便携文件格式 (PDF)，(b) 多文本格式 (RTF)，(c) 纯文本格式

完善的简历显示你最佳的工作记录，但这只是推销个人品牌的一部分。还有其他方法展示自己的市场价值，比如求职信。

技能指导

越来越多的公司通过网络，寻找最佳员工。他们把传统的纸质简历扫描入简历数据库，或者直接要求应聘者投递电子简历。用电脑分析简历，以关键词和短语给每份简历打分，因此慎重选择简历中使用的词语和短语。如果只递交了电子简历，有更多关键词和短语，且篇幅稍长一点的简历得分可能更高，也更可能被选出做进一步审查。

求职信

虽然简历对你进行了描述，但并没有直接指定阅读对象，这就是为什么需要附上一封求职信的原因。过去求职者一般邮寄简历给潜在雇主，并附上一封信。信中覆盖简历内容，因此又称求职信。今天，大多数求职者用电子邮件投递简历，因此求职信或者在邮件正文里或者在附件里。

如果简历的目的是希望阅读简历的人邀请你参加面试，那么求职信的目的则是希望该人能阅读简历。求职信使你有机会以更个人的口吻介绍自己，从而使简历上冷冰冰的事实看上去更温暖。阅信人可能每天浏览几十封信，因此求职信简短切题就很重要，但仍旧要尽量脱颖而出。

完成求职信的编写包括以下四个段落：

• 第一自然段。这是开始部分。指出你申请的工作以及信息渠道(报纸广告、网站、个人推荐以及学校推荐)。

• 第二自然段。谈谈你想应征该工作的原因以及你能提供的具体技能和经历。因为要简洁，所以你可能很难决定具体谈些什么。想想以下事实：阅读求职信的人需要快速判断你的能力是否满足公司的需求。重点提及你掌握的最符合具体工作要求的技能和资历。选择那些激发收件人阅读兴趣的内容，这可以补充简历中提到的信息。比如，如果你换了工作或从未涉足某职业，最好指出从以往其他职位或经历中获取的技能，并且你认为这些技能可以助你在所应征职业中取得成功。

• 第三自然段。解释为什么你期望为某位雇主工作——你为什么喜欢这家公司。这些可以展示你做足了功课以及对公司有所了解。不要大肆赞扬，中肯就好。

• 第四自然段。这是结束段落，提及需要随函呈附的东西（比如你的简历)，表达你渴望获得面试机会的愿望，礼貌地要求回复。

图 7—10 和图 7—11 提供了专业求职信的样本。

托马斯·瑟埃特玛依尔

亚利桑那州图森市 85719　　602-555-8055

克莱格摩尔园东 9 栋，4757 号　　tzetlmeisel@earthlink. net

2010. 10. 5

亚利桑那州图森市，85719

艾弗里车道 93 号，套房 800 栋

泰西通讯公司

人事部主管

梅林达·马约特岛（Melinda Mayotte）女士

尊敬的马约特岛女士：

我是吉尔沃斯商学院信息技术专业学生，下月即将毕业。我决定寻找计算机方面的职业，希望在该领域找到一份全职工作。我从学校就职办公室发布的通知上看到贵公司有职位空缺。

我很乐意与你谈谈这份工作，因为我花了两年时间熟练掌握了贵公司职位描述中指定的技能。在吉尔沃斯商学院学习信息技术期间，我还在马尔夫产业兼职做计算机操作员。在该公司，我从事数据的处理，获得了宝贵的实践经验，也使我能够有机会学以致用。

毕业在即，我准备做全职工作，对贵公司尤有兴趣，因为我的邻居是贵公司的一名员工。他经常称赞泰西通讯公司的工作氛围和同事们。

随函呈附的简历详细写出我的工作经历以及教育背景。如果你愿意让我参加面试。我的联系方式是 602-555-8055。如本月末未能收到你的答复，我会打电话给你。谢谢你的关照，我期望你尽快来信。

此致

托马斯·瑟埃特玛依尔

随函呈附：简历

图 7—10　托马斯·瑟埃特玛依尔求职信样本

摩根·L. 艾希莉

哥伦比亚柯林斯堡市史密斯街道 237 号，80527　　(970) 555-3975

morganash@mailtomcom

2010. 12. 9

旧金山新奥尔良市，76935

运河街 1189 号，套房 300 栋

南方科技公司

人事部主管

莱斯利·布德罗（Leslie Boudreaux）女士

尊敬的布德罗女士：

我是一名平面设计师，过去五年都在从事网站和软件界面设计工作，现在正在寻找一份全职工作，能够结合我掌握的平面设计、网站创建和软件开发方面的技能。我向贵公司一名技术员工做过信息化访谈，他告诉我贵公司正缺一名首席设计师，并给我提供了该岗位的职业描述。

我有兴趣与你谈谈，因为根据职业描述，我掌握该工作要求的技术、艺术和人际交往技能。在新科技公司任职期间，我曾带领 3 到 5 名小组成员，管理网络建设和软件开发项目，工作时间紧迫且任务复杂。作为项目经理和技术带头人，我不断完善自己的技能，能够成功地设计和开发高质量的网站和软件应用，团队工作效率较高。

我愿意来贵公司工作，因为与我交谈的员工认为南方科技是一个全新的且有前景的公司，有成长和发展的空间。

随函呈附的是我的简历，列出了我的专业和教育经历。同时还附上曾从事过的项目的工作成果集以备你审查。如你愿意让我参加面试，我的联系方式为（970）555-3975。本周末我将跟进此事，确保你已收到我的材料。谢谢关注，我期盼你尽快来信。

此致

艾希莉·摩根

随函呈附：简历

图 7—11　艾希莉·摩根求职信样本

你撰写求职信时，记住以下指南：

• 与简历的标题保持一致（把它作为你的品牌）。

• 字体清楚。

• 正确拼写信件接收人的姓名。最好称呼他/她为“先生”或“女士”，除非你与此人可以相互直呼其名。

• 友好、专业——不要太随意，也不需太正式。

你知道吗?

最好是根据阅信人、公司和职业需求，量身定制你的求职信。比如你曾经做过汽车技工和电工。在简历上写下这两份工作经历，但是根据所求工作要求，调整求职信内容。如果你申请电子职业的工作，求职信中要体现担任电工的经历。如果想在汽修业谋职，就在求职信中强调曾经做过助理机械工。潜在雇主希望立刻看到你的资历是否能够胜任相关工作。求职信里需要非常清楚地写明最重要的信息。

- 用短句，重要信息加着重号，以便于浏览。
- 检查拼写和语法。
- 不要用手写的求职信。
- 如果递交打印文稿，使用与简历一样的纸张。

测一测：通用求职信

求职信应该根据阅信人和应征公司的需求打造。然而，通用求职信最好这样开头：

1. 点明所应征公司的类型。

2. 编写通用求职信的草稿，以你前面了解的四个自然段的结构为依据进行调整。稍后还可以根据需要进行修改。

> **注：**如果你不清楚谁会阅读求职信，稍后在“有的放矢”一节，你会明白该怎样做。

如果遵守以上指南，你的求职信就是成功的，简历也必定会被阅读。

工作成果集

求职信和简历有助于向潜在雇主介绍你的能力，但是工作成果集能实际展示你在信中和简历中提到的内容。工作成果集包括你最佳业绩的样本，提供工作成绩的证明，不仅艺术家需要作品集，任何求职者如想提供其业绩的具体证明，都可列出工作成果集。

虽然某些职业，比如平面设计师或网站开发员，需要工作成果集，但事实上不管你从事何种职业，都可以制作。工作成果集可使你回想起过去的成就，并与你的潜在雇主分享。

一般的工作成果集有复印本和电子版本两种形式。复印本可以用活页或对开本装订你最佳业绩的实例信息。复印本可放在身边，不需用电脑，随时随地与任何人分享。电子版本通常是一组存在电脑里、网站上或光盘（CD）、视频光盘（DVD）或者拇指驱动器中的文件。你可以邮寄复印本给你的潜在雇主，或者让他们在有空时下载浏览你发送的电子邮件。

你可能困惑于该放哪些东西在工作成果集里。工作时间长的人可能会认为有太多材料需要放进去，而刚从学校毕业的人则可能认为材料太少。以下程序可以帮助你弄清哪些内容或信息该放入工作成果集里。

1. 收集可能的成果类型。一般展示包括你参加过的活动、教育背景、培训经历、工作项目或社区服务的样本。下面是一些可供参阅的例子：

- 奖励
- 职场个人发展结业证书
- 成绩单（对刚毕业的大学生）
- 毕业证书
- 计算机技能证明
- 写作技能证明
- 从事项目的照片
- 业绩评价
- 推荐信
- 曾工作过的网站截屏
- 职场内外业绩单
- 业务陈述
- 客户、消费者、供应商或志愿者机构的感谢信
- 有关你工作表现的新闻稿或公告

2. 确定分类。通观你收集的所有材料，看看能否分类。对于材料丰富的人尤其有帮助。比如，分类可以是：

- 工作项目
- 学校项目
- 社区和义务项目
- 信件（接收或寄出的）

你可以决定再细分项目类别。

3. 选择和整合工作成果集。从每个类别中选择最佳成绩。边做边想象你就是潜在雇主，正在浏览工作成果集，确定与自己公司相关的工作成绩。这项成绩能否展示你有能力帮助雇主？最后可能需要制作一个工作成果“精华集”，然后从中选择项目，针对不同行业或雇主选用不同的工作成果集。

• 如你决定制作复印本工作成果集，使用三环活页，可以根据需要进行增减。每个实例都考虑使用干净的纸张保护膜，把成果集划为几类，加上标签以便寻找相关信息。增加目录内容方便读者浏览，还包括标题清晰的干净封面。

• 如你决定使用电子版形式，考虑使用便携文件格式（PDF）或者超文本标记语言格式（HTML），以便查看或打印。不管阅读人使用哪种操作系统或软件，这都能保证格式正确。在电脑系统里建文件夹保存这些文件，但是要记住保存地址。务必建一个概要文件，列出里边各个文件的名称和内容。如果你计划以邮件形式发给某人，需要打包压缩文件，然后把压缩后的文化粘在电子邮件里。要搞清楚一点，一些邮件过滤器阻止收件人打开压缩附件，因为压缩附件常携带病毒。

• 如果文件太大不能发送，可以考虑把工作成果集文件放入你的个人网站，然后告诉雇主到该网址下载文件。

• 另一选择是把工作成果集文件夹存在某个实体媒介上，比如光盘、视频光盘或拇指驱动器。你可以邮寄或快递给潜在雇主。

4. 展示工作成果集。除非潜在雇主主动提出，否则不需把工作成果集发给他，或与其分享。送出求职信或简历时最好提及你愿意一并送上工作成果集，然后等待接收人主动要求。在下一章将讲到，你得随身携带工作成果集，以防别人要求你向其展示。

经验之谈——职场透视

让人外表清爽、感觉良好

伊斯特本·赫尔南德斯（Estaben Hernandez）
美发师

10年来，在各种发廊的打工经历使我明白自己的梦想是开家属于自己的发廊，最终我建立了足够的客户群，并在老城区找到场地，给了房东第一个月和最后一个月的租金。在朋友和家人的帮助下重新装饰了这个地方。

所有客户都跟着我来到新店，一切都很顺利。我是自己的老板，发廊地势良好，生意欣欣向荣。我带来当地的和一些特别的美发用品，客户很高兴，我也一样。两年后市场行情急转直下，房东把租金涨了三倍，似乎他需要这个地方另作他用。我拿不出这笔钱，只得被迫停业。我不敢想如何另谋他职，因为这个城市有太多的美发师。我该怎么去竞争？我怎样使自己脱颖而出？

幸运的是我之前有个客户是一位作者。他说他愿意帮我写一份真正“受欢迎”的简历和求职信。我担心发廊不会雇用曾经做过老板的员工，但朋友说我的经历能够展现真正的领导才能、推销策略和解决问题的能力。为什么发廊不需要呢？

他建议我列一个意向发廊的清单，然后我们一一考察，他是潜在客户，我是潜在雇员，比较一下我们的感受。我感觉自己像密探，但是在了解了不同发廊的工作环境后，我发现只有几家地方的工作氛围让我感觉自在。

下一步就是在考察的发廊中选择最中意的三家作为投递求职信和简历的对象。简历显然很吸人眼球——简历顶部是粗体黑白图表、干净现代的布局，附上职业意向、职业概要、该领域的专业知识和工作经历（包括自主经营经历）。我们甚至写上个人座右铭（“乐意效劳，让你外表清爽，感觉良好”），末尾还附有客户评价，力求简历能引人注目。

我认为我们准备就绪，但朋友提醒我，我必须要写求职信。然而我不知道怎么开头，他建议我以“他者”的眼光看待自己。我应该想象自己在为另一个人写求职信。很好，这很有效果。我简单编辑了一下，写了一封漂亮简短的四段式求职信。我写下并核实了每位发廊老板的姓名和地址（参观了这些发廊，知道了发廊的名称，这是好事）。我还在信中提到稍后会打电话以跟进。

这周末，我给这三家发廊打了电话，确认他们是否收到我的求职信。第一家发廊不仅收到了我的简历，而且很有兴趣，希望我去面试。我去了，与老板简短交谈后，我当场被录取了！但我仍梦想另外开一间自己的发廊，当老板。同时，我也享受这份新工作，可以吸引更多顾客。我很开心简历和求职信帮我找到了工作。

测一测：挖掘宝藏

寻找需要的信息放入工作成果集就如挖掘宝藏一样——你不确定哪里能找到。这个小活动将帮助你锁定信息，使你更容易编写工作成果集。

1. 确认你想要放入工作成果集里的信息类型。记下这些信息现在的来源渠道，是家里、办公室，还是其他地方？参照前面“收集可能的信息类型”部分中的内容进行分类。

2. 在本章末，你可以使用表7—3，制作你的工作成果集。

表7—3　　工作成果集材料来源

类型	来源渠道	复印本	电子版

续表

类型	来源渠道	复印本	电子版

商务名片

如果简历是你推销自己的材料中最重要的部分，工作成果集是最大的亮点，那么商务名片在你塑造个人品牌中则是最小但最方便的要素。在人际交往中你可以把名片分发给大家，放在求职信和简历中，或面试时拿出来。它是一个多用途的自我推销材料。

即使你是学生或待业者，商务名片也是你求职中必不可少的部分。事实上，把商务名片看作个人介绍卡片，类似于维多利亚时代人们向别人介绍自己时用的名片一样。

制作商务名片有几种选择：(1) 找专人设计制作名片，然后去打印店打印；(2) 自己在电脑上设计，用自己的打印机打印（或者去打印店打印）；(3) 在网上卡片设计网站订制，他们会提供专业模板并打印名片。

如果你决定选择第一种，成本会高些，但外观会显得非常专业且别具一格。如你选择第二种，制作过程需要付出努力，外观可能不那么专业（除非你会制图），纸张质量也可能不是最理想的，但成本是最低的。如你选择第三种，外观很专业，但可能与别人的名片相差无几。纸张质量也与打印店的差不多，但成本更低。不管选择哪一种，下面是制作专业商务名片的一些指南：

- 内容。不包括行话或俚语。确保信息准确。
- 布局和设计。设计简单，不拥挤。确保名字放在最显眼的位置。避免颜色混合看上去不协调或不便于人们阅读。

• 字体。确定文字足够大，便于阅读。至少用 10 号字，用标准字体以便阅读。确保内容用黑色，背景用浅色，否则人们不易看清。

• 联系信息。包括全名、电话号码、邮箱地址，方便大家联系你。就如简历一样，邮箱地址应该是正规格式。家庭住址也有必要呈现出来，以便让人们知道你在哪儿。

• 口号。编写一个短语可以概括你是谁或你所做的事。

• 技能。如果选择双面名片，可能要考虑用一个简短的列表列出你的技能。

小小的商务名片不能说明你的一切，仅仅是为了让人们记住你或对你产生兴趣。图 7—12 给出了一些人的商务名片，他们或有工作，或待业在家。注意学生和义工怎样推销自己，他们甚至没在任何一家公司工作过。还要注意机械工怎样展示他的技能以吸引潜在雇主的兴趣。

詹妮弗·拉兹罗（Jennifer Lazlo）
保持冷静
瑜伽
冥思
减压
瑜伽学习者
华盛顿州伊萨夸市东河道 52 号，98027

jen.lazlo@comcast.net

425-833-1111

(a)

大卫·D. 维罗那（David D. Verona）
机械加工，精确第一
设计 & 制造
机械加工
原型设计
工具加工
焊接

(928) 210-0101
亚利桑那州旗杆市山顶路 528 号，86001
davdverona@sbcglobal.net

(b)

新泽西联合市，07087 观星路 3725 号 查理·杜邦（Charleen Dupont） 组织者——志愿者——筹资人 (201) 308-0011 Char. dupont@earthlink. net “我们同在这里”

(c)

电脑科技产业 未来就在眼前 劳伦斯·布里奇斯（Lawrence Bridges） 室内清洁工 加拿大库比蒂诺市，95014 自动化大道 433 号 (408) 777-0001×299 Larry. bridges@pctek. com www. pctek. com

(d)

图 7—12　商务名片样本：(a) 学生，(b) 待业机械工，(c) 义工，(d) 室内清洁工

技能指导

一些公司雇专家检查社交网络。这些专家利用客户软件系统，浏览社交网站，查寻不良品德用户的证据。这有助于公司决定是否真的愿意聘用你任职。客户软件通过搜索脸谱网（Facebook）、推特网（Twitter）、网络相簿（Flickr）、视频网站（YouTube）、邻客音（LinkedIn）、博客和其他来源生成一个“真实的你”的报告，而不是简历里精心制作的你。①

① Egan，Mike. “Ore-crime comes to the HR dept.” *Datamation*，*September* 29，2010. *Accessed on December* 8，2010，*from http*：*//itmanage-ment. earth web. com/features/article. php/*3905931/*Pre-crime-Comes-to-the-HR-Dept. htm*

申请表

在实际应征工作前你可以制作简历、推荐人名单、求职信、工作成果集和商务名片。但是应征工作时还有一些事情需要去做，比如填写申请表。申请表提供你真实的信息，以便雇主能决定你是否满足他们的需求。不是所有的雇主都要求申请表，但如果需要，请他们把该表邮寄或发送邮件给你。如果你在附近居住或工作，可自己去拿申请表。以下是填写申请表的一些建议。

1. 清楚易读。不管是打印还是手写，必须保证潜在雇主能够阅读。如果申请表不清楚，没有人会考虑你的求职申请。确保打印清楚整洁。打印稿一般比手稿易读。如果潜在雇主电邮给你的是允许写入的 PDF 格式的申请表，你可以直接键入你的信息到 PDF 文件里，不需担心字迹不清楚。

2. 内容完整。申请表可能很长且信息丰富。小心填写然后重新校对。确保每一部分内容完整。如果不确定怎样完成某个部分，请求帮助。你可以联系公司里的某人为你阐释清楚，或者请求老师或职业顾问帮忙。

3. 诚实。申请表中可能涉及你的房东、信用评价和以往职业的问题；可能会问到是否有犯罪记录。诚实无疑是最佳策略。雇主可以查证你提供的信息，他们这样做常常是为了自保。他们想弄清将要聘用的人是否正直。他们可能还会联系你的老师、房东或者之前的老板，可能联系信用资料局检查你的信用记录，或者去警察局核实你是否留有案底。

就算申请表上你的过去不太光彩，雇主宁肯从你那儿也不愿从外界获得此信息。在申请表中撒谎会立刻取消你进入聘用资料库的资格。不管有什么可疑的过去，诚实恰恰能使你留下来。

4. 快速。有时，人们应征工作，最先递交申请表的人更有机会获得面试。首要任务就是完成申请表。你越快递交申请表，雇主会越快看到并给你答复。如果想参加面试，尽快递交，你就比其他申请者抢占先机。

如果你不参加面试，你也可以尽快递交，以便应征其他工作而不浪费太多时间。图7—13为工作申请表样本。

前任雇主（以下填写最近的四位雇主，最后的那位最先填写）				
日期：年&月	雇主姓名和地址	收入	职位	离职原因
从　　到				
从　　到				
从　　到				
从　　到				

推荐人（写出三位与你没有特殊关系，但认识至少一年的推荐人姓名）			
姓名	地址	职业	认识的年份
1			
2			
2			

身体检查记录

是否有身体缺陷，阻碍你从事所申请的工作？□是　□否

请描述＿＿＿＿＿＿＿＿＿＿

以防＿＿＿＿＿＿＿＿＿＿

紧急情况联系人＿＿＿＿＿＿＿＿＿＿

姓名　　地址　　电话号码

“我保证据我所知申请表中的信息都是真实的。一旦任职，申请表中错误的陈述即是解雇的依据。

我允许调查其中包含的所有信息，以及上面列出的推荐人资料，保证为你们提供任何和所有前任职业的信息，以及推荐人可能掌握的任何相关信息，不管是个人或其他信息。如果因为提供相同材料而为你带来损失，各方均不承担责任。

一旦聘用，若我无法确定任职时间，可能没有事先通知就被解雇，不管支付工资的日期。对此我表示理解并同意。”

日期＿＿＿＿＿　签名＿＿＿＿＿＿＿

书写不要超过下面这行

＿＿＿＿＿＿＿＿＿＿日期＿＿＿＿＿

＿＿＿＿＿＿＿＿＿＿

＿＿＿＿＿＿＿＿＿＿

聘用：□是　□否＿＿＿＿＿职位＿＿＿＿＿部门＿＿＿＿＿

月薪/周薪＿＿＿＿＿＿＿报告工作日期＿＿＿＿＿

同意：1.＿＿＿＿＿　2.＿＿＿＿＿　3.＿＿＿＿＿

人事经理　　部门主管　　总经理

> 此表严格遵守州和联邦政府公平就业实践法规，禁止职业歧视。该聘用申请表在美国各处销售，用作通常用途。格斯科采购公司（Gussco）对上述内容不承担任何责任，申请人的雇主提出任何形式的问题都可能违反州和/或联邦法律。
> 77 105

图 7—13 工作申请表样本

有的放矢

假设你花费许多时间和努力在专业的自我推销材料上，现在它们即将问世。把它们拿给合适的人。如果你之前进行过人际交往，你可能已经有了合适人选。如果你想回应已公告的职位描述，可能需要知道相关人员的名字，但也不总是必需的。网上招聘启事只提供一般的电邮地址。

确定具体收信人会得到更多重视，因此人际交往技能迟早有用。试着给应征公司打电话，做些调查找到接收材料者的姓名和联系信息。你可以给公司内你的朋友或联系人打电话，也可以在公司网站上找到相关人的名字。最好是知道实际决策人的名字，那样你的求职信和简历才能送到他的手中。有时不管怎么努力你也可能无法知道该人的名字。这种情况下，不妨将信写给人力资源部或负责招聘的部门。比如：

- 尊敬的人力资源部工作人员
- 尊敬的市场部

如果不需要具体写给某个人，而是必须把求职信和简历递给某个部门，确定提及该公司内你交流过的某人。这样阅读材料的人就知道你花了时间，事前做了调查。比如：

- 我最近与市场部的玛西亚（Marci）交流过，她建议我把简历递给你的部门。
- 我朋友，设备部的伊斯塔本（Estaben）推荐我把简历递给你的部门。

另外最好电话跟进，确保他们收到你的求职信和简历，还要告诉你投递材料的时间。事实上，一两周后你甚至可以考虑寄给他们求职信和简历的复印本。这样你可以调整求职信，提出你随后会发送信和简历的电子版（注明发送日期），并愿意提供推荐人资料的复印本。这是聪明的方法，便于让人关注并记住你。

即将到来的面试

可能你马上就会去面试，也可能几个月过去了，仍在到处应聘，继续量身定制求职信，更新简历，打许多跟进电话。不管怎样，在此过程中你将积累宝贵的经历，增强自信心。简历让你回想起曾经对社会做出的贡献，工作成果集让你真实地感受到曾经的成就，求职信显示出求职过程中你取得的进步。

如果你按照本章的指南坚持下去，你将得到面试机会。在第八章中这些方法都会有用，确保面试顺利进行并最终得到工作。

职场工具箱

本节提供一些特别的活动，助你准备好真实求职中专业的自我推销材料：简历、工作成果集和求职信。花时间浏览每一活动并善加利用。

为操作方便，你可能想选出之前“测一测：收集资料”活动中写下的信息。

7.1 评估技能

写简历前了解你的综合技能，这是个好主意。回顾表 7—1 的内容。

我的综合技能

硬技能	软技能

续表

硬技能	软技能

了解自己的综合技能可以助你写出准确描述你是谁和你的能力的简历和求职信。

7.2 编写就业信息

有时万事开头难。在完全明白怎样撰写简历，编辑工作成果集之前，填写下面的表格，能帮助你整理信息，最后归入简历中。

你已经在“测一测：收集资料”活动中开始了信息收集。现在可以把所有信息合并在一起。

1. 个人信息

姓名：________________________________

地址：________________________________

电话号码：____________________________

电子邮件：____________________________

2. 教育背景

a. 学校

	名称	毕业时间（年/月）
中学		
高中同等学历		
大学（两年或四年制）		
技术/职业学校		

如果你刚毕业不久，填写 b 至 d；如果不是，跳到第 3 步。

b. 学校习得技能

____

c. 课外活动

d. 奖励/荣誉

3. 工作经历（有偿、无偿工作或义工）（先写最近的工作经历）

a. 职衔：

公司或机构：

位置（州/城市）：

工作或做义工日期：

管理人：

工作职责：

技能（用于完成职责的技能）：

b. 职衔：

公司或机构：

位置（州/城市）：

工作或做义工日期：

管理人：

工作职责：

技能（用于完成职责的技能）：

____

____

c. 职衔：________________________________

公司或机构：______________________________

位置（州/城市）：__________________________

工作或做义工日期：________________________

管理人：__________________________________

工作职责：

____

____

技能（用于完成职责的技能）：

____

____

d. 职衔：________________________________

公司或机构：______________________________

位置（州/城市）：__________________________

工作或做义工日期：________________________

管理人：__________________________________

工作职责：

____

____

技能（用于完成职责的技能）：

____

____

4. 参军信息

军衔：____________________________________

所属军队：____________________

退伍日期：____________________

所学技能：

____

____

5. 掌握的特殊技能/使用的设备

____

____

6. 爱好/兴趣（列出的技能与你所选职业相关，并且可以提高就业能力）

____

____

7. 执照和能力证书

类型	证书名称	失效期或获得时间	能力级别
驾照			

8. 会员资格

类型	头衔	日期
工会		
职业机构		
社区		
俱乐部		

现在你已经完成了全面的重要信息列表，制作简历或填写申请表时你会用到这些信息。

7.3　制作专业简历

选择最适合的简历类型：时序型、功能型或者混合型。参看图 7—4

至 7.7 中的例子。

1. 想出一个好的职业意向，比如，参考前面“收集简历信息”章节。

2. 把收集到的信息放入简历。确保用行为动词描述你从事的任务，参看该章之前的相关资料。

3. 把简历限制在一页内（单面或双面）。

4. 在“检查标准格式”一节使用简历细节清单，确定最后格式。

5. 把完成的简历变成 PDF 格式。

6. 用质量好的纸张打印简历。

7.4 排列推荐人信息

尽早编写推荐人名单，联系他们为你写推荐信。

1. 找到“测一测：收集资料”活动中创建的推荐人名单。

2. 与每位推荐人联系，确保你掌握的是他的最新联系信息，然后确定哪些推荐人愿意为你写推荐信。

3. 做成一页纸的专业格式推荐人名单表，确定里边包括每位联系人的姓名、职衔、公司、城市、州、电话号码和邮件地址。

7.5 精心制作理想的求职信

回顾第六章中的人际交往笔记，确定你的意向公司。

1. 列出每个公司中你计划递送求职信和简历的人员名单。如果不知道具体的人，先做调查加以确定。

2. 针对某个公司和职位量身定制本章前面提到的通用求职信。

3. 确定采用四段式结构，参考图 7—10 和图 7—11 寻求帮助。

7.6 制作专业工作成果集

进行这个活动可能要花些时间，因此你要制订计划，根据不同情况去完成。

1. 参考表 7—3“测一测：挖掘宝藏”的活动，列出你想放入工作成果集中的材料类型以及来源渠道。

2. 开始浏览你列出的材料复印本和电子版，确定你最适合的工作。

3. 确定组成工作成果集的电子文件安全存放在你电脑中一个或多个有序的文件夹里。

4. 如有必要，把文件夹写入光盘、视频光盘或拇指驱动器中，并放在安全的地方。

5. 打印工作成果集复印本中的例子。

6. 用干净的活页夹装订复印本，包括封面和目录。

7.7 制作自己的名片

如果你没有商务名片，现在有机会集思广益制作名片。

1. 写下大概的纲要，确定包括之前商务名片章节中提到的重要信息。

2. 在网上查询“商务名片”，确定设计商务名片的网站。点击进入看看是否满足你的需求。

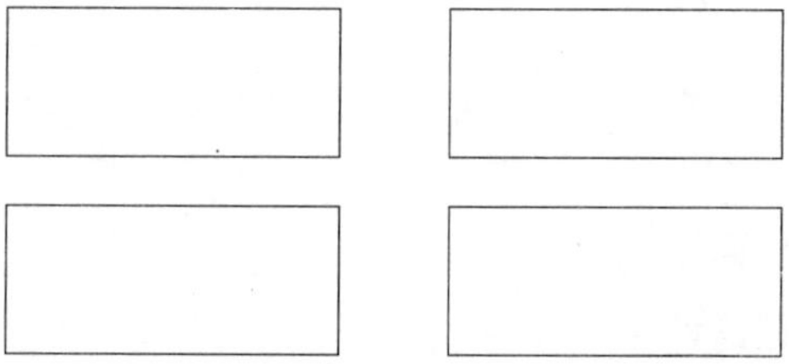

3. 在书面或网络电话簿查找商务名片设计和打印的当地打印店。询问价格，可预先做好更多的设计工作，以降低成本。

第八章　选择面试工具：成功签约的策略

学习目标：

- □ 电话面试
- □ 面试前调查
- □ 面试着装指南
- □ 面试制胜策略
- □ 问题类别
- □ 疑难问题处理
- □ 非法问题及其处理
- □ 工作邀请的协商方法

第一印象关系着职业大门开启或是关闭。事关重大，不要搞砸了。

——尼古拉斯·斯帕克斯（Nicholas Sparks），作家

职场谬见

“面试的着装和行为举止不重要，重要的是经历、技能和才能——简历上提到的一切。”

职场现实

不管简历写得有多好，你在面试过程中的一切，从对待面试团队每位成员的态度，到你的着装、说与没说的话，在录取决定中都会被考虑在内。衣着邋遢可能被视为缺乏尊重，不微笑、不握手、不招呼大家可能被视为傲慢自大，不提问又可能被视为过度自信。所有这些行为都可能使你失去工作机会。

劳伦（Lauren）不喜欢面试。事实上，谈论自己和被提问都使她感觉不自在。这使她想到电视上看到的犯罪片，嫌犯坐在警察局的审讯室里，几个侦探一起审讯。不幸的是对面试的这种感觉给她带来了许多问题。她常常紧张，防范别人，还向面试官抱怨自己之前的雇主。结果她很少得到自己想要的工作。

一连几年糟糕的面试经历，加上工作上的不如意促使劳伦决定寻求帮助。她在当地社区大学咨询职业顾问，顾问建议劳伦做一些模拟面试。顾问扮演面试官，劳伦是被面试人。之后，顾问从衣着、握手、声音、习惯动作，到回答问题的答案以及最后结果对她进行面试评估。

即使劳伦知道这不是真正的面试，她还是同样紧张，防范别人。顾问与她探讨之前从事的工作时，她还是感到沮丧，并拒绝回答自己的优势和弱点。简直是一塌糊涂！

劳伦知道面试中存在的困难不是她独有的——许多人面试都不自在，这是可以改变的。接下来的几周，她跟着顾问一起练习优秀的面试礼仪。

她学习如何着装，如何握手，如何热情对待面试官，如何处理难题，克服异议以及推销自己。她学习着如何突出简历中的不同部分，展示自己在不同职业中的技能和能力，使自己脱颖而出。她甚至学会协商工资的艺术，这可是过去她最怕做的事。

顾问鼓励劳伦摆脱求职的焦虑，享受面试过程，把每场面试当作实践新技能的机会。虽然这个建议实行起来难度较大，劳伦还是依照顾问所说的去做。在下一场面试中，她开始捉摸怎样使面试官感觉舒服，不再为自己担忧。之后她以积极的姿态面对难题，尝试用新学的技能处理异议。当她参加第三场面试时，这次是她中意的公司，一切都变得不可思议，她以往的练习得到了回报——她获得了工作机会（协商的结果），开始了新的工作，她倍感自信和激动！

也许你和劳伦一样害怕面试过程，又或许你不怕。不管怎样，既然应征工作并得到面试机会，就意味着你离梦想中的工作只有一步之遥。接下来呢？准备面试，让自己轻松自在。熟悉面试礼仪，学会处理成败的秘诀。运用你掌握的各种技能，尽可能争取最好的结果，获得成功。

面试准备

虽然你的简历引起了潜在雇主的兴趣，面试却真正使你有机会开启职业成功的大门。所有工作都需要面试。如果你获得了面试机会，表明根据你的简历，公司决策人认为你是合格的。然而，面试才能使公司决策人真正确定你是否适合某一职位以及是否能够融入公司文化。同样，面试也能使你看清该公司是否适合你。在你获得晋升或公司内部换岗的机会时，你还得接受未来主管的面试。

为了面试成功，你必须准备。该节涉及各种可以助你面试成功的准备活动。

面试安排

一旦应邀参加面试，确保面试安排采用如下建议：

1. 通过电话询问面试官的姓名和职位，确定面试确切地址和办公室位置，以及面试预期持续的时间。

2. 做好面试安排，确保轻松及时赶到（面试前小坐一会儿），不要让你的其他生活一团糟。

3. 如你从未去过那儿，向电话通知你的人询问面试位置的详细方向。如需要，咨询公交信息。

4. 在你能看到的地方写下面试日期和时间——记事簿、公告板、贴在洗手间镜子上的便笺——任何你看得到的地方。如果面试信息放在网上，请准备复印本，方便提醒自己。在面试日期和时间旁写下联系人的名字和电话号码，以备因某些原因需要与之联系。

调查雇主

面试前先了解一下公司情况是明智之举。如果你事前做过调查，对公司员工、结构、活动、薪酬以及你的工作任务提出一些有见识的问题，面试官会关注你。你所做的努力将展示你的聪明才智、足智多谋以及勤奋努力。此外，因为你掌握了基本情况，便更能深入展开，面试将使你受益匪浅。

这里有一些面试前你可能需要调查的问题，能帮助你了解该公司及职位情况：

1. 整个行业的商业气候怎样？
2. 行业出现什么变化，对公司有怎样的影响？
3. 公司规模如何？
4. 公司成立多久了？
5. 公司具体做什么？（产品和服务）

6. 主要竞争对手是谁？

7. 这是个新职位吗？如果是，开设新职位的理由是什么？

8. 该职位对整个公司有什么影响？

你可以从各种途径寻找问题答案。见表8—1看看应当如何寻找信息。

表8—1　面试前调查途径

途径	描述
公司人事部门	负责面试和招聘的人知道潜在员工将搜索相关信息。他们也许可以就公司结构、活动、规模和范围为你解惑
认识的内部员工	与当前在该公司任职的任何朋友、家人或校友交流。他们将有许多关于公司收入水平、内部人际关系、权力等级以及规章制度等的“内部”信息
年度报告	任何上市公司都可以获得（任何进行股票交易的公司）。报告包含公司基本信息，提供财务业绩的详细情况
图书馆	可在此处找到年度报告。图书馆可以看到报纸或期刊上关于公司的文章。可检查企业名录比如“标准普尔评级”（Standard & Poor's）基本数据，包括公司地址、规模、收入和利润
母校	学校职介顾问和老师可能知道该公司，因为其他学生分派在此工作过。他们也许可以为你引荐校友，这些校友曾参加过面试并在此工作
商业改善局（BBB）	该局可提供公司的合法经营记录，告诉你任何违规行为、商业调查或者不良商务行为的索赔
公司网站	公司网站一般是关于公司产品、服务和客户方面的好消息（虽然可能有失偏颇），也包括职位描述的更多信息。甚至从网站外观设计可管窥公司特征。网址一般在公司商务名片上。如果没有名片，用搜索引擎锁定公司或者打电话询问网址

你也可以考虑“暗中”调查，亲自去该公司逛逛，以便能观察人们看上去怎样，以及他们的行为。这类调查得以进行通常因为你认识该公司的内部人员。但即使你不认识，你可以一直坐在外面观察公司大楼里来往的人流。

每一个领域都有特殊的要求、经营风格和独特个性。每一领域内的个体企业或公司也可能截然不同。某工厂可能要求员工穿制服，而另一家却只规定衣着符合安全标准，不考虑颜色或风格。不同的办公室可能对于工作时间、休息时间和办公礼仪规定不同。每种环境都是独一无二的。以下是暗中调查或参与真实面试中需要注意的系列事项：

• 着装。工作中人们怎样穿衣——制服？套装？牛仔装？短裤和人字拖？

• 行为举止。对待别人的行为举止（正式或非正式，直呼其名还是称呼头衔）。

• 权力结构。谁是领头人，谁居于第二位，以及令谁满意才重要？

• 运营结构。谁响应谁，谁服从谁的命令，以及谁向谁报告？

• 礼仪。非常注重或不太注重。

• 资格证书。什么样的工作经历、教育背景、学位或需要的证书。

• 技能。必备技能以及锦上添花的技能。

注重形象

职场竞争很激烈，因此面试中让自己看上去像专业人士是聪明之举。面试中，并不仅仅就工作描述中的要求，对你进行素质评估，比如衣着、声音和习惯动作。这些素质可能很表面，但它们是你给面试官的第一印象。

根据形象，人们可能会判断出你是否可靠、圆滑，你的社会地位、经济地位、教育水平以及品德如何。人们初见面立刻对彼此做出判断，在双方几乎不了解的情况下，这似乎并不公平。试想一下你的经历。第一次遇见某人你有什么感觉？几秒之内，从衣着、说话方式、眼神交流、身体语言和打扮，你就对那人做出了判断。如果印象很好，你可能更容易接受他所说的；如果印象不好，你可能会拒绝他。

虽然仅仅几秒钟就形成了第一印象，但却能一直持续下去，因此要给别人留下好的第一印象。最好的应对方法就是成功装扮自己，但不必花大钱买衣服塞满衣柜，也就是穿着漂亮，感觉舒适，看上去得体。去公司面试时，你的衣着也应比平常的衣服稍微正式些。为什么呢？因为面试官一般会认为你参加面试的装扮应该比平常更好。受聘后，你可以开始像其他员工一样着装。如不确定何谓标准着装风格，面试前偶尔去公司转转，观察一下员工们的着装。

整洁、干净、健康的形象会让雇主或面试官认识到你在意自己，也表示你明白外表可微妙地向顾客和客户传递这样一个信息：你关注他们的需求，一如你关注自己的需求。

确信你的衣服干净整洁（未必是新的——得体就好），颜色和风格相对中性，穿上去舒服自在。实际上，面试前最好至少试穿一次全套衣服。但你希望面试官关注的是真实的你，而不是你所穿的衣服。

即使应征的工作要求你穿制服，工作中会弄脏衣服，面试时穿着得体同样重要，这会给人留下好印象。风格和正式程度因每个国家和地区的不同而不同，因此做个小调查看看人们怎样着装。比如，在伊利诺伊州的芝加哥看上去得体的衣服，在爱达荷州的博伊西似乎就过于讲究。做个游戏，穿他们希望看到的衣服！

如果你仍不确定穿什么，参看表8—2面试形象的建议。你的主要观点是：你不希望因为形象问题妨碍别人聘用自己，也不希望只是因为形象而让面试官记得你。你希望面试官注意你本人，而不是注意你的形象。

表8—2　　职业形象建议

着装注意事项	男士	女士
个人卫生	面试前要淋浴或洗澡	面试前要淋浴或洗澡
头发	面试前几天要理发，用发圈把长发束在脑后 吹干头发，不要过多使用美发产品	头发不要遮住脸，或梳一个简单的发式 吹干头发，不要过多使用美发产品
古龙香水	用一点香水，或完全不用，切忌闻起来有烟味	用一点香水，或完全不用，切忌闻起来有烟味
指甲	确定你的指甲干净	确定你的指甲干净，不要太长或涂抹指甲油

续表

着装注意事项	男士	女士
胡子或化妆	男士应该面部干净，胡子（胡须和小胡子）应整洁	尽量少化妆
首饰	不戴张扬的耳环，尽量少戴链子和指环	少戴首饰，不戴张扬的耳环。佩戴低调不显大的首饰
文身	面试时遮住文身	面试时遮住文身
皮带	佩戴有皮带扣的皮带，面试时把衬衣塞入皮带内	佩戴带环腰带，面试时把衬衣塞入腰带内
长裤	选择深色长裤，且没有皱褶	选择深色长裤，且没有皱褶
套装（裙）	套装干洗熨烫，无皱褶，不太紧也不太松	套装干洗熨烫，无皱褶，裙边长于膝盖，套裙不要太紧
裙子或连衣裙	无	干洗熨烫，无皱褶，裙边长于膝盖，裙子或连衣裙不宜太紧
衬衫	戴领带参加面试，除非是非正式面试。那样就穿便装。选择衬肤色的颜色不要让你看起来苍白。衬衫不宜有皱褶	不穿低胸衬衣，选择衬肤色的颜色不要让你看起来苍白。衬衫不宜有皱褶
鞋	擦亮皮鞋，或拖鞋（如果是非正式面试），搭配合适的袜子，不穿运动鞋	面试时最好穿遮住脚趾的皮鞋，擦亮皮鞋，不穿细跟或尖头鞋。正式面试要求穿袜子

解决了形象问题后，面试准备中还有什么是应该考虑的？和别人握手的方式是否正确？

暗中观察可以帮助你知晓公司文化，而且了解公司文化也有助于了解你的潜在雇主。

你知道吗?

形象很重要。思考一下，有个人应征某公司客户经理的职位，但是没有得到这份工作。当问及该公司总裁为什么拒绝这位应聘者时，总裁回答道:“这位应聘者的衬衣有皱褶，看起来好像是昨天穿过的，然后揉在房间一角，第二天继续穿来面试。他甚至懒得试着穿件夹克遮住它。我认为如果第一次见面他都不愿花时间给我留下好印象，又会怎么对待我们的客户呢?”①

握手练习

虽然你也许从未考虑过，但在商界握手方式也会传递许多关于你的信息：你是否自信，是否害怕，是否友好，是否好斗？这些特点都能从握手方式中得知一二。

第一次与某人见面，留下好印象的最好方法是正确的握手方式，应该是友好而坚定有力的握手，而非伸出手臂的盈盈一握，也非以揉碎骨头之力让人畏缩。了解自己的握手方式的一个办法就是试试与你的朋友握手。如果他们说太温柔，握住别人的手时，尝试收紧一点小臂，但不要用力挤压。如果你朋友说力道太重，注意只是包住别人的手但不要挤压。握手时别忘记微笑——这让你看上去友好而专业。

测一测：形象得体

试想你要参加理想职业的面试，根据所学的职业形象，以及握手方式的重要性，做以下练习：

1. 看看你的衣柜和化妆台，确定面试服装的所有部分，相信自己穿在身上舒服自在。

---

① Ferguson, Cheryl. “A second look at first impressions.” *The Recruiter's Studio*. Accessed December 29, 2010, from http://jobsearch.about.com/od/interviewsnetworking/a/interviewimpres.htm

2. 试穿衣服、鞋子，尝试各种发型，在镜子前观察自己的形象。看上去怎样，感觉怎样？太过讲究，还是太过随便？感觉舒服还是不舒服？

3. 让别人就你的面试形象给出意见——也许是对职业形象有感觉的某位同事、朋友或家人。

4. 除了得到面试形象的反馈外，还要与朋友进行握手练习。

5. 就着装和握手方式，你得到了哪些反馈意见？

6. 思考别人的建议，努力改善你的形象和握手方式。

记住，你在各类电视节目或不同杂志上看到的专业人士形象不能反映真实生活中的人及其职业着装。最好是参观你可能去面试的地方，观察人们的着装。

模拟面试

做好了职业形象和握手方式的准备后，只剩下一件要做的事——进行模拟面试。通常这可以减少压力，并帮助你预测真实面试中可能发生的情况。如果愿意，你可以自己练习。思考可能问你的问题，然后在镜子前大声回答。评估你的回答和言辞。是否能用上简历、求职信和职前调研中的信息？

角色游戏是准备面试最有效的方法。你可以与某个朋友或家人一起练习，他同意充当面试官的角色。你穿着得体，与面试官会面，握手介绍自己，就如真实面试中一样。另一个人用你事先提供的问题向你提问，你尽力回答。然后让模拟面试官在面试结束后，就你的形象、声音、身体语言和回答内容，与你分享他观察到的结果。根据这些材料，对可能提出的问题你也许需要写下答案并进行研究，改变着装或习惯动作，重新再模拟一次。俗话说："熟能生巧。"

以下是真实面试前你可能思考的一些问题。

背景和兴趣问题

别人可能会问这样一些问题试图了解你。他们常常对你的专业、个人背景以及兴趣集中发问。回答这些问题其实是让你谈论你最熟悉的人——你自己。

1. 你为什么选择这个专业?
2. 什么激励你改变专业?
3. 是否能谈谈你的大学经历?
4. 你为什么来到这个城市或州?
5. 什么使你决定从事这类工作?
6. 你过去在哪类公司工作?
7. 为什么要换行业?
8. 你想要什么样的职位?
9. 闲暇时你做什么?

行为态度问题

别人可能问你关于过去经历和行为态度的问题，是为了预测你来公司后未来的行为态度。

1. 你曾经与同事发生过冲突吗?怎样解决的?
2. 你前一份工作中最大的挑战是什么?怎样克服的?
3. 你曾经与不满的客户打过交道吗?你做了什么?
4. 你最大的成功是什么?怎样取得的?
5. 你曾经面对的最困难的处境是什么?怎样处理的?
6. 从头到尾详细解释一下你之前从事的某个项目。
7. 你是否有达不到目标的时候，发生了什么?
8. 说说你是否有无法忍受的时候?怎样处理压力的?
9. 是否有过团队协作的项目?你发挥了什么样的作用?

10. 你曾对经理的决策有过分歧吗？怎样处理的？

情景问题

有些问题是面试官提出的假设性的问题，想知道你的想法。这类问题通常围绕你在工作中可能面对的情况。比如，下面是一些简单的情景问题的样本，适合应征牙齿保健师职位的人思考：

1. 如果你的某位病人总是比预约时间晚到，你该怎么办？
2. 如果发现办公室经理同时预约了两个人做牙齿清洁，你该怎么办？
3. 尽管病人赞扬你，但某位牙医始终批评你的工作，你怎样处理？
4. 有位病人因为过去非常痛苦的经历，多年来一直害怕见牙医，你会怎么处理？
5. 如果你看见某位同事偷取公司财物，你将怎么做？

棘手问题

面试官会提出这些问题看看你在压力下是如何应对的，进一步挖掘你的背景，或者仅仅想更多地了解你。

1. 为什么你常常换专业？
2. 看起来你不是认真的学生。为什么你的分数那么低？
3. 如果我有三名更合格的应征者，为什么要聘用你？
4. 为什么喜欢这个职业的人专业是学英语的？
5. 为什么你从事的行业有缺口？
6. 你为什么不更多地参与学术或社区活动？
7. 没有经验的人怎样与顾客联系？

解决这些问题的最佳方法是：(a) 不要防备，(b) 诚实回答问题和 (c) 以积极的态度回答问题，并指出这是从经历中获得的。比如，假设某人问你：“为什么在风暴研究所只待了三个月？”

你应该这样回答：

“在风暴研究所工作前，我已经失业半年了。我猜想你可能会说我很高兴再次被聘用，因此不会太深入地考察该公司或该职业。结果证明我不适合在风暴研究所工作，这份工作也不适合我。公司需要一个具有较强分析能力，注重程序的人，能独立工作，每天都分析基于计算机的天气数据。我更多的是一个宏观统筹的人，喜欢与人交往，制订计划。所以我离职了，这是双方共同的决定，我愉快地离开了。自此，我学会了对任何感兴趣的职位都要进行更深入的调查，并且确保可以与人交流，参与前景规划。”

这样回答问题可以展现你的优势（宏观统筹的人喜欢与人交往，制订计划），这有助于潜在雇主发现可能适合的人选。你的回答同时也表明你从经历中学到了知识。此外，不要苛刻批评你的前任雇主，这是尊重别人和成熟的标志。

面试中不可能问及所有上述问题，但提前思考可以比一般的面试者做好更充分的准备，更有自信。

测一测：整理问题和思路

不管你是否受邀参加面试，开始思考面试中可能问到的问题，再早也不为过。

1. 回顾之前的面试经历，进展如何？哪些方面你做得较好？哪些问题没有准备？

2. 重温本章你读到的背景、行为态度、情景和棘手问题的样本，用自己的话回答每个问题。随着时间的推移，你可以精练答案，琢磨一下该怎样回答，这是有益的。

3. 思考一下其他可能被问及的问题，甚至是那些让你不舒服的问题——在以前的面试中曾经遇到的问题。然后想出一些可能的答案。

4. 现在站在镜子前，回答一些你思考过的令人不舒服的问题。你表现如何？训练自己，让自己看上去平静、自信和愉快。

对自己提问，尤其是棘手问题，准备答案可以消除未来面试中的担忧情绪。

面试前夜

即使做好充分准备，面试前夜你仍会感到紧张，这很自然。你可以做一些事情保持平静，为第二天做准备，而且保持良好的自我感觉。

1. 核实面试指示。确定你知道正确的面试日期和时间，以及该往哪个方向到达面试地点。

2. 给车加油。如果你开车去面试，现在就给车加油，不要等到面试当天早上。做一件事就少一件事。如果你乘公交，确定公交车时间表。如果是走路或骑自行车，确定要花多少时间以及路线。

3. 收集材料。确保带上所有必需的面试材料：简历和申请表复印本、推荐人名单、工作成果集、笔记本以及做笔记的钢笔，还有装材料的公文包或商务手提包。你可能还要考虑带一瓶水，因为你会讲许多话。带上其他推荐人名单也无妨，以防万一。如果打电话通知你参加第二次面试，面试官可能会要求了解其他推荐人。

4. 安排好着装。最好是面试前夜把一切都安排好，因为第二天早上醒来你无须为此担心。

5. 设好闹钟。确定你给自己留出足够的时间穿衣、吃饭，及时到达面试现场。注意交通和天气情况。

6. 保证充足的睡眠。现在不是熬夜到破晓的时候。面试前至少保证八个小时的睡眠时间。如果你无法入睡，试着想象你在面试结束时与面试官握手，笑容可掬，对自己的表现感到满意的情景。

7. 吃早餐。尽管你很紧张，务必吃点东西，为今天做准备。一点蛋白质和一些碳水化合物可以长时间地保持血糖稳定，让你的头脑能够做出必要的思考。但不要摄入太多的糖和咖啡因。没人希望面试过程中太过紧张或昏昏欲睡。

8. 回顾你的成绩。去面试的路上，抽时间想想你完成的所有事情

（你可能想看看你的简历）。这可以增加自信心，让你想起希望与面试官分享的故事。

过程应对

你努力提高技能并获得了面试机会，参加面试主要的目标就在于此！但奇怪的是，人们常常在面试中忽略了展示自己。记住这是你展示自己，向职场进军和开始新生活的机会。除非你亲自出面，向面试官展示你应该得到这份工作，否则你甚至没有机会好好利用这次工作机会。因此在面试现场，让面试官知道你想有所作为。

> 电话面试中的着装和行为举止与现场面试一样。

电话面试的应对

一些公司在现场面试前喜欢通过电话筛选潜在应征者。如果你遇到这种情况，面试前花些时间请一位朋友听听你在电话中的声音，然后询问他的意见。尽量让声音听起来清晰、欢快、充满活力，语速不要太快也不要太慢。

电话铃响前，为自己做好以下准备：

1. 收集所有材料（求职信、简历和工作成果集）。你不知道是否面试官会向你要这些材料。

2. 检查手机。如果你计划用手机接电话，确保电池不会死机，你能正常接听。

3. 穿职业装。穿职业装接电话比穿内衣或睡衣接电话让你感觉更专业，声音听起来也更专业。此外，一些电话面试是采用网络视频或电话会议的形式进行的，这种情况下面试官实际上可以看到你。

电话响起时，用质量好的手机，去安静的地方接电话。面试官没有兴趣在问你问题时听到许多噪声。电话面试中最好是保持站姿并面带微笑。为什么呢？因为这样你的声音传输效果会更好，听起来可能更积极。

电话面试的难点就是不能看到面试官，因此无法根据视觉线索判断你的表现。你只能依靠听力技能获取其他线索。事实上，电话面试中不要打断对方的话，这点特别重要，让面试官讲完要讲的话你再回答。不要担心花时间思考答案——片刻沉默不会影响任何人。

如果通过电话面试，你将被邀请参加现场面试，面试官会设定双方都方便的日期和时间。务必写下相关信息，包括面试官姓名和公司的位置，然后按照本节下面的建议去做。

最后一分钟检查

出门参加面试前，不妨花最后一分钟检查，确保准备好了所有你需要的东西：

1. 回顾面试指示。你知道怎样去公司，与谁面谈吗？清楚面试时间吗？

2. 收集材料。你的简历、工作成果集、推荐人名单和其他推销材料都带齐了吗？（希望面试前夜就做好了安排）

3. 镜前审视。头发干净吗？衣服上挂有标签吗？男士：脸上有剃须膏或纸屑吗？女士：口红花了吗，或者长袜滑丝了吗？

在镜子前说几句鼓励自己的话，深呼吸，然后出门。出发去面试！

提前到达

留出足够多的时间去你需要去的地方。你无法预计可能发生的事——交通拥堵、火车延误或汽车抛锚。无法预知的延误会花去你的宝贵时间。如果你提前计划好，留出充足的时间，你就能够处理遇到的任何麻烦。

进行面试

你看上去很精神（按照表8—2的建议，排练了所有项目清单），不慌不忙，早到了一会儿，带上了纸笔记笔记，也带上了求职信和简历的复印本，以便面试中可以回顾你需要的关键点。等待过程中甚至还带上了有趣的读物。但现在时间到了——面试官已经来了。下面有一些面试应战指南。

1. 问候面试官

站直、微笑，用本章前面提到的方式握手，坚定有力。一定正视与你打招呼的人，说出你的名字，重复他的名字。这能让你记住他们的名字。随便聊聊，可以谈论天气或一些不敏感的话题，或者分享一些开心的事。这有助于缓解你的紧张，让面试官感觉舒服，面试官也会紧张。

2. 了解面试过程

面试因公司而异。一些公司喜欢安排一整天的时间面试，包括午餐时间，你将会与招聘流程中涉及的每个人见面。其他公司可能安排半天时间面试，你只需见招聘经理和他团队中的几个人。最后，有些公司只安排大约一小时的面试时间，只见一个或两个人。

总体上说，一次只会与一人见面，每位面试官可能各自负责询问一些特殊的问题，或者可能都问类似的问题。这种情况下，记住，和你谈话的大多人都不是专业的面试官，他们与你一样不安。如果你有意让他们感觉自在，你就会没那么紧张。

有时你可能会参加小组面试，几个人同时面试你。虽然坐在一组面试官对面让你紧张不安，但并没有你想的那样糟。把面试看作与许多人交谈，当某人问你问题时，面向那个人回答就像只有你们两人谈话一样。然后眼睛扫视整间房看向面试组里的其他人，让他们感到你也在对他们说话。

3. 记住，他们愿意喜欢你

这是真的！如果公司花时间做工作广告，阅读简历，对应征者进行面试，那么说明他们想要找到最佳应征者尽快填补职位空缺。公司越快找到合格的人，就越想此人早点来公司上班。你一进来，面试官希望你就是公司需要的人，这样说自有其道理。因此保持自信，提醒自己，你是公司中意的人。参照图 8—1，用一些积极的表达，可以帮助你增强信心。

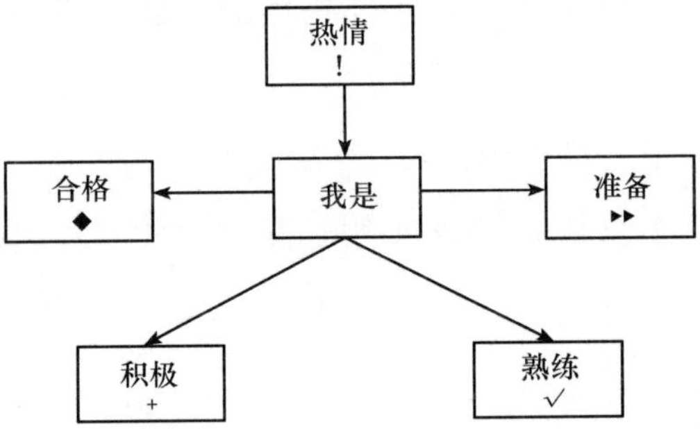

图 8—1　面试态度

最后，回答问题时，把下面的表达放入你的答案中，证明你是一个“能力型”的人：

- “我能为你做的是……”
- “我愿意……”
- “我能够……”
- “我希望……”
- “我享受……”

4. 放松，做自己

如果感到紧张，不要为此难过——你不孤独。许多人面试前都会有一种紧张的情绪。尽力放松，环顾四周读点什么让你忘却紧张。深呼吸，提醒自己拥有的技能和才干，想象自己走出面试房间，笑容满面！

一旦开始面试，记住面试官已经从阅读你递送的材料中了解了你的技能和资历。现在面试官想知道真实的你——你的个性，你面对新环境的适应能力，你对于自己设定的目标和能力的想法。不要不说话，或试图成为别人，这会让人失望。做自己才是最棒的。

面试官一般对他们需要的潜在职员的技能和素质有一个大致的想法。面试过程中，他们在等待某人进来，具体展示他是某职位的完美人选，使那个大致的形象清晰化。你可能就是那个人。你越与面试官分享“你”独特的气质，他们越能清晰地看到你构建的形象，也将更容易决定这个形象是否是他们需要的，从而解决了他们招聘过程中遇到的难题。

假设卡萨托医生（Dr. Cusato）需要一名牙医助理。他知道自己不想浪费时间面试那些不具备足够技能和经验的应聘者。因此他仔细阅读简历，淘汰不合要求的人。然后他选定了七名应聘者。这七个人都同样符合技能资质。什么是决定性因素呢？

卡萨托医生并不十分确定。他想见见每个人，再决定下一步。当然他希望那人拥有比如自我管理、礼貌、正直和责任心这样的重要品格。当然，还要有良好的人际交往技能，但这点他有不同的要求程度。

结果证明，参加面试的第二个应聘人精力充沛、精神饱满，正是他办公室所缺失的东西。卡萨托医生直到看到这位应聘人才意识到缺失这样的活力，并且认为如果和那人在一起工作会多么地愉悦。他仍然见了其他的应聘者，也同样喜欢他们，但第二位应聘人使他确定并弄清了这个职位最需要的形象。应聘者如何能做到这一点？就是做自己。

5. 注意言语和非言语提示

牢记许多面试官都不习惯自己的角色。在大多数公司，面试你的人都不是专业面试官；他们只是“有官衔”的人，被要求去与你谈谈。实际上，如果你面试技术岗位，面试官可能善于分析，或者生性内向，很不适应面试官的角色。你越尽力让他们感觉自在，他们越从正面的角度看待你，你也会感到更自在。

为了让面试官（包括你自己）更舒服自在，注意你的声音和身体语言，还有面试官的身体语言。表 8—3 列出了供你思考的关于言语和非言语行为的一些注意事项。

> 放松，想象你面试取得了成功。

表 8—3　　职业行为建议

类别	行为
问候	• 提前到达（大概 15 分钟）。称呼面试官名字，与其打招呼，握手 • 不要迟到
声音	• 尽可能用积极的语调，避免声音单调——语调抑扬顿挫 • 语速不要太快或太慢，也不要太响亮或太柔和
姿势	• 不管站或坐，手臂打开放在两侧 • 不要交叉手臂，这样看似防备。不要把手放入衣服口袋里，动来动去发出响声
眼神交流	• 看着与你说话的人，直接称呼他 • 不要直盯着某人看（以免使其产生压迫感），也不要轻轻一瞥，这样看似在逃避面试官
倾听	• 倾听面试官的话，等他们说完后再开始回答 • 不要打断别人
注意力	• 确保你能吸引面试官的注意力。如果他随意浏览文件或看向别处，做点什么让他重新注意你。试着微笑并提一个问题 • 不要忽视面试官
身体语言	• 试着巧妙地模仿面试官的身体语言。比如，如果他身体前倾与你说话，你也这样做，这常常使面试官感到自在 • 不要坐立不安，不要离面试官太远，或者表现出无聊的表情 • 不要嚼口香糖，或者抽烟
技巧	• 面试中关闭手机 • 不要发短信或接其他电话

续表

类别	行为
问题与评论	•诚实自信地谈论你的工作经历 •不要夸大其词或说谎 •不要批评以前的雇主 •不明白之处，提出问题 •面试前应该事先了解的相关信息，不要对此进行提问（比如公司规模、产品、服务等） •如果对该工作有兴趣，要表达出来 •如果不确定或明知自己对该工作没有兴趣，不要撒谎

6. 倾听

仔细聆听面试官的话，这是一个优秀的应聘者所必备的能力。一方面，只有听清楚问题，你才能完整地回答。认真聆听，完全理解问题，给自己一点时间作答。如果没有理解该题，要问清楚；你甚至可以重新措辞重复问题，让面试官看看是否正确。

下面是一些标准的面试问题，以及作答要点。边读边思考，在你选定的领域进行工作面试时，该怎样回答每个问题。

•哪些工作经历使你能胜任这类工作？这是具体问题，面试官希望你谈论一下特殊的经历、教育背景和培训。这样如果获得该职位，你才能胜任此类工作。不要泛泛列举你的培训经历（学校和学位）或简要概括所有从事的工作。面试官可以从你的简历中找到这些信息，而且可能已经阅读过。具体谈论你学习的课程、从事的工作或项目，这些经历为你从事这份工作做好了准备。

•介绍你自己。这是个一般性的问题，面试官希望听到你生活的方方面面，这些方面与你能否胜任这份工作相关。简要概括你的培训和经历：就读过的学校、学习的重点、曾从事过的相关工作、获得的奖励或表扬，以及其他能够证明你适合这份工作的信息。

•你的优缺点是什么？这不是陷阱。面试官希望知道你是怎么评价自己的，因此说出至少三到五条与这个职位相关的优点。比如，假设你应聘一个需要写报告的工作，碰巧你就是一个注重细节的人。你可能会解释你如何注意细节以及如何运用天生具有的分析能力进行研究，并写出高质量的报告。

关于缺点，面试官希望了解你是否有自我意识。选择一个与你所应征的工作不直接相关的缺点，然后颠倒过来说。比如，假设你应征前面提到的那份工作。你可能会说自己是个完美主义者。你清楚这有时会让大家受不了，但你就是这种人，想要第一时间确定该工作是否做好。但你不会让这种完美主义妨碍完成工作的最后期限。面试官可能会把你的“缺点”看作潜在的优点，并要求你为公众写出高质量的报告。

• 我知道你刚完成（某）项目。你有机会可以谈论该项目如何让你做好准备迎接工作。对于刚出校门的学生，尤其是如果你没有或只有一点工作经历，你可以强调你所掌握的是全新的知识，以及已经做好准备把它运用到工作中。此时不要指出项目或项目参与者的任何负面形象，只说积极的因素即可。

• 谈谈你的上一份工作。如果上一份工作要求你完成的任务和运用的技术与现在雇主的要求相似，不妨谈谈。如果上一份工作承担的责任和使用的技能与你面试的工作完全不相关，就谈论下你具备的做好这份工作的个人素质：机敏、积极态度、好学、可靠、灵活变通以及与人愉快相处的能力。你也可以提及工作之外习得的技能，这些技能与现在应征的职位相关。也可以是在学校、社区机构或者教堂做义工时掌握的技能，或者是从家里获得的技能，比如理财和日程安排。

• 你最喜欢/最不喜欢的前一份工作是什么？潜在雇主希望了解你喜欢和不喜欢做的事。毕竟越喜欢做的，就做得越好。谈谈你最喜欢做的事，说明与你应聘岗位相关的因素，让你的潜在雇主明白你过去喜欢做的事与你计划在新工作中要做的事相关。

对于不喜欢做的事，试着提一些与你面试的工作关系不大的事。然而，如果工作中有完全不能忍受的事，要诚实地说出来。最好现在让雇主了解你无法忍受做事不停地被打断，也好过聘用一个月后又辞退你，因为你不得不经常在四个不同的项目中来回转换，参加许多会议，没有机会集中精力做你的工作。

• 这份工作或我们公司有哪些地方吸引你？从你的回答能看出你有多了解该公司。如果你只是泛泛而谈，“我听说你很成功”或者“我认为你生产的产品很棒”，这展现出你似乎对该公司兴趣不浓，因此没有做调查。反之，结合你所做的调查谈谈你的需求和兴趣。比如，“我一直想使用某类设备，我了解到这是你们的专长。还有，我最近搬入一栋公寓，离你们的新办公地点很近”。

• 你的前任雇主是如何评论你的？这是个好问题！你有机会确认面试官从前任雇主那里得到的，或即将得到的信息，注意强调你的长处。要诚实，因为面试官可能已经拿到了关于你的信息，同时也要强调有利因素。想想前任雇主给你的表扬。如果这很难，试着回忆你前任老板承认的某项具体的工作成果。你哪方面做得好？

• 3 年、5 年或 10 年内你能达到什么水平？或者你的职业目标是什么？面试官想知道三件事：(1) 你确定了长远目标吗？(2) 目标是什么？(3) 它们符合公司需求吗？你将完整诚实地同时回答这三个问题，能够回答表明你有远见能提前计划。

谈一谈你认为可以与公司一起努力实现的目标，不要提起你认为该公司无法实现的目标。比如，如果你的目标是在城市工作，但面试的公司在近郊，并且你认为自己最终会去城市工作，就不要谈论你的城市规划。这样面试官可能认为你只打算把这份工作当作垫脚石，方便你得到真正想要的工作。可以讨论一下你不确定该公司是否能实现的目标，比如某个职衔、生活方式、就业水平、安全问题或稳定性。诚实谈论未来你可能达到的水平；如果你违背自己真正的愿望，仅仅说一些你认为面试官想听的话，那么你可能被认为不够真诚。更甚者，如果面试官相信了你不诚实的回答，你得到了这份工作，但当你意识到在这间公司工作阻碍了你的长远目标时，你会变得不开心。另一方面，也许你希望的恰好符合公司的需求，这就是“双赢”的局面！

• 为什么你辞去了上一份工作？面试官想知道你离职的各种原因，这样可以深入了解你。如果情况是正面的——你离开去读书，找到了更好的工作，或搬家了——请如实禀报。如果情况是负面的——你离职是因为工作上遇到了麻烦，或你被解雇了——尽量用最正面的词语解释。诚实以告，因为面试官可能会询问前任雇主的说法。避免谈论具体工作问题。比如，“我发现工作环境不再适合我”。如果对方要求你详细叙述，请注意策略。评估当时的情况，采用聪明的表述方法。表 8—4 给出了一些错误和正确（策略性）的回答问题的方法。

• 为什么你认为自己对公司有价值？你有机会概述满足公司需求的技能和素质。快速整理思路，让面试官相信你掌握的技能能够满足公司的需求。比如，“你需要有经验的人，我在该领域做过两份长期工作。你需要做事灵活和敬业的人，我在目前生活中没有其他需要投入的事。我准备好投入到这份工作中”。强调你的人际交往技能，告诉他们你的加入对团队有利。

表 8—4　　答题策略

错误方法	正确方法（策略性）
“我老板是一个暴君。”	“我认为我的创造性被扼杀了，我没有新的想法了。”
“我憎恨我的主管。”	“我和我的主管在工作方式上很难达成一致。”
“他们开除了我因为我把孩子的事放在第一位。”	“公司不认同我对于家庭的价值观。”

• 你最重要的价值观是什么？这是一个事实调查问题，发掘是否你的价值观与公司契合。答案没有正误之分；只有一个答案，诚实的答案。不要费神去寻求面试官想听的答案，谈论你自己的人生价值观。面试官

很可能欣赏你的真诚，赞同你认为重要的东西。

7. 处理反对意见

面试中，面试官可能对你提出一些反对意见。他们可能不同意你的观点或质疑你的答案。为面试做准备是个好办法，其原因就在于此。做准备的另一层意思是面试官提出反对意见时，你能够明白他们的立场。可能他们担心你不能处理这项工作，因此需要从你那儿获得更详细的解决方法。可能他们想看看你如何处理冲突，因为工作中必然会不时地出现冲突。

当出现反对意见时，遵循以下步骤，保持平静，集中精神：

1. 深呼吸，不要立即作答。

2. 回答时，不要太过防备。相反，记住面试官对你的潜在关怀，而不是你觉察到表面的情绪。忽视面试官语言的感情色彩，重视问题的核心。

3. 回答时，重新叙述一遍面试官的反对意见。如果你不明白，要求面试官澄清问题。比如，假设面试官说："似乎你没有从事这份工作的合适的经历。"你可能回答："能否说清楚些？我哪些经历不符合你的要求？"然后面试官可能这样说："哦，我们过去招聘的每位医疗助理都曾在医务室工作过至少两年。你刚从学校毕业，我不确定你是否能做下去。"

4. 一旦你掌握足够的信息明白面试官的反对意见，你就可以用积极的方式回答。比如，你可能这样回答面试官担心的事情："两年来，我一边在商务和医疗事业研究院学习，一边在学校注册处做事，归档文件，填写表格，接听电话，查找学生成绩，以及处理学费的事情。我相信医疗助理的证书和注册处的经历可以让我成功处理医务办的事务。"

反对意见是面试正常程序的一部分，不针对个人。尽力消除面试官的疑虑，你将做得很好。

8. 提问

面试不只是面试官了解你的机会，同样也是你了解公司的机会。正如面试官需要决定你是否从事该工作一样，你也需要决定该公司是否适合你。提问，认真倾听，你将清楚知道工作中等待你的是什么，方便做决定。

通常面试官问了几个问题后，他会说："你有什么问题要问吗？"即使他没请你提问，还是可以问一下——你有权这样做。

提前准备一些问题，面试官可能在面试中回答你，或者面试结束时你也可以提问。礼貌真诚地提问。你想知道什么？

- 工作时长
- 着装风格/制服
- 晋升机会
- 职责
- 公司政策或历史
- 其他要求
- 工作环境
- 公司人际沟通方式
- 工资和福利［第一次面试时一般不要问这类问题。但是，在某些情况下你可以提起这个话题：(a) 面试官主动提及，(b) 你认为自己有机会得到这份工作，或者 (c) 你已经接到工作邀请。在"延缓工资协商"部分获得更多信息］

你可能还会想到其他问题，理智地询问自己想知道的事，确保面试结束后你掌握了所有重要的信息，以便你能做出决定。

9. 警惕非法问题

有不少问题按照法律规定潜在雇主是不能要求你回答的，因为根据法律这些被指定为不公平问题。不允许提此类问题，因为其要求的信息不属于招聘决策的一部分。当然，这并不妨碍大家问这类问题。参阅下面的非法问题列表，熟悉这些问题。记住这是通用列表，各州之间可能有细微差别。如果你想知道你所在州的具体法律，与你的学校协商或给该州人权机构写信进行咨询。该机构可以给你一本人权法规，包括种族、信仰、肤色、出身国、性别、年龄、残疾情况、婚姻状况以及被捕记录。

非法问题

我们已经按主题列出了非法问题。有些主题没有完全超出范围，对于这类主题，我们只列出了不允许提出的问题类别。对于完全超出范围的问题，我们会特别说明所有超出范围的部分。

• 年龄：你多大了？你的出生日期是几号？我能看看你的出生证明吗？

• 犯罪记录：你曾经被捕过吗？

• 计划生育：关于计划生育或家庭计划（你有几个孩子，计划生几个，以及你是否怀孕了）的问题。

• 残疾情况：关于你是否残疾，残疾的性质，是否患有疾病，或者任何疾病的治疗方面的问题。

• 婚姻状况：所有问题都超出范围。

• 国籍：所有问题都超出范围。

• 种族/肤色：所有问题都超出范围。

• 宗教信仰：所有问题都超出范围。

• 机构：关于你是否为某机构会员的问题，你没有把它作为与从事该工作相关的能力在简历上提及或列出。

• 性别：所有问题都超出范围。

• 出生地：所有问题都超出范围。

• 公民身份：你是入籍公民还是本地公民？你是哪个国家的公民？我能看你的入籍文件吗？你的父母是入籍公民还是本地公民？

• 兵役：除了在美国服兵役外，任何关于在民兵组织服役的问题。

• 教育背景：哪几年你在上学？你毕业的日期是几号？（如果你没有把这些信息放在简历上，这样的问题就是非法问题。）

• 语言：你的母语是什么？你是怎样学会讲（某）语言的？

• 名字：你原名叫什么（如果因为法院命令、婚姻或其他原因更换了名字）？你用过其他名字吗？

• 照片：受聘前任何索要照片的要求。

• 亲戚：正在招聘的公司没有雇用你的亲戚，却提出索要他们的名字、住址、电话号码和年龄的要求。

一些雇主可能需要属于上述范畴的某类信息。比如，如果你面试酒吧侍者，你必须达到法定饮酒年龄，即使面试官不能问你的年龄，他当然可以问你是否满 21 岁或超过 21 岁。询问别人是否被拘捕是非法的，因为被捕的原因可能不是犯罪；然而，询问某人是否被定罪是合法的，因为更可能确定你是否卷入某个罪案中。面试时询问以下问题是合法的。

合法问题

• 年龄：你满了 18/21 岁吗？

• 犯罪记录：你曾经被定过罪吗？

• 残疾情况：只询问你基本的从事某项工作的身体能力，而不直指残疾情况，是否怀孕或家庭计划的问题。比如，一个失聪的人面试一份办公室职位，可能会被问到他是否能读懂其他员工的唇语，因为他们不懂手语。如果坐轮椅的人面试需要做实地调查的工作，可能会被问到他是否能推着轮椅车快速四处走动。

• 公民身份和居住地：你是美国公民吗？如果不是，你打算申请成为公民吗？如果无此打算，你有永久居住美国的合法权吗？你打算一直定居美国吗？你的居住地在哪里？你在这个州或这个城市居住多长时间了？

• 机构：关于是否是某些机构会员的问题，你表示这与工作所需技能相关。

• 兵役：关于在哪支部队服役的问题。

• 教育背景：就读于哪所学校以及所受教育方面的问题。

• 语言：你会说或写哪些语言？是否流利？

• 名字：曾用不同名字在这家公司工作过吗？因为更名的原因，我们需要掌握信息去调查你的工作经历吗？

• 亲戚：已经被公司聘用的亲戚的名字。

10. 务实

大多数雇主知道他们不应该问非法问题，他们遵守这个规则。但一些雇主即使知道法律规定不可以这样做，他们仍然会问一些非法问题。一些缺乏见识的人意识不到雇主的问题是非法的。面试中，你可能碰到一些你无须回答的非法问题。如果你拒绝回答，然后告诉面试官“这是非法问题，我拒绝回答，”可能会冒犯他。但如果你回答了，你将助长面试官继续问带有歧视性质的问题。所以你该怎样应对呢？

首先，不要因为面试官问了一个不合适的问题，就把其看作一个可怕的人。相反，满足他的疑惑，但是确保对你不造成伤害。其次，仔细浏览以下步骤，决定你是否愿意回答问题：

1. 想想这个工作对你是否重要。如果你对这份工作没什么感觉，不妨礼貌地拒绝回答问题。如果这份工作对你很重要，你可能要做一些让步，争取成功的希望。

2. 快速打量面试官。你认为面试官是故意问非法问题诱骗你，还是此人似乎是个法盲？如若你认为这只是一个无心之过，很可能你会回答。

3. 掂量问题本身。你是否介意面试官知道此信息？你可能极不愿透露某些信息。但是如果说出这些信息不会给你带来什么麻烦，最好回答这些问题，不要因此影响了面试。

4. 想想你事后的感觉。你也许因为回答了非法问题而感到后悔，觉得好像失去了诚信。你可能觉得不再愿为提出这类问题的公司工作。反之，如你认为拒绝回答问题破坏了本应很顺利的面试，也许会后悔没有作答。如果你不用整夜未眠地反复思考，不同的决定会有什么不同的结果，那么尽量做个决定。

如果你决定不回答，可以巧妙地提醒面试官该问题是不合法的。你可以这样说："很抱歉，但是我相信根据法律，在面试中我可以不回答你的问题。我可以说说其他信息。"或者，"我宁可讨论我是否有资格从事该工作，这是……"平静专业地回答，展示你的自信和法律知识。面试官不太可能还会问其他不合适的问题。

如果你确实决定回答，可以试用下面任一种方式：

• 如你认为问题无伤大雅，且答案对获得这份工作没什么影响，如实回答，不要表现出你被冒犯了。假设面试官仅仅只是好奇，没有意识到你反感该问题。

• 如你认为该问题对获得这份工作很重要，只解答面试官潜在的担忧而非回答具体问题。比如，如果面试官问："你有小孩吗?"潜在的担心可能是你是否会因为照顾生病的小孩而不去上班。你的回答可以是："我有三个孩子在上学，他们有优秀的全职儿童保育。"或者可能这样回答："是的，我和我妻子有两个小孩。我们认为养育孩子，让他们在充满爱和支持的家庭里生活，这是我们的责任，这种责任感证明我们对未来同样会尽心尽力。"无论哪一种回答都表明你是一个有责任感的、做事尽心尽力的人——这正是雇主可能认同的人。

每一种情况都有特殊性。尽量平衡理想与现实，虽然很难做到。

11. 避免消极言语

在简历或申请表上列出某个工作时，你就是在告诉面试官你准备谈论该工作的经历，即使是不太好的经历。如果你曾被解雇，诚实说出来，解释清楚当时的情况。如果你认为是自己犯了错，谈谈你从中吸取的教训。如果你认为被解雇是冤枉的，用一点时间平静地为自己辩护。

最重要的是，不要批评前任雇主、同事或之前的任职单位。如果你有消极情绪，不要详细描述。如果你在面试中花时间谈论其他工作是多么可怕的噩梦，面试官可能会疑惑将来你是否也会这样谈论这份工作。此外，你不知道面试官是否与你不喜欢的某人关系亲近友好！为安全起见——如果没有什么好话可讲，就什么也不要讲了。

12. 延缓工资协商

一些人希望马上讨论工资问题，但这绝不是一个好主意。协商工资一般是在第二次面试中，或是你获得录用后。第一次面试的主要目的是看你是否能满足雇主的需求。工资和福利不是雇主的需求，那是你的需求。如果雇主在面试中提出工资问题，不要第一个说出具体金额。根据凯特•温德顿（Kate Wendleton），五点钟俱乐部（一个就业咨询和职介机构）的总裁所说："第一个提出工资金额的人会输掉比赛。"[①]重要的是谈论工作，之后再讨论工资。一旦你商讨了工作，拿到了录用通知，这时可以开始协商工资问题。

如果对方问你之前的工资是多少，或者说一个你确实希望的金额，或者务必包含之前工作中你可能得到的任何奖金或额外收入。如你在得到这份工作前被要求说说工资问题，试着改变话题或要求稍后讨论。如有必要，你可以说："我确信我的要求在你能给予的范围内，如果拿到正式的录用通知，我很高兴商讨工资问题。"或者，如你认为自己充分了解这份工作，可以考虑工资问题，而面试官也问"你想要多少钱"，你可以这样回答："你能给出的是多少？"

最需要记住的是：在你坚持一个具体的工资金额时，需要尽可能了

---

① Rangwala, Sakina. "How to... negotiate salary: Tips from the pros." *Washington Post*, *November 23, 2010. Accessed on December 29, 2010, from www. washingtonpost. com/wp-srv/jobs/how-to/negotiate _ salary _ guidance. html*

解该职位。在本章后面你会看到如何对招聘方提出的工作邀请进行协商。

成功面试一览表

1. 保持眼神交流。这表明你直接、真诚、诚实，说到做到。

2. 握手坚定有力，用全名介绍自己。

3. 带上备用简历复印本。这样说话时你可以参阅。如果面试官没拿到你送出的复印本，你可以指出相关项目。

4. 讲话清晰明确。用完整的句子表达意思，使用正确的语法。不要嚼口香糖或抽烟!

5. 除非被录用，否则避免讨论工资问题。对工资的期望要务实，诚实说出你需要的金额。但要尊重面试官说出的工资范围和限度。

6. 强调优点。讨论你的优点，即使是缺点，也说明其变为优点的积极一面，不要因为缺点说抱歉，表明你非常愿意学习和改进。

7. 强调行动。相比其他事，公司更希望知道你能做的事，谈谈你过去做的事以及现在能够帮助公司的事，强调你的资格和工作经历。

8. 知道面试官的名字，在面试中称呼名字。这将使你看起来准备充分，讲话热诚。询问秘书的名字，到达面试地点时称呼其名或在电话中称呼其名。有时秘书对你的好印象会增进你与经理的关系。

9. 不要说别人的坏话。我们之前说过，现在再次重申：不要说前任雇主或同事的坏话。这表明你态度不好，将来可能还会说面试官和面试公司的坏话。

10. 面试后用纸笔记下重要信息。写下你记住的一切。如果在面试中做记录，可能会干扰你的注意力，也会中断你与面试官的眼神交流。

11. 感谢面试官。握手，感谢面试官花时间与你交谈。

测一测：想象最糟糕的事

你已经知道许多面试中预料要发生的事，现在是时候学会处理可能出现的各种尴尬的情况。这个活动需要邀请另一名同学、朋友或家人与你一起扮演角色。那个人将会扮演面试官。确定你有简历和虚构（或真实）的工作表述与面试官分享。你也可以自己做这个活动，但你得同时扮演两个角色，然后进行自我评估。你甚至可以在镜子前练习，可以知道应对尴尬问题时你的表现。

1. 给面试官一张你认为是自己缺点的清单，然后请面试官提出关于你缺点方面的否定信息。练习如何积极应对。

2. 给面试官一张之前章节中列出的非法问题清单，请他在面试中提出此类问题。思考是否应该回答，如果决定不回答，练习怎样巧妙地拒绝。

3. 请面试官否定你某方面的经历，或质疑你缺乏某工作经历，练习如何沉着应对。

4. 面试结束后，请面试官告之他是如何看待你应对反对意见和质疑的。你是惭愧、紧张、愤怒还是虚弱?

想象最糟糕的情况，然后练习如何在安全的环境中应对，这是自我准备和冷静应对面试官对你否定情绪和反应的好办法，可以使你在真实情景中从容以对。

面试后

哈！你成功进行了面试，但是事情还没完。回家后，用质量上好的纸给面试官写感谢函，或者简单的一张卡片（手写是最好的，但如果你的笔迹不易辨析，也可打印，随便你），感谢他能抽出时间见你。如你非常有兴趣去那儿工作，你可以加上一句表示希望的话，比如：“我期盼你的来信。”如果你不愿从事这份工作，只表示感谢即可。保持联系会让公司记住你，如果难以做出决定，与公司保持联系对你十分有利。

直面成败

现在到了最难的时刻——等待。你能不能得到这份工作？求职与大多数其他事情一样，没有保证。幸运的一部分人可能立刻获得他们梦想的工作，但对大多数人来说，高兴的事是需要时间等待的。你需要做好准备迎接你遇到的任何事。如图 8—2 所示，求职过程中存在各种可能性。

- 找工作需要付出努力……
- 计划和实施计划
- 费时……
- 可能数周或数个月
- 你的情绪高潮……
- 你获得了面试机会
- 你的情绪低谷……
- 求职遭到了拒绝
- 学会处理成功和拒绝……
- 有效疏导你的情绪

图 8—2 找工作遇到的各种可能

首先，看看收到坏消息该怎么办——求职遭拒。然后，我们将在本章末讨论收到好消息的情况——收到工作邀请。

面对失败：求职遭拒

也许你等待的电话从来没有响起，相反，拒绝信发到了你的邮箱。失败有许多种形式！但是都取决于你怎样定义它。对别人来说，怎样对待失败似乎是向正确的方向迈出了一步。也许你获得某些工作邀请，但不是你最喜欢的那个。也许你一个工作也没得到。也许你只应征了一个工作但失败了。也许三个月后你才收到工作邀请。你怎样处理各种形式的失败？试看下面这些应对方法。

记住你是有能力的

提醒自己你是个有能力、有价值的人，这很重要。挖掘前面章节所讲的技能——自我认知、积极的态度、动机、投入以及实践。相信自己，你能坚持度过求职过程中的情感起伏期，接受展现在你面前的过程，保持自信，相信你中意的工作最终会来到你的面前。

与面试官交谈

你不需知道没有收到工作邀请的确切原因，也许公司里有人升职，这是公司已经确定的事。也许经济困境迫使公司裁员。这种情况下，职位可能合并，或者由其他员工做此项工作。也许面试那天对面试官来说很糟；或他觉得不舒服；又或者他之所以雇用了其他人，是因为刚好那天对他来说是较愉快的一天。你不要认为你不具备充足的才干和技能从事该工作。

如果你好奇想知道自己为什么没有得到这个职位，试着与某位面试官谈谈。他可能不会告诉你一切，但他所说的话对你未来参加面试是有价值和好处的。比如，你可以打电话或发邮件给面试官，可以像这样说："感谢你考虑我参加夜班经理职位的面试。我一直在寻找增加资历的方法。如你能坦诚地告诉我你选择另一位应征者的原因，我将不胜感激。我对贵公司印象深刻，愿意更好地准备自己应聘下一个空缺职位。欢迎你坦白的反馈。"

这是个机会，你能得到一些诚实和有建设性的批评。你需要倾听面试官对你说的一切，并请他提出建议。始终感谢他的帮助和据实以告。

与其他求职者交流

与其他求职者交流，你会发现没有立刻得到理想的工作，这种事随时发生在各种人身上。与他们分享各自的故事，他们了解你所经历的，这能够让你感到平静和安慰。我们通常隐瞒我们的失望因为这让我们感到尴尬——我们认为自己是唯一失败的人。但当我们最终向别人谈论此经历时，就会发现许多人也有同样的经历，他们渴望分享彼此的故事，因为知道别人也有失败的经历，这让他们释然。更重要的是，与那些"尝试，失败，又尝试"的人交流，你将学会如何快速前进，提高自己，重拾信心，这是成功所必备的。

提高自己

如果你从面试官那里得到的反馈表明你某方面有局限，不妨开始提高自己。也许你已经意识到在某些重要方面缺乏冲劲，也许有些问题的回答不是面试官想要听到的答案。别花时间抱怨你的缺点，代之以行动。你是否应该找一份不同类别的工作？你是否应该提高技能、面试技巧，或者面试综合技能？仔细看看，尽可能给自己创造最佳机会，做一些你需要的改进。

往好处想

当你设法做某件事时，往好处想。如果你没有得到首选工作，而得到其他工作的工作邀请，至少你不是处处被拒——有公司需要你。你愿意考虑其他工作机会吗？考虑一下，如果为此耽误了找工作的进度，至少你有时间真正专心思考你想要什么样的工作。没有彻底想清楚就匆忙接受第一份工作邀请，这是危险的。如果你与最初拒绝你的公司保持联系，可能会出现别的情况，他们可能会给你打电话。有时公司给首选应聘者提供某职位，但这位应聘者拒绝了。在这种情况下，公司几乎会提供该职位给第二候选人。如果你是那第二个选择，你就被录用了。

从惨痛的经历中我们最能吸取教训。每个人都会失败——这是人生经历的一部分。失败仅仅意味着某种情况不能达到你理想的期望。失败不代表你哪里出了错。害怕失败的人害怕尝试。失败实际上带来某些好处：(1) 它能清楚指出错误所在，而成功恰恰遮盖了错误；(2) 它让你意识到你需要学习，避免下次再犯错。从失败中获得知识，用它帮助你前进，然后从失败中获得成功。在下一次工作面试中，你将是赢家。

始终往好处想，尽可能从失败的面试中学习。

失败：动词，达不到你所期望、向往、渴望或认同的成功或成就。

面对成功：工作邀请

如果你没有收到拒绝信，最终电话响了，你得到了工作邀请，现在该怎样？虽然你可能很想欣然应承下来，但最好还是花时间仔细评估一下。

评估工作邀请

评估工作邀请通常采取几个步骤。

1. 调查。首先，确定你自己生活费的开支——你起码要能够支付房租或房贷、水电气、电话费、日用品和其他必需品的费用。其次，研究一下你的价值所在。许多人认为技能、经历和教育背景是唯一影响你所得收入的因素。然而，还有其他因素：地理位置、产业和公司规模。比如像工资网（Salary. com）就是开始做调查的好地方。如果工作邀请上说你需要去国家的另一边工作，要查明新地点的生活成本是否有所不同。比如，住在加利福尼亚州旧金山市的生活费用就比内布拉斯加州奥马哈市贵许多。你可以登录工资标准网站（PayScale. com）寻求帮助，评估实际生活成本。

2. 轻重缓急。一旦你知道自己需要什么活下去（从金钱上考虑）后，再思考某份工作对你重要的所有因素，按重要性排序。下面是一些你应该考虑的因素；然而，你还可以考虑其他的个人因素：

- 工资
- 医疗保健福利
- 发展潜能
- 责任轻重
- 使用和发展技能的机会

- 工作与生活的平衡
- 共同工作的员工类型
- 旅游需求
- 上下班距离

依照重要性为这些因素排序。假如你列出优先考虑的事：(1) 工资，(2) 医疗保健福利，(3) 便利的交通，(4) 容易相处的人，(5) 偶尔在家工作的机会。有可能你愿意接受收入较高，上下班距离较长的工作，但可能拒绝同事相处愉快，上下班距离较短，工资较低的工作。确定优先考虑的事可以帮助你平衡各种选择。

3. 做出取舍。很少人能找到满足所有在意事情的工作，至少不是马上就能。你可能会找到某个职位满足你一部分要求，但你得知道什么时候该妥协。因为某份工作无法兼顾你所有看重的事，你得做出一些牺牲。

假如你找到的工作符合两项你优先考虑的事，但无法兼顾你第三或第四项在意的事。你该怎么办？你可能想妥协，接受这份工作，用不那么重要的事交换获得最重要事情的权利；或者你可以再看看。例如，虽然某份工作需要你履行自己并不真正喜欢的职责，但你依然接受了，因为其中有你喜欢的其他事！

这样的取舍经常发生。也许你从事的工作位置很好，但工作时间不灵活，或者工作时间灵活，同事友善，但工资不高——总之存在很多可能性。你需要根据自己的具体情况做出取舍。

4. 考虑自己的性格。人们数月不停地求职，最后终于得到工作邀请，他们这时常常忘记自己特别的才能和需要。找工作有时让人感到压力、疲劳、不安全和绝望。在脑海里牢记你是什么样的人。别忘了，如果某个工作符合你的性格，你会感到高兴，高兴的人会更有效率且成功地工作。如果你得到的工作似乎不符合你的性格，可能你就不要坚持去做了。

按照上面 1 到 4 步去做，你应该能够决定是否接受某一工作邀请。然而，有时你想接受，但感到某些方面不太适合你。在这种情况下，你可以选择协商。

协商工作邀请

正如你决定某份工作适合你，并不意味着别人一录用你，你就要马上接受一样，如果发出的工作邀请不是你最希望做的工作，可行的办法是告诉对方你想要什么。如果你不问，你该怎么得到呢？很少有人在与别人协商时会感到自在。如果要求你应得的东西让你不自在的话，这个信息可以帮助你。

> 工作协商是业务中正常的一部分。

> **你知道吗？**
>
> 如果你是女性，一定要协商工资，这才划算。否则你可能赚的钱比你应得的少。看看这些数据：
>
> 1. 女性平均要求的工资比男性少30%。
>   - 男性在协商他们的起薪和福利方面可能是女性的八倍。
>   - 女性在涨工资或晋升方面的要求通常比男性同事要少85%。
> 2. 2007年，女性赚到的全职工资和薪水是男性同事收入的80%。①

在你开始进行工作邀请协商前，弄清楚你想要协商什么——工资、福利、工作时间、休假、培训或退休计划。如果公司提供的起薪你不能接受该如何？这通常发生在你初涉职场或更换职业的时候。如果雇主原先给出某个工资范围，而你要求的金额在该范围内，这就适合协商。很多员工错误认为可以接受较低的起薪，因为他们认为最终会涨工资。但是不可能每年都涨工资，这要视经济气候而定，而且可涨的幅度较小。

---

① McCarty，Maureen. "Salary stats：Men vs. women." *Washington Post*，*November* 7，2008. Accessed on December 29，2010. from www. washingtonpost. com/wp-dyn/content/article/2008/11/06/AR2008110602982. html

这就是为什么在接受工作邀请前最好先确定你期望的工资的原因。①

未来雇主不会因为你追求想要的东西而感到烦恼。但是，协商中你需要做到有策略，耐心而坚持，致力于创造你和老板“双赢”的结果。下面是一些工资协商建议，帮助你更自如地面对协商环境。

协商你的起薪

1. 用“我们”进行陈述，这样提供给你职位的人会感到你在为公司考虑，而不只是为自己考虑。

2. 提出你想要的工资范围，而非某个具体数字，这给你留下了协商的余地。潜在雇主通常会试着弄清公司是否支付得了你要求的金额。给出一个范围，如果雇主不能支付你较高的金额，你不用立刻因为价格而被淘汰出局。也不要因为提出的工资金额太低，而让你看上去太没有经验。

3. 对该工作有任何担忧，请提出来。多少工资才算更合适，说出你的想法。

4. 务必告诉与之协商的人，你不愿让钱成为你接受这个职位的障碍。这表明你关心工作而不只是金钱。如果开价太低，你可能要考虑怎样使该职位升级，履行升级后的职责才适合拿更高的工资。

5. 表现出你对该工作的热情，以及你为该公司工作的愿望，强调你想与该公司同事一起工作的原因。

可能公司就是没有足够的资金支付你希望的确切工资。如果是这种情况，公司可能仍旧会多支付一些工资给你，但不会耗费太多资金。或者可能为你提供其他的东西作为代替——比如额外的假日或每周在家上班一天。

最终由你决定是否接受工作邀请。即使不协商，可能你已决定尽管工资不能让你满意，但因为长期失业，你需要这份工作。这无可厚非。

---

① Joslyn, Heather. “Closing the Gap: Tips for negotiating a robust starting salary.” *Hhe Chronicle of Philanthropy*, March 20, 2003. Accessed on April 14, 2010, from http://philanthropy.com/article/Closing-the-Gap-Tips-for/50036

或者协商结果不是你预期的那样，公司不会支付你更多工资，你可能仍然决定接受这份工作，因为你真的喜欢公司里的人和公司环境。你可以在接下来的三个月里建议进行业务评估，再次谈论工资问题。

拒绝工作邀请

如果你已经收到工作邀请，但这份工作或工资不是你所想要的（甚至在协商后），你不想接受，不要觉得不好。找到另一份让你开心的工作比接受一份让你痛苦的工作更好。拒绝时，不管是当面诉说，还是通过电话或写信（不用短信或电邮的方式）的方式，请礼貌以待。坦诚但巧妙地陈述拒绝的理由。可能是后勤方面的、财政方面的或专业方面的原因。如果你中意这份工作，而且公司真正需要你，公司可能会决定再给出一份不同的工作邀请，尤其注意你在信中提到的诸点。

不管是否中意，保持沟通之门通畅总是好的。即使你拒绝这份工作，也许未来你还想与公司建立联系。或者你甚至会应征公司里的其他工作。专业而礼貌地拒绝，不要过河拆桥。图 8—3 是拒绝工作邀请信的一个样本。

> 加利福尼亚州圣莱安德罗市，94577
> 杰克逊大道 26305 号
> 2010 年 12 月 27 日
> 加利福尼亚州海沃市，94545
> A 大街 516 号
> 微笑医院，办公室经理
> 勒蒂莎·约旦女士（Latisha Jordan）
> 尊敬的约旦女士：
> 感谢你好意邀请我来微笑医院担任牙科技师。电话里我们已经讨论过了，我做出了一个艰难的决策，加入国际牙医无国界工作项目。我之所以这样做是希望帮助许多贫困地区的孩子和大人，然后带着更多的牙科经验回到美国。
> 我希望将来能有机会来微笑医院工作。我很荣幸能与如此优秀的团队一起工作。请接受我向贵科室的致谢和最好的祝愿。
> 你真诚的朋友，
> 阿曼达·莫斯科尼（Amanda Mosconi）

图 8—3　工作邀请拒绝信

接受工作邀请

不管是否进行协商，一旦收到书面工作邀请，你认为不错，就接受它。一般可以当面接受或在电话上接受。然后你未来的雇主将确认书面协议，指定你开始上班的日期。

这伟大的时刻仅是开始！未来的雇主表明信任，相信你具有获得成功的条件。公司也会投给你信任的一票。开始工作时记住这点，向他们展示他们对你的信心是正确且值得的。你刚刚开始你的职场成功之路。

小心对待周围那些不能立刻享受成功的人。你可能认识其他与你一起求职的人。试着支持他们继续找工作。没人知道未来会是什么样子。记住将来你可能有沮丧的时候，到时你需要向他们求助。如果你对他们友善，他们也会支持你。支持是相互的。

庆祝自己找到工作，然后开始工作！你确实需要给自己一点鼓励。出去小聚一下，犒劳自己，买点特别的东西，然后保持头脑清醒，开始工作吧。

测一测：协商的艺术

协商常常是人们面对工作邀请时最不自在的事。然而，只要你做足了准备，并没有你想象的那样困难。这个活动让你有机会思考你真正想要的东西，以及如何要求得到。

1. 想象你对某个具体工作有具体的工资要求。现在设想公司给予你的薪资比你预期的每年少 5 000 美元。列一个简短的草稿，体现出你更多的需求，边列边思考：

- 工资范围
- 工作任务
- 对公司的热情
- 经历
- 渴望“双赢”的局面

2. 依据之前的协商建议写草稿。

3. 大声练习你的草稿内容。请一位朋友倾听并询问他的感受。

你越自如地提要求，不忿恨，不害怕，你就越有自信，也就越可能得到你想要的。

经验之谈——职场透视

全力以赴

克瑞通·沃克（Krayton Walker）

技术助理、电子工程学学生

我在一家货运公司做了十年的卡车司机，然后我卷入一场工作事故中，不得不住院，经历了漫长的康复期。卡车公司帮助我支付了住院费，但最后由于伤到髋骨和两腿，我很难再回去工作。即使可以，我也不想再开卡车了。

我得到货运公司提供的一点点补偿，加上残疾保险金，这使我能够支付重回学校学习的费用。因为我一直擅长汽车方面的事情，我考虑去当地技术学院，学习柴油和工业技术培训课程。随后我意识到我不想再学习卡车方面的知识，而且因为残疾，我也不能做技工了。因此，我应该做什么？我与一名咨询顾问见面，他问了些简单的问题，想要帮助我：你喜欢做什么？你擅长做什么？你的兴趣是什么？

结果证明我还是喜欢动手操作的工作，我擅长检修（想想这些年我不得不检修卡车出现的问题），我对电子工业很有兴趣（住院时，我几乎花费了所有时间大量阅览《大众电子》杂志）。因此，我报名参加了电子工程技术课程。我妻子在当地一家零售店做兼职，帮助我补贴费用。我在学校或妻子上班时，我的父母帮我照看儿子。

大约一年前，贝内特诊断公司来我们学校面试暑期实习担任质保技术员的潜在候选人。贝内特是一个家族企业，制造心脏检测设备，用于兽医为动物做手术时使用。

我当然是所有应征者中年纪最大的一个。从事故上幸存下来，40 岁又重回学校。现在获得面试机会，听起来也就不太吓人了。面试官问我为什么工程课程里有一门得 B^-，我告诉他这个分数让我感到自豪，因为最初我总是挂科。我解释自己如何组建学习小组，邀请其他学生到我家一起学习。我还告诉他我的妻子如何对我进行测试，帮助我准备考试，我儿子又是如何采用适合我的方法激励我坚持下去。我告诉他上学已经变成与其他学生和家人一同完成的事，最后我们都获得了好成绩，增强了自信，受益良多。

我诚实的回答得到面试官的认同，我得到了这份工作。结果证明在类似的面试中，学生们常常为自己的分数找借口，责备老师，很少有学生愿意寻求帮助，或让别人参与提高自己的知识水平。

从面试中我还学到一个宝贵的经验——发现与面试官的相同之处是多么的重要。开卡车时我很长时间都孤独地在路上行驶，如果可能，我总是享受与人交流的机会，这帮助我学会如何与人相处。与面试官见面时，我们开始了一段简短的对话，这让我没有那么紧张。我问他书架上的一些模型，他告诉我他多年来一直是汽车发烧友，因为他不是一个优秀的机械师，决定只做些模型。这是一个完美的开场白，方便我谈论我开卡车的经历，包括我在开车途中解决的一些关于引擎和电路方面的问题。

我认为获得这份工作的一个主要原因是因为面试官觉得与我交谈很自在，相信我具有良好的团队合作精神，并擅长检修工作——这正是他们质保部门所需要的！

即将从事的工作

也许你马上获得了工作，或者也许你不得不再花几个月应征和参加面试。不管怎样，你将实现你的目标。找到工作是结束也是开始。结束了找工作，也是你在新环境中作为一个职场人士经历的开始。人生中你也许会有更多的求职经历，或者在一个工作岗位上待上很长时间，但这些是以后的事了。现在，这是你新的开始。

作为一个从业人员，你要扫清一个最大的障碍——进入（或重返）职场。可能你会以一技之长，干上很长一段时间！尽力让自己和与你一起工作的人做得开心，从中受益。

职场工具箱

8.1 积极的态度——你的“好伙伴”

面试对面试官来说很费时间。在你面试时，雇主希望你就是那个满足各方面素质要求的人。如果你是，每个人，包括你，都可以立即开始工作了。你的任务就是传递这样一条信息：我就是最有资格的候选人。了解雇主们需要的特质可以帮助你这样做。

1. 以下是雇主们寻找的关键特质。检查一下你是否具备这些特质。如果你具备每一项特质，那你就是公司想要招聘的人。如果你不具备，在末尾留出的空白处写下来。面试前努力开发这些特质。

________承担责任。快速高效地承担责任，并完成它们。

________确定方向。毫无抱怨地执行指令。

________专业技能。展示和使用专业技术技能。

________正直/诚实。工作踏实，说话诚实，是一个值得信任的人。

________积极主动。主动想出点子，不总是需要指令，履行其他义务。

________懂得怎样与人协作。作为团队一员，坚持与人合作。

________可靠。能够指望你工作努力、灵活、有效率。

________精力充沛。保持乐观向上，按时完成工作任务。

________会说话，能认真倾听，善于沟通。

我将发展我的能力：

____

2. 与你的其他态度卡片放在一起张贴。当然，你始终需要积极的态度。这就是“好伙伴”（PAL）代表的意思。

8.2　对公司进行调查

不管你是否受邀参加面试，对你中意的公司进行调查是必要的。

1. 完成下面的表格，如果已经收集了该公司的信息，在已做一栏中打勾。

2. 如果你还没收集信息，在“何时做”一栏中标明什么时候去做。

公司信息

调查信息	已做	何时做（日期）
我将获取公司信息，从（何处）：		
产品或服务：		
市场：		
员工的大概数量：		
分公司的数量：		
业务：		
其他有关公司的信息：		

8.3　做好准备

如你受邀参加面试，那是因为你的简历和申请表有趣且展示出你具备对方需求的技能。面试让你有机会展示你还拥有的其他优秀素质。准备是面试成功的关键因素。你准备越充分，就越不紧张，也就越感到自信。这个练习将帮助你温习本章所学内容，确保你充分做好面试准备。

外表

1. 浏览下面的外表评估表格，确定每项内容的情况：

- 很好
- 需要改进
- 缺失（你需要具备）

如果你不确定各事项应为什么状态，重温本章表 8—2 的内容。

2. 如果有需要改进或缺失的事项，表明你该计划去做的事情。

外表评估

事项	状态	我应该为此做什么
头发		
化妆或胡子		
指甲		
首饰		
文身		
皮带		
长裤		
套装（裙）		
裙子或连衣裙		
鞋		

专业材料和问题

1. 浏览下面的专业材料和问题表格，在评论栏填写你了解的信息。
2. 如果你没有这些信息，标明何时你计划开始收集信息，掌握信息。

专业材料和问题

事项	评论
面试日期、时间和地点	
面试指示	
面试官名字（名字的拼写和发音）	
简历	
求职信	
工作成果集	
推荐信	
推荐人名单	
笔和笔记本	
至少三个面试问题的答案（写下问题和答案）	
至少三个询问面试官的问题（写下问题）	

8.4 角色扮演

该练习为你提供机会将本章所学用于实践，你需要与同学配对进行模拟面试。

1. 如果可能，提前安排模拟面试，以便你能有所准备：

(a) 穿着适宜；(b) 带上工作说明；(c) 带上简历、工作成果集以及推荐人名单；(d) 带上一套面试问题样本。要不然，带上你的面试问题，简单向同学描述你要穿的衣服和你准备带的材料。

2. 随时重返本章任何部分，帮助你准备角色扮演。

3. 轮流扮演应聘者和面试官的角色，采用下面的面试实践表格。

4. 如果时间允许，你和伙伴都有机会轮流扮演面试官和应聘者这两个角色，在全班面前进行面试，让同学们用同样的表格评估你们。

面试实践表格

第一印象

应征者着装是否得体?

应征者是否与面试官保持较好的眼神交流?

应征者是否做了自我介绍，与面试官握手?

应征者看起来是否放松?

应征者是否带来必需的材料?

其他评论:

应征者的综合技能

应征者是否具备担任该职位的必要经历? 解释原因。

应征者是否提供与该工作相关的他过去成功的例子?

应征者展示他对公司目标和挑战的学识的效果如何?

应征者互动情况 应征者怎样应对棘手问题？他怎样保持镇定？ 应征者如何应对你的反对意见和担忧？ 其他评论：

如果你在某些方面做得不好，不要太苛求自己。没有谁的面试是完美无瑕的，你可能做得比你认为的更好。

8.5 学以致用

你不需要用水晶球预测未来，你可以通过积极的自我形象塑造自己的未来。人们通常太过于看重他们的失败而忽视了成功。这里有一个例子告诉我们一个人怎样看重自己的成功，为面试做准备。

山姆的准备

山姆（Sam）为参加 MBS 加热和制冷公司的面试做准备。两天前，他排练了对方可能会问的问题，在高峰期跑到该公司所在位置进行考察，从洗衣店取走他的夹克。

面试前夜，山姆坐在客厅做最后一步面试准备：他回忆自己过去沉着应对，实现目标的日子。他回想起高年级返校赛中，他运球踢进了最后一个球；在哥伦比亚技术学校读书时英语得了 A，这是对他来说最难的学科；还有他把溺水的表弟从社区泳池中救出的事。他回忆使自己取得成功的那种心态和特别的行动，让自己再次体验每一次成功后的成就感和愉悦的心情。他不让一些消极的事破坏自己积极的心态，比如不去想那些他只能坐在板凳上观看的比赛，也不去想高中时英语学科的差成绩，或者让他下岗的公司。在他思考自己所获得的成功时，他在笔记本上写下下面的评论，并打算面试时随身带上：

- 我是具有团队精神的人。
- 我是明星。
- 我是好学生。
- 我思路敏捷，行动快。
- 我善于决策。

然后山姆进入下一步。他想象如果得到这份工作后自己的美妙感觉和将会做些什么。他设想自己愉快地与面试官握手，想象着开车回家途中自己的兴奋之情，想象着他告诉妻子这个消息时她脸上的表情。

你的准备

给自己相同的机会。安静地思考几分钟，然后写下三件你过去取得的成功，以及面对每一次成功时你的感受。列出每一种情况下你使用的技能，写下确保你成功的素质和能力。最后，想象取得面试成功后该做些什么，将会是什么样。

在哪些事上我取得了成功：

1. ______________________________

____

2. ______________________________

____

3. ______________________________

____

每一次成功后，我感到：

1. ______________________________

____

2. ______________________________

____

3. ______________________________

____

我使用了以下的技能，采取了以下的行动获得了成功：

1. ______

______

2. ______

______

3. ______

______

反思我成功的经历，我确定自己具备以下积极的素质和能力：

1. ______

______

2. ______

______

3. ______

______

这些技能助我成功通过了面试，接下来我将做的事有：

1. ______

______

2. ______

______

3. ______

______

8.6 技能练习

在这个练习中，你将做一些网上调查，这些调查将帮助你了解面试过程的方方面面。

1. 寻找你能使用的网站，在你可能或渴望居住的不同地理区域，核实各类意向职业的工资情况。在下面写下你了解到的信息。

网站	职衔	地理区域	工资范围

2. 寻找涉及一些面试和协商建议的网站（包括可以提供模拟面试视频的网站）。记下你在本章中没有看到的任何建议。

网站	其他建议

第三部分　职场升迁

第九章　工作多样性：今日世界

学习目标：

- □ 新职场的自我调整
- □ 与不同的人共事
- □ 跨界交际十要素
- □ 偏见与歧视
- □ 宽容与接纳
- □ 超越语言的交流之道
- □ 跨文化交流五大障碍

“送给我，你那受穷受累的人们，
你那拥挤着渴望呼吸自由的芸芸众生，
所有被你遗弃在暴雨倾盆的海滩上的悲惨众生，
让他们到我这来，这些风浪中颠簸的无家之人，
我高举明灯守候在这金色的大门！”

——埃玛·拉扎勒斯（Emma Lazarus）《自由女神像题词》

职场谬见

“老板们都想职员们行动一致，外表一致，思想一致。如此，一切将更简单、更高效。”

职场现实

成功的企业必须创新，并欢迎有着不同观点，不同背景，不同视角的员工。多样性激发创造力，营造出一个丰富的职场环境。

大三的时候，桑杰（Sanjay）从印度来到美国。他很幸运地拿到了俄亥俄州一所学校的奖学金，打算住在学校的学生宿舍里。虽然是第一次来美国，他并不太担心自己的语言。毕竟他从六岁起就开始说英语了。由于全印度有很多种方言，英语成了解决交流障碍的通用语言。

然而，当桑杰身处美国时，他发现人们很难听懂他的口音，他也不懂他们的俚语。同时，要他习惯不脱鞋就走进别人的寝室或者家里，也让他很不自在。对他而言，脱鞋是尊敬的表现。在这里，人们似乎能很自在地对别人发表不同意见，甚至是争论或提高嗓门表达自己的观点，而这一切在印度则被视为无礼之举。他所犯的最大的错误在于认为不论在印度还是美国，相同的动作表达相同的意义。在印度，人们摇摇头说：“好的，我懂了。”但是在美国，那个动作表示的是“不”。当他第一次去银行开立户头时，银行职员问他是不是有钱要存到账户里，他像在印度一样摇了摇头。之后他费了一番口舌，赔了好些笑脸才让对方相信他真的有钱要存。

桑杰发现上大学是了解一种新文化的极好途径。每个人都来自不同的地方——不同的州或是不同的国家——所以多样化是司空见惯的。大家一起交谈、学习、交朋友，从各自的文化中受益匪浅——从爱吃的食物，到家庭和宗教信仰，乃至约会惯例。一有时间，桑杰就会搭车去俄亥俄州的其他地方以及美国的其他地方旅行。不管到什么地方，他总是特别注意消除自己的口音，以便让人们听得懂。旅行确实帮助他改正了自己对美国人的一些固有看法（比如，他们都很物质，对家庭漠不关心，为了赚钱不择手段），同时也帮助他适应了美国的生活。

到毕业时，他已经建立了包括老师和校友们在内的交际圈，参加了多场招聘会。最终，他在当地最大的软件公司找到了工作，成为了一名软件开发师。他觉得自己很幸运，因为许多外国学生由于找不到工作而不得不回国。

初入职场，他在工作中认识了许多印度工程师，多亏了自己的学习和旅行经历，让他能像以前一样很好地融入其中。当然。他仍然需要解释他不吃肉是因为他是个印度教教徒。但是，他很高兴自己能一出校门就找到自己一直想要的工作。而且，在美国生活真的很棒！

你做到了！就像桑杰一样，你也找到了梦想中的工作。即使这还不是你梦寐以求的工作，对你来说也是一个全新的开始，无论这是你走出校门的第一份工作，还是你职业生涯的第十份工作。全新开始的第一部分就是了解你的工作环境——特别是它的多样性。多样性有许多表现形式——不同文化及少数民族，不同国籍，不同年龄，不同的生活环境，不同的才能（常指那些残疾或是生理上有缺陷的人），以及不同的价值体系（例如宗教信仰和性取向）。

本章着眼于多样性及其影响。我们一起讨论如何对待可能遇到的偏见与歧视，并向大家介绍在这个永远多样化的世界里所应具备的一些素质——语言技巧、民族和文化身份，还有宽容和接纳。就像桑杰一样，不管是存在文化、年龄还是其他差异，学会在职场内外与人相处也是你的工作。

工作环境过渡

也许你会觉得迈出校门开始工作没什么大惊小怪的。许多人可能过去有过工作，也非常清楚自己期待什么。可是你仍需重新去适应工作。别指望瞬间完成从学生或待业人士到工作人士的转变。给自己一些时间去适应独立和责任带来的转变。

学会独立

当学生时，如何度过每一天并不完全由你说了算。你的课程表规定了你什么时候上课，什么时候学习，以及什么时候去见某位指导老师。当老师要学生们做练习时，大家会在某个时候一起完成。大部分你的日程已经列出，只需你去执行。通常你没有机会说“要是这节课晚点上就好啦”。时间表怎么写，你就怎么做，并在此基础上安排其他的活动。

当你步入职场，突然掌控了自己的时间时，尽管别人会告诉你什么时候必须到岗，什么时候才能离开；即使有时候你不得不遵守时间表，或是遭遇最后期限，你也必须规划好自己的时间才能给自己定出最后期限。没有人会像个导师一样监视你的一举一动。你得自己决定你要做什么，什么时候做。

如果你已经待业一阵子了，你可能会有相反的问题。在你待业期间，你完全掌控自己的时间。何时起床，何时吃饭，何时写简历，何时上网，何时跟进查看，一切都由你决定。当你重入职场时，你可能会感到行动受限，因为你不得不在某个时候到公司，在某个时候离开。这也很正常。即使你要按照规定的时间上班和下班，也请稍安毋躁，要知道，你还能好好安排一天中的其他时间。

要聪明地发挥独立性可能很难，所以请你把之前在第三章学到的时间管理技能付诸实践。若是卓有成效，你会获得赞许和满足。若是有所失误，则需要尽快改正。适应可能需要花点功夫，即使你以前在职场待过。花点时间推敲一下自己的时间表，做出有效的决定。别担心失误——失误总会发生。牢记这些教训。你有能力规划好自己的时间，让它变成一种正能量。

承担责任

在学校时，你要提交作业，阅读文章或者书籍，做专题项目，这些都由老师布置。你负责完成这些任务以使老师满意，而无须创造、选择或是构建你的任务。

作为一名职场人士，无论好坏，你都要争取承担所有职责。你负责完成工作中的任务，同时更要充当起决定如何着手完成这些任务的角色。如今你依靠努力工作挣钱，但是一旦你失职或是懈怠，你就会面临失业的危险。

与学校和家里不同，工作环境需要你进入一种截然不同的思想状态。一旦你发挥自身的独立性，并为自己的行为负责，你就能逐渐适应。当你的行为决定你的薪水，或者能养家糊口时，你就会更加认真地对待一切。你会非常认真地考虑什么时候休假。你会学会考虑工作以及共事者的需求。

测一测：新工作，新职责

假设你刚刚找到了梦寐以求的工作。无论你之前是学生，还是从事一份不同的工作，或是待业在家，现在你的生活将会有所不同。写下这些不同之处，并说说你打算如何应对（例如，你的时间表、预算、外表打扮等）。

____

____

____

____

____

形形色色的人

随着诸如因特网、Skype、视频会议、手机、网络摄像机等高科技手段的出现，职场再也不是一个简单的“场所”。有些公司由一些不同城市、不同州或是不同国家的员工组成，他们在远离公司的家里上班，通过电子邮件、即时消息或是在线会议来互相联络。还有些公司在全国乃至全世界都设有办事处，要求员工出差或是经常通过电话、电子邮件和电话会议互相联系。也有些公司仅仅只有间很小的办公室，员工们则定期去那会面，面对面地交流。

文化多样性

无论你所处职场的结构怎样，地点在哪，你都很有可能遇上不同文化背景的人。毕竟，美国这个国家的许多人有着许多不一样的传统。除了土生土长的美国人，还有很多来自世界其他地方的人。文化的大杂烩并不一定要相互融合。我们来自不同的国家和民族，但常常求同存异。你只是这幅文化拼图中的一小块，所以，你有责任弄明白如何与职场中的每个人沟通！

年龄多样性

另外，美国的职场也是由不同年龄层次的人组成的。事实上，在历史上首次出现四代人共占职场的局面。如图 9—1 所示。

1922—1945	1946—1964	1965—1980	1981—2000
退伍老兵	婴儿潮一代	X 一代	Y 一代
传统主义者		X 一代	Y 一代
沉默的一代		X 人	千禧宝宝

图 9—1　时代年表

你可以想象得到，每一代人都有各自的处事方式和经验，但也要想办法一起工作。在后来的章节里，你将会对不同年龄层次的人有所了解。

为了能更好地适应当今多元文化的工作环境，你需要胸怀宏图。而这幅宏图中最宏大的部分叫作全球视野。旅行和交流的便捷，加上全球商业活动的发展和频繁，使得这个世界“缩水”了。试想一下，一幅机械设计图纸在数秒内能够在因特网上通过电子邮件从加拿大的魁北克省传到中国北京。电视新闻网告诉我们一天 24 小时全世界正在发生的事情。三个不同国家的商务人士无须离开各自的办公室也能一起开电话会议。我们之间如此接近，世界仿佛变得很小了。图 9—2 告诉我们，如今我们如何能更频繁、更好、更快地与全世界毗邻。

我们生活在一个多样的世界，全球商务、便利交通和高科技的交流方式让这个世界变得更小了。

- 国家与个人都更加独立；
- 我们与各种各样的人共事，他们对于工作和行动有着新的不同的想法；
- 我们更频繁地遇见不同文化背景的人；
- 我们和不同文化背景的人交朋友、约会、结婚；
- 我们发现，这个世界其他地方发生的事情会对生活在自己国家的我们产生影响；
- 我们生活的社区看起来已经很不同了——有着能满足多样化人群的不同的商店和商品。

图 9—2　当今世界——职场多样性

世界的迅速缩小带来了某些元素，譬如：

- 全世界各国的繁荣与幸福逐渐交织在一起。
- 我们越来越频繁地遇到拥有其他文化的人。
- 人们更容易地感知到不同人处事方式的不同。

你可能觉得这些元素很可怕，或者说，你可能有所顾虑。无论如何，这些元素是真实存在的。你要知道如何应对，并让它们能在职场上助我们一臂之力。

随着我们迈入 21 世纪，美国在文化方面将会变得更加多样化。最近的一项研究显示，美国的人口分布图——一幅反映美国总人口中文化与种族分布的“版图“——正在发生着变化。如今被称为少数民族的人群将很快至少占到美国总人口的一半。历史进程中，都是移民们去适应占多数的土生土长的美国人的文化和行为。今非昔比，我们正走向一个新的时代，大家或多或少都得相互适应。唯一的标准不复存在——每种状况都是独一无二的。

显然，要为将来做好准备，现在必须要处理好这些问题。记住，吾辈即未来——我们每个人在职场上的成功将决定世界经济的未来。

职场是反映不同文化和年代的综合体。对你来说，理解你所工作的多元文化环境很重要，只有这样你才能调整个人行为，顺利融入这个综合体之中。工作伊始，你无疑将了解可见的工作环境，但你也应该了解一些人文和文化环境。这将会产生深远的影响。

文化多样性

不管你在哪里工作，也不管你从事什么工作，这个国家人口的多样性将以多种方式影响到你。有时候，文化的混合为职场带来正能量和新视野。而有时候它也会引发矛盾。

认识差异

当你进入多元文化的职场时，考虑到不同的文化因素，你必须重视有效的交流与合作。图 9—3 指出了 10 个最重要的因素。当你与来自不同文化背景的同事们互动时，请考虑这些因素。当你着手开展一个国际业务，或是要去他国工作或出差时，这些因素就尤为重要了。不考虑这些因素的人往往到头来会冒犯或疏远与自己一起共事的人。

语言的流畅性。你工作伙伴的母语是英语吗？如果不是，他们懂多少英语？在学校学的还是工作中学的？是否流利？

如果你说得太快或是使用母语，母语非英语的人可能听不懂。请仔细考虑你的用词，确保它们不会存在歧义或冒犯听者。例如，“off-the-wall”或是“hang-out”对于只照字面意思来理解的母语为非英语的使用者来说很可能被理解为完全不同的意义。

年龄。你比你的工作伙伴年长还是年轻？年龄的差异会如何影响他们对你的看法？

在一些文化中，人们比美国人更尊敬长者，希望你能在第一次见面的时候以他们的身份来称呼他们（先生、小姐、女士、医生）。

性别。在你同事的文化里，有没有严格划分性别角色？

世界上的许多文化中，男性和女性依照严格的角色分配来着装打扮、交流协作。例如，在中东文化中，男人和女人在公共场合或没有第三方在场的社交场合严禁有任何交流互动。

家庭背景。对于你的同事来说，家庭有多重要？家庭如何影响生活？

在诸如印度、墨西哥、沙特阿拉伯等的文化里，家庭是生活最重要的方面。在这些文化中，谈公事之前先问一些有关他们家庭的问题不仅是可取的，而且是必须的。

宗教信仰。对于你的同事来说，宗教信仰有多重要？对生活产生什么影响？

在一些文化中，宗教信仰渗透于生活的方方面面，工作和生活都不例外。例如，它影响到你何时能做生意（假期以及一天中的时刻），你该怎样着装，以及在和别人吃饭时吃什么。在某些文化中，有些食物甚至是绝对禁止的。

饮食行为。你的同事怎么吃饭？是特定用某只手？还是用什么餐具？

这关系到你吃什么，怎么吃才不会觉得尴尬或是冒犯他人。在谈公事时，特别是节日期间，你都须考虑不同的人在食物方面的不同口味以及宗教戒律。也就是说，为犹太人提供适合犹太教徒的食物，为穆斯林上不含酒精的饮料，或是给素食者提供无荤的选择。用这种招待方式表示尊重和体贴。

问候方式。在你同事的文化中，人们如何互相问候？他们是握手、拥抱，还是鞠躬？

得体的问候方式很重要，因为它能产生良好的第一印象。无论来自什么文化，人们通常在30秒以内就认定你的为人——这也正是向一个人打招呼所需要的时间。

企业和公共行为准则。在职场第一次遇到同事时，你如何打招呼？用姓氏还是名字？在谈公事之前该不该先聊聊别的？

一些职场文化，譬如日本的职场文化，比其他职场文化要正式一些，严格遵守等级制度；还有一些，譬如美国的职场则比较随意，看重协作。有些文化将经常性的耗时谈判视为工作中愉快的部分。另一些文化中人们则想尽可能快地做出决定。

个人空间。在无意侵犯他人空间的前提下，你能离他多近？你能不能直视他人的眼睛而不冒犯他？

在像印度和东南亚一些国家的文化里，人们可以挨得很近。在另一些文化里，这就是禁忌。在美国和西欧国家的文化里，人们希望你说话时看着他们。而像日本等文化中，目光直视是无礼的表现。

时间观念。准时有多重要？

有些文化中的时间观念比其他文化更严格。例如，在美国和西欧国家，人们非常严格地遵守截止日期，也很守时——前后不超过10分钟。然而，在拉美国家，时间是不固定的。人们晚一个小时出现是常事，并无丝毫冒犯之意。

图9—3 多种文化间交流的要素

> 文化：名词，在特定社会里，得以在全社会传播的行为模式；世界上一个人生活的地域以及其中的一切。

测一测：多种文化背景下的午餐

假设有四个分别来自美国、墨西哥、印度、日本的新职员同时被一家公司录用。他们决定一起吃午餐，互相认识并谈谈他们的新工作。

回顾图9—3，想想他们不同的文化背景。请撰写一个虚构的脚本，描述在午餐中会发生什么，每位职员又可能会有什么举动。动笔前，请考虑下面这些因素：

- 什么时候见面
- 如何问候
- 吃什么
- 聊什么

____

____

____

____

____

____

____

应对偏见与歧视

考虑到多元文化交流中各种相关因素，我们不难理解一些举动可能会被误会或误解。然而，你可能见过或经历过一些事情；你或别人遭受了不当的待遇，拒绝工作；又或是因为其他人的看法，没有得到尊重。要做到原谅和忘记很难，很长一段时间你都无法摆脱这些状况。自从20世纪60年代的人权运动以来，我们走过了一条漫长的道路，但是偏见和歧视仍是这个世界的一部分。两者之间区别何在？

偏见是我们对别人的感觉或别人对我们的看法，是一种典型的非理性态度。歧视则是一个具有偏见的人所采取的行动。有关消除歧视的联邦法律非常重要，旨在实现这一极具意义的目标。一切因人种、性别、种族、宗教或是性取向而拒聘，或剥夺你申请工作机会的行为都是违法的。法律减少了此类事件的发生，但是却不能完全杜绝。这类事情时常在不为人知、无人注意的情况下发生，又或者因人们不愿进行反击而掀起波澜。说到相互尊重，平等相待，人类仍需努力。

可悲的是，偏见和歧视在许多工作场所依旧存在。以一个并不太牵强的情形为例。假设你刚从东南亚移民来美国。在当地的一个五金店，你正为如何向售货员解释你需要什么而感到为难，还听到有人在背后模仿你的口音。这会让你做何感想？或者，假设你来自西班牙语国家。你正在城里最好的饭店宴请一批重要的客户。然而，在你点了一瓶上好的红酒以后，服务生没有将第一杯试喝酒倒给你，而是倒给了你的白人客户，问他们是否满意。你又会做何感想？虽然看似事小，这种事情却每天都在发生，并且的确带来伤害。让我们去欣赏并小心对待我们的差异，身体力行地为那些无意中忽略这些差异的人做出表率。

对于偏见和歧视，我们能做些什么呢？最好的方法是提高个人意识。如果我们每个人都以过上无偏见的生活为己任，如果我们注意自己的思维和举动，确保无差别地对待他人，我们将会一步步改变这个世界。也许你无法改变他人的所想、所感、所为，但是你能控制自己的思想和行为。敞开心扉去认识新的朋友。当你有所偏见时及时打住，并将这些偏见扭转过来。工作时对每个人都同样地以礼相待。生活中努力接纳那些与你不同的人。当你慢慢了解他们，你就能看见他们身上人的共性，而不是那些表面上的差异。

改善这种状况的另一个方法是不要匆忙下结论，也不要臆断自己受到了歧视。虽然偏见和差别对待可能在职场露出端倪，如果你刻意寻找并为之纠结（不管它存在与否），你只会使之愈演愈烈。例如，如果你工作受挫，请不要冲动，立马认为自己受到了歧视。先找寻真相，诚实地评估一下自己：是不是自己弄错了？还有什么地方有待提高？上司对自己的评估是否准确？如果所有这些问题的答案都是肯定的，那么你会认识到出现这种状况是有章可循的，你也能因此提高自我。相反，如果你实在觉得自己没做错，那么就需要去见见你的上司，对于所发生的一切谈谈你的想法。

一旦你花了时间对此事思考斟酌后，你就可以断定你或者别人有没有成为被歧视的对象。如果真是这样，就要认真考虑如何解决这个问题了。情况各不相同，处理方案也各异。下面的例子描述了三个可能出现的情况：

1. 你的同事经常在你面前讲一些带有种族歧视的笑话来消遣你。你觉得很不舒服，以致很难集中精力处理日常工作。

2. 一位同事或朋友在你面前对别人做出带偏见的评论，即使是针对他人，这一评论也让你觉得反感。

3. 你非常胜任一份工作，但是在面试中你很快被刷了下来；你很难找到别的解释，只能归因于你和在公司遇到的大多数人不是同一种族。

下面是针对这些情况的处理思路。

职场事件。准确记下发生的内容和时间。和你的上司安排一次会面（如果是一位同事制造的问题），谈谈发生了什么事，对于你的职位或工作表现造成了什么影响。请你的上司观察这个人的行为，甚至可以在你认为适当的时候出面调解。如果问题出在上司身上，你就要看看能不能越级，请职位更高的人帮助你。法律规定，公司必须消除职位高低的偏见；如果你不满公司的回应方式，可以选择采取法律手段。

与朋友或熟人之间的私人事件。如果你觉得有人对你心存偏见或是以某种方式侮辱了你，请在冷静下来后私下找他谈谈。让这人知道他说过什么，为什么会让你不好受。尽可能措辞得当，让他明白为什么这一行为会造成伤害，他能做些什么来改变和弥补。很多时候，此人可能并没有意识到他的行为，也无意冒犯你或他人。

求职时发生的事件。如果你认为自己因为他人的偏见丧失了一个工作机会，那么你有权弄清楚状况。如果老板因为你的人种、要生孩子或是残疾等原因拒绝雇用你，那么他们就违反了法律。和所在地的就业监管机构取得联系，就如何解决这个问题咨询建议。纠正这个错误可能需要花些时间甚至金钱（如果最后你诉诸法庭的话），但是，如果你足够重视这份工作或是这个原则的话，你就应该试试。

偏见：名词，在弄清事实之前所形成的判断或看法，通常是不理智的，令人不快，一般具有怀疑或者畏惧的特点。

歧视：名词，为人处事中偏袒或偏见的表现形式，特指针对少数存在社会、生理或是行为差异的群体或人所作出的不当举动或所制定的不利于他们的福利政策。

认清现实

我们发现并非每种情况都能合理冷静地得以解决。实际上，有些人甚至不愿说出问题。情况各不相同，每个人的处理方式也各异。有时，人们会觉得如果因为职场上的偏见而大惊小怪，那么他们会面临失业的危险，所以他们隐藏自己的感受。有时，人们又可能对偏见反应过度，行为出格而丧失一份工作或工作中的某个机会。坚持原则可能会牺牲一些交情，不坚持又可能会有些想不通。你的生活终将由你来把握。审视每次状况，做出最适合你需求而无须以牺牲自我为代价的决定。在你行动之前，务必确保你仔细考察了所有选择以及相应的后果。

有用的差异

要知道你的差异其实也是你独有的特质，对你的职场生活有所帮助。

许多老板需要的正是你的某些与众不同之处。公司之所以力求多样化，一部分原因在于联邦法律和高级管理层的新规定。他们想要吸引多样化的员工，并为之提供一个能接纳他们差异的愉快的工作环境。事实上，有些法律鼓励和要求雇用多样化的员工，也有些法律严禁歧视，对于歧视者给予严惩。

应对语言差异

不同的民族产生不同的语言。虽然英语是美国的“官方”语言，很多人还是会使用他们从小到大都在讲的语言。事实上，有很多人都在使用他们的母语，所以很多社区也是多语言的，也就是说，多种语言都在使用。如果你能说一种以上的语言，那么你就拥有一项非常重要并且很有市场的技能。像西班牙语、汉语和日语这些语言已经得到了广泛应用，足以引起企业的重视。公司发展依靠的是建立客户基础。想要吸引更多样化的客户的企业要有能力为之服务，而方法之一就是雇用能说对方语言的员工。工作中，你可以用你的语言技能跟客户、经销商和同事交流，以此扩大你的交际圈，提高业绩。

如今，大多数美国人还是单语的（只说一种语言），但是他们常常期望别的文化的人懂英语。许多母语非英语的人英语说得非常好，但是还是有些人说得没那么流利，也不能听懂所有地方的方言。不管你说一种还是多种语言，下面的小技巧能帮你更好地与英语为非母语的人进行交流。

• 少说俚语。俚语是你的文化和年龄群特有的。使用标准的英语是明智的做法，这样每个人都能听懂。

• 说慢点，说清楚。说得太快会让英语不如你熟练的人感到困惑。还要注意的是，大声说不会帮助别人理解你。

• 不要居高临下。一个人有点口音并不意味着他不如你聪明。用平等的态度说话。

如果你能说多种语言，你的母语将能成为有用的工具而非障碍。当然，如果英语不是你的第一语言，你需要学会工作场合使用的英语，还应该不断努力提高自己的英语水平。

经验之谈——职场透视

发现共同点

蔡·波米（Chai Boonmee）
美甲师、美容专业学生

虽然我是在一个大城市附近长大的，但我并没有和来自其他文化的人打过什么交道。比如，我的高中里亚洲人居多。我的父母和我的许多朋友都来自泰国。现在我就读于一所美容学校，那儿的学生多为西班牙裔。我刚开始学习时，有点胆怯。课间和课上好像每个人都在说西班牙语。我不知道是不是会被接纳。

随着时间的推移，我开始在学校交到朋友。同学们都很友好，很快我发现相较于我们的不同，我们有更多的相同之处。许多人的父母也是移民，像我父母一样，似乎每个人的家庭都会担心他们，或是想给他们安排以后的另一半。我很高兴知道，即使我们外表不一样，但是却十分相似。我认识到，即使人们可能喜欢不同的食物、音乐或者衣服，但我们都想要得到尊重。不管怎么样，我认为如果我们都完全一样就太无聊了。也许我们太专注于大家的不同点，而忽略了彼此的共同点。

在学校，我们都为了同一个目标学习：拿到美容师执照。我希望有一天能开一个自己的美甲沙龙，一想到自己有可能做老板就兴奋不已。但有时美容学院也很枯燥——一周四五天，一天 8 小时我们都待在这儿——令我很想放弃。然而，学校的朋友们帮我打消了这个念头，我也希望能帮助他们。

我真的很喜欢美容学校的氛围。当有人毕业时，我们会为他举行一个很棒的午餐会以示庆祝。在那里我们为彼此着想，欣赏彼此的优点。

我认为与人相处是生活中最重要的部分之一。与他人建立关系能让你的生活大不一样。事实上，上高中时，当我在父母的餐馆里当服务生帮忙时，我问候客人的方式使我拿到的小费也大不相同。

高中毕业后，我真的不是很清楚自己想做什么。父母想让我上大学，但是我不知道该选什么专业。所以我去念大专，学习普通教育课程。我获得了副文学学士（A. A.）学位，但还是不知道这辈子该做什么。这时，为了庆祝我毕业，我最好的朋友带我去了亮甲（Nail Plus）美甲店，享受了一次超豪华的护理套餐：修指甲，修脚趾甲，去死皮以及足部按摩。店里的氛围棒极了：我感受到了宠爱和优待。离开时，我简直无法表达自己感觉有多好，我的指甲看起来有多棒。这次经历让我深受触动。我想要在那样的环境中工作。我想让人拥有那么棒的感受。

几个星期后，我再次预约去那里并和其中一名美容师聊了起来。她告诉我她是怎样进入这一行的。接着我又和另一名美容师聊，听到了一个类似的故事。于是我当下就决定成为一名美甲师，并最终拥有我自己的店。

现在我的目标是完成美容学校的课程，当个美甲师，建立起自己的客户群。课余时间我还在 Nail Plus 上班，积累经验。我深深地被自己未来职业的创造性所吸引，期待能学到更多的指甲加长和彩绘的技巧。在此过程中，我还想和许多来自不同文化的人成为好朋友。

重视民族和文化特性

美国的工作人群将继续多样化。当今美国的商业正被迫接纳这个文化多样化的工作群体，原因有二：

第一，当一个企业需要雇用某人时，他们发现找到的此人是非欧洲裔的概率越来越高。

第二，为了销售产品或服务，一个公司想和各种人做生意。方法之一就是雇用拥有各种文化背景的员工，你的民族特性也由此发挥作用。

如果你能和某一个民族扯上关系，他们也能和你有联系，这点对一个企业而言本身就很有价值。

不利的方面在于，如果不是北欧裔（你或你身边的人可能都有这样的经历），你会由于血统或外表的关系而得不到一份工作。当然，女性和残疾人也面临同样的歧视。长期以来这个问题一直存在，有待解决。你能做什么呢？愤怒和暴力肯定不会改变任何人的观念。你只能通过努力工作，证明自己和自己的能力来与之抗争。你也能把战场搬到法律制度中来，虽然这是个既耗时又伤财的解决办法。又或者，照我们之前说的，你能认识到自己的民族特性能给自己加分，找到一个与你意见一致，价值观相当的老板。

譬如说，假如你来自多米尼克共和国，能说英语和西班牙语，发现你所在城市的西班牙裔聚居区有个会计事务所，那里的报税员职位空缺，结果会怎样？事务所录用你是明智之举，因为你有助于扩大业务面和客户群。没有会说西班牙语的职员，事务所只能面向数量有限的客户。作为一个双语职员，你将能够问候、招揽并服务任何以说西班牙语为主的客户，同时也能用英语与事务所的其他客户、职员和管理人员进行有效的交流。就连你的外形都可能使你的西班牙裔客户觉得顺眼；通常当身边人的外表与自己有些相似时，人们往往感到更放松。你的民族血统会成为你的“卖点”。

避开交流障碍

关于如何在多样化的工作场合顺利工作和交流你已经读了很多。现在是时候审视一下成功路上的障碍了。与不同文化背景的人共事时，请将以下行为列为五大禁忌。不惜一切代价避开它们！

种族优越感。这个术语的意思是，认为你的文化优于其他一切文化，你的处事方式不可一世。有些人把它称作“我的方式是最好的方式”。这种种族优越感让你很难与人沟通，因为别人会时刻保持警惕，觉得不受重视。这种心态只会导致工作上的分歧而事倍功半。

假设。假设是信念，而非事实。如果你因其外表、文化、年龄或者其他因素，依靠假设来给人下判断，你很可能误断。这些假设的基础通常是固有的成见，缩小视野，限制思维，脱离现实。在工作中，这会让你决策不当而伤害他人和公司。

思想封闭。这与种族优越感有些相似，但却不尽相同。如果你思想封闭，你可能不会觉得你的文化是世界上最好的，但是你对于了解其他文化丝毫不感兴趣。抱着这种态度，你可能与生活中很多有趣的东西失之交臂：人、活动、食物等。你也许无法解放思想，也就是说，对于工作中遇到的难题你很难想出有新意的解决方案。

无知。无知和愚蠢不一样。说你无知，是说你对一个文化知之甚少或缺乏个人阅历。愚蠢意味着你根本无心向学。无知是可以通过教育来治愈的。当你与其他文化的人交往时，无知就会产生负面影响，并且肯定会妨碍你们之间的交流。如果你不了解另一种文化，一不小心就会冒犯或是触怒别人。无论是在工作场合还是在其他任何地方，你肯定都不想这么做。所以，了解来自其他文化的人们并亲身感受他们的传统和思想，这点尤为重要。

恐惧。在你所有可能的心态中，恐惧是最危险的。它是跨文化交流的巨大障碍。如果你害怕来自另一个文化的人，你会觉得在他们身边很不舒服，你很可能不想花时间去了解或理解他们。如果你不理解某人，恐惧就会上升为憎恨。这种心态在职场绝对不能有。审视你的恐惧并直面它们，这得靠你自己。如果你肯努力去真正了解来自其他文化的人，你会发现自身的恐惧将荡然无存。

认识并克服这些障碍，做任何工作你都会一步步迈向成功。

你知道吗？

国家健康中心的一项广泛研究发现，已知的文化特点和从真实的人身上观察到的实际特征没有任何关联。[①] 也就是说，固有的成见跟现实一点关系也没有！

测一测：揭发成见

是时候想想你的观念，挑战一下你所持有的那些成见了。

1. 看看下面不同类型的人，写下你对每种人特点的第一个看法。

墨西哥人	
阿拉伯人	
男人	
女人	
青少年	
老人	
亚洲人	

2. 检查你所写的内容。

a. 哪些特点是负面的？

b. 哪些来源于电影、电视或者网络？

c. 哪些是别人告诉你的？

① Merali, Zeeya. "Exploding the myth of cultural stereotypes." *New Scientist*, October 6, 2006. Accessed September 6, 2009, from www. newscientist. com/article/dn8111-exploding-the-myth-of-cultural-stereotypes. html

d. 你写的中间有没有哪一点是以某个你确实认识的真人为依据的？

3. 根据你的答案，你看到了哪些交流的障碍，指出你的问题所在，以及你打算如何解决它们。

年龄、阶层、能力与价值观

我们要记住，职场的越来越多样化并不仅仅指种族，还包括了越来越多的有着不同年龄，来自不同生活环境，各种残疾以及具有不同价值观念的形形色色的人。接纳这种多样性并平等对待各个年龄阶段和生活阶段的人和容忍与尊重不同种族一样任重而道远。

与不同年龄的人共事

多年前，你可能很容易给不同年龄的人安排不同种类的工作。年轻人做入门级的工作。30 到 50 岁的人已经有了事业。60 岁以上的人退休了，拿养老金度日。但是一切都改变了。经济上的巨变让这些界定和分类乱成一团。

现如今，职场上 50 岁到 85 岁的人比以前多了许多。许多上了年纪的人又开始工作，因为只靠养老金或社保他们活不下去。有能力或有关系的年轻人升迁比以前更快了。中年人通常遭遇两种境地：要么对事业不满，想跳槽，要么被公司解雇，壮年失业。许多人不是进入事业的平稳停滞期，就是不得不重头来过。

结果，在当今的职场出现了年龄的多样化——在很多时候，四代人共存职场。这一多样性造就了不一样的工作环境，人人都要去适应。表 9—1

列出了每代人的性格和生活方式的差异。不同的性格和生活方式产生出不同的职场行为。表 9—2 总结出工作环境中各代人的一些典型行为。

表 9—1　　各代人的性格与生活方式的变化

年代特征	退伍军人 (1922—1945)	婴儿潮一代 (1946—1964)	X 一代 (1965—1980)	Y 一代 (1981—2000)
核心价值观	尊重权威 保持一致 遵守纪律	乐观主义 参与	怀疑主义 娱乐 不拘礼节	现实主义 自信 娱乐至上 社交
家庭	传统	分裂	挂钥匙儿童	合并家庭
教育	梦想	基本人权	成功的必经之路	花费惊人
沟通方式	转盘式电话 面对面 备忘录	按键式电话 随时打电话	手机 工作时间打电话 电子邮件	智能手机 电子邮件 短信
花钱方式	节约 现金支付	先购买，后支付	保守 节约，节约，再节约	挣多少，花多少

表 9—2　　各代人的职场特点

年代特征	退伍军人 (1922—1945)	婴儿潮一代 (1946—1964)	X 代 (1965—1980)	Y 代 (1981—2000)
交流风格	正式 备忘录	随意 会议	及时 电子邮件 语音信箱	及时 短信 社交网站
互动风格	独干型	团队合作型	倡导型	参与型
领导风格	下指令 命令控制 等级制度	达成共识 协作	人人平等 质疑 提问	待定 *
鼓励的话	我尊重你的经验	我们重视并需要你	照你的方式做， 别管什么规定	你将和其他有 创造力的人一起工作

续表

年代特征	退伍军人（1922—1945）	婴儿潮一代（1946—1964）	X代（1965—1980）	Y代（1981—2000）
期待回报	圆满完成工作的满足感	职位 赏识 金钱	自由	有意义的工作
职业道德	努力工作 尊重权威 职责优先，享乐在后 遵守规定	工作狂 追求品质 推动改革 质疑权威	消灭任务 结构清晰，方向明确 怀疑	目标明确 多重任务 创业精神 宽容忍耐
何为工作	义务	令人激动的冒险	艰难的挑战	终结的方式

当你与某个时代的人一起共事，不要断定他们会将这代人的每一个特征都展现出来。不管年龄大小，最重要的是找出身边的人乐于接受的交流之道，也让他们知道你喜欢的交流方式。

还有一点需要考虑的是，每代人使用高科技的习惯不同。大多数学生从小到大都在使用高科技，习惯了多台设备的多任务模式，注意力在人和机器之间转换自如。例如，你可以一边跟坐在身边的朋友说话一边用手机发短信。实际上，你说话时甚至都没看着你的朋友。然而，如果你一边发短信一边跟一位长辈说话，他就很可能觉得你很没礼貌，因为直视对方，集中注意力是尊重的表现，你在他面前一样都没做到。

面对一个职场出现四代人的可能性，你可能需要以多种交流方式来应对，确保相互理解。不管你如何交流，与不同年龄的人共事有利也有弊。

有利面。如果你年轻，年长人士的阅历和智慧能让你受益匪浅。如果你年纪较大，你能从年轻人的活力和新鲜观念中获益。各种各样的观点从不同的人那里萌生、汇合，就能找出更好的解决方案。

不利面。年长者初到公司可能很难听命于一个年轻（但是经验更丰富）的上司。年长者会觉得年轻的上司不尊重他们的智慧和阅历。相应的，年轻人有时会觉得自己手下的年长者倚老卖老，不尊重自己。与此同时，年长者认为年轻人没有资格身居高位，因为他们根本不知道成功要付出什么代价——这一点深为那些靠辛勤工作获取经验的年长者所不齿。

不管你多大年纪，当你对他人的情绪和感情变得敏感，并能更好地理解这些情感的来源时，你就能更快地了解他人的需求和处境。在职场，只有通过相互尊重，真诚沟通，你才能向别人学习。

> 并非所有人都想通过电子邮件和短信进行沟通。尽量和人面对面地交流。

> **技能指导**
>
> 随着电话短信和及时信息的广泛使用，许多员工开始在他们的谈话、邮件和信函中使用短信语言。当心这种趋势。并非每个人都发短信，特别是那些年长的员工，也并非每个人都使用或看得懂这些缩写，例如 LOL、BFF、OMG 等。最好使用标准的英语术语，让工作中的每个人都知道你在说什么，无论年龄或文化背景。这一点在写正式的报告或邀请时显得尤其重要，这个时候使用短信语言会让人觉得你不成熟或不专业。

测一测：与各种年龄的人交流

不同年代的人有着不同的交流方式。然而，为了工作的顺利进行，我们必须考虑并适应这些不同。

1. 在你的私人生活和工作中，你认为采用哪些方式与人交流是最舒服的？

____

____

____

2. 描述一个你在生活中与某位不同年龄的人沟通困难的例子。你是怎么解决这个问题的？

____

____

____

3. 如果你和一个年长的人一起工作，需要有效交流，你要怎么做？如果那个人年纪比你小呢？

____

____

____

____

____

应对不同的生活环境

多样化不仅仅表现在种族和年龄上，还表现在生活环境的不同上。你可能会和许多员工共事，他们的生活环境也许会是下面列出的某一种：

- 刚刚走出校门开始新的工作
- 临时工作的一名老员工
- 已婚，没孩子
- 离婚后重新开始
- 初为人父或人母
- 单亲父亲或母亲
- 做几份兼职
- 失业一段时间后才找到一份工作
- 晚年开创事业第二春
- 为了提高社保金而工作

不同环境的人有着不同的需求。比如说，单亲父母可能需要比别人早下班去接孩子。年纪大的人因为要处理其他事情或健康问题致使工作时间受限。相较于一个选定职业并受过专门职业培训的年轻人来说，一个替补的兼职人员可能不会有同等的担当。一个花了多年时间在公司一步一步往上爬的人可能无法忍受那些不愿意把同样多的时间投入到工作中的人。不管是什么情形，和生活环境不同的人共事也是有利有弊的。

有利面。员工们能学会欣赏同事们的不同观点。不同生活环境的融合通常需要在时间安排和任务分配方面有更高水平的合作。合作得越多，一组员工才能成为一个真正的团队。

在当今瞬息变化的市场中，有许多工作是人们不想做，或是做不了的，需要人们承担全日制或是长期的责任。通常在经济衰退期，虽然各个公司裁减全职员工，但那些公司仍需要帮助。在这种情况下，他们常常转而雇用合同工或兼职工，这些人不想承担长期的责任，也不介意在一个项目结束后走人。一个常换工作的人，或者一个重回职场的年长者就会是这类职位的最佳人选。

不利面。生活环境不同的人有着不同的需求。如果你很难做出相应的调整，那么就很难适应这些需求。也许你同事的孩子经常生病，所以他经常请假早退，带孩子去看医生，结果你得加班来完成他没完成的工作。你可能心怀不满，但还是能找到方法既解决这一困境，又将你俩的情况都纳入考虑。只要坐下来，真诚地与对方交流自身的感受，就能慢慢地释放自身的不满情绪。如果你能发现身边人特殊的生活环境，你就能学会接受他们的需求，对他们抱以同情心……反过来，对也会这么对你的。

与残障人士共事

越来越多的具有身体、心理、情感障碍的人走入了职场。越来越多的公司开始成为他们特殊能力的受益者，并想办法满足他们的特殊需求。某些组织致力于为残障人士找到适合他们个人才能和需求的工作。也许你会发现和你共事的人的行为方式跟你完全不一样，要走特殊程序或享有特权。但是不论他们的能力如何，和这些残障人士共事也是有利有弊的。

有利面。他们也是人。不论他们的残障是天生的还是事故或受伤造成的，他们与我们都同等重要。尽管各具挑战，他们也能在工作中做出贡献。认识到这一点对我们有好处。我们能够更加公平地接纳那些不同于自己的人，而残障人士也能得到应有的机会，在充满挑战的职场中获得成就感。

如果你努力去接纳和包容这些不同，你就会敞开心扉去对待残障同事所提出的新观点。看到他们克服困难，最大限度地发挥自身潜力，你会深受启发。如果能学会互相欣赏，你会为人性力量的巨大和深远所深深折服。

不利面。正如去适应处于不同年龄或生活环境的同事的需求一样，我们可能也要花些时间去适应有特殊需求的人。如果他们需要更大的空间或更多的时间去完成一个任务，这些需求好像是强加到你身上。你的工作量发生了变化，或者你不得不改变工作方式来适应他们的工作方式。例如，如果你有一位失聪的同事，你可能得多用写的，或者学点基本的手语。

一旦你理解并接纳了某人的特殊状况，你就能与他合作并向他学习。每个人的贡献都同等重要。解放你的思想！

审视不同的价值体系

我们身处的世界已经越来越包容那些看得见的差异了，如年龄、种族以及残障。与此同时，我们也知道，还有某些不那么明显的差异同样存在。这些差异关乎我们的价值观——在我们看来重要的、合适的、标准的、值得尊重的行为。

即便身处同一文化或同一个家庭，人与人之间的价值体系也是变化多样的。比如说，父母们都认为只有结了婚以后才能住在一起，想想看他们会多么反对自己年轻的女儿搬出去和男朋友同居。再想象一下，如果一个年轻人决定和一个背景不同的人结婚，他也要忍受家人的反对。在以上的任一案例中，一个家庭成员都有着与其他家庭成员不同的价值体系，尽管他们之间有着紧密的家庭纽带，观点却相互抵触。

价值体系的建立一部分来自家庭与朋友，另一部分则来自于我们自己的倾向。有必要花时间好好想想自己的价值观，这会让你看清楚你是谁，也会帮助你设定个人目标。

构成个人价值体系的具体观念包括：生活方式，对待家人和朋友的方式，对于家人、同事、工作和其他活动的优先选择，性取向，以及养育子女的态度。当你在职场打拼时，你会广泛接触到不同的价值体系；有些是你可以理解的，有些对你来说是陌生的，还有些是让你不悦和心烦的。重要的是记住：萝卜白菜，各有所爱。但是，这对于职场也是利弊共存的。

有利面。正如你可以向有着其他差异的人学习一样，你也能在观察和尝试理解不同的价值体系中学习。试着去理解为什么不同的人持有不同的价值观，这能让你提高容忍度，扩大知识面。譬如，如果你认为多花时间与孩子相处很重要，那么对于一位同事每周五天都送孩子去上学，然后去课后补习的做法你会不以为然。然而，你并不知道这个人价值观形成的背景。也许是一次痛苦的离婚，甚至是丧偶促使这位母亲突然转变价值观来让生活继续。她认定，与其和孩子待着家里，靠拿社保金过活，不如自己挣一份体面的薪水，把孩子交给有能力的人看管。当你慢慢去了解人们，你就会学着不随意下结论，学着去尊重不同的价值观。

你也会知道，每个人的价值体系都是很私人的，如果没有涉及日常的工作运转，谁都不应该去质疑。有人一开始可能觉得与同性恋者共事不舒服，但是如果那个人的性取向并不影响他高质量地工作，那么谁都不该在工作场合对他进行攻击。工作的时候我们的时间和精力都有限，专注于那些对工作有直接影响的事情，其他一律不过问。

不利面。如果你对一位同事的价值观和生活方式很不赞同，那么很难做到不过问。我们都容易觉得自己是正确的，常常强烈地想要成为“指引某人的明灯”，让他能够看清“生活的正道”。请记住，这可能是你的正道，但肯定不是每个人的。想想我们每个人是多么的不同。如果每个人都认同同一个价值体系，这个世界会是多么的奇怪。不仅无聊至极，而且会充满竞争，因为大家都在争抢同样的东西。

虽然很难，但尽量不将自己的价值观强加于他人。你也许不认同他人的个人选择，但是只要那些选择不影响工作，也不伤害其他人，那么你就要包容他人的价值观。

如果你觉得某人的选择或是价值观造成了工作中的麻烦，说出来，但是就事论事，不要去评论他的价值体系。如果某人的生活方式影响了他的日程安排，致使你要做额外的工作，那么和他谈谈，修改一下时间表，但不要指责他的生活方式。如果客户对于某位员工的外表评价不太好，和这位员工讨论一下外表问题及其对工作的影响，不要针对这位职员着装打扮的价值观。以合作的态度解决问题，避免攻击他人的价值观，往往收效更佳。另外，你要表现出强有力的不偏不倚的态度。价值观的影响深远而强烈，人们会拼命地维护它们，但是假以友好协商，人们在职场中常常乐于合作，做出改变。

宽容与接纳

随着多样化的发展，一种可能性变得越来越小，即只在一个单一环境下工作，人人都来自同一种族，具有相同的能力和价值观。这种可能性越来越小了。你将很可能与不同种族和观念的人一起工作。宽容与接纳——做任何工作的必备工具——会帮你在新的环境中有效而愉快地工作。没有它们，我们很难在职场与他人愉快地合作。

有句话叫作“如果你不参与解决问题，你就是在制造问题”。这句话绝对适用于多样化的工作环境。如果你不能容忍差异，看不起那些生活方式不同或外表看起来不同的人，你就会一直抱着一种消极态度，并在工作中表现出来。你的态度可能会影响你的工作表现，让那些和你共事的人很难有效工作。如果期待别人宽容你，先保证自己也这么对待别人。宽容意味着让自己过得更好，也让别人过得更好，无论存在什么样的差异。

要做到接纳必须先做到宽容。宽容是一种被动的态度，而接纳则是一种行动。宽容别人，即承认他们的存在。你懂得，他们也应得到应有的重视，也必须按照他们自己的方式生活。当你表示接纳时，请你肯定地接受他们，一有机会就毫不拘束地与他们互动，并对他们表示尊重。如果你宽容但忽视那些与你不同的人，就有可能妨碍职场合作。若是每个人都能接纳彼此的差异，合作是会日益频繁和融洽的。不要总是让别人接纳你——你也应该参与解决问题，在职场中积极营造接纳的氛围，毫无偏见地与人合作。

除了加强不同种族之间的互动，我们的宽容与接纳还能抹平职场中的性别差异。女性仍然很难进入公司管理层，或是升到某个职位。有时她们做着与男性相同的工作，却拿着较低的薪水。当员工们学会宽容男性和女性之间的不同需求，开始接纳工作的出色程度取决于技能和才能而非性别这一事实时，这种情形将会逐步改善。

在越来越多样化的世界里经常会出现种种矛盾，宽容与接纳是解决矛盾的有力武器。不同的群体常常偏爱不同的工作方式、价值观和沟通模式。认为“我（们）的方式才是最佳的”或者“我们一直就是那么做的”，乃人之常情。请想想那最无足轻重的矛盾——发生在我们家里。生活在一起的人尚且可能对各种各样的事情持不同意见，例如如何做清洁，如何做饭，看多少电视以及如何抚养孩子等。如果人人都相安无事，那简直就是个奇迹！倘若与最亲密的人之间都能产生矛盾，更何况是在职场之中，那可是你经常与背景完全不同的人打交道的地方。

你知道吗?

在2010年，男性平均每挣1美金，女性才挣77美分（男女薪水的比例为100∶77）。对于有色人种的女性而言，这一差距更大。虽然近40年来报酬的差距在慢慢缩小（1963年男性挣1美金，女性挣59美分），但是我们还没达到期望。① 尤其麻烦的是，现在女性占据美国工作者的50%，并且在当今2/3有孩子的美国家庭中，女性的收入成了家庭收入的重要组成部分。不同性别之间的薪酬差异已经更加受到重视，因为，就2010年而言，在经济低迷时期很多男性都失业的情况下，越来越多的家庭开始依赖女性的收入。②

造成这一收入差异的原因是多方面的，包括女性要休产假，女性通常不善于商议薪酬，还有降低以女性为主的职业薪酬等。无论出自什么原因，和男性一样受过同等教育，拥有同等抱负的女性，在同样的职业和同样的地域，还是拿着较低的薪水。

如果因为工作或相处方式的差异而引发矛盾，则重在以一种冷静和尊重的方式进行商榷。如果双方都听取并认真考虑对方的意见，就能更好地相互了解并提出一些个人想不出来的新办法。如此解决问题方能改善职场环境，提高职场效率。

始终冷静地解决问题并非易事。我们常常不是大发脾气就是保持缄默。如果你对别人大喊大叫，你可能会觉得好受些，可此时你也伤害了那个人，破坏了你们之间的关系。如果你什么也不说，忍住怒气，你就在伤害自己，全身分泌应激激素，血压升高，损害免疫系统。因此，给自己点时间好好想想，然后真诚、冷静地与对方分享你的感受，这么做

---

① Ludden, Jennifer. "Despite new law, gender salary gap persists." National Public Radio, April 10, 2010. Accessed January 12, 2001, from www. npr. org/templates/story/story. php? storyId=125998232

② Boushey, Heather, Jessica Arons, and Lauren Smith. "Families can't afford the gender gap." Center for American Progress. April 20, 2010. Accessed January 14, 2011, from www. americanprogress. org/issues/2010/04/equal _ pay. html

非常重要。

以更加宽容和接纳的态度面对差异，这是在矛盾产生之前就避开它的有利方法。许多矛盾之所以产生，是因为人们的要求一旦得不到满足就出言不逊，不去弄清楚真正的问题所在。如果一位上司因为手下的员工没有按时完成项目而恼怒，此时，这位上司有两个选择：(1) 默默地生闷气或在员工面前大发脾气，以此来制造矛盾；(2) 调查情况，查明该员工不能按时完成项目的原因。假设这位上司调查发现是这位员工家中有急事——上了年纪的父母跌倒了，得送去医院。这位员工出于担心而很难将精力集中到手头的项目上。上司会理解这位员工无力改变的苦境（除了可以将这种情况上报给上司之外），并接受项目进度延后的结果。这位上司非但没有因他完不成项目而大声斥责他，反而主动与他谈话，讨论项目完成的方法，还去医院看望他的父母。这类处理方式使人们对情况了解得更全面，有助于人们以更冷静明智的方式去努力解决问题，而不是盲目地与人产生冲突。宽容与忍耐是建立更好工作和生活环境的最佳途径。

世界一隅：参与解决问题

怎样将你的新工具运用于实践？图 9—4 阐明了我们可以如何使用它们。

• 无论是在工作中还是工作外，对于你所遇到的各种人持开放思想。约束自己，不要基于一些诸如肤色、体型或性别等外在因素给人妄下结论。

• 通过认识别人，让自己了解对方所代表的其他文化、年龄和生活环境的特点。让他们走进你的生活。

• 工作时，接受不同的工作方式，只要不违反规则。

• 探索自身所承袭的传统，并引以为荣，不论你的祖先来自非洲、苏格兰或世界的其他任何地方。

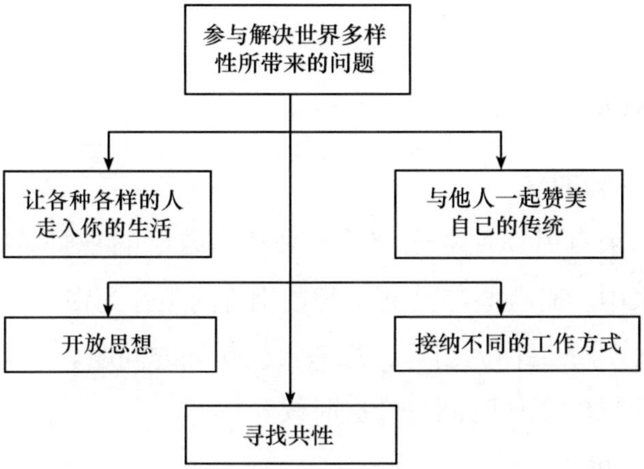

图 9—4 接纳多样性

• 与他人分享你的传统和状况。让你的家人、朋友以及同事有机会了解你，并理解你眼中的世界，同时，你也去理解他们眼中的世界。为独一无二的你和你独特的生活及存在方式喝彩。

• 寻找那些确实存在的共同点。你们午餐喜欢吃相同的东西吗？你们的孩子都还很小吗？你们做事是不是都没什么条理？超越文化和行为上的差异，你们可以发现彼此具有很多相似之处。你可以和他们交朋友，或至少能互相尊重。当你将某人当成一个个体的人去慢慢了解时，就很难不去喜欢他或他代表的文化了。

• 要知道皮肤包裹之下的我们真的十分相似。我们都会爱，会受伤，会思考，有喜欢和不喜欢，有希望，有恐惧，也有规划。虽然我们个人的表达各异，但本质上我们都是人类。

多样的世界与你的工作

这一切与你事业的成功有何关联？学校、职场和邻里之间都是个小世界。你越了解我们这个多样和多变的世界，就越了解你身处的这个世界一隅。你所在的职场以及其中的人们都随这个世界的变化而变化着。参与解决问题有助于你将自己的工作地方变得更高效、更易于接受，也更成功!

职场工具箱

9.1 另一种职场

通过采访来自另一种文化的某人来拓宽自己的视野。问问在他的文化习俗或国家中，有哪些与其文化背景相符的工作习惯。

1. 运用下列条目作为引导，思考自己想问的问题。

a. 你们正常的工作时间是什么时候?

b. 午休时间多长?

c. 传统上来说，哪些工作由女性承担? 哪些由男性承担?

d. 大多数人多少岁开始工作?

e. 人们在哪接受职业培训?

f. 大多数公司使用的是什么办公或技术设备?

g. 医疗护理、休产假以及儿童保育这些问题是怎么处理的?

h. 将你的祖国与美国相比，你发现了哪些不同点和相同点?

i. 如果英语不是你的母语，你是怎么学会的?

j. 你如何找到工作的?

k. 在职场你面临哪些与文化相关的挑战?

l. 职场中谁的帮助让你觉得很愉快?

2. 就你的发现写一篇简短的两段式小论文。第一部分，描述你对于其他文化中工作习惯的一些发现。第二部分讨论这些工作习惯与你所在的文化有何不同? 你甚至可以由你的发现引出一场讨论，看看在不同的工作状况中，哪些工作习惯最有效?

9.2 设身处地感受另一种职场

完成访问后，想象一下你来到了那一个国家，该国文化是你刚刚研究过的。想想你会怎样去适应这里的工作习俗。另写一篇简短的论文，谈谈你的适应计划，计划中应包含对下列问题的回答。将你的答案与采访人的答案做比较。

1. 你只会这种语言中的一些词。你将怎样去学会说这门语言？

2. 你需要一份工作。你打算怎么找工作？

3. 你认为你能找到什么样的工作？

4. 在以下方面你觉得自己有可能面临什么样的挑战？

a. 适应工作

b. 在工作中取得成功

c. 升职

5. 在新的国家里你需要做些什么才会感到舒服？

6. 你需要人们做点什么来帮助你适应？

7. 你能从美国带来什么新的积极的工作习惯？

8. 在这个国家，哪些工作习惯是你能适应的——在你回去时你想将这些习惯介绍给在美国的工作人士。

9.3 文化多样化的工作群体

只有不断引入新的积极观念，国家才能强盛。美国之所以能领先于世界，原因之一就在于它能接纳不同的观点，并融入自己的文化之中。即使一些传统的工作方式仍在使用，当今文化多样化的职场和世界需要更多的新观念和相互的理解。

几乎所有的美国家庭或是他们的祖先都来自于其他国家；唯一的非移民只有美国的印第安人。你的祖先们极有可能在另一个国家生活和工作过。花点时间回答下列问题，研究一下你自己的祖先传下来的传统。和你家族中上了年纪的亲戚聊聊也是回答这些问题的有趣途径。他们通常知道丰富的信息、历史和故事，让你充分感知到你作为一种文化或家族的一分子。

1. 我的家族来自（知道的话，请写下国家、地区或城市的名字）：

---

2. 在他们自己的国家，他们的工作是：

---

3. 他们到美国的时间（年份）：

---

4. 在美国，他们的工作是：

---

5. 刚来时他们遭遇了什么困难？

---

6. 他们是如何克服这些困难的？

9.4 拒绝排斥

如果同事因为差异排斥你，他们表现出的是他们自身的缺陷，而不是你的。努力工作，保持良好的心态——拒绝排斥。结果一定是你胜出。

我们的特殊才能和差异为工作带来好处的同时也带来挑战，这就要求我们调整工作方式和行为。重在从两方面看待你特有的才能：（1）认识到它们在职场中的价值；（2）看自己需不需要在行为上做出什么调整去最大限度地发挥个人才能。

例如，假如詹妮（Jenny）有听觉缺陷。她想当个美术设计师。詹妮将极高的专注度和敏锐的视觉（她特有的才能）运用到美术设计和她的工作当中。然而，她在跟上课堂进度方面存在困难（挑战）。所以学习读唇语或使用一个助听器（一些调整）有助于她取得更大的成功。

- 在一个多样化的职场，我能带来的特殊才能是：

- 这个才能对我的工作有所帮助，因为：

a. ________________

b. ________________

- 为了让这个才能积极地为职场服务，我可能需要做出下列调整：

a. ________________

b. ____

9.5　你的多样化系数：测测你的全球意识和文化意识

判断下列句子的正误。

________三花（Carnation）冰淇淋是一个瑞士公司出品的。

________你在一个比你年轻的女经理手下工作很愉快。

________许多丰田车的车型都被归为美系车一类。

________点心（Dim Sum）是一种中国食物。

________你想学一门外语是因为期待未来能有更多的机会。

________宽扎节（Kwanzaa）是一个非洲节日。

________鱿鱼是意大利菜和日本菜的一部分。

________比克钢笔（Bic Pens）是由一家法国公司出品的。

________五月五日节（Cinco de Mayo）不被看作是墨西哥的独立日。

________你喜欢品尝各国美食。

如果你认为正确的题有：

• 7～10 题：恭喜你！你能很敏锐地感知全球化以及文化多样化的环境。

• 4～6 题：你有此意识。考虑一下，加强自己的全球意识和文化意识。

• 0～3 题：你也许要考虑设定一个目标，提高自己的全球意识和文化意识。

9.6　了解自己的偏见

尽管我们常常持有偏见，自己却浑然不知。与你的同学或朋友讨论一下，遇到下列情况时你有何感受？

1. 你正准备穿过一条繁忙的马路，这时注意到一位盲人也在等着过马路。这位盲人没有导盲犬或者任何辅助工具。你会怎么做？是置之不理？还是出手相助？或是觉得尴尬，不知所措？

2. 上班路上，发现自己开车跟在一个老年人的后面。这位老人家以最低限速行驶，比高速路上大部分的司机都开得慢。你会对这位司机另眼相待吗？你会感到很沮丧还是耐心对待？

3. 你看见一对不同种族的夫妇走在街上，发现女的是你妹妹。你会有什么反应？你如何看待此事？

4. 在一个咖啡店，你遭受了粗鲁的待遇，服务很糟糕，可你发现那些外表和店员们相似的顾客似乎享受到了尊重和优质的服务。你做何感想？你可能会怎么做？

5. 你觉得比你年轻的男老板对你的要求比对其他员工更多，致使你可能要对你的工作日程做出小小的变动。你怎么办？你怎么想？

9.7 积极态度表——你的“好伙伴”

下面这个态度表在当今职场非常重要。圈出那些你已经具备的态度，在你想要改进的态度后面划“×”。

适应性强	很好地适应新的情况
宽容	让别人做他们自己
值得信任	忠诚可靠
富有洞察力	能找出方法去理解不熟悉的工作惯例和不熟悉的人
深思熟虑	在行动或做出评价之前花时间将事情的前前后后都想一遍
公平待人	接纳每个人本来的样子
富有同情心	能设身处地，从他人的角度看待情况
乐于助人	帮助他人肯定自我，鼓励发扬个性

1. 将你圈出的态度写成肯定句，写在一张你能看到的卡片或是便笺上。每天重复这些肯定句。例如：

我值得信任。

我公平待人。

2. 将你想要改进的态度写在下面：

我要提升自我能力，变得：

____

____

9.8　技能练习

接下来你将有机会获得一些有关当今职场多样化的“实战”信息。

1. 访问多元化企业网站，网址为 www. diversityinc. com。

a. 点击多元化管理：最佳实践菜单栏。在弹出的网页中挑选阅读两到三篇专题文章。注意，你可以点击网页下端的数字按钮来翻页，并找到更多的文章。

b. 回到多元化管理：最佳实践菜单栏，看看下拉菜单。选择辅导栏，找到更多的正式或非正式的辅导内容。然后选择两篇到三篇文章进行阅读。

c. 总结你观察到的内容，并写下来。

2. 访问 PBS（美国公共广播公司）网站，进入“多面美国（Faces of America）”网页，网址为 www. pbs. org/wnet/facesofamerica。

a. 点击列出的任意一位美国名人的照片，观看视频片段，了解他们更多的家庭背景信息。

b. 写一段简洁的话，陈述你从其中一个节目中学到了什么，重点说明那些让你吃惊并且你以前从来没有意识到的东西。

3. 访问 NPR（美国国家公共电台）网站，进入“超越黑与白（Beyond Black and White）”网页，网址为 www. npr. org/series/120652135/beyond-black-and-white。

a. 点击任意标题，收听这个节目系列中的一段。

b. 写一段简洁的话，陈述你从其中的一个节目中学到了什么，重点说明那些让你吃惊并且你以前从来没有意识到的东西。

____

____

____

4. 访问平等机会（Equal Opportunity）网站，网址为：www. eop. com。

a. 点击网页下端展示的任何一本杂志［例如，*Equal Opportunity*（《平等的机会》）、*Minority Engineer*（《少数民族的工程师》）、*Careers and the disABLED*（《职业与残疾》）等］，阅读其中的一些专题文章。

b. 基于你所阅读的文章，写一到两段话，陈述你学到了什么，重点说明那些让你吃惊并且你以前从来没有意识到的东西。

____

____

____

第十章 工作沟通：保持领先

学习目标：

- □ 性格类型与工作风格
- □ 融洽相处的诀窍
- □ 团队协作的重要性
- □ 高效的团队
- □ 六种常用的沟通方式
- □ 有效沟通的三大技巧
- □ 面谈、打电话与书面交流
- □ 处理矛盾的技巧
- □ 消极、侵犯与武断
- □ 演讲五部曲

沟通——人类之间的联系——是通往个人与职业成功之门的钥匙。

——保罗·J. 梅耶（Panl J. Meyer）

职场谬见

“经理应该知道我在想什么。”

职场现实

若我们总是认为经理应该知道我们喜欢什么，不喜欢什么，我们的目标是什么，我们想或不想做什么，那么工作中的挫败感会日益滋长。经理们也是人。他们不会读心术。即使有时会感到不容易或不愉快，你也要确保与上司沟通想法，让他知道你的需求、遭遇的困难或出现的情况。如果你能真诚沟通，结果往往会让你大吃一惊。

艾米（Amy）找到了她梦想中的工作，或许她是这么认为的。她现在是当地一家名为 Clean Pressed 的制服清洁公司的办公室经理。她接下这份工作时就知道自己会面临一些压力——毕竟，她的职责是保证办公室里各项工作都能有条不紊地进行，并且与客户、卡车司机、销售代表和清洁人员保持联络。她还知道，公司的薪水福利不错，而且六个月后还会提高。

但是她有所不知，这份梦想中的工作也有着噩梦般的同事和客户。艾米常常深陷于顾客们打来的电话之中，他们对于延迟送货大为恼火。如果艾米跟卡车司机们交谈，这些司机必定态度粗鲁，动不动就对她发火。销售代表们从来不告诉她，自己什么时候会不在办公室，或要去见谁，而且他们也从来不会按时提交费用报表。而那些清洁工人就更没什么话说了。

办公室里的人们都脾气暴躁，无视细节，或者很难进行沟通。事实上，有些员工只会通过电子邮件交流，从来不会面对面地交谈。这在艾米看来甚是奇怪。

艾米在工作中逐渐产生了负面情绪，于是她最终向老板说出了自己的挫败感，老板提议每周开一次状况会议。会议中，艾米发现，卡车司机们只是想抱怨交通状况，谁对他们提出异议他们就冲谁大喊大叫。调度员们总是讨论现有线路、备选线路和预计时间，却从来得不出任何结论。销售代表想告诉每个人他们走访客户的情况，而清洁人员除了问问题外通常不出声。办公室的每个人都发了言，但没什么收效，也解决不了问题。

艾米束手无策了。虽然这并非她的职责所在，但是她要怎么做才能让大家都坐下来，互相倾听，真正沟通呢？

从艾米的故事中你就明白了，找到一份很棒的工作只是每个求职者的开始。一旦你有了工作，你需要学会与同事沟通和相处。在前一章中，你学会了在一个多样化的职场中应对自如。在本章中，你将会获得一些方法助你在职场中有效应对同事、上司、承包人、委托人和客户等——无论他们的沟通风格如何。艾米不知道这些方法真是太遗憾了！

此外，本章还将教会你一些方法，有助于你在职场内外建立起有建设性的、长久的人际关系。它会告诉你，如何有效地与团队合作，如何清晰地交流——包括言语上的、非言语上的，以及书面的交流。最后，本章还探讨了一个常常让人感到很棘手的话题：如何应对批评与矛盾。不论是在职场还是校园，良好的沟通技能都是你发挥作用的关键。

关系建立

如果你具有建立人际关系和进行良好沟通的能力，你的老板绝对对你刮目相看。如果无法问别人什么是做好了的，什么是要去做的，或者要怎样去做，即使是世界上最聪明的人也无法在职场中一展身手。如果不与人交流，拒绝合作，指责或是破坏别人的努力，就算是最有才能的职员也会在工作中制造麻烦。一个健康的具有生产力的职场是一个合作的而非争强好胜的卑鄙之地。

为什么建立一个良好的人际关系如此重要？如果人们在工作中和睦相处，工作会进展得更快更有效率。如果人们在工作中发生冲撞，就会殃及工作。除非能将私人恩怨和自我意识摆在一边，否则人们无法一起合作完成任务。如果他们能这么做，并努力和同事们建立起良好的人际关系，那么取得的成就将会超过他们的想象。

个性在职场

在你致力于建立和保持职场人际关系时，考虑自身的个性很重要。你在第二章中学到的迈尔斯—布里格斯人格测试测出来的你的性格类型对这些人际关系有着非常强烈的影响。这一点帮助你决定，和谁你很容易和睦相处，而和谁是不行的。

例如，一个 ENFP 型的人——性格外向，凭直觉行事，感性，感觉敏锐——可能会和一个 ISFP 型的人——性格内向，敏感，感性，感觉敏锐——和睦共处。这两个类型的人都有着“着眼于大局”的天性，并且都有关注情感和感受的倾向。两者之间的不同点能形成互补，因为通常一个性格外向的人不喜欢自己身上的注意力被分散，而性格内向的人并不需要这种注意力。他们会形成一种很棒的工作关系。

另外，一个 ENFP 型的人可能和一个 ESTJ 型的人难以相处，因为都是性格外向的人，可能会争夺别人对他们的关注。而且，ESTJ 型的人对事实和细节的关注可能会干扰到 ENFP 型的人，而崇尚自由的 ENFP 型的人随意而无规划的思维方式往往让条理性强的 ESTJ 型的人觉得无法理喻。这种关系可能需要双方更多的努力和调整适应。

事实上，你很少可以选择自己的同事。与其用你的人格类型去决定你会喜欢或不喜欢谁，还不如用它来决定谁可能容易共事，谁可能是个挑战。如果你与某人闹得不愉快，让你们的人格类型为你们提供一些线索，告诉你们如何相互理解，相互共处。例如，ENFP 型和 ESTJ 型可以商量决定，由 ESTJ 型来管钱，处理一些细节工作，而 ENFP 型可以成为

“军师”，双方共同承担对性格外向型的人来说极具吸引力的领导职务。

图 10—1 告诉我们，如何通过你的工作风格来审视你的人格特性。垂直交叉的两根轴线两端分别标出了四种普遍的工作风格。两轴分出的四个象限代表下列四种品质中任意相邻两种的结合：以任务为导向或以人为导向，被动型或支配型。例如，一个以任务为导向的被动型的人就是一个分析者。

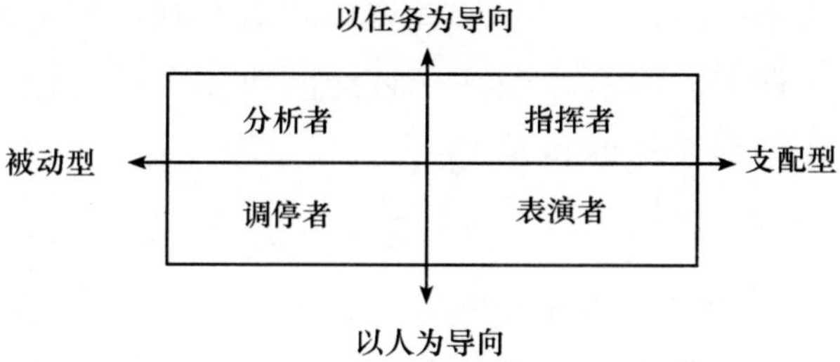

分析者 优先级：成为专家 • 获得并评估信息 • 收集并检验事实，分析证据 • 慢慢做出决定 • 工作认真仔细 • 喜欢稳定，不去冒险 • 不喜欢冲突 • 说话平静而坚定	**指挥者** 优先级：掌控一切 • 对信息进行解释并加工 • 行动并得出结果 • 容易做出决定 • 工作勤奋努力 • 敢于冒险，挑战稳定 • 在冲突中成长 • 说话有说服力
调停者 优先级：必不可少 • 组织并保存信息 • 和睦职场气氛 • 不情愿做决定 • 工作面面俱到 • 喜欢稳定，不觉枯燥 • 受不了冲突 • 说话有支持力	**表演者** 优先级：一眼认出 • 交换信息 • 活跃职场气氛 • 不假思索做决定 • 工作迅速 • 喜欢冒险，容易感到无聊 • 接受冲突 • 说话脱口而出，得体

图 10—1　相互关联的人格和工作风格

以上描述有助于你了解各个象限中人们的品质。想想看你属于哪个象限。

这个表格是用来评估自己和他人的一种方式。你可能会发现你同时具有几个象限中提到的一些特点，但是你可能觉得把自己放在某一个象限中最合适，因为它最能描述出你天生的工作风格。然而，稍加思考或努力，人人都具备践行其他象限的特质。你的评估将帮助你理解人们工作方式有多么不一样，以及你们可以和睦相处或发生冲突的原因所在。理解是改进的桥梁。一旦你们清楚地认识到了差异，你们就能一同决定有必要做出什么调整。没有人能在一夜之间改变个性，但是理解差异能让你更轻松地找到与人共事的方法。

假设你看到这个表格，得出自己是个分析者，因为相较于其他象限，你的性格特点大多符合这个象限的特点：你喜欢在一个稳定持续的环境中认真仔细地工作；你不喜欢并避免冲突的发生；你善于处理信息和事实。那么，假设你每天只和两个同事打交道。你和其中一个合作愉快，却和另一个沟通困难，因此冲突偶有发生。你认为原因何在？

根据这个表格里的品质特点想想这两个同事。第一个也不喜欢冲突，总是充当他人之间冲突的平息者。他比你更喜欢与人共事，并尽力为他人的工作提供支持。很明显，他是个调停者。你们相处的来是因为你们都不喜欢冲突，都乐于待在一个稳定的工作环境中。在信息整理和评估方面，你们也都具有相似的才能。另外，第二个同事似乎在寻求冲突，甚至有点无事生非。他工作努力，处理信息得当，但是当他产生新的想法并冒险一试时，就可能扰乱了你和另一个同事都乐在其中的稳定。他是一个指挥者，他攻击性的风格可能冲撞你被动而有条不紊的工作方式。当他想做出一个你不喜欢的改变时，你会抵制他的指手画脚。

你能怎么办呢？如果你有更多机会和更多性格相投的调停者型同事一起工作，那么就争取。当你面对的是一个指挥者型的同事时，确保你能清晰而友好地表达你的需求。用其他沟通技巧去克服你们风格上的差异。例如，你可能得更果断，着眼于结果，愿意提出异议并坚持自己的观点。

> 调停者很善于避免和解决冲突。

团队工作

在职场与人和谐相处意味着你一贯能完成任务，这为你保住工作提供了必要的稳定性和安全性。除了人格类型的知识外，你可能还需要针对不同类型的人运用一些不同的技巧和行动。我们分别列出四组人来进行探讨。

负责人

有些人或多或少会对你的行事进行管制——你的老师、经理、更高一级的经理或公司老板。你与他们的关系应该建立在相互尊重的基础之上。人们和上司之间的关系有很多种：友好的、称兄道弟的、严格地就事论事的、紧张的或者毫无往来的。不论是何种关系，人们必须对对方表现出尊重。如果你尊重别人，那么你接受他们的命令就没那么难，即使你工作之余一点都不想跟他们待在一起。

下列个人品质、基本技能和人际交往技巧会对你建立与上司友好的关系提供帮助：

• 倾听。回顾一下第四章中的倾听一节。

• 举止彬彬有礼。你想别人怎样对待你，你就怎样对待别人。

• 愉快地遵从指令。相信此人有充分的理由来决定你该做什么。明白如果你帮助经理取得成功，那么你也就成功了。

• 直接解决问题。如果你有问题或是不满，私下约见此人，并直接而冷静地向他阐述，而不要大发脾气或在其背后议论。

• 表示感激。如果你的经理褒奖了你，或对你很好，请表示感激。

• 慢慢来。可能的话，把你的经理当成一个普通人去慢慢了解，而不仅仅只是你的“老板”。

如果你的经理似乎不想和你们“打成一片”，对于你想和他熟识的企图表示排斥，尊重这一点。有些经理发现，如果没有个人私交，比较容易给对方下达命令。

如果你与经理的个性或是沟通方式不合，你们俩似乎合不来，不要马上就放弃。找个时间坐下来好好谈谈。冷静地表达自己的想法，在谈到以下这些你所关心的问题时，用以“我”开头的陈述句：

- “……时候，我不明白你的意思”
- “……时候，我误会了”
- “我觉得你好像不赞同……”

避免用以“你”开头的陈述句，有谴责之意，如下所列：

- “你不尊重我……”
- “你误会了……”
- “你不赞同……”

在你讲话时，要传达出对于自己技能和成就的自豪感。眼睛注视对方，认真倾听。运用本章中稍后探讨的冲突解决技巧。如果你们俩能达成一种愉快的相互理解（甚至是友好的共识），这会使你们两人的职场生活都更加轻松。

同事

你和你的同事们大体在同一层面上工作。有些人可能在公司待的时间长一些，有些可能职位稍高一些，但是你们都一起为整台“机器”的顺利运转而出力。

为了与同事和谐相处，也需要运用一些技巧，其中有些和与上司相处的技巧相似，有些也不一样。

- 倾听。不要打断，确定自己理解同事说的话。
- 相互尊重。和同事心平气和地讨论问题。成功时给予赞赏，失败时不指责或是说闲话。

• 熟悉公司制度。学习公司的政策及流程。那样的话，如果情况有变，你能迅速而适宜地做出调整，并帮助你的同事们向新的制度顺利地过渡。

• 尊重领地。未事先得到他人允许，不要步入他的领地——包括实际意义上的空间和指派他人去做的工作。

• 逐步了解。如果对你来说很重要的话，尽量在工作之余花些时间与同事相处，慢慢了解彼此——午饭时间、一起出去工作的时间，或周末星期五的晚上。

• 私事私办。私底下，你可以对相关的人说出你遇到的任何问题，感觉糟糕也好，心怀不满也罢；不要跟其他人去八卦这些问题。

• 不吝称赞。对同事们取得的成功和付出的努力表示一如既往的认可。

有人分享你的观点，支持你的想法，能与这样的人共事是一生中最有价值的经历。如果你找到了一个这样的同事，那么好好培养你们的关系，它会使你的工作充满更多乐趣且富有成效。

另外，与难相处的同事一起共事会让你的工作变得无法忍受。如果你和一个同事之间有什么问题，先私下跟他谈。看看你们是不是能自己解决你们之间的差异问题。如果不行的话，就单独跟经理谈。向他说明由于这位同事的做法使你很难有效地进行工作。询问经理可否进行干预来改善这一状况——或许你们三个人能见个面。接下来你还是做这份工作，但是在工作职责或是地点上稍作变动，让自己不用与那位同事直接共事。

离职是最后一步，虽然有时在每个当事者看来这是最明智之举。然而，千万不要因为一点分歧就放弃一份在其他方面都很适合你的工作。对状况做出评估，得出最有利的解决方案。

> **注**：与同事建立良好关系的小窍门同样适用于学校同学之间。再读一遍，将同事、经理、工作等词用同学、老师和上学来代替。基本上来说，在学校，你和你的同学们处于平等的立足点，也可以用同样的原则和他们建立起健康的人际关系，并修复那些不那么健康的关系。

顾客和客户

服务好顾客和客户才能保证企业生机勃勃。对所有行业来说，顾客都是最重要的人。向顾客出售产品或服务，才能维持公司的生存并给所有员工发薪水。

顾客时时刻刻都应该受到礼遇和关注。应该不惜一切代价避免与顾客发生争吵或争权夺利。任何一位顾客都应该享受到你给予一位朋友般的同等待遇：考虑周到、态度积极、兴致勃勃、慷慨大方、友好、耐心以及雪中送炭。

一些公司信奉“顾客永远都是对的。”这一前提可能会让顾客高兴，但是如果明摆着是顾客的错，而员工们还必须忍气吞声（甚至可能要自掏腰包去赔钱），这种日子可不好过。一开始就要弄清楚，你的这位老板想要你如何去处理顾客纠纷。无论发生什么争端，心怀善意，并做出些许合理的让步，这样往往才能留住忠实的顾客。

下面是一些与顾客相处的办法。

• 倾听。满足顾客需求的唯一方式即听清楚这些需求。如果你没有完全听清楚，请他再重复一遍。在顾客还没有清楚地将问题描述清楚以前，员工们就妄下结论并给出答案，这种情况太为普遍了。

• 彬彬有礼。不要居高临下地对顾客说话，好像把他们当成傻子一样。不要因为他们有问题就向他们发脾气。

• 感同身受。一点同情心大有帮助。试着想象一下顾客的感受，或他正在经历的一切。这能让你以更积极的方式做出回应。

• 一次专注一个人。每一位顾客都必须全心关注。认真倾听顾客的话，不要同时做别的事情。

• 后续跟进。口头或用一张小纸片（视你的工作要求而定）对顾客的光顾表示感谢。

• 额外关怀。如果你有任何办法能或多或少更好地为顾客服务，就那样去做。

• 愉快地面对顾客。将你所有的页面情绪都留在办公室门口。

顾客和客户有着各种不同类型的人格和思想状态。在顾客们起起伏伏的情绪和高高低低的要求中始终保持稳定的状态是你的职责所在。不要把任何顾客的愤怒或烦恼看成是针对你个人的，你只有把这些问题都解决了才算是胜任了这份工作。正如你之前在第四章中学到的，试图在各种情绪中听出真正的问题，解决问题而不是对情绪做出反应。

家人朋友

你与家人朋友的关系和你在学校或职场与人相处有什么关系？你的私人人际关系状态会对你的情绪、态度、自我意象和精力造成极大的影响。你需要有一个正面的人际支持体系，这样才能在职业生涯中更好地与人共事。如果你的私人生活已经将你拖垮了，你的职业生活也会遭殃。

要想私人生活能保证工作的稳定，你的两大最佳策略是：

• 优先处理好你的私人人际关系，保持平衡状态。这种平衡形成了你力量的核心。将它置于一切之首。想方设法维持或修复你与家人或好友之间的关系。

• 将个人问题和情绪留在家中。当你确实遇到一些个人问题，它们充斥着你的思想，让你觉得心神不宁，或让你情绪低落，那么试试将问题留在家里。

生活中许许多多的关系——家人、朋友、同学、同事、领导——都是相互交织在一起的；一种关系发生变化会很容易影响到你在另一种关系中的状况。

测一测：你的沟通能力怎样？

想想每天与你共事的人及其工作风格。

1. 下面表格中，每一行列出一个人，指出你认为这个人是指挥者、分析者、调停者还是表演者。

2. 粗略写出你跟每种人是如何沟通的。

3. 指出你受到的挫折，以及怎样才能更好地沟通。

姓名	沟通记录及其他问题
经理或老师： 沟通风格：	
同事或同学： 沟通风格：	
顾客： 沟通风格：	
朋友或家人： 沟通风格：	

团队合作

所有的员工都是一个团队的一员，无论这个团队是一个部门、一个办公室还是一个项目组。作为一个工作团队的成员，你就是一个运动队员，和所有的队员一起努力去赢得比赛。如果他们不合作，就必败无疑。想象一下一支篮球或是排球队中，如果每一个队员都竭尽所能地去得分，那么你就别指望这支队能发挥出潜力或打赢比赛。

团队合作无非就是资源、信息和客户共享，这对于一个企业的成功至关重要。但是，你会常常发现很多公司的员工都在忙于应付他们自己日常工作中的挑战，无视整个公司的目标。你很容易深陷自己面临的困难之中，特别是在有限的时间里面对一堆的要求。但是请记住，整个企业的成功才是真正的成功，而团队合作是企业成功的关键。

与团队成员合作

在一个团队中工作，总是要考虑其中不同人格类型的人（见图 10—1）并以合适的方式沟通。

• 分析者。确保提供的事实和数据准确无误。分析者最喜欢有充足的数据来帮助他们做出决定。给他们时间去做决定，不要催促。

• 指挥者。让他觉得自己处于主导地位，但也要有所准备，如果发生分歧，要坚持自己的主张。不要把它当成私人恩怨——只需尽快直接且条理清晰地说明你的情况。

• 调停者。要知道不断发生的冲突和麻烦会使调停者的生活陷入困境。通过讲述一些故事或个人经历来说明你的观点，用正面的方式向他们进行陈述，指出他们能为整个团队做出贡献。不要强迫他们做出决定。

• 表演者。时刻准备听到一些心血来潮的决定或是不同寻常的念头。不要马上否决这些想法；它们随时可能发生变化。反之，应抱以开放的态度，并鼓励对方三思而后行。

不论你的团队成员是什么样的人，如果你能遵照会议议程，将第四章中谈到的会议礼仪用于实践，那么你们的团队会议将高效得多。

测一测：人物角色表

每个团队都由特有的人物阵容组成。回想某次你在某个项目团队中工作，想想跟你打过交道的那些人的类型：指挥者、分析者、调停者以及表演者。

1. 团队中有多少人？做的是什么项目？

2. 团队中有一个指挥者吗？他是个什么样的人？

3. 你是如何与他打交道的？

4. 团队中有一个分析者吗？他是个什么样的人？

5. 你是如何与他打交道的？
6. 团队中有一个调停者吗？他是个什么样的人？
7. 你是如何与他打交道的？
8. 团队中有一个表演者吗？他是个什么样的人？
9. 你是如何与他打交道的？
10. 谁最容易共事？为什么？

高科技辅助

如今，很多团队并不是实实在在的团队，而是虚拟团队。也就是说，他们不会在一个实实在在的地方面对面交流；而会通过电话、上网或其他电子媒介进行交流。以下是一些基本的人际关系构建技巧，有助于一个团队长期而有效地运转。

• 建立私人联系。花时间去了解虚拟团队中的成员。这也意味着开会前闲聊几句或是发邮件时附上一些个人生活的信息。既然你无法看见远方的队友，他们也看不见你，你甚至可以给他们发一张你的数码照片。

• 表达清晰。参加虚拟会议时，都要清晰地报上自己的名字，并自我介绍。说话大声点，让电话中的其他人都能听得见。每当你分享一个观点的时候，都需要重复说“我是（名字）”，直到大家都熟悉你的声音。如果你是国际团队中的一员，那么说话速度比平常稍慢一点，让那些母语非英语的人能听懂你的话。

• 拿起电话。如果通过电子邮件、即时信息、短信或虚拟会议得不到你想要的结果，那么试着打个电话直接找某人谈谈。一个电话抵得上10 封电子邮件！

最终，你与他人合作的能力对你的个人成功和你们整个团队的成功都具有深远的影响。

沟通风格

无论身处团队内外都要认识到，这个世界有多少人就有多少种不同的沟通风格，这对你来说非常重要！有些人直言不讳，直抒胸臆；有些人将自己的感情隐藏起来。有些人说话冷静而谨慎；有些人则想到什么就说什么，不管合适与否。有些人立马就能说到重点，而有些人却需要点时间才能明白谈话的主题。如果你弄清楚了你自己以及与你共事的那些人的沟通风格，你就能避开沟通中的冲突与误解。

为了让你了解现实生活中不同沟通风格所带来的不同，想想下列场景，然后看看不同沟通风格的人会如何应对这种情况。当你学会理解不同的风格时，想想你用的是哪种风格，如有必要你会做出什么改变。是不是经常有人误会你？是不是工作中其他人不明白你想说或在说什么？你的风格可能使你表意不清。审视一下你的风格并做出必要的改变。

场景

在工作中你参与了一个项目，其中包含两个主要任务——我们就称它们为 X 和 Y。你对 Y 一无所知，但是对 X 却经验丰富。你想知道你的经理对你如何评价，就给他留了张纸条。基于经理的沟通风格，你可能会收到不同的回复。

直接型。这样的人会坦率地表达表扬和批评，很少把心思花在不重要的闲扯上。“你关于 X 的想法很棒，而且我很高兴你将之坚持到底，因为它确实有用。但在处理 Y 的技巧上还有待提高；我知道为了它你还加了班。和雪莉（Sherry）谈谈该如何搞定它——她以前做过。”经验之谈：与这一型的人沟通要简明扼要，不要浪费他们的时间。

间接型。这种类型的人很难直奔主题。他会在这个问题上绕来绕去，而且可能永远也不会真正地回答它。“一切看起来都还不错，我觉得。我不知道 Y 是否可以完成得更快，但是，嗯，还行吧。顺便说一句，Y 难住你了吗?”经验之谈:对这一型的人要有耐心。有必要的话,把问题再陈述一遍,引导他给出答案。

不交流型。这种类型的人基本上都会选择什么都不说。你的纸条或是电子邮件很可能得不到任何回复,就算你有做得不对的地方,他也让你觉得没什么不对的。如果你当面再问一次,你很可能获得一个简短的答复。经验之谈:这一型的人都羞于沟通,所以你得额外努力地和他当面交流。

对抗型。这种类型的人不畏争吵,通常会十分明确地表达自己的意见——换句话说,与你当面对话,太执着于消极面。你甚至不用问就能直接听到他的评价。“在 Y 上有些问题还需要你去解决。想办法搞定它。”经验之谈:不要心存戒备,也不要把这种对抗当成私人恩怨。你可以这么想——这人是在向你提出问题,只不过声音大了点。不如运用你的幽默感,多问几个问题把事情弄清楚。

非对抗型。这种类型的人会竭尽所能避免对抗,他们不喜欢冲突。你可能得深入挖掘一些有益的批评。如果你直接问,那么很可能得到一个答复。“哦,是的,肯定,你做什么我都没意见。没关系的。”经验之谈:学会读懂这一型人的身体语言,多探究一下他们真实的想法。允许他们持不同意见。

浑浑噩噩型。这种类型的人说话不经过大脑。你可能得从一大堆混乱而随意的话语中筛选出重要的信息。“哇,我迟到了——什么?哦,是的,X 棒极了,你也参与其中了?那你看到雪莉没?我要和她一起去开个会。我听说 Y 简直是个噩梦;你们都需要去缓缓劲儿。”经验之谈:和这一型的人打交道有点类似于和间接型的人打交道。一定要将问题说得非常清楚,不断提醒他你问的是什么,在他离题万里的时候让他保持思想集中。

在你身边你可能还认识具有更多种沟通风格的人。我们能够理解彼此传出的信息简直就是个奇迹!与某些类型的人相处起来肯定会比其他类型的愉快些，因为他们与你的沟通风格更接近。如果你开始理解这些风格，你就能找到这些风格之下的真正信息。如果你不理解这种沟通风格，仅凭字面意思去理解，那么你很容易感到困惑、无助、无知或是被触怒。

越是了解与你共事的人，你就越能更好地理解他们说的话。下一次当你觉得有什么不太对劲时，花点时间好好想一想，是应该按其字面意思去理解这些话，还是考虑这个人的交流风格，发现其意思有所变化？言语意思的变化是惊人的。当一个非对抗型的人说“还行吧”，意思是“完蛋了”；但是如果是一个浑浑噩噩型的人说“完蛋了”，那么则意味着“不是什么大问题，我们能搞定”。记住——重要的是你沟通的方式，而不仅仅是你说的话。

沟通技巧

面对如此多的沟通风格，你需要一些技巧来帮助你倾听、分析并解决沟通中遇到的难题。首先要记住的是，沟通包含提供和接收想法和信息。有效的沟通需要付出思考和努力。如图 10—2 所示。

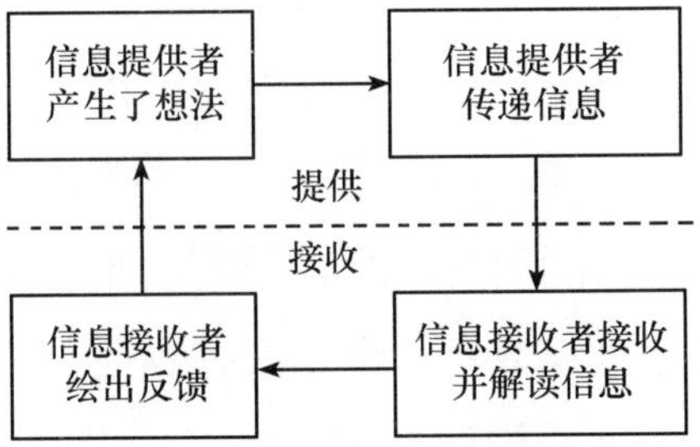

图 10—2　沟通是信息的提供与接收

猜也能猜到，很多环节都会出问题。可能你有一个很好的想法，但是很难表达出来。你可能表达得很准确，可是听者并不一定懂。或者听者也可能听得懂，但是没有很好地反馈，所以你不知道自己说得对不对。

犯错误就是这么容易的事情。

回想一下你的一生中因为沟通失误而损失时间和金钱，闹得不欢而散的时候。你是不是曾经在一个指定的地方等人来接，等了很久后却发现你的朋友或是另一半在另一个地方等？有人没听准确或没说清楚，不仅浪费时间，让人生气，还可能使某人来不及去赴一个重要的约会。你有没有曾经和某人大打出手，后来却发现是你误会了这人说的某些话？这让你大为光火，甚至无法平息下来去听这个人澄清误会。如果一开始就理解正确，会省去许多麻烦。

要避免问题的发生，在此列出三个诀窍来帮助大家确保信息得以准确的表达和接收。

1. 交换扮演信息发送者和接收者的角色。你需要完全投入到信息发送者和接收者的角色之中。你不能同时成为发送者和接收者；否则你将无法准确地表述自己的信息或是理解别人的信息。比如说，想想下面这些例子：

• 一个人正在和另一个人说话，而另一个人又同时在跟第三个人讲电话。

• 一个人在一群人面前演讲，其中一个人正在和一个朋友聊天。

• 一个人在跟一个朋友讲话，而那朋友正在发短信或上网。

在任何一种情况下，第一个人都是在扮演信息发送者的角色。第二个人则试图接收第一个人的信息同时与另外一个人交流。如果一心二用，第二个人将无法清楚地接收信息，也无法有效地发送信息。

在交流中，你要选择并扮演好你的角色，并完完全全地演好他。如果有人跟你说话，做一个良好的接收者。停下手头的事情，集中全部注意力去清晰地接收对方的信息。如果你想与别人沟通，就做一个良好的发送者。在开口之前确保那个人把所有的注意力都放在你身上了；否则，他就不能倾听并记住你说的话。记得轮流充当发送者和接收者。在一场谈话中，没有人只说不听或只听不说。

2. 有理有据地证明你的想法。有些想法是很难跟人解释清楚的。你可能需要通过解释来阐明你的观点。将你的想法与一些具体简单的例子联系起来，说明事情如何进行，或是会有什么结果。还可以把你的想法和某些已经存在的事情做个对比，来帮助你的听众理解。你甚至可以讲个故事来陈述想法。如果把想法比喻成一艘大船，那么推理和例子则是船锚。

3. 说话时依照自己的需求，而不要把重点放在你觉得他人需要什么上，否则沟通可能变得紧张，特别是涉及矛盾和敏感话题时。愤怒、畏惧或其他的感情会制约你清晰地表达自己需求的能力。为了有效沟通，试试用“我”而非“你”开头的陈述句。“你”字句是对他人指指点点，就手头上的难题，针对个人进行攻击、指责或是责备（常常是草率而不公平地）。结果，他人觉得被冤枉了，并且发表一系列相应的“你”字句来反击。这只会引发愤怒和怨恨，两人都觉得被无端指责而无法达成理智而公平的解决方法。

另外，“我”字句能推动谈话的进行和问题的解决，因为它们让人们关注自身的需求和问题，而不是别人的错误。当你把话题转到自己身上，别人会觉得更自在，更愿意帮忙，甚至可能会承认问题出在哪。

表 10—1 举例说明了如何将指责性的“你”字句重新改成更合适的“我”字句。如果你是信息接收者，更想听到哪种句子？在表中，“我”字句给他人留下了解释的空间。它们表达感受而非严厉批评。要是别人并没有不锁门呢？“你”字句就会引发愤怒。如果你听到这个回答可能会为自己保持中立而庆幸：“我同意，今天早上还和安德鲁（Andrew）谈了谈。他真的觉得很抱歉；昨天他是最后一个离开的，他赶着去医院，因为他的爱人刚刚生了个儿子。”

给自己点时间去适应诸如此类的沟通。大部分的人都不习惯。一上来就用“你”字句通常更容易也觉得更自然；然而，当你保持冷静，使用“我”字句是会带来回报的。工作或生活中当你为某件事情生气时，先不要发火，想想你为什么生气。将你的气愤转化成一个“我”字句来表达自己的感受。表达完感受后，你接着说“我们来谈谈如何一起改善这一状况，好吗”来发出谈话邀请。问问别人：“对于所发生的事情你有何感受?”虽然过程缓慢，但是可以肯定“我”字句会变得越来越自然——这也会带来好的结果。

> “你”字句只会让人们心存戒备并让他们更生气。

表 10—1 “你”字句 VS “我”字句

“你”字句	“我”字句
“你没锁门!”	“今天早上我来上班的时候发现门没锁，觉得有点不安。”
“每次你都说会打电话，却从来没打过!”	“我有点担心，因为你没打电话来。”
“你总是不让我参与交易!”	“当我发现没有我的参与交易已经完成了的时候，我觉得自己被遗忘了，有点失望。”

测一测：沟通风格的碰撞

我们通常太习惯自己的沟通风格而从来没有想过这个问题。

1. 基于你之前读到的，你认为自己的沟通风格是哪种（直接型、间接型、对抗型等)?

2. 你有没有与沟通风格不同的人共事过？他（她）的沟通风格是哪种?

3. 风格的不同产生了什么问题?

4. 你们是如何解决这些问题的?

言语沟通和非言语沟通

人们通过两种方式沟通：言语上的（说话）和非言语上的（肢体语言——我们走路的姿态、坐姿、手势、面目表情的变化，或目光移动)。

通常，言语和非言语的沟通是同时进行的，于是就可能导致发送相矛盾的信息。一旦在职场发生沟通失误，你无法想象要花多少时间和精力去更正错误。如果你学会得体地运用言语和非言语沟通，你将大大提高工作效率。

言语沟通

普遍来看，人们似乎爱胡乱说话。我们经常说得不清不楚，词不达意，或是话说不到点子上。但是，我们说出的话和听话人听出的意思是两码事。接下来的这些建议用以提高我们的言语沟通技巧。

1. 选择沟通。如果你什么都不说，你无法改变或改进任何事情。如果你不开口求助，没人能帮你。如果你有话要说，就选择说出来。你有权说出想法，满足需求，表达意见和建议。

2. 开口前请三思。在你真正开口说出来以前，给自己一个机会弄清楚你想要说什么。如果这个信息很重要，花点时间预演一下。如果说得太匆忙，你的话就可能反映不出你真正的想法。之后你可能不得不承认："我并不是那个意思！"然后如果你想要给人留下正确的印象，你就得花时间和精力去道歉、解释，如此循环往复。

3. 不要拖延时间。如果你有话要说，就尽快说出来。如果你想要表达赞美或是正面的情感，有什么好犹豫的？在工作中对于正面的东西我们说得不够。如果你需要讨论一个问题，却迟迟不提出来，那么这个问题会越来越严重。当出现问题、关注点或是怨言而未及时讨论，会发生什么后果有目共睹。它们日积月累，然后冷不丁从巨大的怒气堆里窜出来。

4. 评估倾听环境。如果你带着问题去找经理，而他正要穿上外套赶回家，那会怎样？如果你在一个拥挤嘈杂的午餐区和一个朋友会面谈些严肃的事情，又会怎样？又或者你要谈话的对象眼看截止日期就要到了而项目才进行到一半？在以上任何一种情况下，你的信息都无法得到清楚的理解。当时的状况不具备清楚沟通的条件。与其如此，不如问问他们什么时间合适——无论你是直接和他们面谈，还是打电话给他们。避开嘈杂或分散注意力的地方。有其他工作或其他活动干扰时，不要开始一场重要的谈话。当别人要急忙赶到别的地方去时，不要与他交谈。确保你选择了对的时间和地点，你要交谈的对象做好了倾听的准备，并把所有注意力都放在你身上了。

5. 说话清晰。用别人能听懂的话直接与他交流，焦点放在你所传达的信息而非其他话题上。如果你含糊其词，说话太快，或是说不到点子上，你可能就没能清晰地传达你的信息。

假如你想说："我们还要订购12箱硬纸盒。"如果你这么说的话，听的人会怎么做？

"嗯，你知道，就好像，那天当我们在供应室里，谈点事情，然后你说到关于盒子的事情，我接着说，嗯，什么盒子？哦，我想，嗯，我们要再买点了。我不知道，可能12？"

谁知道那人会怎么做？你根本没有叫他（她）真的去订什么东西，你也不清楚纸盒的数量，甚至更糟的是，你永远都说不到点子上。如果这人能在那么些"嗯"和"好像"中找到线索，明白你想说的是什么，那也太惊人了。

6. 言简意赅。在你实际使用的言语中不要包含太多多余的话。就说你需要说的。你用越少的言语越快直奔主题，你的沟通就越有效。下面我们一起看看一个人与他的老板谈论一个问题，在进行一点沟通改进之前和之后的对比。

之前："我得和你谈谈，因为我遇到了这个问题。你看，昨天它又发生了，我觉得我再也受不了了。我在取信时，发现信件没被放在任何人的邮箱里，散落得到处都是，人们进来时，又把外套和其他东西随意乱放。我在等一封真的很重要的信件，而现在我不确定的是自己还没收到呢，还是它被撕碎丢到地上了，我对此真的感到厌恶至极。"

之后："信件又被放在外面了，有人把它们散得满地都是。我在等一封很重要的信，现在我不知道它寄到没有。我们可否指派一个人在信件到达时妥善分发？我认为这样会避免许多麻烦。"

你看出改进了吗？"之后"的信息恰当地指出了重点，解释了问题所在，没有把时间浪费在抱怨上，并提出了一个快速的解决方法。"之前"的信息直到第三句才提到问题。如果你遇到了问题，并不是说你很生气，想改变就能解决的，所以不要浪费时间说你有多生气。还不如把时间省下来做更重要的事情。如果你能快速简洁地表达你的想法，你的听众会高兴得松一口气的。

7. 坦诚。这个窍门能助你说得简明扼要。编故事，避免说出你真正的意思比坦诚而直接地说出来花的时间更多。当你要说的话会让他人不快时，坦诚有时可能让人难以接受，但是从长远来看自有其道理。只有知道发生的真相，人们才能着手解决问题。给出真相，亦会收获结果。

如果在沟通中你始终温文尔雅却不失坦诚，那么，作为一个正直的人，你的声望会与日俱增。人们将开始信任你，并指望你能给出一个诚实的答案。坦诚与正直推动人们之间更多的沟通。当人们感受到你的正直，他们更可能来与你交谈，因为他们能自在地表达自己的想法和感受。你将和那些认识你的人之间建立起坚固的沟通桥梁。

8. 注意你的语气。沟通中重要的不仅仅是你使用的言语，还有你对他们说话时的声音如何。人们从你的语气中获取38%[①]的信息。始终要注意你的语气，并确保它能传达出你想说的意思，这很重要。要避开很多种语气，因为它们常常妨碍人们准确理解你的信息。表 10—2 对各种不当的语气做出了描述并举例说明。

---

① Barbour，Alton. *Louder than words*：*nonverbal communication*. Columbus，Ohio：Merrill，1976.

表 10—2　　当心这些语气！

语气	举例
家长式语气。责骂或是告诉听者要怎么做	"不要那样复印。应该双面印而不是单面印。那样的话你得浪费多少纸啊。你就不能做件对的事?"
傲慢的语气。有屈尊降贵和高人一等的意思，表示你比任何人都好。这会让听者迅速疏远你	"我不明白为什么你好像不会双面复印。人人都知道单面复印会浪费多少纸。"
询问的语气。让人听起来好像你不明白自己在说什么	"你确定这些复印件是要单面复印吗?我觉得该双面印。但是我也不确定，也有可能我搞错了。"
极度兴奋的语气。使你的信息变得不如它本意那么严肃，使人对其重要性产生错觉	"我很高兴你复印了这些资料。你人真是太好了。也许下次你该双面复印，不过也没什么大不了的。"

不如使用恰当的语气来传递正确的信息：

谢谢你复印了资料。我很感激。不过下次请双面复印。办公室正努力提高环保意识，这真的会带来不同！

技能指导

技术使沟通变得更加便捷——短信、即时信息、电子邮件、语音信箱、传真、手机等不胜枚举。但是技术也使沟通越来越缺乏人情味——电子邮件可能非常乏味而冰冷。人们通过语气及其肢体语言去"读懂"别人的能力正在丧失。无论在生活还是职场中，保持人与人之间的沟通关系都至关重要。

考虑定期与人面对面地会谈，来磨利你言语和非言语的沟通技能，或者拿起电话来通个话，而不去使用人情味更淡的沟通形式，如电子邮件、即时信息或短信。与他人建立人际关系，被他人视为好人，会对你产生很大的影响，你会及时收到对一个重要问题的回复，而不是一封晚到的电子邮件；你的建议会得到认同而不会被置之不理。与高科技的沟通形式如电子邮件和短信等相比，亲力亲为的沟通形式，如打个电话或拜访，对于维持健康的人际关系非常重要。

非言语沟通

我们所有人都会用身体说话，通常我们没有想过这一点。即使我们并不想，人们也会接收到我们的非言语信息。反过来，我们也去解读他人的身体语言。我们的思想和感受影响我们的站姿，做出的手势以及说话的语气——所有这些都会加强或是干扰我们实际表达的信息。第一印象是建立在如下这些因素的总和之上的：非言语信号，语气以及实际说出的话。非言语因素占到了第一印象的55%，语气占38%，而实际说的话只占7%。①

你好好想想就会明白，当你第一次与某人见面时，在你们都没开口说话前，你已经有了视觉上的第一印象。你的设想是基于姿势，眼神接触的程度以及行动的速度上的。即使某人只是说了句"你好，认识你很高兴"之类的开场白，而这句话不会向你透露多少他的为人。通过这个人向你打招呼时的语气，你会更多地了解他——是爽朗还是焦虑，是厌烦无聊还是兴致勃勃，是兴高采烈还是闷闷不乐。

确定一个人用非言语表达出来的意思需要不断练习。理解非言语沟通能使你洞悉自己和他人的感情世界。此外，由于你能更好地"解读"别人，所以在交谈中你会真正处于优势。在此给出三点建议，以提高你的非言语沟通能力。

1. 保持意识。看看人们用身体在对你说什么。这有助于你更了解他们真实的想法。如果一个同事在称赞你时眼睛看着你，站得很直并面带微笑，那么你可以十分肯定他说的话是真的。如果同一个人说同样的话，但是不看你的眼睛，两臂交叉，弯腰驼背，言辞不悦，那么这人一定有所隐瞒。

你需要如何对待那些隐瞒的意思，全凭你来决定。你终究不用对另

---

① Barbour, Alton. *Louder than words: nonverbal communication*. Columbus, Ohio: Merrill, 1976.

一个人的感受负责——那些感受是属于他的。然而，让这个人清楚这些感受及其背后的原因是你的责任。关注身体语言会对你有所帮助。

2. 用上它，但不要用得让人困惑。当你学会观察他人的非言语语言时，你也要开始注意你自己的了。你可以使用身体语言来帮助你向他人阐明你的想法。例如，如果你和经理会面，想提出充分的理由要求加薪，那么用你的身体来表达出你的信心——端正坐好，看着他的眼睛，肩膀放松，不要交叉双臂。

避免身体语言与你说的话自相矛盾。身体语言表达得比你想象的更清楚。如果你的非言语信息与你的言语信息相悖，这会让你的信息接收者感到困惑。非言语信息给人留下的印象往往先于言语信息。假设你的经理不给你加薪，你对他说好（其实是不好）。你的身体语言——垂头丧气或是挑衅的姿势——会表明你真实的感受，而你听起来就是在说谎。你们两个都不会好受——你的经理会觉得困惑，而你因为不能表现出真实的感受而觉得难过，还不得不将这种难过放在心里。用言语来表达自己的失望并没有错，只要你能坦诚、冷静而不带谴责之意地这么做。

如果你觉得你要表达的非言语信息是你不方便说出来的，那么就做出个选择。要么勇敢地单方面说出自己真正的感受，要么竭力控制你的身体语言。否则，人们会将你视为一个有所隐瞒的人并觉得你不值得信赖。

图 10—3 列出了一个清单，在你开口说出你的信息前，快速地回顾一下，确保无论是言语上还是非言语上，你都用你想要的方式把意思说明白了。

- 你的语气是不是积极乐观的？
- 听起来你是聚精会神还是心不在焉？
- 你的动作和身体语言是不是传达出同样的信息？
- 你有没有散发出自信？
- 你是不是传达出了真正的热情？

图 10—3　言语和非言语沟通的快速检验清单

你知道吗?

非言语的沟通风格因文化而异。正如你在第九章里所学到的，有些文化避开眼神交流，认为这是不尊重的表现。欧美人则鼓励这种做法，如果某人看别的地方，他们会想知道出了什么问题。在某些文化中，人们彼此之间站得很近（六到七英寸以内）都觉得很自在。而在另一些文化中，人们会保持一个他们认为表示尊重的距离，如果只是有过点头之交的熟人走得太近，他们会有被侵犯的感觉。

在你遇到不同沟通风格的时候也考虑一下这些差异，不要太快做出判断。如果你收到一个你觉得负面的“信息”，再想想。你可能只是错误地理解了一个动作，它在另一个人的文化里所表达的意思是正面的。（还记得在第九章的开头部分的故事里，桑杰误解了一个头部动作吗?）永远都不要以为某人是在避开你，那个人可能只是在遵从另一种文化。一定要去谈谈这个话题，试图达成一种相互理解。

测一测：你用身体语言说话吗?

有些人解读身体语言的能力过人。有些人好像察觉不到。试着写下一些在交谈中你所见过的人们做出的不同动作，你认为这些动作是什么意思。我们已经给出了一些提示来引导你。如果你想不出任何的身体语言动作，那么马上开始观察。你肯定会开始注意他们的身体语言。

身体语言	意义
两臂交叉于胸前	防备
无眼神交流	尴尬、害羞、愤怒
指尖敲击桌面	紧张，担心时间不够，无聊

电话技巧

在电话中交谈也是一种言语沟通，但是这种沟通方式的不同足以让我们为它专设一节。由于通过电话我们无法看见一个人，也没有眼神交流，电话沟通依靠语气和言语。当你使用电话时，要特别注意你说了什么，怎么说的。在职场中，电话礼仪非常重要，因为你通过交谈塑造出了公司的形象。

以下的技巧有助于你充分帮助电话那端的人了解公司，从而尽可能地塑造一个良好的公司形象。

1. 及时接听。一听到电话铃响就接起电话，如果可能的话，不要晚于第三声铃声响起。在那之后，来电者就想马上挂断了，特别是如果他们是打给公司的话。

2. 说话清晰。确认自己和公司的名字。说话吐词清晰，不要说得太快或是太慢。将话筒放在嘴边，让来电者能听见你说话。

3. 使用正面、机敏、“微笑”的语气。来电者会通过你的语气来领会意思。如果你的声音听上去很疲倦或生气，来电者可能会厌烦，认为他们得不到恰当的帮助。你的声音并不用听起来欣喜若狂，只要让人愉快并感到你乐意提供帮助即可。在你身边放面镜子，这样你就能看到自己并确保你在微笑。微笑通过你的声音传播，也能提高顾客对你的话的反应度。来电者在通话的第一分钟内就能知道在与你谈业务的时候是否感觉良好。

4. 弄明白是谁打来的电话，问清楚你可以如何提供帮助。身份确认节省时间，避免麻烦。首先，记录下这个人的名字，以便在与他（她）交谈中使用。在你给出建议或是将这人的电话转接给其他人之前，一定要听清楚他的问题和担忧。

5. 请对方等待的时候要有礼貌。如果一个电话需要等上超过 45 秒，要再次拿起电话，询问来电者是否还想继续等待或留言。一定要确保等到一个回复，不要只是说说而已，然后自动让这个人继续等待。记住，对于等待的人来说时间过得非常慢，可能给人感觉要没完没了地等下去。

6. 认真地转接。转接一个电话之前，告知来电者分机号码。万一转接过程中电话断线，来电者可以直接拨分机号码。

7. 记下完整清晰的留言信息。书写清晰以便让别人（或者你自己）稍后能读懂这一留言。留言包括以下信息：

- 日期
- 时间
- 来电者全名以及公司名（如有必要）
- 来电者的电话号码（包括区号和分机号码）
- 来电者的留言内容以及期待（例如：回电话，之后将再次打来，无须回电，如果你做不到就打电话，下午 4 点打电话）
- 你的名字

即使接电话的人认识来电的人，也总是要把电话号码和姓名写下来。例如，假设拉里（Larry）打电话来要找经理。如果你的经理认识两个拉里，而你又忘记写下姓氏了该怎么办？如果你的经理记不住拉里的电话号码，由于你忘记将号码记下来而他得花时间去查，又会怎样？如果拉里不在他常待的办公室，而你一时疏忽没有记下能找得到他的电话号码，那又怎么办呢？让一切都变得简单——时刻不忘记下所有的信息。

经验之谈——职场透视

简单就好

卡伊·玛豪鲁（Kai Mahaulu）

保安人员

我是夏威夷一家保安机构的保安人员，该机构专门向银行、高科技公司以及繁忙港口提供保安和巡逻人员。为了得到这份工作，我必须通过一个六个月的培训课程。培训期间，所有潜在的新员工都反复听到一句话，即无论被派往何处，保安人员的首要目标是保护该公司的员工、顾客以及公司财产。

在培训课程中，我们必须学会使用许多沟通工具，包括监视摄像头、无线电设备、电话、电子邮件以及GPS全球定位系统。我们也学习提高我们自己的人际沟通技能，以便能用书面和口头形式和面对面地与人有效沟通。培训官提醒我们，这些沟通技能有助于防止潜在冲突的发生与扩散。

培训中的每个人都会自己阅读培训手册，然后进行分组讨论。有时我们谈到在不同冲突发生的情况下会如何应对，有时我们会进行角色扮演。我真的很惊异于每个人观点的差异。我喜欢分组学习，因为通过倾听别人如何思考，我受益匪浅。

结业后，我被安排在当地一家为政府研发卫星通信软件的高科技公司上班。这里的保安措施非常严密。我工作中存在潜在冲突的区域之一就是面对来访者。其中有供应商、员工的朋友，也有来面试的人。他们通常都赶时间，不明白为什么必须填写来访登记表，出示有照片的身份证明，拿到来访者许可，然后走过安检。他们常常对这一流程感到厌烦，甚至可能充满敌意。

我发现，只要以礼相待就能让这些来访者消气。如果我跟他们一样，认为过安检是个麻烦事的话，似乎也会有所帮助。然而，我不会走任何捷径，因为安全第一。可惜的是，我目睹了我的一些保安同事如何行使职权。他们要求来访者配合工作，并命令他们去做，这样就激怒了来访者。我不这么做，我对每个我遇到的人表示尊重，并将此变成一种习惯。

在我一开始报到上班时就需要沟通。接手工作之前，我得了解这一天早些时候发生的情况。如果我不和交班的保安谈谈，那么当我碰到警报系统故障、来访者许可丢失或是其他问题时就无法自己处理，不得不打电话给头儿们了。休息时间，所有的保安都去信息中心报到。在那儿我们接发电子邮件，或是打电话给其他保安或公司员工询问情况或回答问题。信息中心使我们之间能保持联络。

对于我来说，沟通中的微妙部分在于挑出你想要表达的重点。即使我们沟通良好，也会有些障碍要克服。各种情况都可能歪曲信息：我们使用的言语，我们的教养、文化，甚至我们这天过得怎样。为了真正说出自己想表达的意思，你得停下来先想想。你可能说了一大堆话，但是人们还是不明白你在说什么。所以，在工作中我的座右铭是：简单就好。

书面沟通

目前为止我们已经讨论了面对面的沟通（包括言语的与非言语的）和电话沟通。那么书面沟通呢？在第四章中我们已经探讨过良好的写作技巧，因此让我们对比一下何时该写，何时该说，考察发送书面信息的不同途径，确定书面信息的不同用途。

有的时候，面对面地或是通过电话来传达信息是最好的方式。还有些时候，电子邮件、便笺或是信件则成了沟通的最佳方式。如何知道哪种方式是最佳的？表 10—3 能帮你做出决定。

表 10—3　何时该写 vs 何时该说

类型	何时用
书面沟通	
信件	当要将正式的信息记录下来并广泛传达给全公司或是客户时，这种书面沟通方式是最佳选择。例如，一封通告全公司范围内的重组或裁员的信件（这么严重的事情很可能还会召开面对面的会议）
便笺	对于要求在一个部门内迅速传达的正式信息，这种书面沟通方式最好。例如，每月例会提醒
电子邮件	这种电子沟通方式可打印出来，能最好地满足与同事之间、经理之间和客户之间的一般目的性沟通。例如，询问会议时间，要求讨论某个问题，或对某个流程做出解释

续表

类型	何时用
口头沟通	
电话	这是立即传达信息的最佳方式，用于询问重要问题，澄清事实，以及在你无法当面见到那个人时向他传达严重的或不好的消息。例如，打电话给顾客说延迟发货，或打电话给在另一个城市的同事解决误会
面对面	这是解决冲突，讨论问题和传达严重或坏消息的最佳方式。例如，回顾一位员工的表现，或斥责一位员工的不当行为

如果你决定写下一条信息，一定要清楚这条信息的目的何在。例如，你是需要一个问题的答案吗？你是在分享信息吗？你是在要什么东西吗？你是在感谢某人出色地完成了工作吗？

接下来，你一定要清楚读者是谁。你的读者终将决定你书面沟通的语气和风格。如果是写给你的经理，你可能要比写给同事更正式些。如果是写给顾客，你可能要避免使用公司里的行话，因为顾客并不熟悉这些专业术语。

现在你可以写信息了。不论读者是谁，目的何在，信息都包括几个部分。如何将各部分组织起来取决于你是想传达中立、正面的消息还是负面的消息。负面消息就是那些你觉得某人不会想听到的信息。在表10—4中我们能看到正面和负面书面信息的标准组织结构。

表10—4　　书面信息的组织结构

正面消息	负面消息
• 主要目的。明确主旨。你是在问问题？还是表示关心？还是要求回馈？直接说出重点 • 解释。简要列出能进一步解释或证明你信息的背景依据 • 要求行动。总是不要忘记在结尾处写出你希望读者采取什么行动	• 缓冲。在你谈到问题实质之前，先给出一条中立的、无冲击的信息来吸引你的读者。千万不要把读者吓跑了 • 原因。概述一下坏消息背后的一些原因，但是还不要说出这个消息 • 消息。将坏消息置于信息的中间位置，保持客观冷静的语气，但不是冷漠。你还可以表示出一些关心 • 要求行动。基于你传达的这个消息，指出你希望这个人采取什么行动 • 结尾。总是用正面的事情来结尾

正如你所见，好消息与坏消息在组织结构上的主要不同在于：如果你要传达坏消息，你不要马上说到重点，而是想用一些中性且缓冲性的话来做个铺垫，然后通过提到背景信息来引入这个消息。最后，以一个正面的结尾来完成负面消息的传达，保持沟通畅通，这一点总是非常重要的。图 10—4 和图 10—5 举例展示了一些语言组织得当的正面和负面消息。

收信人：研发部，行政部，技术支持部，市场部
抄送：svanderlinden@tarstream. com
主题：第一届异地员工会议
各位亲爱的团队同仁： 我公司第一届异地员工会议将于 3 月 25 日星期五上午 9 点到下午 4 点在中庭会议中心旭日厅（Atrium Conference Center，Sunrise Room）举行，请届时出席。会议将提供午餐和小吃。了解详细地址及路线，请点击这里。　[主要目的] 在这次会议中，我们将有机会一起庆祝成功，分析失败，集思广益，展望未来。我们将特别探讨去年最成功的仙女座（Andromeda）项目，以及以失败告终的飞向太空（Solaris）项目。然后，我们将就明年的项目共同分享一些创新的想法。参会人越多，想法也会越多。　[阐述原因] 请于 3 月 1 日前回复，以便我们能将参会人数告知中庭会议中心的工作人员。 注：如果您无法到会，我们将在会后提供综合会议纪要。如有必要，还可以与您作一对一的交流。　[要求行动] 此致 敬礼 索罗娅·范德林登（Soroya Vanderlinden） 创意部总监 星河企业（Starstream Enterprises） www. strastreams. com

图 10—4　正面信息

收信人：Manual. ruiz@contactpoint. com
抄送：Ramona. Delgado@contactpoint. com
主题：电话会议设置
亲爱的曼纽尔（Manual）： 你好！你负责为上周五电话会议中使用的会议室及其中的所有电子设备进行设置调试，在此，对你的辛苦工作表示感谢。　[铺垫（称赞）]

由于我们是到最后时刻才决定开电话会议的，所以也知道事先没能给你提多少要求。我们深知，在你做电话会议的设置时，你一如既往地尽职尽责。 原因

即便如此，出点问题也是完全可以理解的。结果我们的电话连线和网站出现一此问题，许多参会者无法打进电话或是成功进入网站。 坏消息

以后，如果你能与每个时区的人进行电话会议的连接测试，我们会感激不已——这就可以避免我们遇到的这些问题，届时，我们也一定会将那些人的名字和电话号码给你，并给你充足的时间做准备。 要求行动

我们期待今后在你的帮助下举办更多的电话会议，你的“排忧解难”让我们不胜感激。 正面结尾

此致

敬礼

罗曼娜·德尔加多（Ramona Delgado）

图 10—5 负面信息

测一测：电子邮件沟通失误

每个人都会时不时地接到或发出一封看不懂或是显得冰冷而生气的电子邮件。回想一下你发送或收到一封被误读的电子邮件时的情况，回答下列问题：

1. 这封电子邮件的主题是什么？
2. 为什么你觉得它表意不清？
3. 如何能对它进行改进？
4. 你觉得这个信息本来该不该通过电子邮件发送？为什么？

至此，你已经了解了沟通的各种方式：言语的、非言语的、电话的、书面的。现在我们发现，无论你以何种方式沟通，都会遭遇两个可能：批评与冲突。

既然你已经对如何一对一的与人沟通有所了解，甚至知道如何应对发生冲突的状况，那我们一起来看看如何与一群人说话。

公共演讲

公共演讲一词是指一种最公开的沟通形式——在一群人面前做陈述报告。我们已经探讨过的良好沟通的观点适用于任何一种演讲。在别人面前侃侃而谈也需要一些特殊技巧。

也许你们中一些人的工作并不要求你在别人面前做正式演讲，然而，有效演讲的原则也适用于面试、与经理会谈或小组讨论环节。在学校，你可能需要陈述一个课题，或演示你建造或学会的某个东西。有些人觉得，与经理会面进行讨论或评估时的感觉就像他们站在一大群人面前说话一样紧张。

如果你在他人面前演讲不自在也不用焦虑，并不只有你这样。你也许觉得别人好像并不害怕，但是通常是他们掩盖了他们的惧怕。没有人想让别人知道自己害怕。如果演讲让你紧张，你并不是在这个世界上孤军奋战。事实就是，无论什么时候要在他人面前陈述观点，大多数人都会觉得不安。有点小紧张并非坏事：它能帮你集中精力和注意力，这是每个准备演讲的人的普遍状态。

过度紧张和害怕会妨碍你演讲的清晰度和说服力。战胜恐惧的最佳方法之一是时刻记住，不论你是在演讲中还是会议上说的内容和你在与一个朋友聊天时会谈到的内容没什么两样——你只是说给更多的人听。把一场陈述报告当作一场与一群朋友的谈话。既然你很有可能可以非常自在地进行一场谈话，这也有助于减轻你的紧张感。

想要自如地做陈述报告，按如下五步走是明智之举：

- 做好心理准备
- 完善演讲内容
- 增加视觉辅助
- 不断改进练习
- 进行陈述报告

你知道吗?

保罗·威特（Paul L. Witt）博士是位于沃斯堡市（Fort Worth）的德克萨斯基督教大学（Texas Christian University）交际学专业的副教授。他说："如果在公众面前演讲让你感到害怕，并非只有你如此。它甚至比响尾蛇还可怕。据说，在美国，在公众面前做陈述报告的想法位居可怕事件第一名。"①

做好心理准备

在你真正去做陈述报告之前，你要坐下来，好好想想你的目的、听众以及报告的效果。

1. 你要问自己的第一个问题是："我为什么要讲，以及讲了以后我能有什么收获？我是要报告信息，说服听众还是要调动积极性？"你也许是对你部门的同事陈述一些事实和数据。你也许是向经理汇报一个案子以期许加薪。你也许是想调动一群新员工的积极性。无论你要达成什么目的，在你着手做任何事情之前，先为自己设立好目标。除非你目的性非常明确，否则你的听众很难抓住重点。

2. 接着你要问自己的是："谁要听我说的话，他们为什么要听？"除非你打算对着镜子中的自己说，否则你的听众就是别人。通过了解如何调动听众积极性的知识，你就能以一种他们能接受的方式更好地陈述你的信息。这也同时防止你陈述的信息量过大，你只要分享那些听众感兴趣的信息。

3. 你要问自己的最后一个问题是："我想要达到什么样的效果？"没人会无缘无故做陈述报告。弄清楚在你做完之后你希望发生什么。人们会走出去

---

① DeNoon, Daniel J. "Fear of public speaking hardwired: Speech anxiety worse for some, but most can overcome it." WebMD, April 20, 2006. Accessed on January 25, 2001, from www. webmd. com/anxiety-panic/guide/20061101/fear-public-speaking

做点什么吗？他们的行为会有所不同吗？他们的想法会有所改变吗？

一旦你定下了陈述报告的目的和效果，一定要相信自己要说的内容。如果连你自己都不相信，那就更没人会信了。然后下定决心去做这场报告并将之视为自己的责任，即使你还不确定如何去完成这个任务。你的责任感将是你前进的动力，并帮助你了解自己要做什么。没有这种责任感，很可能在遇到难题的第一时间你就轻易放弃了。

完善演讲内容

既然你已经问过自己那三个重要的问题了，也下定决心做报告了，那么是时候弄清楚你要说什么，怎么去说了。去收集一些事实、证据、例子、真实的故事等，给你的火上浇点油，时刻不忘报告的目的。那些故事和个人经历特别能吸引听众，并使你的信息更易于接受。别担心如何去组织它们，先收集你需要的信息再说。

例如，假设你打算向董事会提出升职要求。收集一些信息来展示自从你受聘以来为公司做了什么。你提高了生产量吗？其他的上司对你有什么好的评价吗？你提高了销售量没？如果你想要说服，先研究你的话题，了解你的听众。如果你知道什么能打动你的听众，就能很容易地选出重点，并确定哪些信息是有说服力的。

一旦选好了信息，就要确定将之组织起来的最佳方式了。有些人喜欢将想法写在卡片上，然后翻看卡片来一遍遍组织排列这些想法。还有些人喜欢手写或是打印出一份大纲，再在上面添加需要的信息。你可以用任何自己觉得好用的方法。在你考虑用不同的方式组织思想的时候，想一想下面的这些组织方式，看看哪种能很好地为你的主题服务：

程序式。一步一步地解释如何去做。

时间顺序。沿着一条时间线来陈述你的论点，从过去到现在。

从简单到复杂。列出一个具体的例子，然后讨论与之相关的一个更广的话题。

从一般到具体。先陈述一般信息，然后指出它如何适用于一个具体的问题。

无论选择哪种组织方式，你都得将你的陈述报告组织在一起，请按如下简单的四个步骤做：

1. 以一个有吸引力的事实、观点或问题开头。
2. 介绍演讲的中心论点。
3. 中间部分安排如何去论证你的论点。
4. 结尾部分总结。

好好地在信息上下下功夫，直到它能得以顺畅地表达，并且是“以你的方式”。

增加视觉辅助

即使我们把它称为“演讲”，除了讲以外，还有更多的方式来向人们陈述观点。视觉辅助指的是任何类型的看得见的材料，有助于你阐明观点，并让你的听众觉得它们更有趣也更难忘。这种材料也能帮你吸引听众。表 10—5 列出了一些常用的视觉辅助以及该何时使用它们。

表 10—5　　常用视觉辅助类型

视觉辅助	描述
活动挂图 一叠尺寸较大的便携的可供书写的白纸。你还可以将写过的纸保存下来，以供日后参考，或是将它们贴在墙上	最适用于：与一小群人互动式的陈述报告，此时你想要记下观点并保存下来 优点：任何时候你都可以添加或删除要点，记下问题以供以后讨论或研究，并邀请大家参与 注意事项：书写一定要清晰易懂，使用深色大号的打印字体，让人们都能看得见。写的时候站在挂图的一旁，说话时不要背对着你的听众
白板 白色金属镶嵌的瓷板，类似于黑板。你使用白板笔在上面书写，而不是用粉笔	最适用于：随意、互动式的陈述报告，此时你想要记下思路，再擦掉，再形成更多的观点（头脑风暴） 优点：容易擦除或添加观点，容易看见，通常适用于一个房间之内 注意事项：别写在最下面（没人看得到），别背过去说话（没人听得见），用人们看得见的深色笔，一定要用白板笔，不要用永久记号笔

续表

视觉辅助	描述
高射投影仪 一个带有强光、镜头和反射镜的大盒子。你将一张透明的幻灯片摆在其平面上，光射过幻灯片和镜头，然后通过镜子投影在一块屏幕上，让人人都能看见	最适用于：你需要在屏幕上写很多或要做出很多评论的陈述报告 优点：你可以在一个水平面上书面，一边讲，一边添加或删除信息。幻灯片可以事先做好，这样你讲的时候就只要做做标记，或一边讲一边写 注意事项：不要“钉在”投影仪前，说个不停，写个没完。投影仪发出的轻微的嗡嗡声和着你的声音会让人们睡着
电子投影仪 高科技版的高射投影仪。你将投影仪连接在你的笔记本电脑或台式电脑上，将电脑显示器中的影像投射到大屏幕上，让你的听众都能看到	最适用于：小型或大型的陈述报告，你想让每个人都能看到事先准备好的幻灯片——在你讲话时帮助你停顿并演示的幻灯片 优点：让每位听众都能清楚地看见演示、图表、照片和文字，抓住他们的注意力，并提醒他们要点。你能与他们一起分享你能通过电脑获得的任何东西，包括音频和视频文件 注意事项：不要用幻灯片让人感到死气沉沉，要点太多，页面太多会让人觉得没完没了，枯燥无味。他们是来听你讲的，不是来看幻灯片的
分发材料 你分发的纸质资料，包含一些附加的信息或是你讲话中需要的图解。这些内容也可能是一些问题或简短的注解，以使人们能更紧跟你说话的内容	最适用于：你想要人们将信息带回家以供以后参考时，特别是在你陈述期间，你并没有打算深入讨论细节时 优点：人们能在回家后、工作时或闲暇时回顾这些信息 注意事项：如果你打算分发的材料内容是问题或简短的注解，那么在你开始陈述时就分发下去。人们会更加留心，因为他们将会听到答案。如果你打算为人们提供一些参考材料以供日后学习，那么就在陈述结尾时分发。否则人们会分散注意力去读材料而不会把注意力放在你身上
样本、论据和提问 具体的示范，包括在提问环节的亲身参与或论据演示	最适用于：大型或小型的陈述报告，当你想演示一个流程或行动时 优点：演示能吸引人们的注意力，特别是让听众也参与其中时。这是结束陈述报告的好方法 注意事项：在你做陈述报告之前演练你的演示过程，确保一切能顺利进行

无论你使用哪种类型的视觉辅助，记住以下这些小窍门（特别是你使用电子幻灯片时）。

1. 使用高品质的照片。如果你是在挂图或是白板上写，你可以勾画出想要展示的任何类型的简单图像。如果你是要用电子幻灯片，那么就使用一些来自照片网站的高品质照片，例如 istock. com，使用图像去阐释观点并吸引读者的兴趣。

2. 避免唠叨和混乱。要言简意赅。你的视觉辅助应该要抓住听众的注意力，并用来提醒要点，它们不应该包含你说的每一个字，也不要在幻灯片中挤放太多的图片。留出足够的空白处使之看起来清楚、专业。

3. 保持字体和色调一致。确保人们看得到文字。如果你要写在一张挂图或高投幻灯片上，要写得够大够清晰。如果你要使用电子幻灯片，选择无衬线字体，例如 Arial，Verdana 或 Trebuchet 等，并使用人人都能看得见的大小——你所需要的最小文本尺寸为 14pt。标题至少要大四个字号，可以使用与正文不同的颜色来吸引注意力。

4. 让资料易于浏览和阅读。人们阅读是从上到下，从左至右。确定你视觉辅助中的信息也遵循这种模式。保持文本左对齐，而不是居中，这样人们容易往下浏览。列出一些简洁的要点来代替长的段落。

图 10—6 和图 10—7 比较了一个做的好的和一个不理想的视频辅助，以此举例说明我们刚刚学到的一些小窍门。

制作好的视频辅助的小窍门

• 使用高品质的照片。如果你是在挂图或是白板上写，你可以勾画出想要展示的任何类型的简单图像。如果你是要用电子幻灯片，那么就使用一些来自照片网站的高品质照片，例如 istock. com，使用图像去阐释观点并吸引读者的兴趣

• 避免唠叨和混乱。要言简意赅。你的视觉辅助应该要抓住听众的注意力，并用来提醒要点，它们不应该包含你说的每一个字，也不要在幻灯片中挤放太多的图片。留出足够的空白处使之看起来清楚、专业

• 保持字体和色调一致。确保人们看得到文字。如果你要写在一张挂图或是高投幻灯片上，要写得够大够清晰。如果你要使用电子幻灯片，选择无衬线字体，例如 Arial，Verdana 或 Trebuchet 等，并使用人人都能看得见的大小——你所需要的最小文本尺寸为 14pt。标题至少要大四个字号，可以使用与正文不同的颜色来吸引注意力

• 让资料易于浏览和阅读。人们阅读是从上到下，从左至右。确定你视觉辅助中的信息也遵循这种模式。保持文本左对齐，而不是居中，这样人们容易往下浏览。列出一些简洁的要点来代替长的段落 **不当之处** • 字体为衬线字体（Times Roman），字号太小，不易看见 • 文字为中间对齐，造成浏览困难 • 页面上文字太多 • 图片不太专业

图 10—6　不理想的视频辅助

制作好的视频辅助的小窍门 使用高品质的照片 避免唠叨和混乱，要言简意赅 保持字体和色调一致 让资料易于浏览和阅读 **可取之处** • 衬线字体，易于阅读 • 文字布局简单，从上到下，从左到右，易于浏览 • 页面中文字不多，但足以表达出重点 • 图片选的都很专业，有助于听众记住重点

图 10—7　良好的视频辅助

不断改进练习

一旦信息组织完成，视觉辅助材料也准备就绪，那么就该不断地进行微调和练习了。剔除那些对你想要得出的结论不重要的信息。这点很重要，因为我们通常根据自己的喜好来添加信息，而不管它对听众来说是否重要。然后，回顾信息，确保它能使观众参与其中并深入人心。正如《深入人心：为什么有些点子存活下来，有些则消亡了?》（*Made to Stick：Why Some Ideas Survive and Others Die*[①]）一书的两位作者奇普（Chip）和丹希思（Dan Heath）所说，能深入人心的陈述报告才会拥有

① Heath，Chip and Dan Heath. *Made to Stick：Why Some Ideas Survive and Others Die*. New York：Random House，2007.

听众：

1. 集中注意力。人们想要听新鲜有趣的东西。

2. 理解和记住。信息必须清晰具体。紧扣重点，使用听众听得懂的语言。

3. 赞同或相信。信息必须真实可靠。如果你都不相信，你的听众也不会相信。

4. 关心。你必须触动听众的情感。如果投入了感情人们就能记住。

5. 将信息付诸行动。确保你的陈述报告能激发你的听众去做你想让他们做的事情。

练习演讲时，参照如下几点：

1. 摒弃那些多余的言语和表达。我们中很多人在闲聊中常常毫无目的地大量使用填充语，例如“你知道的”“对”“有点像”“好”“嗯”“那么”等。这些话既花时间又不会为你的演讲增加任何意义。使用它们是个很难改掉的习惯。你说话的时候请个人来听听，在你说到这些填充语的时候提醒你。

2. 虽然你要非常熟悉自己的讲话内容，但是不要去背诵。一场背诵下来的演讲让听众听着生硬而无趣。背诵会将你锁定在演讲的一字一句之中，而不允许你与听众进行任何谈话中都应有的互相交流。即兴演说的能力以及针对听众的反应和想法做出调整的能力，是一个天才演说者的标志。

3. 练熟了再上场。先单独练习，站起来，使用你的视觉辅助材料，就好像你面对着听众一样。有些人喜欢在镜子前练习，有助于让自己更加自信。熟能生巧！你大声排练演讲的次数越多，真正演讲时就越会感觉良好，发挥自如。单独练习之后，试试在那些会给你诚恳批评的人面前讲一讲。请他们针对你的观点和演讲方式给你提出反馈意见。

你已经完成了所有艰难的准备工作，所以现在让我们看看如何站在他人面前，尽你所能做一场最好的陈述报告吧。

进行陈述报告

这一节中的小窍门有助于你在做陈述报告时感到更加冷静与自信。这些窍门还能确保你的听众在陈述报告中获得你想要传达的内容。

克服紧张的惯用方法。每个人在一群人面前讲话都会感到有点紧张。寻找一套适用于你的克服紧张的简单方法。有些人喜欢快速地散散步或是做做深呼吸练习。有些人喜欢对着镜子里的自己说话或唱歌。还有些人喜欢在刚进去时和几个听众闲聊几句。去找找对你有效的方法。

良好的入场。在你走进房间时，昂首挺胸，充满自信。开始说话之前，环顾四周，做一次深呼吸。

吸引注意力。你的开场白应该能让你的听众坐直去听，要对他们有足够的吸引力，以使他们想要听你接下来怎么说。有些人喜欢问个有趣的问题，有些人喜欢发表一个不同寻常或让人吃惊的评论，还有人喜欢讲个小故事。例如，假设你打算在一群经理面前陈述一个如何节省劳力的想法。你可以以这样一个问题开始："你知道仅仅为了一个产品上市，每个员工平均要工作多少小时吗?"或者"你想如何花现在一半的时间来让我们的产品出炉?"

说话诚恳，坚信自己所说。如果你对自己的话不那么确定，听你说话的人会很快觉察到，结果是，他们也会不相信这些话了。如果你觉得能如实地在心里默默说出来的话，就大声地说出来。

说得清楚、缓慢、让人听得见。不要急急忙忙地赶着把要说的话说完，但是也不要说得太慢来打击听众的积极性。一定不要用单一的声调讲话，否则会让人打瞌睡。试想一下——如果你书写潦草，那么没人能看懂你精彩的思想；同样，如果没人听到或理解，无论你的演讲多精彩都不重要了。当你在别人面前练习时，问问他们是否能听懂你说的每个字。

与听众保持眼神交流。如果你捕捉到了人们的目光，听众席中的人更可能集中注意力。他们觉得你好像是直接在对他们演讲，自然会产生更大的兴趣。当然，你无法一直盯着他们看，因为你可能需要看一眼你的笔记。如果你的听众多于一个人，你就要将目光从一个人转移到另一个人。在房间的不同区域找些人，将你的目光移到这些人身上去。注意，看的时间不要太长，这样好像你在盯着对方看；也不要太短，这样好像你的头总在转来转去。如果你不好意思直接看人们的眼睛，将目光落在他们前额以上的部分，停留几秒钟——这样看起来你是在看着他们。

不要拿着稿子照读。就像背诵一样，读稿子让你的讲话显得太有准备而且枯燥无味。听众会觉得他们还不如就去读一读你的稿子复印件。利用现场陈述的优势，重点突出并个性鲜明地表达你的观点。

不要一字一句地念幻灯片，也不要匆匆带过。正如你不应该一字一句地读稿子，你也不应该那样读幻灯片。第一，你会让人觉得无聊；第二，他们会想知道既然他们只要看幻灯片就能获得同样的信息，那么要你在那里干什么呢。反之，将幻灯片做得简单点，然后用你的言语将信息进行润色。无论你说什么，都别着急。人们需要时间去吸收你的话，去看幻灯片。如果你得赶时间的话，你用的幻灯片可能太多了。

讲话中来点幽默！幽默让人放松，也吸引人们的注意力。开头时用点欢乐或是搞笑的内容，然后再进入严肃点的主题。但是，开玩笑一定要小心，因为它们也可能弄巧成拙。只有在你觉得适合开玩笑的时候才用到它们，最重要的是，这些玩笑要适合主题和听众。

时刻关注听众，但是别被某个听众的反应所干扰。运用身体语言技能去了解你的听众。如果你的听众看上去无聊了，就增加些活力和热情。如果他们显得疑惑不解了，就提出更多的例子或用不同的方式再解释一遍。如果只是出现了一些人面无表情，不要想当然地认为所有的听众都对你所说的不感兴趣。人们可能在努力思考，或不会立刻表现出自己的感受。如果听众对某些观点反响很好，就在这些观点上做些扩充。你越是关注听众而非你自身，你就会变得越放松，与听众之间也会越和谐。

定时“透透气”。每个人都会在某个时候听到厌烦或是看幻灯片看到厌烦，思路开始游移。记住，成年人保持注意力的时长平均为 20 分钟。也就是说，如果你的讲话长度超过 20 分钟，最好中途休息一会儿。这些休息可以包括向听众提问，讲个故事，让人们伸展放松，或是做个演示——让听众更多地参与进来。

总结。在你结束演讲时，一定要有个总结，重述一到两个重点并分享自己的结论。在总结中，你有机会强调最重要的观点——你想要每个人都记住的观点。即使在演说过程中有些人走神了，但在结尾时你有机会重新将他们拉回到你的演说之中。

当你完成陈述报告，回顾一下整个过程是个不错的想法。你可以自己去做，也可以和某个听了你演说的人一起做。想一想哪些地方做得好，哪些地方有待提高。你从每一次演说任务中学到的东西能让你今后的演讲更加有效。回顾也是一次提高技巧，甚至是完善材料的好机会。

一场演讲就是一次沟通的机会。把它当成说服别人接受你认为重要的东西的机会，而不是痛苦的折磨。你说得越多，就越能成为一个更好的演讲者。

测一测：一场记得住的陈述报告

如果走运的话，我们参加过一次真正让我们思考的陈述报告——我们能记住很久。回顾这场你参加过的真正喜欢的陈述报告。

1. 它为何难忘？
2. 陈述者使用了视觉辅助没？哪种类型的？
3. 陈述者运用了幽默没？哪种类型的？
4. 陈述者是如何让你充满兴趣的？

畅快沟通

沟通是职场的命脉——也是世界的命脉。

沟通是职场的命脉——也是世界的命脉。一切事情的发生都离不开它，因为人们要与他人沟通。如果你知道如何在不同情况下与不同类型的人良好地沟通，你就成了这条命脉上的关键一环，也成了你老板不可或缺的一份子。有了良好的沟通技能，你将会在职场、在学校以及在家庭中建立起持久的关系。你越多地主动与人沟通或接受他人与你沟通，就会变得越出色。

职场工具箱

10.1 言语、言语、言语

听听自己和别人说话，你就会听到如下这些填充词和短语：“你知道，就好像，我的意思是，嗯，是的，哦，好的，对吧”，你可能甚至不知道你有多常用这些无意义的言语来填充句子，而给人造成不专业的印象。

你对这些相同的老掉牙的词语感到厌烦吗？你的老板也会这么觉得。他们在面试、会议和陈述报告中都会听到一些滥用的俚语和讨厌的言辞。身处压力之中，人们总喜欢老话重提，你可能发现自己使用的词语是你以为早就从你词汇表中淘汰了的。

1. 在你专门使用的言语“元凶”前面打钩。你了解你自己——请诚实作答。如果你真的不确定你在使用哪些词汇，问问好友或家人，他们听到你说了什么。

a. 你知道

b. 好像

c. 对吧？

d. 好的

e. 嗯

f. 是的

g. 什么？

h. 我的意思是……

i. 哦……

j. 真的吗？

k. 其他你使用不当的俚语

l. 你说的脏话

2. 将你的问题语言记在一个笔记本上，随身携带。花两天时间，在你每次发现自己用到它们时就在相应的词语前打勾。

3. 找出你用得最多的“罪犯”，使用21天法则去消灭它们。在接下来的21天里，一发现自己在使用某个不当的词语就马上停下来。如果你不知道该说什么来替代，就试着保持沉默。停顿给人留下良好的深思熟虑的印象，但是一开始会让人无所适从。每次在你犯傻的时候就投一枚10美分或是25美分的硬币到一个罐子中，到21天结束时用这些零钱给自己买点东西。(这笔钱大部分都可能会来自于你那21天的前半部分。)

你可能需要多次重复做这一练习。这些用语经历了多年的时间进入你的语言模式，给自己点时间将它们消除！

10.2　你是电话达人吗？

当你在工作中接电话时，通常你是来电者唯一能在这个公司联系到的人，你的说话内容和方式会给人造成一个长久的印象。当然，老板们都期望你成为电话达人。员工们电话沟通不畅的两大主要原因是：糟糕的电话礼仪和令人不悦的声音。

1. 问自己下列几个问题来评估一下自己的电话技巧。圈出最适合描述你技巧的数字。如果你在工作中不接电话，就依照你在家打电话的方式来测试你是否是电话达人。

- 如果得分为35分及以上，你具有高超的电话沟通技能。
- 如果得分为25～35分，你已经很不错了，但是试着在接电话时多保持一致性。

问题	有时	经常	总是
1. 你接电话时声音带着微笑吗？	1	2	3
2. 你写的信息完全而准确吗？	1	2	3
3. 在通话中你是否随机应变，彬彬有礼？	1	2	3
4. 你是否运用良好的说话习惯？			
5. 如果不确定的话，你会要求来电者拼写出他们的名字吗？	1	2	3
6. 你会把每个电话都视为重要的电话吗？	1	2	3
7. 你会为错误或延迟而道歉吗？	1	2	3
8. 你说话速度适中，发音清晰吗？	1	2	3
9. 当你回复时，会使用来电者的名字吗？	1	2	3
10. 你会重复信息，特别是电话号码吗？	1	2	3
11. 你会加上区号吗？	1	2	3
12. 如果有人打过几次电话来，你能辨别出他的声音吗？	1	2	3
13. 有必要的话，你会巧妙地屏蔽来电吗？	1	2	3
14. 对于来电者说的“谢谢”，你会回复“不客气”吗？	1	2	3
小计			
总计			

• 如果得分为25分以下，你知道要做点什么来让自己更善于用电话沟通——通过不断练习电话技巧，将自己的“有时”变成“总是”。

2. 无论你选择在电话中说什么，都应该措辞礼貌。当然，你绝不能说谎，但是你也不用总是知无不言。改写下列句子，以表现出良好的电话礼仪。

a. 你想要做什么？

____

____

b. 你是谁？

____

____

c. 等一会儿。

d. 你想和扬布拉德女士（Ms. Youngblood）谈什么？

e. 对不起，我不知道阿尔德先生（Mr. Alder）去哪儿了。他应该在办公室的。

f. 格里姆斯特夫人（Mrs. Grimsted）在跟警察谈事情。

g. 迪亚戈先生（Mr. Diego）交代过不要打扰他。稍后再打来。

h. 我把你的信息告诉过桑德女士（Ms. Sand）两次了。我不知道出了什么问题。

10.3　工作风格

正如在本章中我们讨论过的，工作风格有很多类型。在家时，我们通常（并非总是）会表现出相同的性格特点。

1. 在下表中找到适合自己的工作个性特点，阅读每一行并圈出每行中最接近于你个性的词语。依据你本来的样子，而不是你想要变成的样子诚实作答。这些答案没有一个是负面的——从不同角度来看都是正面的。你越诚实，对于你工作个性特点的描述就越准确，你就越能在职场中运用所知来获益。

A类	B类	C类	D类
自制力强	容易发脾气	有耐心	有勇无谋
坚韧顽强	领导力强	责任心强	动作迅速
忠心耿耿	有说服力	提供支持	善于交际
考虑周到	好胜	感同身受	让人信服
忠实可靠	有魄力	友好	朝气蓬勃
事先计划	效率高	乐于助人	幽默顽皮
坚决	意志坚强	敏感	精神饱满
详细周密	效果显著	适应性强	自觉
羞涩	积极	平和	有魅力
完美主义者	行动者	团队协作者	发起者
善于分析	足智多谋	考虑周到	精力充沛
现实主义	机会主义	理想主义	乐观主义
策划者	决策者	倾听者	说书者
稳定	勇敢	可靠	创新
有条理	胆子大	忍耐	讨喜
持久	多产	通情达理	乐观
恭敬礼貌	坦白	深思熟虑	灵活多变
专家	解决问题的人	帮手	激发灵感
小心谨慎	固执	有求必应	善于言辞
深思者	务实者	妥协者	演示者
组织严密	充满信心	圆滑得体	富于想象
安静	有很强的主见	乐于取悦	健谈
苦干实干	具有号召力	谈判者	受欢迎
有奉献精神	自我肯定	敏感	搞笑
礼貌	爱冒险	爱凑热闹	活泼
多疑	从不废话	宽容	坐立不安
持批判态度	爱争辩	犹豫不决	健忘
多虑	不耐心	顺从	无条理
寻求事实	寻求解决方法	寻求和谐	寻求注意力
总计	**总计**	**总计**	**总计**

2. 数一数你在每一列中圈出了多少个词语，在每一列的底下写出总

数。分数最高的那一列即表明了你主要的工作风格。

- **A类**：你的工作风格是分析者型。
- **B类**：你的工作风格为指挥者型。
- **C类**：你的工作风格为调停者型。
- **D类**：你的工作风格为表演者型。

3. 现在你了解自己的工作个性了。就像大多数人一样，你的个性特点可能结合了几种工作风格，但是其中一种占主导地位。现在你也清楚自己工作风格的哪些方面拖了你的后腿。例如，想要取得成功，每种工作风格的人都要表达自己的想法，清楚地沟通自己的需求，并问人家想要什么。就其本性而言，分析者型和调停者型通常都比较被动。如果你的性格属于这一类，你就要练习表达自己的意见和愿望。如果你主要属于指挥者或是表演者型，那么你就要缓和一下你固执己见的天性来实现平衡。

问问自己需要改进哪些品性来平衡你的风格，并着手练习。就从21天开始，怎么样？

10.4　学以致用：该做陈述报告了

不论你在哪里，做什么工作，在你职业生涯的某个时刻，你都很可能得做一场陈述报告。现在你有机会运用在本章中学到的窍门来练习一下。请你就一个感兴趣的主题撰写一个简短的陈述报告（5～10分钟）。

准备

1. 主题是什么？
2. 陈述报告的目的是什么？
3. 听你陈述报告的听众是谁？
4. 你想要获得什么结果——作为听陈述报告的结果，听众离开后该有些什么想法、感受或行动？

着手

1. 确定你在陈述报告中想要表达的最重要的观点，并确保这些观点与听众相关。

2. 将这些观点以逻辑顺序组织起来。

3. 针对每个观点搜集信息。这些信息一定要能为产生预期的结果发挥重要作用（而不仅仅是你感兴趣的信息）。

4. 想出一个好的引言——一个有趣的问题、引用或实例来吸引听众"上钩"，这样他们才想往下听你的陈述报告。

5. 确定用不用视觉辅助材料。如果你用，做一个文字尽量少的简单的材料。

6. 根据你的引言、观点和结论为你的陈述报告拟一个手稿。

进行

1. 练习发表陈述报告，如果有视觉辅助的话，结合它们一起练。

2. 练习克服紧张的惯用方法。

3. 做做深呼吸，昂首挺胸走进去，在一小群听众面前试讲。

- 他们的反应如何？
- 你哪方面做得好？
- 哪些方面还能提高？

10.5 你沟通的好伙伴

下表中列出了一些当今职场中一些非常重要的态度。在你已经具备的那些态度上画圈，在你想要改进的态度后画"×"。

坚定自信	坦率、直接，但不失礼
真实	诚实、干脆
深思熟虑	在行动或下判断之前花时间全盘仔细考虑
互动	与他人合作愉快
有分寸	全面思考，一言一行都心里有数，彬彬有礼
体谅	体察自己和他人的需求，衡量会对自己和他人带来影响的局面
谨慎	只说那些有必要清楚说明的东西；保守秘密
善于表达	完全、及时、开放、自由地与人沟通
真诚	实话实说，不兜圈子

1. 将圈出来的每个品质写成一个肯定句，写在一张你能看得到的卡片或纸条上，每天重复。例如：

我坚定自信。

我很真诚。

2. 将那些你想要改进的品质（那些你画了“×”的）写在下面。

我要发挥自己的能力，变得：

____

____

____

将这些品质写到卡片或纸条上，添加到你的加强系列之中。

3. 花一些时间回顾一下其他的卡片和那些决定你进步的积极态度列表。你已基本完成了这个培训项目。你的积极态度列表在增加吗？对你有所帮助吗？

10.6　技能训练

在我们的日常生活中，我们或多或少都会用到书面沟通。下面，你有机会考查一下你的职业沟通能力，并找出需要改进的地方。

1. 浏览一下一个月中你发出或回复的工作电子邮件（不是发出的或收到的朋友或家人的邮件）。

2. 找出至少 3 封“好消息”邮件和 3 封“坏消息”邮件。

3. 根据你在本章学到的标准来评估一下这些电子邮件。

4. 你发现的最常见的错误是什么？

5. 你哪些方面做得好？哪些方面做得不够好？

6. 根据标准重写这些邮件。

第十一章　脱颖而出：整理工具箱

学习目标：

- □ 新工作之新开始
- □ 在新工作中展现自己
- □ 正式与非正式的在职培训
- □ 七大高效工作习惯
- □ 两种批判性思考技能
- □ 向上管理
- □ 领导之道
- □ 员工的权利
- □ 职场升迁
- □ 离职原因及复职之道
- □ 在职场中适应变化且保持自我
- □ 志愿工作造福个人和世界

没有辛勤的工作，生活不会赋予我们凡人任何东西。

——赫拉斯（Horace）

职场谬见

“我找到了一个完美的老板”或者“我找到了一份完美的工作”。

职场现实

没有哪个老板或哪份工作是完美的。老板和工作就像人一样：我们都有优点，也都有弱点，我们都会犯错。在新工作中，当遇到一些低效的、棘手的流程，或沟通不畅时，新员工们有时可能会觉得希望幻灭或提不起劲来。所有的老板和工作都有不完美的地方。尽管如此，就算不很棒，他们也可能还不错。我们需要理解不完美的存在。我们需要去容忍这些怪事，然后每天不停地为变得更好而努力。

职场谬见

“只要我完成了任务，就能升职。”

职场现实

只是完成任务还不足以让人升职。实际上，只是完成任务甚至可能不足以来保住一份工作。我们需要在工作中竭尽所能，而不仅仅是得过且过。升职的基础是持续不断的杰出表现。杰出表现的定义是在工作品质和责任心方面超过别人对你的要求和期待。

当尼克（Nick）刚刚到焕然一新电脑公司（Just Like New Computers）上班时，他非常兴奋。这是一家小规模的家族企业，主营用回收和工厂翻新的零件来重新组装或维修电脑。他在公司的底楼工作。这份工作使他有机会运用自己在当地职业学校学到的电脑和电子方面的知识，同时也能让他满足个人在电脑方面的兴趣。

他的第一年很棒。老板说他是公司最好的维修人员之一。他十分擅长从顾客们送来维修的电脑中迅速发现并处理故障。另外，他还常常帮助这个团队中的其他维修人员。对于如何更高效地做事，尽快地将电脑送还给顾客，他也有很多好主意。他帮助别人时最快乐。

但是到了第二年，情况就变了。公司来了个新的经理，对电脑知之甚少。尼克经常为他提出些建议，想对经理有所帮助，但是这位经理并不感激，还好像把尼克看成是个威胁。当尼克试着向这位经理演示一套可以为公司省钱的新维修流程时，经理丝毫不感兴趣。

因为得不到赏识，尼克想要离开公司。然而，他认为即使他不喜欢新经理，但是公司的其他方面他都满意。他也注意到，这位经理对待团队中每个成员的方式都是相同的——尼克并没有被区别对待。于是，尼克认识到是这位经理觉得地位不牢固。这是他的第一个管理职位，他觉得人们会批评他的每一个举动。

尼克立刻停止在经理面前出风头的举动。而是每天带着想法和建议快步走向自己的办公桌。他只是时不时给经理发封电子邮件，里面有一些文章或是网站的链接，他认为经理可能会觉得有所帮助。尼克还让经理知道，如果对这个部门有任何问题，或对尼克的工作质量有什么不放心的话，随时都可以找他。最后，他告诉经理，有什么可以帮得上忙的尽管开口。

通过这种“幕后领导”，尼克让经理对他敞开心怀了。很快，经理要尼克和他一起讨论一些想法。此外，经理找到些新的项目来拓展尼克在电脑方面的才能，还帮助了更多的人。尼克的乐于相助给经理留下了深刻的印象，一年后，他提拔了尼克！

尼克的经验并不特殊。工作没有完美的，经理也并非都糟糕。然而，在工作中你可以做点什么来让工作变成愉快的经历，也让自己脱颖而出，取得进步。

在这最后一章中，我们将一一向你展示如何运用我们到目前为止所学过的所有内容，以推动你在职场中向前迈进。我们将给你提供一些新的方法，以助你在新工作中有一个全新的开始，并学到一些新的工作习惯。你还会了解作为一个员工的权利。我们会谈到升职，换工作以及应对裁员和解雇。最后，在欢送你进入职场之前，我们要请你抱有这样的观点：在职场中保持清醒，拓宽视野，为世界的更好发展做出贡献。

不论你是要长时间地坚持从事目前的工作，还是决定以后跳一次或多次槽，本章中学到的新方法都会对你有所帮助。无论前方有什么，你自己都要做好准备。

全新开始

生命中的种种经历都会成为构成你的一部分。但是这并不是说你不能改变。你可以将某些经历拒之门外，从而积极地走向另一些经历。你甚至可以改变向世界呈现自己的方式。

现在就是做出那些改变的不可多得的时机。你的学习所得以及初入职场使你有机会带着一种积极的思想状态去走近新的职场生活。图 11—1 向你展示了一些方法，让你可以活到老学到老，并且让你的生活变得积极起来。

- 改变态度
- 改变重心
- 改变习惯
- 抹去“成见”
- 改变外表

图 11—1　全新开始备忘录

改变态度

新环境能给你的态度带来一个提升。若要寻求改变，你要么回学校，要么找份新工作。如果你对之前做的已经厌烦了或不喜欢你的工作了，你的态度很可能也受到了不利的影响。但是现在你到了一个新的环境，有新的同事和职责。你有了充足的理由带着憧憬未来的积极态度向前迈进。

改变重心

也许在学校或是在从事一份工作时，你已经被钉上了某个标签，是某种能力很突出或善于完成某个任务的人，大家都只会叫你做这件事。现在你有了新的工作，你可以将你的重心放到新东西上，展现自己对新领域的精通。你曾经换过工作、转过学或搬到一个新的城市或国家吗？你还记得自己感觉如何吗？交新朋友可能有点难，但是也可能是一个难得的机会去重新定义自己。因为还没有人真正认识你，没人可以给你下定论或贴标签。在新工作中你也有很好的机会重新定义你自己。

改变习惯

目前为止你非常了解你自己，你也知道哪些习惯助你成功，哪些让你疲惫不堪。要改掉那些习惯很难，但是，有时一份新工作能给予你所需要的推动力。你仍将需要用21天法则来帮助你改掉老习惯，但是当造成那些习惯的人和环境不再环绕在你周围时，一切就变得简单了许多。

抹去“成见”

你过去的方方面面——经验和行动——都影响着他人如何看待你。某些看法可能一直跟着你，成为你职业道路上的绊脚石。

也许因为你在工作中犯了一个错误，你的上司就不会要你参加某个活动了。也许因为其他某个人对你的才能和缺点的想法，你就不得不一直做某些你并不感兴趣的工作。或者也许因为一个没有根据的传言，你就丧失了一次应有的升职机会。在新工作中，你的历史变得清白了。你想要改变哪些他人对你先入为主的看法呢？

新工作带来新同事。这些同事不了解你的过去，只知道你在简历上列出的或在面试中提到的技能和经验。由于他们对你没有先入为主的想法，你就能将他们的印象朝一个积极的方向引导，要求参加一个以前别人觉得你不擅长的项目，并避免那些引发关于你的错误传言的情况或行为。现在，你有机会画一幅全新的自画像了。

测一测：你会改变什么？

也许你刚得到一份新的工作，也许你还在寻找。想一想在这份真实的或想象的工作中你会做什么？看看以下各类别，写出你想要改变或改掉的旧的一面，以及在开始新工作后你想要用之替代的新的一面。

类别	旧貌	新颜
态度		
焦点		
习惯		
成见		
外表		

展现自己

当你在新工作中获得了一个全新的开始时，你应该展现出最好的自己。但是记住是你自己最好的——而不是别人的。如果自己最好的一面比不上别人，没有关系——以你自己的步伐向前进步即可。如果你有所提高，但水平仍赶不上一个有所懈怠的同事，你还是可以出人头地的。为什么呢？因为你表现出了主动和投入，而那个人只是一直做着同样的事情，也没有投入额外的精力。如果你目前最好的一面超过了其他人，你应该继续努力，提高个人水平。你可能完成了一个比别人完成得更好的任务，但是你还能做得更好——这对你的进步很有帮助。

每个人都有自己的目标、才能和弱点。如果你和别人比，你的错误在于用他人的标准而非自己的标准来衡量你自己。那就如你想把一件不适合自己的衣服穿得漂亮一样。你对别人的了解不如对自己的了解多。

你知道自己设定的目标以及你要去铲平的顽石。不断努力，为自己设定新的目标，这样你才会成长并成功。记住，成功是过程——不是终点。为了在工作中有最好的表现，想想你目前从本书学到的一切：

- 端正的态度
- 正面的自我认知
- 动机
- 责任心
- 良好的习惯
- 耐心
- 正直诚实
- 宽容接纳
- 了解自我
- 目标设定及优先顺序
- 资源管理：时间和资金
- 读、写、听及其他基本技能
- 团队合作
- 人际交往技能：沟通，处理冲突，应对批评
- 演说
- 应对压力
- 维持心理和身体的健康

我们要解决的职场策略问题需要将这些工具合并使用。它们将助你在工作中脱颖而出，并充分利用机会获得成功。

在职培训

当你离开学校，接受一份工作时，你的教育并没有结束，如图 11—2 所示。你的公司提供的任何职前培训，以及你在从事工作时获得的所有经验，都是教育的继续。

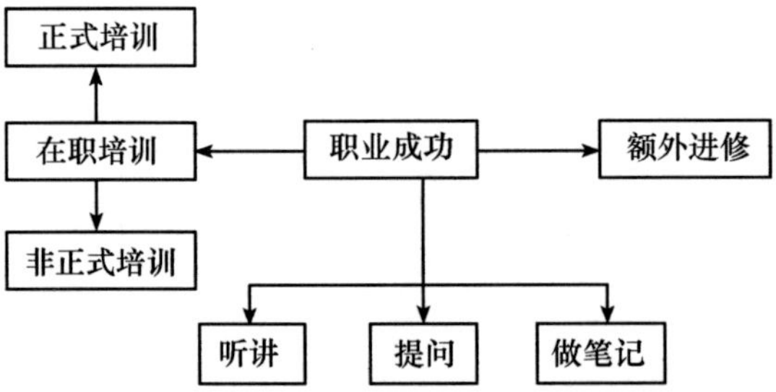

图 11—2　职业成功与终身学习紧密相连

在职培训内容涉及某个工作的特性、不同流程的复杂细节以及与同

事相处之道和如何熟悉门道。放入你的职场工具箱中的技能和态度，连同你对自己能力的信心，都来自于你的学习和过去的经验。当你把这些带到一个新的工作中时，在职培训就是教你如何在新环境中使用它们。

刚开始上班时，大部分公司都会提供某种类型的在职培训，或正式或随意。你的经理会根据情况来决定哪种形式比较必要。例如，一个管理岗位可能要求一个星期的正式培训课程，而一个实习岗位上的人可能只在开头的几个星期接受一些非正式的建议和指导即可。

正式培训

一些规模大一点的企业在你刚去时会为你安排几天甚至一周的培训。其他公司也可能有正式的、结构化的培训课程，时间持续得甚至更长。这种培训对于那些在应对某些工作上具有一定水平的职员来说就是常规的培训。

这种培训能帮助你适应周围环境并明确你的职责。这要求你投入注意力、精力和责任心，就如你现在投入到你的学习中的一样。不要因诱惑而懈怠，一定要想着自己能“大获成功”。培训期间你越是专注和勤奋，你给人留下的第一印象就越好。这是个多么难得的机会，让你的老板认为“聘用你的决定是正确的”。这就是你的机会。想想升职吧！

你知道吗？

对大多数职位而言，最有意义的准备来源于在职培训（OJT），而非专业的职业课程。[①] 它被视为最好的培训方法之一，因为它是在员工的工

① Staff writer. “High-paying jobs requiring on-job training.” *Occupational Outlook Quarterly*, Winter 2000—2001. Accessed on February 6, 2001, from www. bls. gov/opub/ooq/2000/winter/oochart. pdf

作场所计划、组织进行的。OJT 通常是扩展员工技能，提高生产力的主要方法。它尤其适用于培训某个岗位上员工所需的专门的熟练技能，特别是针对那些相对易学，并需要用到公司专有的设备和设施的工作岗位。①

非正式培训

开始新工作时，许多人都将经历一次非正式的培训过程。这种培训可能以多种形式进行：

• 跟着另外一名更有经验的员工学习，他走到哪你就跟到哪，观察他做事，可能还要帮帮忙。

• 有一个师傅能随时回答你的问题，或在你遇到难题时给予帮助。

• 一场关于公司专门条例和规章制度的讨论。

• 参观公司设施。

• 针对操作设备的课程。

• 介绍与你共事的其他同事。

在职培训小窍门

不管你接受的是正式还是非正式的培训，以下这些窍门能让你最有效地利用培训机会。这些窍门包括你已经学过的技能，因此你对它们并不陌生。

• 尽可能地做好笔记。在你上班的头几天，或当你接受培训、获得任何其他你需要知道的信息时，随身带上笔记本和笔。把你必须知道的

---

① Haselton, Erin. "Orange County Business Service Center Partners with PASTA MIA for On-the-Job Training" *Fullerton Chamber of Commerce* website. Accessed on September 14, 2012, from http://fullertonchamber. com/member-events-and-news/orange-county-business-service-center-partners-with-pasta-mia-for-on-the-job-training-3464

东西都写下来。这样的话你以后能拿来参考，而不用带着重复的问题麻烦你的经理或同事。即使只是一页重要的电话号码、分机号码或价格，你也会因为随手能找到而高兴。

• **倾听、倾听、倾听。**有时非正式的培训就夹杂在一堆其他的工作之中，转瞬即逝。对你讲话的人有很多要说的，但是常常没时间说。只有全神贯注地听，你才能获得你要知道的一切。

• **提问。**不问问题是愚蠢的。不要害怕去问任何你脑子里出现的问题。你初来乍到，没人指望你了解这个地方是如何运转的。只有通过提问，你才能了解并在新工作中应对自如。说出问题，然后仔细倾听答案。

• **人们在观察。**培训期间人们会一直对你进行评估。他们会找寻一些迹象，观察你与他人如何共事，看看你是不是一个好的团队成员，表现是否积极主动，或态度是否端正。你的非言语沟通技能此时就派上用场了，要记住，你的姿势、眼神接触以及面部表情是你给人留下良好印象的重要部分。

一旦投入到工作之中，你就需要目前所获得的所有工具，以使你的职场生活更从容也更有成效。经理和上司们尤其会想在你身上发现一些具体的技能，为公司或企业的成功贡献你的力量。图 11—3 列出了这些技能。

如果你掌握了这些技能，你在公司内的职业寿命和升职机会将大大提升。下面几节将详细描述这些技能。

力争优秀
领导才能
“向上”管理
改革创新
示范团队协作
加强批评思维
培养有效的工作习惯

图 11—3 成功策略

习惯培养

这一节着眼于工作习惯，这会让你的老板对你保持好的印象，并且将你的工作经历变得简单、愉快而清楚。图 11—4 列出了一份你需要去探究的习惯清单。

- 忠诚可靠
- 令人愉快
- 准时
- 可变灵活
- 公私分明
- 尊重工作权限和资源
- 尊重公司习俗和惯例

图 11—4 有效的工作习惯清单

忠诚可靠

这两种品质通常比技能水平的分量要重得多，因为要教会一个人额外的技能很容易，但是要平白地培养出他的忠诚和可靠就没那么容易了。虽然这两种品质是互相关联的，但是它们也有细微的差别。忠诚指的是诚信。一个忠诚的员工不仅对公司的理念、制度和整个公司都很忠实，也对其他员工诚信。可靠指的是你有多值得信任。一个可靠的员工总能靠得住，不论是在完成指定任务时，还是服从指令或规定时，而且他总能肩负起公司的需求和目标。

这两种品质彼此缺一不可。如果你忠诚而不可靠，你的忠诚就毫无价值。比如，如果你信奉公司的理念，服从规定，但是很难圆满完成工作，那么即使你忠心耿耿，老板还是会觉得有问题。

令人愉快

让人愉快的性格、语气和态度在职场中如珍宝一样可贵。问题是个未知数。你无法控制一天之中会出现什么问题，但是你能够控制处理问题时的心态。愉快的性格一般都能让问题迎刃而解，并点亮一整天。最棒的是，愉快的心态具有感染性——一个好脾气的人能让别人也灿烂起来。

准时

你没上班就不能开始完成任务。你不一定要早到，但是你应该准时到。了解你可以在上班路上花多少时间，并以此为依据制定线路。你要机灵点——要把日常遇到的一些障碍考虑在内，比如高峰时段的交通情况，或是送孩子去日托所花的时间等，给你的上班路上多留出点时间。如果这意味着你要比过去提早半个小时离开家，那么就这么做。为了给上司留下好印象，多花点气力是值得的。这表明你注重细节，认真尽责，对公司很上心。那么，当意外真的发生时（堵车、孩子、生病、有急事），大家会不假思索地原谅你的迟到。

准时是对他人尊重的表现。

可变灵活

工作中没有哪两天是一模一样的。如果你对变化感到不安，你可能会为你的同事和经理造成更多的压力。然而，如果你能调整自己的行为、工作时间表和任务去顺应情况的变化，那么你将会证明自己是公司的宝贵资产。适应性包含优先处理的能力，对公司运作和社会制度的了解以及灵活应对的意愿。当你得知哪个任务应该优先于其他任务，或者相对于日常工作，哪些人有权提出一些你必须优先考虑的要求时，你需要第一时间改变方向。你的思想状态也扮演着重要的角色。要认识到没有什么事是完全按计划进行的，要保持清醒的头脑，这将有助于你在最后一分钟变化的混乱中站出来。

适应性：形容词，能根据不同情况随时做出调整。

公私分明

如果任其交叠，你生活的这两方面很容易相互干扰。如果你在工作时受到私人生活问题的影响，你可能会表现得不专业，而且自制力不足。如果你设一条界线，分别对待——工作时谈工作问题，私下谈私人问题——你会给周围的人留下职业和成熟的印象。

尊重工作权限和资源

不要占职场的便宜！许多工作会给你一些特权，比如在购买某种商品或服务时能享受些便利或是折扣。你可能有权使用一些设备和物资去完成与工作相关的任务。只能在赋予你的职权范围内使用，而且只用于指定的任务上。任何未授权使用物资或是折扣的行为都视为偷盗。

当然，也有些灰色模糊的地带，所以如果你有疑问就应该问。如果你请求在午餐时间用电脑打印机快速打印一份私人笔记，而你得到了经理的许可，那就没问题。但是如果你利用公司的上班时间、纸张和邮费去寄一些私人聚会的请柬，那么你就越线了。你的要求要诚实并合理。

尊重公司习俗和惯例

每个公司都有自己的文化——自己的运作方式、行为标准、价值体系、权利架构、任务完成机制、着装要求、硬件环境以及习惯性的仪式。在你适应一份新工作时，相信自己的生活智慧，让它帮你认识新的职场文化并融入其中。

公司文化呈现出各种形式和规模。也许你的公司星期五是便装日，人人都穿牛仔裤。也许即使你有能力也不允许去做某份工作。也许你有一些不能缺席的例会，或短暂的像“动员会”一样的零食时间，以激励员工们为一个大项目一起努力。也许针对同一个管理层的员工们，公司有成文的行为准则和权利架构。你对这些制度的观察和适应能力将有助于你更好地成为公司全体员工中的一份子。

技能指导

互联网也是公司的一种资源，一种很容易被滥用的资源。工作时，不要上网冲浪。这就意味着，不要访问社交网站或聊天室，不要玩网络游戏，不要浏览绯闻八卦。这也意味着不要发送和回复私人的电子邮件。你在网上的活动都应该与你的工作项目相关，你的电子邮件也应该这样。要明白，任何通过你工作账号撰写或发出的电子邮件都不是私人的；它们属于公司，在公司之内，任何人在任何时候都能合法地阅读它们。此外，如有必要，你在互联网上的活动很容易被追踪——特别是涉及色情网址时！不要浪费工作的时间，冒着丢掉工作的危险不当地使用互联网。

测一测：你的工作习惯有多好?

每个人都需要培养和保持良好的工作习惯才能获得成功。看看下面列出的工作习惯并完成以下问题：

1. 评价你在每个习惯上做得如何（很好，一般，有待提高）。
2. 描述一个出现了这些习惯的情形，解释你为什么这么认为。

习惯	评价	解释
忠诚可靠		
令人愉快		
准时		
可变灵活		
公私分明		
尊重工作权限		
尊重公司文化		

批判思维

即使你掌握了之前提到的工作习惯，如果你没成为一个有经验的批判思考者，你也不会成功。批判思维包括两种特定的技能：解决问题和做出决策。试想一下，如果你不能解决问题，你就不会采取行动去超越这一问题，也就不能提高自己解决问题的技能并从中获益。如果你不能做出决策，你甚至都无法走到使用技能的那一步。

职场成功取决于你透彻思考问题和明智做出决策的能力。在一个企业里，每天都会出现有待决定的问题。这些问题有大有小——例如，决定把电话转去哪里，弄清楚电钻的钻头尺寸，优先处理那些需要修复的软件缺陷，安排医院病房的值班表，或解决团队成员之间的一场严重冲突。知道如何有效地处理这些问题并做出决定，能让你自由地使用和发展你在具体工作中所需要的各种技能。

解决问题

这一技能包含一系列十分简单的步骤：（1）分析问题；（2）头脑风暴，一起讨论可能的解决方案；（3）选择并执行解决方案。最难的部分是花时间和精力去把每一步想清楚。为了演示这些步骤，我们一起来看看下面这些情形。

情境：紧急决策

你是一个电脑维修人员。你有个预约安排在下午 2:15，要去城市另一边的一家公司进行系统维护，但是在 1:30 左右，你的寻呼机上收到了一个紧急电话。一英里以外的一家公司的硬盘驱动器坏了，他们急需你的帮助！你是去处理这一紧急情况，还是准时赶赴预约？

现在我们来将这些步骤走一遍，想出该怎么做。

1. 分析问题。这一步包括问这些问题：什么情况？哪个紧急？实际问题的两难情况何在？在这一情形中，你确实面临两难——你不可能同时在两个地方出现。你可以试着找别人去赴 2:15 的约，但是当时正好没别人上班。哪种情形更重要——预约好的还是紧急的情况？你决定要立刻处理紧急来电。结论：问题在于，如何重新安排或取消 2:15 的预约？

2. 头脑风暴。这一步要任你的思想随意漫游，一有什么想法就记下来，不论这些想法有多么得不合适或不靠谱。不要去审查你的想法，等你完成头脑风暴后再开始评估。如果想法一出现你就一个一个地考察，你可能会定下一个适当的选择，但是会错过一个超出你思维局限的更好想法。同时也问问别人的想法。不同的人对同一个问题的看法可能会有惊人的不同——你可能听到一些超棒的建议。

在你所处的情况下，大范围的头脑风暴不太可能。找一个地方，毫不被打扰地坐五分钟，好好思考一下这个问题。你可能的解决方案也许包括：

• 立刻去处理紧急电话，处理完以后再赶去处理定好的预约。

• 将预约重新改到明天，然后去处理紧急电话。

• 打电话给已预约的公司，看看能不能把你的预约改到同一天的晚些时候，以留出时间处理紧急电话。

• 准时到预约地，完事后，去处理紧急电话。

• 看看能不能找到另一个不上班的维修人员可以处理紧急电话。

• 告诉发生紧急情况的公司，要到明天才能有人来处理。

3. 寻找解决方案。这一步包含提问和决定。每种方案都会涉及什么？每种方案对自己有何要求？试着从问题解决后往回思考整个解决过程，看看自己做得是不是有道理，是不是行得通。最后，选择并执行你认为对你和其他相关人员来说最好的解决方案。不要急着做决定，但也不要拖得太久，不然你可能会失去做决定的权利和意志。当你觉得准备就绪，就可以权衡利弊并采取行动了。

在目前的情况下，你没有太多时间去评估那些可能的方案，但是你可以迅速地仔细想想下列每种可行方案的利与弊。

• 晚点处理预约，什么时候处理完紧急情况就什么时候去。这似乎不是个好主意。你的客户有权提前知道会发生什么，特别是预约可能有变。

• 重新安排到明天。这也会有一个问题，因为明天你不上班。那个公司的系统是你安装的，所以你比另外两个程序员要了解得多。你觉得他们中任何一个处理起来都不会信心十足。

• 致电预约的客户，看看是否能迁就你安排到今天晚些时候。这可能行得通，但是要看他们的时间安排。这样你就能先处理紧急情况，然后完成你预先的承诺。

• 准时到预约地。这会让某个公司很高兴，但是系统维护似乎没有维修硬盘驱动器重要。没有你的到访第一家公司还能够运转；而第二家公司的一切活动都得停止，直到你或者其他人能修好电脑。第二个公司的问题是要优先考虑的。

• 今天试着找到其他的维修人员。这是可能的，但是你要花时间来打电话找人，而且你也不能保证成功。你找了一圈后可能让两个公司都失望。

• 告诉第二个公司，他们要等等，自己才会赶过去处理紧急情况。这可不是个好主意。这将导致公司停止运转直到明天，可能导致他们损失大笔的业务。使用这种方案的话，你要冒着失去这个客户的风险。

4. 选择并执行看上去最好的解决方案。基于你的分析，最好的选择是马上给预约好的客户打电话，试着重新将预约调整到晚些时候。你被告知可以在下午 4:30 去第一家公司进行维护。你得延长你的工作时间来适应这一变动，但是因为客户没有对更改预约提出非难，你认为你愿意做出这点小小的牺牲。

即使你认真遵循这些步骤，你也不是总能做出完美的决定。从每一次的事件中吸取教训，避免犯同样的错误。你的错误也是颇具价值的教学工具！

改革创新

有太多的员工只做经理期望他们做的工作，做完就万事大吉了。一字一句地服从指示而不做任何发挥。虽然这不会导致你失去工作，但是你升职或拓展现有岗位、承担更多职责的机会可能会减少。最终你可能会感到受困于一种固定模式。

创新一词的意思是想出新点子，做事情的新方法、新构架以及合作的新方式。大脑的能量非常巨大——用上它。如果你看到一个存在的问题（或可能发生的问题），并想到了解决方法，拿出来和大家分享。如果你觉得自己有些点子，可以提高你个人生活或工作的效率，告诉某个人。让你身边的其他人知道你的想法，特别是你的经理们。

提高是各个方面综合的结果。不要因为你觉得没有用或微不足道就咽下自己的想法。即使最小的点子也能营造出变化的氛围。当你想出了一种新的时间安排方法，或装了台小冰箱，这样员工们就不用另外花时间出去就餐而可以就近吃午餐了，那会怎么样？那些点子能让人更快乐，越快乐的员工工作效率越高。如此积少成多。

当然，有些点子要好过其他的点子。如果你的经理经过一番考虑后觉得这个点子不管用，也不要担心——以后你总会有另一个新的点子与之分享。此外，你已经显示出你对公司的关心，以及愿意花时间和精力去思考新颖的方式来寻求提高，你也因此给人留下了良好的印象。你的努力本身就会让那些观察着你的人印象深刻。

向上管理

除了分享创新想法之外，还有一种方法能帮助你的公司，并增加你进步的机会：学会向上管理。向上管理是指，协助经理完成任务并实现目标，以此来想办法让经理能够成功地履行职权。

为什么要这么做？因为你职业上的成功与你经理的成功紧密相连。

你的经理可能是从组织者的角度出发，但你是那个做事的人，对于操作过程中详细的任务要求和挑战有更深刻的了解。

你就如同一个装满了见解、精力和建议的储备库，在许多方面都具有潜在的贡献价值。虽然有些经理害怕放手和求助于下属员工，但是你给予帮助总不会错。

寻找机会

对你而言，向上管理包括提供建议或采取行动，多多少少做出点贡献。对经理而言，向上管理涉及营造一个鼓励想法和主动的环境，在员工接受和提出建议时给予支持。

在这一点上你可能认为向上管理在你和你的经理那里不可能行得通。那么，我们来看看两个情况。

情境：议程缺失案例

你就职于一家发展迅速的电信设备公司。公司最近召开了一些员工会议来改善沟通和合作状况。员工们轮流承担会议服务工作。然而大家越来越沮丧，开会的时间却越来越长，却没有达成任何结果。大家在会上提出了问题和观点，却没有得出任何结论和解决方法，讨论毫无头绪，大家总是偏离主题。

你注意到没人使用会议议程，但是你认为一份会议议程能提高员工会议的效率。为什么下次开会前不与你的老板分享一份简单的议程草稿呢？虽然是你主动提出的建议，而且可能对你来说也不是什么大事，但其潜在的改善作用是很重要的——特别是考虑到你只需投入一点点时间就能提出并执行这一建议。

情境：即将到来的陈述报告案例

在你所在的医疗服务公司，你的经理被要求做一场特殊的陈述报告，说明你的部门如何为其他部门提供支持。不幸的是，几个星期过去了，你的经理还没能在陈述报告的准备方面取得明显进展。报告日期一天天逼近，你的经理压力也越来越大。你觉得你的经理会不会欢迎你主动给予他一些有创意的点子和帮助，连同一套考虑周到的方案来完成这一切呢？那是当然啦！

以上这些情况说明，重要的是更好地了解你的经理所面对的目标、挑战和问题，然后你才能想出能帮助他取得成功的主意。若不是很确定，可以先从相对小的、易于实施的建议开始，但是一定要开始！很多人总是说："本来可以，本来应该，但没有。"不要成为他们中的一员。

你在工作中学到的一切，你为别人提供的任何帮助都能助你前进。

耐心对待经验不足的经理

总有些时候，你发现与自己共事的经理在某方面还不如你有经验。这个人可能比你年轻，或工作时间不如你长。经理们常常发现，他们之所以处于这个职位是因为他们拥有良好的组织和用人技能，而且公司十分需要有人能填补这个职位；然而他们缺乏你所拥有的技术或动手能力。

有些员工选择怨恨经验不足的经理，认为："他年纪还没我大，怎么升到经理的?"或"他这辈子不可能有我这样的经验，凭什么我要听他的?"与其怨恨，不如把这种情况当成一种学习经历，向上管理也是一种艺术。

很明显，你要能敏锐地感知在何时、以何种方式向一位经验不足的经理提建议。你不是要"告诫"他怎么做——你不是他的父母。你也不是要坐视不管，任他失败也不告诉他那些能帮助他获得成功的信息。你需要做的是耐心一点，找到方法，不卑不亢地去"教育"你的经理。最重要的是，你要记住，正如你的经理能向你学到东西，你也能从你的经理那里学到东西。

将向上管理视为一种才能的交换。在与经理分享你所知道的程序、设备以及数据的相关经验的同时，你的经理也在与你分享他所知道的用人、组织和目标等相关经验。这样来看待你们的关系，你们俩就成了搭档，一起努力推进部门乃至整个公司的运转。

不管你的经理有无经验，就向上管理而言，请你明白，你采取行动或不作为都会对你职业上的成功和工作的稳固产生影响。员工不能只将管理视为一条单向的下坡式的路，还要在行动上超越它。他们要为了自己和公司承担更大的责任。你再也不能只将注意力放在指定的任务和职责上了。你需要抓住大大小小的机会，进行向上管理，并为你所在的团队增添价值。

经验之谈——职场透视

击中目标

史拉·亨特（Shilah Hunt）

急救室医生

当我第一次开始从事急救医务人员（EMT）的工作时，有很多东西要去适应。初来乍到，满足急诊室工作的要求让我压力很大。很快我就认识到我要对自己和他人都耐心一点才能将工作进行下去。处理危重病人让每个人都神经紧张，因为你在手忙脚乱地试图挽救他人的生命。

我不得不习惯同事和医务人员找我帮忙时那高声命令的语气。过去这真的让我觉得很烦，因为我觉得他们对我就像对待一个笨蛋一样。但是现在我知道他们只是在试图控制住糟糕的局面，确保该做的都要做到。我不再把这种行为看成是针对我个人的了。

无论你何时与他人共事，都要记住每个人都有他们自己的个性，你得接受他们本来的样子。在医院，有些人想掌控一切，充当英雄，有些人想为别人提供支持和帮助。作为一个新员工，我得靠后坐，所以我不会给人留下无所不知的印象。

学会将我的同事视为团队成员能帮我将注意力放在紧迫的需求上，比如挽救某人的生命，而不会纠结于那些真的不重要的个性问题。现在，当我完成工作，我会到处看看别的同事需不需要我帮忙。如果有人陷入困境，我会愿意参与并提供帮助。我想要我的同事知道，我并不只管自己的事的人——我关心我们团队中的每一个成员。

在任何一个行业中，你都得能够在压力下服从指示，但是在EMT的工作中，这点尤其重要，因为不这么做的话就可能导致死亡。在工作中，你不断地面临挑战，不是规定截止日期，就是期待你的表现。有时候你不进行评估都不会知道你是否达到了目标。但是，就像你在课堂上得弄清楚你的老师有何期待，这条规则也同样适用于上司们。不要假设自己知道老板认为什么重要——去问问。被聘用后，马上安排与上司会面，弄清楚他在工作中对你的期待。也许你们俩可以将一些具体的目标写在纸上，以便于你在这一整年都有个参考。

作为一名EMT，我得能够非常迅速地排好优先顺序，因为一个病人的生命岌岌可危。我第一次紧急抢救的人是一位癫痫患者，他在工作时突然发作，摔倒在地并撞到了头部，呼吸停止。在那种情况下，遵照指令非常关键。我学会了当一个职位比你高的人要求你做什么时，你一定要听懂他们的指示。在这些时刻，好好听着至关重要。如不确定，直接提问。

根据我的经验，我已经发现，学校并非唯一高强度学习的地方。当我开始在医院工作时，我简直不知所措，因为有太多的东西要记住。我花了好些时间才习惯我的新工作。现在我应付起来要自如得多了。我更了解我的同事们了，也明白自己在医院所承担的角色。我要传递给那些即将进入职场的毕业生们的主要信息是：不要泄气。允许自己失败，并从错误中吸取教训。工作一段时间后，你就会摸清其中的窍门。

领导才能

领导力是团队协作和改革创新的延伸。如果你在一个团队里充当领导的角色，你可以挖掘想法并推动其实现。你还负责分配任务，制定时间表，监管进程。领导无须别人指导就积极主动地往前迈进。

> 领导：名词，一个能对相当数量的人的思维、感受和行为产生影响的人。——霍华德·加德纳博士（Dr. Howard Gardner），哈佛教育研究院教育与认知学教授

领导力是什么？

与你可能想到的相反，当领导并不是为了出名，拥有特殊的头衔和高薪，或拥有很多权力。当领导不是当老板，像放牛一样把人们都朝着一个目标赶。一个领导要表现出令他人信服的眼光。他要能给他人以激励和启发，让他们愿意为了实现共同的目标去做必要的工作。他要能身先士卒，营造出一个全体团队成员都积极参与整个过程的氛围，带领其他人朝着目标迈进。谈到领导力，中国哲学家老子说得好："功成事遂，百姓皆曰：'我自然。'"

如何成为一个有效的领导者？

如果你想有施展自己领导能力的机会，那么你就要培养一些品质。这些品质将帮助你启发别人，保证团队合作，完成工作任务。看看下面列出的这些品质，想一想哪些是你已经具备的，哪些还需要培养。

影响力。领导者要能激发他人去拥护自己主张的积极性。时刻将你的远见清楚地呈现出来，让人们因此而振奋，并相信其可能性。运用你在第十章中学到的沟通技能，特别是那些能让你的信息深入人心的沟通技能。

不随波逐流的举动。领导者需要以身作则。比起你所说的，人们更信任你所做的，所以要学会实践你所说的。要示范如何去做，而不是仅仅告诉别人怎么做。

说到做到的本领。领导者要履行自己的诺言。力争到最后一刻都要

履行自己的承诺。如果你的团队成员们知道你说到就一定会做到，他们会干得更加努力。

正面的自我认同。领导者要有自知之明。你得了解你的长处和短处。你不需要当个超人。只需要相信自己并力争做到最好。这就是说，犯了错误就承认（你不是完人），或者一切顺利时就拍拍自己（以及你团队成员）的背以示鼓励。

价值观。领导者具有一套核心的价值观，能对团队的最大利益产生影响。忠实于你的价值观，让它们推动你做出决定和采取行动。

远见。即使障碍出现，领导者也要坚持着眼于一切可能性。继续和团队一起分享你的远见——让它变得尽可能真实。大家对这一远见的信任将鼓舞整个团队继续前进，即使前进的步伐越来越艰难。

成为一位领导者意味着受人瞩目，也就是说你常常比团队里的其他成员得到更多的认可。但是这也意味着责任和担当。如果出了什么差错，你必须承担责任并帮助你的团队回到正轨。无论你是前前后后地发出指示，还是喜欢战斗在第一线，记住这一点：将精力放在你最擅长的事情上，要知道这些长处不仅仅对于一个领导者而言很重要，对于你的经理们也同样具有价值。

雇员权利

在美国，作为雇员，你应享受到某些权利、特权和保护。一定要有这种意识，你才能知道什么是你应得的，什么时候你的权利受到了侵犯。

签合同的权利

当你接受一份工作时，你就参与了一场交换：你用你的服务去交换雇用你的公司提供的货币报酬和福利。该公司必须为你提供一份合同，这样双方才能清楚这场交易的细节。签合同前通读合同，确保自己留一份复印件。你有权要求在合同上概括地写清楚你的职位、职责和责任，以及你的薪水、支付时间、你会得到的福利和任何的额外福利，比如，免费停车或在食堂吃到价格较低的午餐。

工作中免受歧视的权利

在雇用、待遇或升职上，公司不可因人种、信仰、肤色、国籍、年龄、性别、婚姻状况、犯罪记录、可能或已经怀孕、可能或已经发生疾病或残疾（除非该疾病或残疾影响到你无法完成所须的工作任务）等原因而歧视任何人。如果你觉得你因以上任何原因被拒或者失去升职机会，你的权利就受到了侵犯。你可以向上司陈述歧视问题，如果问题得不到满意的解决，你可以向律师咨询。走法律程序需要消耗耐心和时间，还常常要花一大笔钱。对你的选择做出评估，在你行动之前判断一下这么做是不是值得。

工作中免受性骚扰的权利

你有权在一个没有性骚扰的职场中工作。男性和女性都可能成为性骚扰的对象，虽然最普遍的情况是女性成为男性性骚扰的对象。性骚扰包含的行为非常广泛，一般可分为两类。

作为交换条件的性骚扰。这指的是某种以交换其他东西为目的的性满足。这是一种贿赂或威胁。员工通常听到这一类的话："如果你不为我做某事，那我就炒你鱿鱼，或不让你升职，或给你的工作制造麻烦。"

敌意的工作环境下产生的性骚扰。这是指工作环境中的带有性暗示的言语、行为或物品给员工造成了不适。此类性骚扰引发了普遍的不满，例如办公室里猥亵的交谈或玩笑，不当的身体接触，或色情书刊。

我们很难清楚地界定哪些行为构成了性骚扰，主要是因为这取决于受到了性骚扰的个人给其所下的定义。如果你在职场中被冒犯，觉得受到了侮辱或被利用了，你就是性骚扰的受害者，你就有权站出来指出这个问题。解决办法多种多样，小到和同事们一起探讨明确的行为标准，大到法庭相见。先从小的解决方法开始，尽可能为自己省点麻烦。可以的话，直接和骚扰你的人谈一谈。如果因为害怕或不适，你不能直接跟相关的人谈，那就去找你的经理，如果有问题的就是你的经理，那么就去对其他经理说。最好的情况是，冒犯你的人并不知道他的行为对你造成了什么影响，需要了解什么行为是具有冒犯性和越界了的，原因何在。最坏的情况是，这个人对你心怀不轨，应该受到谴责或被开除。

正如在面试中遇上一些不合法的问题一样，上报工作中的性骚扰问题也绝非易事。许多人因为害怕失去工作或是怕有失去晋升机会的风险而忽视了将工作中的问题指出来。有些人认为别人不会相信他们，将发生的事情揭发出来会让他们名誉扫地。不幸的是，那些不举报的性骚扰的受害者通常会伤害到自己的自尊，可能痛苦不堪。或者，他们不愿意挺身而出使得别人也步他们的后尘，受到同样的伤害。

所有公司对于性骚扰都应采取零容忍的政策。这种骚扰尤其会给员工的内心带来巨大的伤害，因为它会严重地吞噬一个人的自尊而伤害到此人。如果你受到过性骚扰，在你举报这一事件之前要把情况仔细想一遍。确保你的文件中记录了发生的日期，涉及谁，以及发生了什么。然后问问自己：有多严重？你在工作中和这个人有定期的接触吗？这人正在对你造成危险吗？在你所掌握的信息的帮助下举报这件事。你还可能要和公司以外的一个专门处理性骚扰案件的法律顾问谈谈。这能让你克服自己对这件事的糟糕感受，从一个受害者变成一个生还者。

原声摘要

不要让情况恶化。我有个男老板，他老是叫我和他出去，甚至打电话到我家。我总是拒绝他，但是有一天他轻轻碰了我一下。我觉得他是故意的，这让我觉得不舒服。于是我找了个比他职位高的人谈了谈。后来

> 这个经理和另一个经理找我的老板谈了谈我遭遇的问题，之后类似的情况没有再发生了。尽管我很紧张，但是我很高兴在我觉得遭受了性骚扰时将自己的感觉说出来。我也很高兴我就职的公司不会容忍这种行为。
>
> ——L. 梅尔卡多（L. Mercado）

测一测：工作中的艰难时刻

想想你在学校或是毕业后这些年来做过的全职和兼职工作。

1. 你有没有在一份工作中觉得受到了歧视？

a. 是什么情况？为什么你这么觉得？

b. 最终你怎么做的？

c. 现在了解了你所学的之后，你的处理方法会有所不同吗？

2. 你有没有在一份工作中受到过性骚扰？

a. 是什么情况？为什么你这么觉得？

b. 最终你怎么做的？

c. 现在了解了你所学的之后，你的处理方法会有所不同吗？

职场升迁

当你了解了作为一个员工的权利并力争优秀时，寻求升职就是自然而然的事了。其原因很多：也许你想扩展自己的责任心，或挑战更高职位所带来的职责要求；也许你盼望提高薪水，这通常是伴随着升职而实现的；也许你期待升职所带来的一种进步和成功的感觉。

公司想给你升职的原因也有很多。你的公司可能认为你的技能和才能在一个更高的职位上更有用，你已经准备好接受更多的挑战，或公司架构发生了变化——也许有人离开了在你之上的一个职位，给你升职有助于工作和责任的交接。

升职准则由三部分构成：资历和教育背景，胜任目前工作的能力，以及超越底线要求的意愿。

1. 资历和教育背景。 任何时候都存在这样一个事实，你要在公司工作一段时间才能有一定专业和水平的教育背景。这些因素都是升职的条件，但是它们无法单独起作用。例如，即使你已经在公司干了五年，并且你有一些令人印象深刻的学位，如果你的技能和思维达不到标准的话，你是不会自动得到升职的。

2. 胜任工作。 只有你在现有的工作中干得很好，才会考虑给你一个更高的、不同的或更复杂的职位。当你表现出能够游刃有余地完成现有的职责时，你的上司才会考虑为你升职。

3. 超越的意愿。 没有公司会考虑给你升职，除非你愿意超越你工作的最低要求。三种品质能促使你步步高升：奉献（愿意做得更多）、主动（成为一个做事主动的人）和创新（提出新的点子）。

然而，无论你多么地勤奋、创新或有创造力，老板们不喜欢冒险去提拔一个随时可能离开公司的人。他们认为忠诚也很重要。如果你想为升职而努力，就要让你身边的人清楚地知道，这份工作你干得很快乐，想要继续和公司一起发展。如果他们看到你很诚恳地想要坚持干很长时间，而且他们认为你的贡献很重要，他们会更有可能想让你的快乐持续下去。

做一个要求升职的人，而不是一个等待升职的人。

测一测：往上走

大多数人都喜欢加薪或升职，但是积极争取的人并不多。想一想你干过的各种工作。这个活动将有助于你仔细思考，将来在你寻求加薪或升职时，你可能会想做些什么不同的（或相同的）事情。

1. 你曾经觉得你应该得到加薪或升职吗？

2. 如果是，你采取了下面哪个行动使自己升职呢？

a. 采取主动

b. 多做事

c. 发挥创造性

d. 忠诚而敬业

3. 你要求过加薪或升职吗？为什么？

a. 如果你要求过，你采取的是什么方式？

b. 你接受了加薪或升职吗？为什么？

4. 今后你的做法可能会有什么不同？

工作变更

职业生涯发展中的一部分包括结束也包括开始。有时你不得不结束一份工作去寻求一份更好的。实际上，越来越多的职业人士都在他们的职业生涯中不断地更换工作。就 2010 年而言，持续做一份工作的平均时间大概是三到五年。[①]

人们变换工作的原因有很多。经济不稳定是原因之一：公司的裁员与合并导致工作机会的变迁和减少。在许多夫妻都工作的家庭，父母根据他们的经济需要以及陪孩子的时间需要而变换工作。自我意识的提高导致许多人因为发现了自身需要的变化、不同的渴望和才能而变换工作。人们还通过换工作来改善工作环境（地点、薪水、同事、工作时间、晋升机会或福利待遇）。

人们也会因为想避开某个人、某些任务或环境而离职。这种逃避的欲望可能是最危险的离职原因。如果你不说出一个工作中的问题，而企图逃之夭夭，那么在你的下一份工作中你很可能会发现自己面临同样的问题。我们后面会详细谈谈这一点。

如果你在考虑换工作，把所有的选项都仔细想一遍。运用你的批判性思维技能。如果你找的是一份薪水更高的工作，你愿意放弃自己和现

---

① Germond, Nancy. "Risk management includes managing talent." *All Business*, June 25, 2010. Accessed on Februatry 5, 2001, from www. allbusiness. com/company-activities-management/management-risk-management/14697997-1. html

在的同事之间的默契关系吗？在离家更近的地方工作省下来的钱会不会和你失去的福利相抵消？你确定在其他地方有更好的升职机会吗，还是说你将一个机会看得太重要了？权衡所有的因素，然后再做出决定。

辞职

你已经决定离开了。现在怎么办？提出辞职是最理想的方式，因为这由你来掌控。你在对个人的需求进行评估的基础上做出了离开的决定：

- 其他地方的机会
- 生活的变化（即将当父母，得病或要搬到新的地方）
- 对现在的工作感到枯燥或不满意
- 职场的问题（歧视，与上司或同事之间的矛盾）

显然，辞职会让你更愉快，因为你在另一个公司找到了更好的机会，或在不久的将来生活会有一个好的改变。还有可能是因为某个问题，你有必要将自己从一份工作中解脱出来。如果工作中遇到的难题妨碍了你的工作表现，你觉得自己可能会被炒鱿鱼，那么首先辞职能让你把握主动权。那样你就控制了局面，而不是去服从他人的决定。采取这种策略你能够避免被解雇的记录；主动辞职看上去总是对你有利的。

当你决定辞职时，有三个重要工作要做：

1. **安排时间跟经理见个面。**在会面中你委婉地列举出想要离开的原因。尽可能保持冷静和真诚。如果你是因为工作问题离开，不要花时间去痛斥别人在工作中做了什么而使你的生活痛苦不堪。将重点集中在你的感受，以及这一问题对你造成的影响上。谁知道呢？你的经理可能会有解决方法，或者至少会注意到这个问题，防止它发生在别人身上。

2. **准确地通知你的部门。**提前两周通知是标准要求，但是如果你安排得过来的话，可能要提前一个月宣布自己即将离开的消息。发出通知能让你的老板在你离开前有时间找到人代替你。这是一种礼貌而得体的做法。

根据情况，你的经理可能试图说服你留下。对任何一个提议都要仔细考虑，如果你决定留下，就要确保你的要求都提及了。比如说，如果你是因为需要赚更多的钱而离开，加薪的提议可能会让你留下。另一方面，如果你想转到另外一个部门来远离一个有问题的同事，但是那又是不可能的，你可能就要顶住让你留下的压力。如果公司看重你的贡献，他们会尽全力留住你。接不接受公司的条件全由你来决定。

3. 写辞职信。许多公司可能要求以书面方式提出辞职。然而，就算他们不做要求，写一封辞职信提交给经理或人力资源部（不要通过电子邮件发）也是礼貌的做法。这封信会被收入你的工作档案中，可能会被将来的老板看到。认真写，使其保持简洁、积极和专业，涵盖下列主要内容：

1. 你要离职的事实
2. 什么时候离职
3. 对于公司曾经给予你的机会，对老板表示感谢
4. 正面的结尾

避开谈论你为何辞职，你有何感受，或你对其他员工的看法。

图 11—5 是一封辞职信的范例。注意杰拉米（Jeremy）提出要帮助培训他的接替者。这不是必须的，但是有人提出是因为他们真心想帮公司的忙。

杰拉米·贝克（Jeremy Baker）
布莱尔伍德大道（Briaswood Dr.）179 号
帕克城（Park City），堪萨斯州（KS）67219
jbaker@comcast. net（316）744-1112
2001 年 5 月 1 日

亲爱的泰勒女士（Ms. Taylor）：

谨以此信向您告知，我将会在 6 月 1 日前离开 LaRue 宠物美容院（LaRue's Groomers），到威彻塔（Witchita）的平原动物美容服务机构（Plains Veterinary Service）就职，担任美容师。

两年来，能成为美容师团队的一员，我一直心存感激。我喜欢与宠物以及他们的“主人”一起工作。是你让我有机会了解自己有多么喜欢动物，而它们又有多么喜欢我。

我已经为我的接替者整理出了一个简短的上岗材料，也很乐意对他进行培训。只要能够顺利地完成工作交接，还有什么我能够做的，请尽管告诉我。

杰拉米·贝克谨上

图 11—5　辞职信范例

尽可能保持住友好的关系。你绝不知道在你的职业生涯中什么时候又遇上你的经理和同事。竭尽所能给他们灌输一个好的印象，将来可能对你有所帮助。

勇于改变

工作改变只是生活中存在的持续性周期变化的一部分。生物学上有一个术语叫作动态平衡，描绘的是一个看似一切稳定，实际却在变化中的生命系统。只是因为失去的速度和得到的速度相等，所以一切看起来显得比较恒定。只有变化持续发生，系统才有生命力，一旦变化停止了，系统也就死亡了。我们都应该从生物学中吸取教训，认识到生命在于变化——世界上没有什么是恒定的，也没有什么是保持不变的。我们要活下去就必须改变。

生命一路走来，你会发现外在的世界和你的内心世界一直都在发生改变。有些改变是你喜欢的，有些可能令你不安。有一件事是肯定的：伴随着改变而来的是不断的学习和更伟大的智慧。

世界在变化，我们也要随之改变。想想以下这些变化对工作和职业生涯造成了什么影响：

- **技术正在改变世界。**即使是微软公司，以它的资源优势和市场地位也要彻底改变其策略，如今正在为取得因特网世界的成功而与谷歌等其他公司展开激烈的竞争。
- **全球化竞争日益激烈。**诸如通用、福特以及克莱斯勒等汽车公司仍然在吸取教训，认识到世界远不止美国一个国家。
- **人口结构的变化以及我们人口中种族的变化既带来了机遇也带来了风险。**婴儿潮时期出生的人在我们的人口中占据了很大的比例，然而对互惠基金和股票的不当操作使他们损失了几十亿将来的退休金。他们没有退出求职市场，反而有许多上了年纪的婴儿潮一代的人现在还在找工作，因为他们的退休基金在缩水。许多企业仍然没有认识到人口结构在发生变化，或我们的人口越来越多样化。一些企业还在努力，因为他们没有充分利用已有的年长且经验丰富的员工。还有一些企业也在努力，因为他们的顾客变了，而公司没有根据顾客正在变化的需求来调整产品或变更服务。

包括技术、全球竞争、人口结构、种族在内的这些变化产生的力量使企业和员工很难维持他们在职场的效率和关联。

作为一个员工，你要问问自己："在这些情况下，我怎样才能创造或保持成功?"虽然这个问题的答案因员工身处的情况而各异，在你制订你的游戏计划时，可以考虑如下这些一般性的想法。

1. **拉长天线，识别变化的早期信号。**对内，你评估一下自己的工作表现以及公司的状况。然后将眼光放到公司之外，确定并关注技术、全球竞争以及人口或种族的变化可能会对你的职位和你的公司造成什么样的影响。

2. **定期花时间去思考变化的力量。**了解变化对于你的环境造成的结果非常重要。当你辛辛苦苦应付工作中不断变化的问题和截止日期时，就很容易忘记花点时间坐下来想想——自我评估、反省和计划。但是，只有这么做，你才能成为一个有前瞻性的员工，而不是只对你身处的环境做出反应的人。

3. **愿意接受创新和变化。**将变化当成好事来接受。将变化视为个人发展的机遇，也是以新的方式发展公司的机会。适应变化需要花费心血和努力。学习新的技能，改变旧的习惯需要时间和耐心。成功的员工能认识到、欢迎并去适应变化。平庸的员工则要等到一切都为时已晚才会对变化做出匆忙反应，常常使工作受到威胁。

以开放的心态面对职场内外的变化。看看从每一次齿轮的转动中你能学到什么。即使是艰难的变化，也具有宝贵的内在意义，就如同黑色的煤炭中也会有钻石凝结一样。你要将自己的优先次序做出调整，有可能工作变得更加重要，也有可能要优先留出和家人相处的时间。你目前的目标可能逐渐消失，而被新的目标所取代。你的需求可能会变来变去，你的生活也可能会发生你意想不到的改变。期待变化的发生吧，这样你才能在你的一生中充分地利用它。

造福世界

你的工作绝不仅仅是应对变化和赚取薪水。工作的好处远远超过了一张薪水支票。当你在做自己喜欢的事情时，你的思维和兴趣会得到激发。当你致力于不断提高自己的技能和能力时，那些良好的感觉会延续到你的个人生活中。相反，如果你工作起来不愉快，这种经历也会渗透到你生活的其他方面。让你得到满足的工作经历能赋予个人生活以意义，并带来一种成功感。

然而，成功并不仅仅与工作相关。虽然有时候看起来是这样，但是工作并不是你生活的全部。成功来自于你在事业、个人生活以及社会生活中取得的平衡状态。

个人生活指的是朋友和家人。然而，社会生活的意思往往不是你想到的那样。我们说的不是聚会和约会，我们说的是那些能造福社会的所有活动的总和。在这个充满社会问题，世界变得越来越小的时代，我们发现身边以及遥远国度出现的问题都会对我们的生活产生强烈的影响。问题发生时，我们要了解为什么我们生活在这个地球上，我们能做些什么来让世界变得不同。于是就有了志愿活动——为那些有需要的人贡献一份力量。

志愿活动让世界更美好

你如何能贡献自己的一份力量？有些人选择捐钱，那当然有帮助。快速地开一张支票给慈善机构似乎是贡献的一种简单方式，但是我们中很多人并没有那么多余钱。你付出的时间和努力有时比钱更值得感激。虽然给慈善机构提供经济捐助肯定是高尚而有帮助的行为，但是邮政汇款（或网络汇款）让你无法和你帮助的人见面。你也不会参与行动并看到其效果，即使收效甚微，你也能从中受益。

当你亲身去帮助别人，你投入了时间，那是你最宝贵的资源。钱没有了还能赚，一分钟过去了，就永远地过去了。直接与人接触的重要性在于人们看得见你的关心，你也能直接看到你是如何帮助别人的。当你努力去改善某个不幸的人的生活时，你能从中获得深深的满足感。

如果为他人付出时间和精力是你人生的优先选择，那么你也能将它带入你的工作和个人生活之中。你的公司有没有一些人在一个学校当辅导教师？公司能不能为一个志愿者项目冠名，员工们都可以去参加这个项目——例如去走访一个养老院或是儿童医院，打扫附近街道，或打理一个社区花园？活动的组织者可以安排好时间，于是可能用到工作时间、私人时间或两者兼有。如果你利用自己的个人时间做志愿工作，后来你可以带上一些工作中的同事一起参加。

现在，企业也逐渐认识到他们也需要付出一份力量，尽自己的能力去使世界变得更美好，不论是捐钱，花精力或时间。无论你是以个人名义出力，还是参与公司资助的志愿活动，你都帮公司实现了伸手相助的目标。信不信由你，许多老板在评估潜在员工的时候都会看他有没有参与过社区活动，有没有协作精神。一个参与志愿活动的人能够理解互相关心和帮助具有什么样的影响。那可能会给一个潜在的老板留下深刻印象。

> 志愿工作是一项极有回报的活动，它为你和他人的生活带来幸福和满足。

你能做什么？什么时候去做？

你如何才能着手投入精力去使世界变得更美好呢？许多的努力都离不开你的帮助。有些是独立进行的，有些是隶属于宗教团体、医院或其他全国性组织的。你可以找到一个机会为无家可归者送食物，或给残疾儿童读书。你可以去养老院或家里拜访生病的老人，或者帮助不同年龄的残疾人士。你也可以参加一些组织的志愿活动，为社区送去实惠的医疗保健服务。你甚至可以到附近破旧或受到破坏的地方，把它打扫干净、种上花木或参与重建。

还有一个问题：你如何抽出时间去做义工？这事并非总是那么简单。许多事情都在争着向你要时间，然而，你可以把志愿活动列为你要优先做的事情之一，就如锻炼、休闲或与家人相处一样。事实上，你常常能将其中一个与志愿活动结合起来。在社区打扫或是刷墙的过程中你可以得到很好的锻炼。也可以带上全家人一起去走访养老院，给老人们唱唱歌，陪他们聊聊天。这需要一点头脑，但是你能够成功地充分利用时间安排其他活动。由于你所付出的一切，你知道自己让别人的生活变得美好一些了，你也因此获得了满足。

测一测：排忧解难

我们希望你们中大部分人一生中至少做过一次志愿工作，并希望次数越来越多。这个活动会帮你更好地认识自己有些什么技能可以与他人分享，以及在哪些领域你可以参加志愿活动。

1. 请回答以下三个问题：

a. 你觉得自己最棒的技能是什么？

b. 工作以外你对什么感兴趣？

c. 工作以外你对什么关心？

2. 如果你已经在做志愿工作了，请回答以下这些问题；如果没有，请跳至第3题。

a. 你目前参与哪一类机构组织的志愿工作？

b. 你做的是什么？

c. 每个星期或者每个月你花多少时间来做志愿工作？你想要增加还是减少这一时间？

d. 你所做的事情用到了你的技能吗？如果没有，你更想做什么？

3. 如果你对于目前的志愿工作能力并不满意，或目前没有做志愿工作，请回答以下问题。

a. 哪些类型的组织引起了你的兴趣和关注？

b. 你认为以你的技能，能为这些组织做什么？

c. 你如何找出那些你想做志愿工作的具体组织的名字？你会去和谁谈？

d. 你认为在实际的志愿工作上，你每周或每月能花几个小时？

职场工具箱——箱不离身

虽然这本书已接近尾声，你的学习并不是停步于最后一页。我们希望它永远都不会停止！如果你从整本书中只学到了一课的话，希望那就是学无止境，活到老学到老。正如你的职场工具箱一生都会为你服务一样，你最伟大的工具——你的大脑——也会如此，只要你不断地挑战你的大脑，并向它提供新的信息和问题来思考。

到目前为止，你可能认识到唯一且真正的工作保障来自于你的内在保障：你的技能、才华、经验以及智谋。最终，你保住工作的能力来自于你的内在。你对自己越有安全感，你的工作就越有保障。你就是你自己的工作保障！

为了帮助你认识到自己是多么具有市场竞争力，我们一起来回顾一下第一章中列出的通用工作技能的种类。随着工作的不断进行，你能向你未来的老板表现出很高的熟练度，很强的学习意愿以及在使用每种技能上取得的很大的进步：人际沟通、信息、制度、技术、基本技能、思维技能、个人品质以及资源等。和你一样认真尽职的工作人士将加强整个国家的经济实力；你个人的成功将影响国家的成功。

你的工具箱中已经收集了很多很好的工具，但是工具只是取得结果的方式。你需要运用它们去建立、扩展和更新你的知识和技能。你所能做到的、学到的和知道的都无可限量的。并非你一走出学校的大门就停止了学习。学校也是一个学习如何去学的地方，它是走向终生学习的跳板。

把生活当成一个走廊，两边的墙上有无数扇门。想象你自己走过一扇又一扇门。你有一些门的钥匙，你可以打开门去探寻门后有什么，但是你并不拥有所有门的钥匙。随着你不断地学习和成长，你会获得你需要的钥匙，打开那些通往新机遇的门。随着思想的变化和成长，每当你打开一扇新的门，你会知道如何运用旧的工具，走入新的知识领域。

现在，无论身处职场内外，你都有最重要、最有价值的礼物献给这个世界：你自己和你所做的一切。要记住你有多么重要。你是这个整体的一份子，是所有共同致力于让地球上的生活更美好的人中的一员。所以，运用你的工具箱去建立一个成功而光明的未来吧，为了自己，也为了这个世界！

职场工具箱

11.1　了解如何有效率地工作

当你步入职场时，要带上你的学习技能。职场秘诀使你很容易地做到有效工作。你越知道如何学习，就能越快越有效地适应你每天在工作中遭遇的变化。那种适应能力是你最有价值的工具之一。

1. 在此回想一下你的技能，在最能描述你技能水平的数字上画圈。最后，加出你的总分。

技能描述	很少	有时	常常	总是
1. 我有固定的地方工作和储存我的用品	1	2	3	4
2. 我将工作中最难的任务安排在我最清醒的时候	1	2	3	4
3. 我制定工作时间表，将待办事宜按优先顺序列成清单	1	2	3	4
4. 我阅读与公司以及个人工作相关的信息	1	2	3	4
5. 我认真阅读说明书，并遵照其内容一步步执行	1	2	3	4
6. 阅读时我会划线，标记重点或做笔记	1	2	3	4

续表

技能描述	很少	有时	常常	总是
7. 我会就读过的内容对自己提问	1	2	3	4
8. 不知道的单词我会查字典	1	2	3	4
9. 我按时间表工作	1	2	3	4
10. 我上班会早到	1	2	3	4
11. 我专心倾听上司和同事的话	1	2	3	4
12. 我随身带一个笔记本做工作笔记	1	2	3	4
13. 我用笔记下我的任务、我收到的指示以及要参加的会议	1	2	3	4
14. 我知道如何抓住一场会议中达成的或经理说到的重点	1	2	3	4
15. 我在休息和午餐时间放松自己	1	2	3	4
16. 我严格按照经理的要求去完成任务	1	2	3	4
17. 工作时我复习自己的笔记以确保自己完全明白	1	2	3	4
18. 我先做待办事宜列表中要优先处理的事情	1	2	3	4
19. 开会或讨论期间，我提出自己的想法和建议	1	2	3	4
20. 我会校对	1	2	3	4
21. 我的专注度很高，能够专心致志对待工作	1	2	3	4
22. 我知道并使用一些方法来帮助自己记忆	1	2	3	4
23. 我回顾自己的工作，确保信息及时更新	1	2	3	4
24. 我不懂就问	1	2	3	4
25. 完成了一项艰难的任务后，我会奖励自己	1	2	3	4
26. 我着装得体，注意修饰外表	1	2	3	4
27. 我不利用工作时间去八卦和抱怨公司、上司或同事	1	2	3	4
28. 提交工作之前，我会检查	1	2	3	4
29. 我花更多时间做工作，而不是担心工作	1	2	3	4
30. 我知道，无论工作做得好不好，都要由我一个人来负责	1	2	3	4
小计				
总计				

• 110～120 分：祝贺你！你具备优秀的工作技能。继续加油，让你的技能更上一层楼。

• 100～109 分：你具备良好的工作技能。看看“很少”或“有时”的技能描述，尝试新的做法，努力在那些方面达到优秀水平。

• 90～99 分：你所具备的工作技能一般。找找那些“很少”和“有时”的技能表述的相似点，然后改掉在那些方面阻碍你的一些不良习惯。这么做的话，在学校你会表现得更好，在职业生涯中也会感到更有信心。

• 90 分以下：你的技能中存在一些不足之处，可能给你的工作带来困难。回顾过去，发现自己的潜力，学会这些应对工作的技能。

11.2 权利与义务清单

目前你可能还是一个学生，也可能已经是一名员工了。作为学生，你听老师的话，在工作中，你向经理汇报。你的工作职责常常包括礼貌地接待顾客，清楚地进行交流。在不同的工作环境中你都有什么权利？要承担什么义务？你的导师、老板和顾客又有什么权利和义务呢？

无论什么情况下，人人都同时享有权利和义务，两者密不可分。当一个人享有某个权利，他本人或另一个人就有义务要保证这一权利。要在工作上与他人发展开放而牢固的关系，必须注意每一项与权利相互关联的义务。下表中列出了一些主要权利及其相关义务。

	权利		义务
1.	受到尊重的权利	1.	尊重他人的义务
2.	受到友好并微笑对待的权利	2.	友好并微笑对待他人的义务
3.	被倾听的权利	3.	倾听的义务
4.	表达想法的权利	4.	允许自由表达的义务
5.	考虑个人想法的权利	5.	考虑他人想法的义务
6.	不能做某事时，说“不”的权利	6.	不能做某事时要说“不”的义务
7.	说“不”的时候不会觉得内疚的权利	7.	不要让内疚妨碍你说“不”的义务
8.	犯错误的权利	8.	在错误中学习的义务
9.	接受表扬和批评的权利	9.	表扬和批评的义务
10.	生气的权利	10.	控制愤怒，合理解决冲突的义务

研究下面这些情况。针对每种情况，判断谁要承担什么义务，谁享有什么权利。一个人可以有多个义务和权利。

- 在空白处填上表格中列出的权利和义务的对应数字。
- 和你的导师一起找出可能的答案。

情况 1：玛吉（Maggie）和伊莉丝（Elise）

玛吉的上司伊莉丝在玛吉提交的报告中发现了一个错误。

权利

__________享有__________的权利

__________享有__________的权利

__________享有__________的权利

__________享有__________的权利

义务

__________承担__________的义务

__________承担__________的义务

__________承担__________的义务

__________承担__________的义务

情况 2：弗兰克（Frank）与亨利（Henley）

弗兰克和他的同事亨利一直做修理工作，弗兰克在修理流程上有了一个新想法。如果将此想法付诸实施，弗兰克和亨利需要轮流值班。

权利

__________享有__________的权利

__________享有__________的权利

__________享有__________的权利

__________享有__________的权利

义务

__________承担__________的义务

__________承担__________的义务

__________承担__________的义务

__________承担__________的义务

情况 3：克劳迪娅（Claudia）与马克（Mark）

克劳迪娅上两个星期早退了 4 次。她今天又问她的经理马克可不可以早退。他在今天工作结束时要达成某一目标，而交待给克劳迪娅的任务对那个目标至关重要。她还没完成她的任务。

权利

__________享有__________的权利

__________享有__________的权利

__________享有__________的权利

__________享有__________的权利

义务

__________承担__________的义务

__________承担__________的义务

__________承担__________的义务

__________承担__________的义务

11.3 决策风格

我们都会做决定，但是你的决策风格是什么呢？运用你的智力、经验和直觉来回答下列问题。

- 找找最能描述你风格的一列。
- 在你想发展的想法旁画（+）。
- 在你打算摒弃的想法旁画（-）。

我做出决定	大多数时候	有时候	很少
1. 在我看过了所有选项之后			
2. 不看选项很快做出			
3. 不受他人的控制			
4. 如果事实证明决定有误，就怪别人			

续表

我做出决定	大多数时候	有时候	很少
5. 很容易			
6. 很慢，很挣扎			
7. 凭自己的感受和直觉			
8. 通常是灾难性的			
9. 通常将决定视为正确的			
10. 自己做决定，但是在做出最终决定前会询问他人的意见			
11. 不需要别人插手			
12. 考虑他人的需求			
13. 先对自己的决定做一个测试			
14. 为其后果负责			
15. 如果我的决定不可行就试试其他的			

一种风格无所谓对错。对你来说，管用的就是对的，只要你能为决定负责，能在意不同的选项，并且能在你的决定不可行的时候改变计划。

这里有个练习能引导你做出决定，不管你属于什么样的风格。它能为所有人提供帮助，无论你是一个喜欢系统地进行规划的人还是凭直觉迅速做出决定的人。

在你正在犹豫的意向职业中做出一个选择。这个选择可能包括要申请什么工作，接受什么工作，在哪里生活，或者为了得到一份工作你能对哪些要求做出妥协。如果你还在上学，你可能正纠结于一些决定，比如说换专业，找兼职，或者结束学业时搬回去和父母一起住。

1. 描述一个需要做出决定的事情。

____

____

____

2. 你可以选择：

a. ______________________________

b. ______________________________

c. ______________________________

d. ______________________________

3. 针对每个选择，列出其利弊。按照重要性顺序，给每个利弊标上数字（1 = 最重要，2 = 有点重要，3 = 不那么重要）。

选择	利	弊
a.		
b.		
c.		
d.		

4. 结果：

a. 哪些选择的利大于弊？

____

b. 哪些选择的利比弊更重要？

____

c. 现在哪个选择是最佳决定？

____

5. 在你认真做出决定后接着往前走，去实施你的决定。坚持下去，看看会怎么样。记住，虽然每个决定都会带来后果，但是任何决定都不一定是最后的决定。生活充满了选择和变化。

11.4 学以致用

志愿活动是一种帮助他人，影响世界，获取经验和建立关系网的极佳途径。这个练习让你能运用所学的决策技能，帮助他人做出明智的决定，同样对你也有所帮助。

1. 阅读短文，看看如何给歌莉娅（Gloria）最好的建议。

歌莉娅毕业于前沿（Cutting Edge）美容学校。下午和晚上她在 Cut - Ups 上班。她的先生格斯（Gus）是斯图尔特医院（Stuart Hospital）的早班医生助理，歌莉娅在工作日的上午和不上班的星期一全天都有时间去做志愿工作。

歌莉娅想弄清楚如何利用这些能做志愿工作的时间。她的先生格斯和她的父亲都是匿名戒酒会（Alcoholics Anonymous，简称 AA）的成员。一个流浪汉收容所刚给她打过电话。强奸危机处理中心和自杀求助热线也都可能需要帮忙。

歌莉娅觉得有点困惑，不知道去哪儿做志愿工作，要花多少时间去做。她有意去匿名戒酒会（AA）、酗酒者成年子女协会（Adult Children of Alcoholics，ACOA）以及危机处理中心帮忙。她也觉得自己可能想为那些学英语的移民提供无偿帮助。歌莉娅一家来自智利，她从五年级的非母语英语课程（English as a second Language，简称 ESL）的项目开始学习阅读和说英语。

不工作时，歌莉娅有很多家务要做，她知道自己一周只有时间参加一个活动。她如何才能做出决定呢？

使用你在本章中学到的决策技能，秉承志愿活动的原则，即用我们已有的个人经验在相关领域将志愿工作做到最好。

a. 你会建议歌莉娅去哪里做义工？

____

b. 她如何才能做出最佳决定？

____

____

____

2. 现在我们思考一下适合你的志愿活动。

a. 你对当地的哪些志愿工作感兴趣？

____

b. 在哪儿你的帮助最大？

____

c. 在承担其他责任的同时，你能为志愿工作投入多少时间？

____

d. 如果目前没有多余的时间，在保证学习、工作和个人生活不受影响的情况下，你还有什么别的方法能帮助他人？

____

____

____

11.5　技能练习

互联网上有很多关于升职、换工作以及其他方面的忠告。其中的一些忠告是以文章的形式出现的，一些是以 YouTube 上视频的方式出现的。看一段视频有时很有用，因为你能看见和听见真实的人们在谈他们的经验，而不仅仅只是读到文字。

1. 为了让你有兴趣去 YouTube. com 上搜索有帮助的视频，这里有一些你可能会感兴趣的视频链接。

- 如何要求加薪：www. youtube. com/watch? v = nOYz _ ZTKy01
- 如何在经济困难时要求加薪：www. youtube. com/watch? v = 3QFJUSX2mV0
- 如何知道什么时候辞职：www. youtube. com/watch? v = bd _ Te7 - ZMO8&feature = channel
- 如何在经济不景气的时候找到工作：www. youtube. com/watch? v = 5kq7 - 47yz7Y

2. 用 YouTube 的搜索栏搜索一些与本章提及的主题相关的视频。祝你搜索愉快！